生态农业丛书

资源昆虫生态利用与展望

刘玉升　编著

科　学　出　版　社
龍　門　書　局
北　京

内 容 简 介

本书在全面深入论述昆虫自然生态属性的基础上，突出资源昆虫的生态化实践，全书分为 7 章内容：第 1 章，绪论；第 2 章，昆虫的自然生态性概述；第 3 章，资源昆虫生态利用的理论；第 4 章，授粉昆虫的生态利用与展望；第 5 章，天敌昆虫的生态利用与展望；第 6 章，环保昆虫的生态利用与展望；第 7 章，资源昆虫生态利用与"三生"农业体系。本书内容全面系统，资料丰富新颖，理论阐述透彻，技术操作性强。

本书可以作为昆虫学、特色经济动物、畜牧及植物保护、产业经济等相关专业的师生、技术人员的学习资料和参考书。

图书在版编目（CIP）数据

资源昆虫生态利用与展望 / 刘玉升编著. —北京：龙门书局，2024.6
（生态农业丛书）
国家出版基金项目
ISBN 978-7-5088-6412-9

Ⅰ. ①资⋯　Ⅱ. ①刘⋯　Ⅲ. ①经济昆虫-研究　Ⅳ. ①Q969.9

中国国家版本馆 CIP 数据核字（2024）第 042280 号

责任编辑：吴卓晶 / 责任校对：马英菊
责任印制：肖　兴 / 封面设计：东方人华平面设计部

科学出版社 出版
龙门书局
北京东黄城根北街 16 号
邮政编码：100717
http://www.sciencep.com

北京中科印刷有限公司印刷
科学出版社发行　各地新华书店经销
*
2024 年 6 月第 一 版　开本：720×1000　1/16
2024 年 6 月第一次印刷　印张：20 3/4
字数：420 000
定价：229.00 元
（如有印装质量问题，我社负责调换）
销售部电话 010-62136230　编辑部电话 010-62143239（BN12）

版权所有，侵权必究

生态农业丛书
顾问委员会

任继周　束怀瑞　刘鸿亮　山　仑　庞国芳　康　乐

生态农业丛书
编委会

主任委员

李文华　沈国舫　刘　旭

委员（按姓氏拼音排序）

陈宗懋　戴铁军　郭立月　侯向阳　胡　锋　黄璐琦
蒋高明　蒋剑春　康传志　李　隆　李　玉　李长田
林　智　刘红南　刘某承　刘玉升　南志标　王百田
王守伟　印遇龙　臧明伍　张福锁　张全国　周宏春

生态农业丛书
序　言

　　世界农业经历了从原始的刀耕火种、自给自足的个体农业到常规的现代化农业，人们通过科学技术的进步和土地利用的集约化，在农业上取得了巨大成就，但建立在消耗大量资源和石油基础上的现代工业化农业也带来了一些严重的弊端，并引发一系列全球性问题，包括土地减少、化肥农药过量使用、荒漠化在干旱与半干旱地区的发展、环境污染、生物多样性丧失等。然而，粮食的保证、食物安全和农村贫困仍然困扰着世界上的许多国家。造成这些问题的原因是多样的，其中农业的发展方向与道路成为人们思索与考虑的焦点。因此，在不降低产量前提下螺旋上升式发展生态农业，已经迫在眉睫。低碳、绿色科技加持的现代生态农业，可以缓解生态危机、改善环境和生态系统，更高质量地促进乡村振兴。

　　现代生态农业要求把发展粮食与多种经济作物生产、发展农业与第二三产业结合起来，利用传统农业的精华和现代科技成果，通过人工干预自然生态，实现发展与环境协调、资源利用与资源保护兼顾，形成生态与经济两个良性循环，实现经济效益、生态效益和社会效益的统一。随着中国城市化进程的加速与线上网络、线下道路的快速发展，生态农业的概念和空间进一步深化。值此经济高速发展、技术手段层出不穷的时代，出版具有战略性、指导性的生态农业丛书，不仅符合当前政策，而且利国利民。为此，我们组织编写了本套生态农业丛书。

　　为了更好地明确本套丛书的撰写思路，于 2018 年 10 月召开编委会第一次会议，厘清生态农业的内涵和外延，确定丛书框架和分册组成，明确了编写要求等。2019 年 1 月召开了编委会第二次会议，进一步确定了丛书的定位；重申了丛书的内容安排比例；提出丛书的目标是总结中国近 20 年来的生态农业研究与实践，促进中国生态农业的落地实施；给出样章及版式建议；规定丛书撰写时间节点、进度要求、质量保障和控制措施。

　　生态农业丛书共 13 个分册，具体如下：《现代生态农业研究与展望》《生态农田实践与展望》《生态林业工程研究与展望》《中药生态农业研究与展望》《生态茶业研究与展望》《草地农业的理论与实践》《生态养殖研究与展望》《生态菌物研究与展望》《资源昆虫生态利用与展望》《土壤生态研究与展望》《食品生态加工研究与展望》《农林生物质废弃物生态利用研究与展望》《农业循环经济的理论与实践》。13个分册涉及总论、农田、林业、中药、茶业、草业、养殖业、菌物、昆虫利用、土壤保护、食品加工、农林废弃物利用和农业循环经济，系统阐释了生态农业的理论研究进展、生产实践模式，并对未来发展进行了展望。

  本套丛书从前期策划、编委会会议召开、组织撰写到最后出版，历经近4年的时间。从提纲确定到最后的定稿，自始至终都得到了李文华院士、沈国舫院士和刘旭院士等编委会专家的精心指导；各位参编人员在丛书的撰写中花费了大量的时间和精力；朱有勇院士和骆世明教授为本套丛书写了专家推荐意见书，在此一并表示感谢！同时，感谢国家出版基金项目（项目编号：2022S-021）对本套丛书的资助。

  我国乃至全球的生态农业均处在发展过程中，许多问题有待深入探索。尤其是在新的形势下，丛书关注的一些研究领域可能有了新的发展，也可能有新的、好的生态农业的理论与实践没有收录进来。同时，由于丛书涉及领域较广，学科交叉较多，丛书的撰写及统稿历经近4年的时间，疏漏之处在所难免，恳请读者给予批评和指正。

生态农业丛书编委会
2022年7月

序 言

昆虫是自然界中种类最多、分布最广、生物量巨大的类群，具有十分重要的资源功能与生态功能。在传统昆虫学研究领域，对昆虫的危害性认识较充分、防控技术研究居多；但是，在目前社会需求增加、科技发展的新时代，应该加强昆虫有益性及其生态功能的研究。

《资源昆虫生态利用与展望》在全面深入论述昆虫自然生态属性的基础上，突出资源昆虫的生态利用，特别注重吸纳国内外昆虫学新理论、新观念、新方法、新技术和新成果。该书在浩瀚的昆虫资源库中主要对授粉昆虫、天敌昆虫、环保昆虫的生态利用进行论述和展望，以期引起社会各界对昆虫资源库的关注。

作者几十年从事昆虫资源学研究，在昆虫生产学、昆虫饲料学和昆虫资源产业化领域做了大量工作，作为生态农业丛书的 1 个分册，该书系统整理总结该领域的工作，也是一件好事。

我鼓励昆虫学研究领域"百花齐放、百家争鸣"，希望昆虫学的各个研究领域都在新时代为社会经济高质量发展做出贡献。

康 乐

中国科学院院士

2023 年 5 月

序　言

昆虫属于节肢动物门昆虫纲，是地球上分布最广、种群数量最大的生物类群，更是森林生态系统中极其重要的成员。目前，已定名的昆虫超过 112 万种，占整个动物界物种总数的 2/3 强。我国昆虫资源十分丰富，除极少数种类为农林害虫外，绝大多数种类对人类有益或发挥生态平衡、环境清洁作用。

《资源昆虫生态利用与展望》在数百万种昆虫中选取了三大类具有生态功能的昆虫（即授粉昆虫、天敌昆虫和环保昆虫）进行了阐述，其中授粉昆虫在促进生态系统生物多样性方面贡献巨大，天敌昆虫是保障农业绿色发展的生态植保核心内容，环保昆虫则充分显示了"大自然清道夫"的功能，成为环境治理、有机废弃物资源化的重要转化途径。资源昆虫生态化应用具有巨大的潜力和广阔前景。

我和刘玉升教授相识于 2000 年，至今已有 20 余年。最初是他请我鉴定蝽象类昆虫卵寄生蜂，经鉴定是一个新种。初识刘玉升教授，了解他做介壳虫（蚧类）分类研究，后转为资源昆虫研究及产业化推进，坚持至今，恰逢各国对资源昆虫高度关注新时期，希望该书的出版能对该领域的发展发挥良好的推动作用。

我在 2022 年两会上提交了关于将食用昆虫纳入食品目录清单的提案，引起社会各界的广泛关注。食用昆虫在解决粮食和人体营养方面具有巨大的潜力和良好的前景，建议要立即将昆虫食品纳入人类食品目录清单，并广泛开展食用昆虫价值的宣传。

受作者之邀，特为《资源昆虫生态利用与展望》一书作序勉励。

杨忠岐
中国林业科学研究院研究员
2023 年 9 月

前　言

"大食物观"、"新质生产力"和"中国式现代化"等理念，为资源昆虫的生态化应用提供了巨大的历史发展机遇，正可以充分展示昆虫资源的产业潜力、生态系统服务功能潜力等价值。昆虫是地球上最大的生物资源，昆虫资源的发掘必将在"大食物观"落实中做出巨大贡献，也必将成为生物技术、生物经济的重要组成部分。

自 18 世纪下半叶以来，经过 300 年左右工业文明的发展和技术进步，人类征服自然、发掘利用地球资源的能力越来越强，目前对地球资源的利用程度已达到了 50%以上，同时，导致全球面临人口、资源、生态和环境的困境。面对初级资源短缺、生态环境质量恶化、全域产能过剩的三重叠加危机，人类亟须更新思想观念，发掘新资源与实现再生资源增量，融合创新技术，改变生产方式，调整产业结构，重构经济发展模式。生物经济是依靠现代生物技术与生物资源，以生物产品与服务的研发、生产、流通、消费、贸易为基础的经济，是继农业经济、工业经济、数字经济之后的第 4 个经济形态，也称第 4 次浪潮。资源昆虫生态利用形成的资源昆虫产业必将成为生物经济的重要组成部分。资源昆虫生态利用恰逢其时、大展宏图。

昆虫资源及其现代产业发展具备了资源与技术支撑体系。昆虫种类繁多、分布广泛、生物量巨大，昆虫的整体生物量几乎超过陆地上所有动物的总生物量，昆虫世界蕴藏着极其丰富的资源，是目前尚未得到充分开发的最大生物资源，"昆虫资源是上帝留给人类的最后一块蛋糕"。昆虫生产学、昆虫饲料学及昆虫产品开发装备技术已经作为现代昆虫学的学科分支得到了充分的发展。昆虫资源产业具有投资少、周期短、适应性强、规模可调可控、原料低廉丰富、产品附加值高等特点，严格按照昆虫生产学技术规程操作不会对生态环境造成侵害，符合生态文明建设、绿色低碳发展战略，符合现代生态循环农业、可持续发展及环境保护战略。昆虫资源产业在现代农业产业化升级、农业生产方式转变、产业结构和经济发展再次调整和乡村振兴行动中应占有重要地位。

对给予昆虫资源产业及本书出版关怀和支持的印象初院士、康乐院士、杨忠岐研究员及山东农业大学、山东农业工程学院等专业领域同行，以及山东省农业重大应用技术创新项目"利用环境昆虫转化实现作物秸秆资源化的技术研究与示范"（SD201922015）、新疆维吾尔自治区重点研发专项"厅厅联动"项目"基于昆虫生物转化的农田残膜回收混合物分离技术"（2022B02046）等相关项目一并致以谢忱！

由于书中涉及内容较广，加之作者水平有限，疏漏或不足之处在所难免，恳请广大读者批评指正。

刘玉升

2023 年 3 月

于济南

目 录

第1章　绪论 ··· 1
  1.1　昆虫与人类的关系 ·· 1
  1.2　我国资源昆虫的利用历史及现状 ··· 3
  1.3　资源昆虫生态利用在昆虫资源产业中的地位 ······································ 4

第2章　昆虫的自然生态性概述 ·· 6
  2.1　生态系统与生物多样性 ·· 6
    2.1.1　生态系统：自然生态系统与人工生态系统 ································· 6
    2.1.2　生态平衡及其动态性 ·· 6
    2.1.3　生物多样性：自然生物多样性与人为生物多样性 ······················· 7
  2.2　昆虫多样性 ··· 9
    2.2.1　昆虫的历史、种类与分布 ·· 9
    2.2.2　昆虫繁盛的主要特点 ·· 10
    2.2.3　昆虫繁盛的原因 ·· 10
    2.2.4　昆虫多样性丧失与保护 ·· 14
    2.2.5　昆虫资源与资源昆虫 ·· 19
    2.2.6　昆虫生产与昆虫产品 ·· 19
  2.3　昆虫的生态系统服务功能 ·· 20
    2.3.1　"大食物观"视角下的生物资源系统 ·· 20
    2.3.2　昆虫多样性与生态系统稳定性 ·· 21
    2.3.3　生态足迹与生态系统服务功能 ·· 21
  2.4　昆虫的食性与生态利用 ··· 22
    2.4.1　昆虫的食性 ·· 22
    2.4.2　访花性昆虫与授粉昆虫 ·· 22
    2.4.3　肉食性昆虫与天敌昆虫 ·· 22
    2.4.4　腐食性昆虫与环保昆虫 ·· 22

2.5　昆虫对水分的获取、代谢及回收利用 ·· 22
　　　　2.5.1　昆虫对水分的获取 ·· 22
　　　　2.5.2　昆虫马氏管系统与水分回收利用 ·· 23
　　　　2.5.3　昆虫水分散失的途径 ·· 27

第3章　资源昆虫生态利用的理论 ··· 28
　　3.1　昆虫分类学 ·· 28
　　　　3.1.1　昆虫纲的分类系统 ··· 28
　　　　3.1.2　昆虫纲目级资源概述 ·· 30
　　3.2　昆虫种源群体的建立 ··· 95
　　　　3.2.1　自然资源的采集阶段 ·· 95
　　　　3.2.2　资源昆虫始祖种源群体的建立 ·· 96
　　　　3.2.3　昆虫再生产种源群体的建立 ·· 101
　　　　3.2.4　昆虫再生产种源繁育的主要任务和特点 ···································· 101
　　　　3.2.5　昆虫的育种 ·· 102
　　　　3.2.6　昆虫引种培养 ··· 102
　　3.3　昆虫生产种群的管理 ··· 103
　　　　3.3.1　昆虫生产群体的质量控制体系 ·· 103
　　　　3.3.2　实验种群及其调节理论 ··· 111
　　　　3.3.3　昆虫生产群体的建立与质量保持 ·· 111

第4章　授粉昆虫的生态利用与展望 ··· 114
　　4.1　授粉昆虫与植物多样性 ·· 114
　　　　4.1.1　授粉昆虫的概念 ··· 114
　　　　4.1.2　授粉昆虫的进化 ··· 114
　　　　4.1.3　授粉昆虫的贡献 ··· 115
　　4.2　主要授粉昆虫的生态利用 ·· 116
　　　　4.2.1　授粉昆虫的主要类群 ·· 116
　　　　4.2.2　蜜蜂 ·· 116
　　　　4.2.3　熊蜂 ·· 121
　　　　4.2.4　壁蜂 ·· 134
　　4.3　授粉昆虫生态利用展望 ·· 142
　　　　4.3.1　保护野生授粉昆虫 ··· 142
　　　　4.3.2　在乡村振兴建设中重视授粉昆虫贡献 ······································· 143
　　　　4.3.3　加大授粉昆虫人工繁育及产业化力度 ······································· 143
　　　　4.3.4　授粉昆虫产业评估 ··· 143

4.3.5 授粉昆虫生态利用促进生物多样性·················145
4.3.6 授粉昆虫生态利用的必要性·····················146

第5章 天敌昆虫的生态利用与展望·····················148

5.1 天敌昆虫的跟随现象与区域性·····················148
5.1.1 生态食物链与天敌昆虫的跟随关系·············148
5.1.2 同域天敌与异域天敌的概念···················149
5.1.3 昆虫天敌与天敌昆虫·······················150

5.2 天敌昆虫的利用途径·······························152
5.2.1 输引域外天敌昆虫·························153
5.2.2 人工生产繁育并释放应用天敌昆虫···········156

5.3 主要天敌昆虫类群（种类）生产繁育与释放应用技术·····157
5.3.1 天敌昆虫资源·····························157
5.3.2 螳螂类·································158
5.3.3 蠋蝽···································164
5.3.4 黑广肩步甲·······························173
5.3.5 七星瓢虫·································177
5.3.6 异色瓢虫·································183
5.3.7 龟纹瓢虫·································186
5.3.8 深点食螨瓢虫·····························190
5.3.9 六斑异瓢虫·······························193
5.3.10 花绒寄甲·································196
5.3.11 赤眼蜂科·································200
5.3.12 烟蚜茧蜂·································210
5.3.13 茶翅蝽沟卵蜂·····························216
5.3.14 管氏肿腿蜂·······························218
5.3.15 周氏啮小蜂·······························222
5.3.16 丽蚜小蜂·································225
5.3.17 食蚜瘿蚊·································229
5.3.18 丽蝇蛹金小蜂·····························232

5.4 天敌昆虫生态利用原则与技术体系·····················233
5.4.1 天敌昆虫生态利用原则·······················233
5.4.2 天敌昆虫生态利用策略·······················235
5.4.3 天敌昆虫生态利用技术体系···················236
5.4.4 本地天敌昆虫保护与生态调控·················237

5.5 天敌昆虫生态化控害效应评价方法 ·················· 239
5.6 天敌昆虫生态利用展望 ·················· 240
5.6.1 天敌昆虫生态利用须克服化学农药的弊端 ·················· 240
5.6.2 突破天敌昆虫生产繁育模式 ·················· 241
5.6.3 完善嵌入式天敌昆虫与"桥饵系统"技术 ·················· 246
5.6.4 天敌昆虫产业化 ·················· 246
5.7 天敌昆虫生态利用在生态植保技术体系中的地位 ·················· 250
5.7.1 生态植保技术体系 ·················· 250
5.7.2 天敌昆虫在生态植保技术体系中的地位 ·················· 250

第6章 环保昆虫的生态利用与展望 ·················· 251
6.1 环境昆虫与环保昆虫 ·················· 251
6.2 环保昆虫的应用 ·················· 252
6.3 环保昆虫的类群 ·················· 252
6.4 主要环保昆虫的生态利用 ·················· 253
6.4.1 中华真地鳖 ·················· 253
6.4.2 美洲大蠊 ·················· 264
6.4.3 蝼蛄 ·················· 267
6.4.4 白星花金龟 ·················· 272
6.4.5 双叉犀金龟 ·················· 277
6.4.6 黄粉虫 ·················· 280
6.4.7 大麦虫 ·················· 285
6.4.8 家蝇 ·················· 290
6.4.9 亮斑扁角水虻 ·················· 296

第7章 资源昆虫生态利用与"三生"农业体系 ·················· 304
7.1 "三生"农业体系概念、内涵与意义 ·················· 304
7.2 天敌昆虫生态利用是现代农业绿色发展支撑 ·················· 305
7.3 环保昆虫生态利用是生物链复杂农业发展支撑 ·················· 305

主要参考文献 ·················· 307

索引 ·················· 314

第1章 绪 论

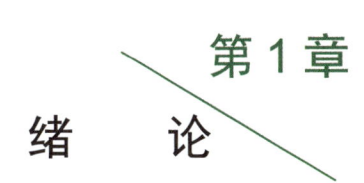

昆虫是地球生物圈生态系统的重要成员之一，昆虫世界蕴藏着无穷的奥秘，昆虫世界是大自然中最惊人的现象。在昆虫世界中，没有什么事情是不可能的；通常看来最不可能发生的事情也会在昆虫世界里出现。一个深入研究昆虫世界奥秘的人，将会为不断出现的奇妙现象惊叹不已。

昆虫对生态环境的适应是亿万年来长期进化的结果，绝大多数昆虫具有极强的环境适应能力、抗逆能力。我们应该对昆虫的生活习性及其在生态系统中的功能继续深入研究，探索昆虫、了解昆虫、保护昆虫、利用昆虫，与之和谐共存，以保护我们赖以生存的地球生态系统，为社会经济可持续发展做出贡献。

1.1 昆虫与人类的关系

昆虫与人类的关系十分复杂，基本上可以分为昆虫的有害性、有益性及与生态环境的关系。昆虫益害观是人类从自身经济利益的角度出发而划分的，角度和标准划分十分复杂。

我国古代劳动人民在长期的生产实践中，对所接触的草、木、鸟、兽、虫、鱼进行记录或刻画，累积了丰富的自然知识。浙江余姚河姆渡出土的6000年前石器时代的陶片上就绘有鱼、虫、花、草纹饰。河南安阳小屯村出土的3000多年前殷墟甲骨文字中，可释定的动物名称达60多个，其中有蝉、蟋蟀、蝗虫、蚕、蜂等9种昆虫。河南安阳大司空村还在殷墓中发掘出玉刻的蚕和蝉。

我国先祖对昆虫的认识深刻而悠久。《诗经》以多识鸟兽草木之名而著称，书中记载植物137种、动物136种，而提到的昆虫有20多个种。"昆虫"这个名词起于汉代，在"虫"字前面加上一个"昆"字，意为众多的虫子之意，《汉书·成帝纪》介绍"昆，众也"。此时期，欧洲近代科学在不断发展。1758年瑞典博物学家林奈的名著《自然系统》问世，其建立的人为分类法被世人称为"林氏24纲"。他从自然史的科学分类观出发，建立了"昆虫纲"。在此基础上，分类学家又进一步研究得出更明确的依据，他们将昆虫规范为头、胸、腹3体段和3对6足，在动物界中分出节肢动物门昆虫纲，旧称"六足纲"。至19世纪60年代，中外文化科技交流甚密，世界昆虫学传入中国。在 1890 年，方旭的《虫荟》中将 219 种小虫称为昆虫卷，这是中国在文献上第一次将小虫之属定名为昆虫，并以规范名词记载，也是我国把昆虫作为现代概念的最早记载。此后，以昆虫为研究对象的昆虫学，经历了描述和实验两个阶段，并随着科学渗透和研究手段的更新，昆虫学已进入多学科协同发展的新时期。

昆虫有害方面的研究与控制实践，是传统农林业生产的主要内容之一。在人类栽培的植物中，几乎所有的种类都遭受害虫侵害。据现代农业昆虫学的研究，我国已知小麦害虫 237 种，水稻害虫 385 种，玉米害虫 234 种，大豆害虫 240 种，油菜害虫 118 种，棉花害虫 310 种，烟草害虫 300 余种，贮粮害虫 100 种，蔬菜害虫 230 种，苹果、梨、桃、葡萄等北方常见果树害虫 710 种。我国农作物每年因害虫危害使粮食损失 10%～15%，棉花损失 20%左右，蔬菜、水果损失高达 20%～30%。这些害虫与人类争夺食物资源，成为农业的一大生物灾害。对农业害虫的研究，形成了农业昆虫学。

昆虫除直接为害植物以外，还能够传播植物病害，间接地给植物带来损失。昆虫作为传播媒介可以传播能感染多种植物的真菌、细菌和绝大多数的病毒，导致植物病害大流行。在已知的 249 种植物病毒中，仅蚜虫就能传播 159 种。小麦黄矮病毒、油菜和白菜病毒都是由蚜虫传播的。水稻矮缩病毒是由黑尾叶蝉传播的。这些媒介害虫传毒在农业生产上造成的损失，远比虫害本身要大得多。因此，防治媒介昆虫已成为防治植物病害的主要措施。

昆虫也为害多种树木，例如，马尾松毛虫是松树上危害十分严重的害虫，会将成片的松林吃光。各种小蠹甲、天牛、木蠹蛾、透翅蛾等蛀干害虫造成大量树木枯萎，使树木失去经济价值，被称为"无烟的火灾"。对林业害虫的研究，形成了林业昆虫学。

此外，昆虫与人类、畜禽的健康关系也十分密切。例如，蚊子、跳蚤、虱子、牛虻、刺蝇等是人畜体外寄生的吸血害虫；寄生在马胃肠中的马胃蝇幼虫和寄生在牛背部皮下的牛皮蝇幼虫，则属于动物的体内寄生虫。这些害虫不仅直接危害人畜躯体，更重要的是传播疾病，威胁人畜生命安全，这也是我国十分重视生物安全的原因之一。据估计，人的传染性疾病约有 2/3 是以昆虫为媒介的，例如，鼠疫、斑疹伤寒、疟疾、黄热病、睡眠病等都是由媒介昆虫传播病害所致。据历史记载，14 世纪鼠疫（蚤传）在欧洲大流行，使 2500 万人死亡，占当时欧洲人口的 1/40。斑疹伤寒（虱传）的流行与否常是决定战争胜负的重要因素。在家畜病害中，马的脑炎、鸡的回归热、牛马的锥虫病、犬的丝虫病等都是由各种吸血昆虫及其他节肢动物（蜱类）传带的。所以做好人畜的防疫工作，必须研究并防控传病媒介昆虫。正是对人类疾病媒介昆虫的研究，形成了医学昆虫学。

昆虫中的有些种类对人类有益。例如，蜜蜂可以酿蜜，冬虫夏草可以入药，家蚕可以吐丝，蚱蝉、豆虫、龙虱是佳肴美味，黄粉虫可以作为饲料，而蝴蝶、蝈蝈、蟋蟀、萤火虫等可以供观赏等。

昆虫是自然界生态系统的重要组成成分，也是重要的"大自然的清道夫"，具有强大的生态系统服务功能。昆虫多样性是自然界生物多样性的重要基础，或许正是土壤微生物、杂草和昆虫成为维系生态系统平衡的基础。蜣螂是重要的牛粪的分解转化者，黑水虻是畜禽粪便的分解者，麻蝇则是野生动物病死尸体的转化处理者，白星花金龟（秸秆虫）可以转化处理有机废弃物。

昆虫在自然界中具有十分强大的功能，只有充分地了解昆虫的资源功能和自然生态环境功能，才能够趋利避害、变废为宝，为人类所用，在21世纪人类揭示生命奥秘过程中及生物多样性的研究中发挥重要作用。

1.2 我国资源昆虫的利用历史及现状

我国对于资源昆虫的利用，可以分为3个历史阶段，即传统虫业、近代虫业与现代虫业。传统虫业最为著名的有养蚕业和养蜂业，以及利用黄猄蚁控制柑橘害虫；近代虫业的代表种有白蜡虫、紫胶虫、五倍子蚜等，作为特殊工业生物原料；现代虫业以"三虫"（授粉昆虫、天敌昆虫和环保昆虫）生产养殖与利用为主体，如熊蜂、壁蜂、瓢虫、蠋蝽、黑广肩步甲、赤眼蜂、丽蚜小蜂、黄粉虫、黑水虻、白星花金龟等；现代虫业在农业绿色低碳发展、生态环保和生物能源等领域的重要功能逐步显现。

资源昆虫的产业化利用，既有悠久的历史，又具备新兴产业的特点。我国资源昆虫产业化发展的成绩斐然。养蚕纺丝是中国古代劳动人民的发明，家蚕是由野蚕经过长期饲养驯化而成的一个完全不同的物种，而且根据人类的需求而不断杂交筛选了众多优良品种，是人类驯化利用昆虫资源的典范，是人类改造自然的伟大成就之一；养蚕纺丝距今已逾8000年。养蜂酿蜜在我国距今已有3000多年的历史，从公元3世纪的著作《高士传》中"遂隐居，以畜蜂豕为事，教授者满于天下，营业者三百余人"等描述可以看出，1800年前养蜂就已经成为一门专业的学问和产业了。虫白蜡的利用历史也有1700多年。此外将昆虫作为动物性补充蛋白质的食品可能伴随着人类的整个进化历史，公元前12世纪的古籍中，就有将蝉的成虫和若虫，蜜蜂与蚂蚁的卵、幼虫和蛹制成酱作为珍贵食品的记载。关于天敌昆虫的利用，《南方草木状》（公元304年）中有文字记载，之后许多著作中也多次记载利用黄猄蚁防治柑橘害虫。

古代资源昆虫产业利用的辉煌成就，为我们积累了丰富的经验，但是，还难以满足现代社会经济发展的需求。昆虫生产学是促进昆虫资源产业化发展的关键理论与技术。自20世纪90年代以来，利用授粉昆虫为农业增产，利用昆虫生产饲料、食品等产业发展很快。目前除家蚕、蜜蜂、柞蚕等可作食品外，新开发的昆虫有黄粉虫、黑粉虫、大麦虫（大黑甲）、黑水虻、白星花金龟、家蝇、豆天蛾、蝗虫、蚱蝉等，黄粉虫、黑粉虫、大麦虫、洋虫（九龙虫）、中华真地鳖（土元）、美洲大蠊、东亚飞蝗、黑水虻、家蝇、麻蝇、白星花金龟等工厂化生产养殖技术已获成功。在生产昆虫源蛋白质的基础上，生产高蛋白食品、保健食品及运用高科技手段开发高附加值产品，是资源昆虫产业化开发的主导方向。

昆虫作为食品在我国已有数千年历史，《周礼》记载先秦时期就将蚁卵制成酱作为美食食用，现今蝗虫、蝉、蚕蛹等也是不少国人喜爱的佳肴。从世界范围看，南亚、非洲和拉丁美洲的许多地区都有食虫的习惯。联合国粮食及农业组织于2013年5月13日就提出倡议，鼓励人们食用昆虫。昆虫中蛋白质含量高，脂肪含量低，饲养增值效率高，饲养过程中无须增温和降温，可减少能耗，帮助应对全球变暖、环境污染造成的粮食问题。昆虫疾病不会传染人体和家畜。欧盟在2021年通过立法，将昆虫列入人类食物名录清单。食用昆虫产业化还须国人克服心理障碍，在舆论宣传和教育方面论及昆虫的有益价值和对生态系统的贡献，重视其巨大的经济价值。

有机废弃物是垃圾的主要组成部分，包括餐厨垃圾、畜禽排泄物、工业发酵废弃物、农业废弃物等，量大面广，资源化利用意义重大。目前，上海、江苏等地在垃圾分类的基础上，利用黑水虻等昆虫的腐食特性降解有机废弃物，促进资源化利用，取得了良好成效。

1.3 资源昆虫生态利用在昆虫资源产业中的地位

进入21世纪以来，人们对资源昆虫的生态功能和资源价值认识越来越全面和深入，形成了许多产业领域，其中生态利用最具代表性的功能类群为授粉昆虫、天敌昆虫和环保昆虫。根据资源昆虫产业价值，可将资源昆虫产业划分为以下领域。

（1）授粉昆虫产业（蜜蜂、熊蜂、壁蜂等）；

（2）食用昆虫产业（蚱蝉、豆天蛾、蝗虫、鱼蛉、龙虱、蜻蜓、天牛等）；

（3）饲用昆虫产业（黄粉虫、黑粉虫、大麦虫、蝇蛆、黑水虻、白星花金龟等）；

（4）药用保健昆虫产业（蜂产品、中华真地鳖、蟑螂、芫菁、洋虫、蚂蚁等）；

（5）文化鉴赏昆虫产业（虫草画、蝶翅画；斗虫、鸣虫、甲虫类等宠物昆虫；与观光旅游农业结合的景观昆虫，如萤火虫、蝴蝶等）；

（6）实验昆虫产业（悉生昆虫、教具昆虫、生测昆虫，包括黄粉虫、大蜡螟、蚜虫、棉铃虫等）；

（7）生物化工原料昆虫产业（桑蚕、柞蚕、白蜡虫、蜡蚧、紫胶虫、胭脂虫、

五倍子蚜等);

(8) 生物防控昆虫产业（瓢虫、草蛉、赤眼蜂、步甲、虎甲、蚁狮、穴蚻、蠋蝽等);

(9) 昆虫毒素及代谢分泌物产业（蜂毒、斑蝥素、蜣螂素及虫茶、虫砂等);

(10) 环境保护昆虫产业（水虻、蝇类、蜣螂、腐食性蛴螬等);

(11) 昆虫共生资源产业（昆虫病原微生物源生物农药、昆虫肠道微生物源动物饲料添加剂及微生态制剂等);

(12) 昆虫源脂肪产业（高脂类昆虫的脂肪资源开发);

(13) 虫砂基有机肥（虫砂基人工土壤）产业，可在土壤污染治理、盐碱地土壤改良中发挥作用;

(14) 昆虫仿生学（应用于航空器开发等领域);

(15) 昆虫新技术产业（转基因蚊子等新技术产品)。

同一种昆虫的产业价值也可以体现在几个不同领域。例如，螳螂既是十分重要的天敌昆虫，又是高档食品；中华真地鳖既是重要药材，其"蜕皮虫"又是食品、药酒原材料；黄粉虫、黑水虻、白星花金龟既是重要的高蛋白饲料昆虫，又是有机废弃物转化处理的生物技术手段。此外，昆虫作为一项特殊技术，在法医、刑侦、缉毒、间谍或探险等领域均有应用。

昆虫研究也与新技术发展密切相关，如美国生物技术公司研制基因编辑蚊子并释放应用。

此外，昆虫生产及加工装备产业（与昆虫生产配套的各类设施、设备等），如昆虫微波干燥设备、昆虫亚临界脱脂设备等伴随昆虫生产学的发展逐渐形成。

总之，小小昆虫组成了一个大世界，小昆虫可以做成大产业。昆虫在自然界中是一个非常重要的、任何其他生物不可替代的成分，昆虫世界是一个巨大的生物资源宝库。

研究人员最近的研究表明，人类低估了昆虫的作用。美国俄勒冈州波特兰无脊椎动物保护协会（一个昆虫保护组织）的马斯·沃恩认为，如果没有昆虫提供的服务，生态系统和它所支撑的生命（包括人类）就不会存在。马斯·沃恩和康奈尔大学的约翰·洛西一起研究了昆虫的 4 类服务，包括处置粪便、控制庄稼虫害、传花授粉和为野生动物（如鸟类）提供营养。这些服务对人类和其他生物贡献极大。他们的分析并不包括人工饲养（家养）的昆虫（如蜜蜂）对人类的贡献。当然，昆虫最直接的贡献是为野生动物提供食物，由此为美国的狩猎娱乐、渔业、护鸟和部分吃昆虫的物种带来极大效益。在价值约为 570 亿美元的收益中，昆虫捕食 10 多种粮食害虫所创造的价值为 45 亿美元，为果蔬传花授粉创造的价值为 30 亿美元，处置粪便创造的价值为 3.8 亿美元。

第 2 章

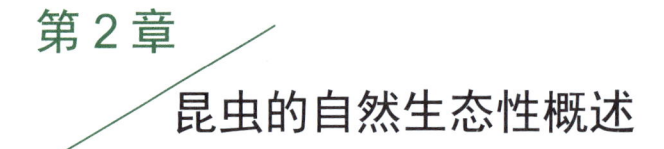

昆虫的自然生态性概述

2.1 生态系统与生物多样性

2.1.1 生态系统：自然生态系统与人工生态系统

生态系统是指在自然界的一定空间内，由生物群落及其生存环境共同组成的动态平衡系统。生物群落由存在于自然界一定范围或区域内并互相依存的一定种类的动物、植物、微生物组成。生物群落内不同生物种群的生存环境包括非生物环境和生物环境。非生物环境又称无机环境、物理环境，如各种化学物质、气候因素等；生物环境又称有机环境，如不同种群的生物。生物群落与其生存环境之间及生物群落内不同种群生物之间不断进行着物质交换和能量流动，并处于互相作用和互相影响的动态平衡之中。

地球最大的生态系统是生物圈，最为复杂的生态系统是热带雨林生态系统，人类主要生活在以城市和农田为主的人工生态系统中。生态系统是开放系统，为了维系自身的稳定，生态系统需要不断输入能量，否则就有崩溃的危险；许多基础物质在生态系统中不断循环，其中碳循环与全球温室效应密切相关，生态系统是生态学领域的一个主要结构和功能单位，属于生态学研究的最高层次。生态系统的稳定性和动态性机理对人类的经济活动、受损生态系统的恢复和重建具有重要的指导意义。

依据生态系统受人类干预程度的大小可以将生态系统分为自然生态系统和人工生态系统。所有未经人类干预或极少人类干预的生态系统都视为自然生态系统，如亚马孙河流域、撒哈拉大沙漠地带、喜马拉雅山脉等。所有在人为的设计、干预下，为了实现人类目的而构建的生态系统都是人工生态系统，表现出显著的人为性、经济性和频繁更新性，如农业生态系统、人工林生态系统、温室生态系统、生态循环农场系统、新型庭院系统、生态村落系统等。

2.1.2 生态平衡及其动态性

在一定时间内生态系统中的生物和环境之间、生物各个种群之间，通过能量流动、物质循环和信息传递，达到高度适应、协调和统一的状态。也就是说，当生态系统处于平衡状态时，系统内各组成成分之间保持一定的比例关系，能量、物质的输入与输出在较长时间内趋于相等，结构和功能处于相对稳定的状态，在受到外来干扰时，能通过自我调节恢复到初始的稳定状态。

在生态系统内部，生产者、消费者、分解者和非生物环境之间，在一定时间内保持能量与物质输入、输出的动态相对稳定状态。在生物进化和群落演替过程中包含不断打破旧的平衡，建立新的平衡的过程。人类应从自然界中受到启示，不要消极地看待生态平衡，而是发挥主观能动性，维护适合人类需要的生态平衡（如建立自然保护区），或打破不符合自身要求的旧平衡，建立新平衡（如把沙漠改造成绿洲），使生态系统的结构更合理，功能更完善，效益更高。

2.1.3 生物多样性：自然生物多样性与人为生物多样性

自然资源处于产业原料供给端的重要位置。完善资源市场化配置、破除资源无效低效供给，优化存量资源配置、扩大优质增量供给、促进新动能形成，还有现代农业的绿色发展需求、地球资源有限性与人类社会经济发展的无限性之间矛盾的协调，均与生物多样性存在密不可分的联系。

生物多样性是生态系统构成及生态系统平衡的基础，生物多样性是人类社会赖以生存和发展的生物资源基础，它不仅提供了人类赖以生存、不可缺少的食物，也构成了人类生存与发展的生物圈。生物多样性的丧失已经引起全世界的关注，也日益成为生态学研究的焦点之一，昆虫多样性是生物多样性的重要构成元素之一。

1. 生物多样性的概念

物种是生物多样性的基础，同一个物种内每个个体之间都存在遗传变异。物种在长期的自然进化过程中又与其生存的外界环境形成了一个不可分割的整体。因此，生物多样性可以分为遗传多样性、物种多样性和生态系统多样性3个层次。地球上所有生物及其依存环境构成了生物多样性的总体。1992年《生物多样性公约》中定义，生物多样性是指所有来源的形形色色的生物体，这些来源包括陆地、海洋和其他水生生态系统及其所构成的生态综合体，其包括物种内部、物种之间和生态系统的多样性。

生物多样性可以分为组成多样性、结构多样性和功能多样性。组成多样性是指一个生态系统中生物种类的构成；结构多样性是指各个组成成分在时间、空间和相互关系中的格局；功能多样性是指生物活动中实现的各种能量和物质转化功能。

2. 自然生物多样性与人为生物多样性

根据与农业生产的关系，生物多样性可以分为自然生物多样性与人为生物多样性。自然生物多样性是指没有经过人为干预或人为干预极轻的自然生态系统中的生物多样性；人为生物多样性则是指人类为了自身的利益而人为干预构建的生物多样性，如各种农业、林业生态系统中的生物多样性。

为了获得生产性、经济性和生态稳定性，人为生物多样性可分为最简生物多样性和最佳生物多样性。目前，在农业生态系统中，基本上都是单一物种的存在状态，基本上完全丧失了生物多样性，由此带来了农业生态系统的脆弱性和不稳定性。为了充分发挥生物多样性的生态潜力和产业潜力，必须协调生物多样性和农业生产之间的关系，既要克服单一物种状态的脆弱性，又要使生物多样性具备农业产业功能，因此提出最简生物多样性的概念，如利用天敌瓢虫防控作物有害蚜虫的系统中，存在紫藤—紫藤蚜（饵料蚜虫）—天敌瓢虫—有害蚜虫—作物 5 个物种的系统关系，这 5 个物种缺一不可且无功能重叠，实现了最简生物多样性。

为了更加凸显生物多样性的优势，提高农业生产中害虫生态防控效率，在最简生物多样性的基础上进一步完善，实现了最佳生物多样性。最简生物多样性和最佳生物多样性之间的关系如下：

$$最佳生物多样性 = 最简生物多样性 + 1$$

即最佳生物多样性就是在最简生物多样性的基础上再加入一个物种，这个物种必须是与天敌昆虫配合、置于害虫之前，发挥天敌昆虫功能叠加效应。例如，紫藤—紫藤蚜（饵料蚜虫）—天敌瓢虫—有害蚜虫—作物 5 个物种的最简生物多样性系统，在有害蚜虫之前增加 1 个生防物种（天敌昆虫或病原微生物等），如烟蚜茧蜂或蚜霉菌，这样就提高了害虫生态防控效率。

3. 生物多样性与农业生物资源

全世界共有 1200 个作物栽培种，中国约有 600 个，其中 289 个被认为起源于中国或在中国栽培超过 2000 年。水稻、小麦和大豆等是世界广泛种植的主要作物，其野生近缘植物由于具有优良的种质特性，是作物改良和培育高产、优质、高抗性农作物的基础，在中国及世界农业可持续发展中发挥了重要的作用。1992 年中国加入《生物多样性公约》后，农业部高度重视农业生物多样性的保护工作，专门制定了《农业部门生物多样性保护行动计划》，建立了从中央到地方比较完善的农业生物多样性保护体系，制定了与农业生物多样性保护有关的政策法规，实施了一系列与农业生物多样性保护有关的规划和计划，开展了农业野生植物资源调查和抢救性收集，建立了一批农业野生植物资源原生境保护区、异位保存圃和鉴定评价中心。农业安全和可持续性，依靠的是生物多样性，在生物多样性基础上的生态平衡才是农业安全的保证。

农业生物多样性是生物多样性的重要组成部分，与人类生存密切相关，保护农业生物多样性将对维护生态平衡、保障粮食安全、促进人类社会的可持续发展做出贡献。中国是世界上生物多样性最丰富的国家之一，是农业生物多样性保护的重点地区，保护和利用中国的农业生物多样性资源，不仅对中国，而且对世界具有极其重要的意义。

农业是一个全面开发利用生物资源（植物、动物、微生物）的基础产业部门，从体型大小而言，农业生物资源可以分为大型生物资源、中小型生物资源和微型生物资源，在传统农业中利用的多为大型生物资源，自17世纪显微镜发明以来，人类跨越式进入了微观世界，同时严重忽略了中小型生物资源的开发利用。昆虫资源即是中小型生物资源的最大类群，作为重要的可再生性生物资源，在过去很长一段时间内没有得到应有的重视。

2.2 昆虫多样性

昆虫为无脊椎动物，是节肢动物门昆虫纲种类的统称。昆虫纲的种类、个体数量、发育过程和变态行为是自然界中任何其他动物类群所不能比拟的，其中有很多种类与人类生活、生产具有极为密切的关系。昆虫具有物种数量大、资源丰富的特征，昆虫的整体生物量可能超过陆地上所有动物的总生物量，为昆虫资源产业化利用奠定了物质基础。

2.2.1 昆虫的历史、种类与分布

昆虫历经 3.5 亿~4.0 亿年的进化，演化为地球上多样性最丰富的生物类群，也是地球上尚未被充分开发利用的数量最大的生物资源。最新科学研究表明，全世界昆虫种类可能达到 600 万~1000 万种，约占全球生物多样性的一半。目前已被科学认识的昆虫种类不及 200 万种，占动物界已知昆虫种类的 2/3。中国昆虫种类的理论值为 15 万~20 万种，目前记载的昆虫种类不到 10 万种。现在世界上每年大约发表 1000 个昆虫新种，它们被收录在《动物学记录》（*Zoological Record*）中。

昆虫纲不仅是节肢动物门中最大的一纲，而且是动物界中最大的一纲。要确切掌握昆虫的种类是极其困难的，甚至是不可能的，因为有相当一部分昆虫在未被人类认识之前可能已经消亡，有些种类则在不断进化中演变为新种而被发现。例如，1931 年记载鳞翅目昆虫仅为 8 万种，到 1934 年增至 10 万种，到 1942 年已经达到 14 万种。中国幅员辽阔，自然条件复杂，是世界上唯一跨越古北界和东洋界两大动物地理区系的国家，因而是世界上昆虫种类最多的国家之一。

昆虫的分布之广，没有其他纲的动物可以与之相比，几乎遍及整个地球。从赤道到两极，从海洋、河流到沙漠，高至世界的屋脊——珠穆朗玛峰，下至几米深的土壤里，都有昆虫的存在。如此广泛的分布，说明昆虫具有惊人的适应能力，

也是昆虫种类繁多的生态基础。

2.2.2 昆虫繁盛的主要特点

昆虫多样性主要表现在以下3个方面。①种类繁多。②个体数量庞大。昆虫不仅种类多，而且同种昆虫的种群个体数量巨大。据统计，1个蚂蚁群体的数量可多达50万只；蚜虫大发生时，1棵植株甚至1张叶片上的蚜虫个体数量难以计数；在森林里，每平方米可有10万头弹尾目昆虫。我国历史上蝗灾频发，飞蝗迁飞时遮天蔽日，蝗虫大发生时，个体数量可达7亿~12亿，总重量为1250~3000t，群飞覆盖面积可达500~1200hm^2；草地螟暴发时，幼虫堆积于铁道，阻碍火车运行；白蚁婚飞和蜉蝣群飞时，密集成群；夏秋黄昏时节，人们常常陷入蚊群包围之中……此外，常见的还有自然发生的松毛虫、甘薯天蛾等，以及工厂化规模生产的黄粉虫、黑水虻、白星花金龟、中华真地鳖、美洲大蠊、蝇蛆等。③分布广泛。昆虫分布极广，不仅可以生活在地面上和土壤中，植物表面或体内、动植物尸体和排泄物等一切有机物中，而且还能寄生在人和动物体内。有些昆虫甚至可能分布于盐池、原油等特殊环境。例如，海兽虱科的昆虫种类都寄生在海栖性哺乳类动物身体上，至今只知10余种；海栖性昆虫还有潮水蝇、丽海水黾和矮海水黾（后两种分布于台湾沿海海域）。

2.2.3 昆虫繁盛的原因

在生物进化的历史长河中，体躯庞大的恐龙及鼎盛一时的三叶虫等灭绝，而昆虫家族却一直保持着繁盛，其繁盛的原因主要体现在以下9个方面。

（1）自然进化历史悠久。目前所知的昆虫，最早出现于古生代的泥盆纪；在进入中生代前又出现了多种昆虫，而且基本具备了现代昆虫的体躯结构。因此，进入新生代以后，尽管哺乳类等脊椎动物发生了明显的进化、演变，但昆虫的体型不再发生明显的变化。

由此推测，昆虫在地球上有3.5亿~4.0亿年的历史，而人类出现仅有100万~300万年的历史。所以，远在人类出现于地球之前，昆虫就与其栖息环境中的一切动植物和微生物建立了悠久的历史关系。人类出现以后，为了获得生活资料，对自然进行改造，特别是栽培作物、饲养动物，势必与昆虫形成资源、空间的竞争关系。人类与昆虫之间真正的竞争关系形成于1万年前的农耕时代初期。

在悠久的地质历史演进过程中，历经火山爆发、地震、海啸、洪水或人类活动所引起的灾难之后，最先定居下来的就是昆虫。这是构成昆虫多样性和繁荣昌盛的生态基础。

（2）表皮保水。昆虫不同于脊椎动物，它的骨骼系统在躯体的外部，即昆虫的表皮。昆虫的表皮通常为多层结构，由外而内分别为上表皮、外表皮和内表皮。

第 2 章 昆虫的自然生态性概述

其中，上表皮是 3 层中最薄的一层，但它发挥主要的保水作用。上表皮之所以能保持水分，是因为它具有一种成分——蜡质。蜡质分子具有双极性：亲水的一极与新生的表皮有很高的亲和性，形成蜡质的单分子层；疏水的一极朝向表面，使水分子不能从它们中间通过。

（3）有翅能飞。昆虫是无脊椎动物中唯一有翅的生物类群，也是动物界中最早有翅的一个类群，有翅鸟类比昆虫晚出现了一亿多年；飞翔能力的获得使昆虫在觅食、求偶、避敌、扩散等方面具有极大的优势。

昆虫的原始祖先类群弹尾目无翅，到了石炭纪初期，已出现有翅的蜻蜓和蜉蝣的祖先，虽然它们的翅构造简单，只能向一侧伸出或向上竖立，但在翼龙、鸟类尚未出现的古生代，它们得以在没有竞争者的空中自由自在地飞翔，拓展了生活空间。至新翅类昆虫出现，昆虫翅的构造渐趋复杂，停止不用时翅膀可向后方折叠，以防破损。最早出现的新翅类昆虫是蟑螂类，后来陆续出现了蝉、蜻象之类。除蜻蜓、蜉蝣外，所有的有翅昆虫都属于新翅类。

昆虫飞翔与鸟类不同，昆虫需要使它们的飞翔肌变暖后才能起飞，这可通过晒太阳或振动翅来完成。昆虫飞行时，翅的运动包括上下拍击和前后倾折两种基本动作，这主要是由翅基部和胸部肌肉的伸缩，以及表皮和翅基关节部骨片的弹力决定的，而翅拍动的幅度和频率在种间有较大的变化。昆虫在飞行中的定向（爬升、降落、向前或停滞不前）很复杂，昆虫需要在三维空间协调控制自身，包括翅振动平面的变化、翅扭曲的变异，以及身体一侧翅的振幅与另一侧的关系，还有足与腹部的运动。

很多昆虫的飞行能力很强。为寻找食物和产卵场所，有的昆虫（如飞蝗）从一地有规律地向另一地迁飞，迁飞的距离往往达数百千米。迁飞距离最长的昆虫是小苎麻赤蛱蝶，从北非到冰岛，飞行距离约达 6440km。

（4）繁殖力强。昆虫大多具有惊人的繁殖能力，加之体小、发育速度快，因而具有极高的繁殖率。大多数鳞翅目昆虫平均单雌产卵数百粒至数千粒，一年可以完成多代；蚜虫一般 5～7d 即可完成一代，一年可以完成 20～30 代。一向被认为短命的蜉蝣，在几小时到一天的成虫期，不仅完成寻偶、交尾，而且产下 4000 余粒卵；蜜蜂的蜂王，平均一分钟产两粒卵，一天的产卵量就超过 2000 粒，其寿命可长达 7 年；大洋洲半干燥地区的长鼻白蚁的蚁王，具有寿命 100 岁的记录，一生产卵总数高达 50 亿。因而，即使在环境恶劣、天敌众多的条件下，其自然死亡率达 90% 以上，也能保持一定的种群数量并能快速恢复种群。强大的生殖潜能是昆虫种群繁盛的基础。

有翅亚纲昆虫之所以繁盛，其交配方式的进化是一个重要因素。对化石标本的研究发现，早期的节肢动物是水生的，而水生的种类多为体外受精。当节肢动物在泥盆纪从海洋发展到陆地，交配受精方式可能有一个漫长的选择、适应过程。

现在陆地上比较原始的节肢动物（如蝎子），其交配方式是雄虫产出精荚到地面，雌虫再压挤精荚使之释放出精子团，然后用雌性生殖器拾起精子团而使之进入雌体，从而完成交配。昆虫纲的无翅亚纲（如石蛃），交配也是间接的，雄虫把精囊产下后，雌虫用生殖器拾起。有翅亚纲昆虫则不同于前者，在躯体构造上具备了两性直接交配的插入器官——阳茎，这是该类昆虫演化的一个重要特征。阳茎的出现，使精子能从雄虫直接传输于雌虫，这大大提高了交配的安全性和成功率。

（5）体小势优。大部分昆虫的身体较小，这也是它取得成功的基本条件。最小的昆虫，如双翅目的蠓，体重只有 0.1mg；最大的昆虫以鞘翅目的巨人犀金龟为典型代表，体重达 38g。小微型的躯体给昆虫带来很多优势。首先，就个体而言，体型小，对维持生存的营养物需求就少，少量的食物即能满足其生长与繁殖的营养需求。这样，相对少的食物资源就能养活相对多的个体。其次，体型小，所需生活空间就小，在一个栖境中就会有更多的生态位，可容纳更多的个体。此外，其在生存空间、灵活度、减少损伤、顺风迁飞等方面具有很多优势。例如，一片棉花叶可同时供上百头蚜虫生活，一粒米可以满足几头米象生存。另外，由于昆虫体型较小，食物本身又成为其隐蔽场所，利于保湿、避敌等。

不过，体型小也有不少弱点。一般来讲，体型小的动物对环境的主动控制能力弱，因此它们在生存策略上更多地采取被动适应环境的方式。体型小还有一个致命的缺点，就是容易失水，因为个体越小，其表面积和体积之比就越大，失水性就越强。保持水分显然是所有陆生生物必须解决的问题，特别是体型小的动物。昆虫应对失水问题的解决办法，是它在体躯结构上有创新，形成了内含蜡质的坚硬的外骨骼——表皮。

（6）取食器官多样化。昆虫习性的进化和某些器官的分化，也是昆虫适应性的重要表现。不同种类的昆虫具有不同类型的口器，甚至同种昆虫的不同虫态具有不同的口器，一方面避免了不同种类、同种不同虫态之间对食物的竞争，另一方面改善了昆虫与取食植物之间的关系。例如，绝大多数昆虫为全变态，其中大部分种类的幼虫期与成虫期个体在生境及食性上差别很大，这样就避免了昆虫自身在空间与食物等方面的需求矛盾。昆虫口器类型由咀嚼式向吸收式演化，使昆虫食性也由取食固体食物转向取食液体食物，不仅扩大了食物范围，而且协调了昆虫与寄主植物之间的矛盾，改善了昆虫与寄主的关系，即在一般情况下，寄主植物不会因失去部分汁液而死亡，却可以反过来制约昆虫的生存。

（7）昆虫的气管系统与呼吸。昆虫与脊椎动物的呼吸系统大为不同。脊椎动物由器官（如肺）把空气吸进，通过血液中的血红细胞把氧传送至各组织，同时把细胞代谢产生的二氧化碳呼出体外。由于昆虫体液中没有脊椎动物血液中的血红细胞，氧在液体介质中的扩散能力又很弱，昆虫不得不发展了由表皮内凹形成的不断分支的气管系统。这一系统，从主气管、支气管到微气管，分布到昆虫躯体各部分，把氧气直接输送到各组织，尤其在能量代谢最旺盛的组织器官十分发达，如翅肌的周围。具有表皮特征的气管所具有的疏水性能，减少了由于水通过毛细管作用进入气管的可能，同时体壁上气门的开合控制，也有效地减少了因蒸腾作用而造成的水分丧失。细胞呼吸所产生的二氧化碳能比氧气更快地通过组织并穿透表皮扩散，但大部分要经过气门排出。如此有效的气管系统，使昆虫能维持高水平的新陈代谢，成为高度活跃的陆生动物。

（8）昆虫的食性广谱。据统计，昆虫中有48.20%为植食性，28.00%为捕食性，2.40%是寄生性的，17.30%为腐食性，4.1%为杂食性。一般将取食经济作物的昆虫作为害虫，而把捕食或寄生害虫的天敌昆虫作为益虫，腐食性昆虫（种类约为20万种）则是构建腐屑生态系统和产业体系的重要基础。

广阔的地域分布性和多样化的取食方式为昆虫资源的生产繁育、加工利用提供了十分便利的条件和可能性。人类社会在生存、发展、进化的过程中，将野生动物驯化成为家畜和家禽，满足了人类对蛋白质的需求，同样人类也可以将生产养殖的昆虫作为一种新的蛋白质来源。

（9）昆虫的变态。昆虫的外骨骼为昆虫生存创造了优势，但由此也带来了一个不可回避的问题，即在这样的一个硬壳内昆虫将如何生长？昆虫通过蜕皮的方式使这一问题迎刃而解。昆虫蜕皮是一个很复杂的过程，由昆虫脑激素、蜕皮激素和保幼激素等综合调控。一般来说，昆虫发育的开始阶段为卵，从初孵化的幼虫开始，昆虫就必须周期性地蜕掉原来的外骨骼以便生长和发育，最后阶段是成虫，也是性成熟阶段。根据昆虫从卵到成虫的发育过程，可把它们分为3类：最原始的一类为无翅昆虫（如衣鱼），在生长过程中通过周期性的蜕皮而发育为成虫，在发育时形态特征改变很小，被认为是无变态类；有翅昆虫中的一类是经过渐变的过程而完成变态的，一般要历经3个虫态，即卵、若虫和成虫，被称为不完全变态类；第三类则增加了一个形态上完全不同的蛹期完成变态，即一般要历经4个虫态（卵、幼虫、蛹和成虫），被称为完全变态类。

最早的有翅昆虫是采取渐变态的方式发育的，蛹期直到泥盆纪才演化出来，可能是出于对气候的反应（蛹有可能使昆虫在寒冷的季节生存下来）。完全变态昆虫是较为进化的类群，其幼虫不再是成虫的小型"翻版"，而是变成了"取食的机器"，而成虫则成为"繁殖的机器"。蛹期在现存的昆虫物种中十分常见，现有85%的昆虫种类以完全变态的方式发育。完全变态类昆虫的演化对昆虫种系产生了深远的影响。

综上所述，昆虫之所以成为地球上生物界最为繁盛的类群，主要在于它们的躯体构造和生理都表现为明显的特性和多样性，从而开拓了广阔的生存空间，大大提高了对环境的适应性，同时也增强了自身的生命力。

2.2.4 昆虫多样性丧失与保护

昆虫物种作为地球生态环境的重要组成部分，它们的存在与人类生存、生活息息相关，它们的多样性丧失或灭绝将直接反噬人类。1997 年一项评估报告指出，世界 1/3 的农作物依靠野生昆虫授粉，如果生态系统中没有这些野生昆虫的授粉行为，全球农业将损失 1170 亿美元。

自然界中一直有物种灭绝。不仅是单个物种在不断灭绝，还发生过 5 次大规模的生物灭绝事件，无数的生物从地球生物圈中消失。最近的一次大规模生物灭绝发生在 6500 万年前，恐龙家族消失。目前物种灭绝的速度比以往要快得多。在过去的半个多世纪，人类活动对生物多样性造成了前所未有的破坏。地球上的生物种类正在以相当于正常水平 1000 倍的速度消失。全世界目前约有 3.4 万种植物和 5200 种动物濒临灭绝，其中就有我们已知和未知的众多昆虫种类。在 2014 年《自然》（Nature）杂志给出的地球生物濒危现状报告中，受到威胁的昆虫种类接近 1000 种。根据美国生态学家罗伯特·邓恩（Robert Dunn）的估算，在过去 600 年灭绝的昆虫种类在 44 000 种左右（这几乎是所有已知哺乳动物种类的 10 倍）。这种情况对生态系统、社会经济和人类生活都造成了严重损害。20 世纪 90 年代，对物种保护问题的认识出现了一个大的跨越，生物学家开始论述动植物的存在对人类的益处，这些益处被称为生态系统服务。1997 年，美国生态经济学家罗伯特·科斯坦萨（Robert Costanza）及其同事估算了生物圈所提供的服务的价值，结果约为一年 33 万亿美元。相比之下，当时全球一年的经济总量约为 18 万亿美元。2010 年的一份研究报告称，到 2050 年，不受控制的物种损失将导致全球经济生产量减少 18%。

1. 昆虫多样性丧失或灭绝现象

随着昆虫不断灭绝，相关联的物种丧失也越来越多。

2. 昆虫多样性丧失的原因

大量昆虫物种的消失可能会给人类带来灾难性影响。现阶段，所有昆虫种群的减少和灭绝几乎都可以归因于人类活动。

1）生态环境的恶化

大蓝灰蝶在英国的区域性灭绝就是个例子。当地使用病毒控制了野兔种群以后，原本由于野兔取食而维持的开阔地带开始被植被覆盖；由于缺少开阔地带，一种红蚁属蚂蚁 Myrmica sabuleti（无中文名）的数量减少，而这种蚂蚁的巢穴正是大蓝灰蝶幼虫唯一的栖息地。结果英国人的无心之举，造成了当地大蓝灰蝶的灭绝，这种蝴蝶的寄生蜂等也连带着一起灭绝。

被关联动植物种群的减少所带动的共灭绝是昆虫濒危灭绝的常见模式。中华虎凤蝶是我国特有的珍稀蝴蝶，受到的威胁不仅是栖息地减少，其幼虫的寄主植物还被作为中草药过度采集而使幼虫的食物迅速消失。

大规模开垦森林转变为良田则成为世界各地人类的普遍行为。随着世界人口增加，带动粮食需求剧增，由此导致破坏自然生态环境的行为更加剧烈，这也是导致森林昆虫灭绝的重要原因之一。

2）化学农药、化学肥料的滥用

化学农药对昆虫具有直接杀伤作用和对昆虫食物具有杀伤作用，不合理的农药使用和化学肥料使用对昆虫造成伤害，导致大量昆虫死亡，使昆虫数量急剧下降，有的种甚至濒临灭绝。

3）人为采捕的影响

经济性人为采捕在一定程度上也会导致昆虫数量减少，如人类为了追求利益，大量捕捉漂亮的蝴蝶并将其制成标本出售，导致一些名贵蝴蝶品种的自然种群数量锐减。

4）城市化发展的影响

城市化极大程度上改变了昆虫的生存环境，压缩了昆虫的生存空间。美国弗吉尼亚大学研究人员研究了金鱼草，发现金鱼草花容易挥发香气，但在污染严重的空气中，它释放的香气分子在空气中很快就会与汽车释放的臭氧、氢氧化物或含氮污染物结合，以致其结构改变，不再释放花香。由于鲜花不"香"，一些以花粉为食的昆虫没有花香的引导就寻不到鲜花，因此觅不到食物而饥饿死亡，鲜花也会由于传粉不足难以继续繁殖，这种状况可能引起一种周而复始的恶性循环。同时，环境污染不仅会使昆虫难寻食物，它们击退敌人和吸引异性配偶的能力也可能受到影响。如人工光源的大量使用，破坏了萤火虫的求偶行为。

北京市六环路内昆虫的动态变化监测结果显示：每向市中心靠近5km，象鼻虫就减少1种。在长达3年的时间里，科研人员利用北京市特殊的城市环状扩展格局，对六环路内25个公园和绿化带中的柳树树干栖息昆虫进行了系统调查与监测；以环城路为城市化梯度，探讨了昆虫多样性沿城市化梯度的变化格局及其与城市扩展所带来的环境变化之间的关系。此次调查和监测的样本为象甲类。其实，不仅是象鼻虫在减少，北京市中心很多昆虫都在消亡，除了常见的蝴蝶、蜜蜂、蜻蜓等景观昆虫消亡外，一些天敌昆虫（如螳螂、七星瓢虫、草蛉等）在城市中也都不见了踪影。

3. 昆虫多样性保护行动

最新研究显示，全球绝大多数濒于灭绝的物种是"微不足道"的昆虫。同时，大量昆虫的灭绝对地球生态环境影响很大，甚至直接影响人类生存。研究报告指出，大量昆虫灭绝这一趋势仍将逐年恶化，预计在未来 50 年里，可能会有数十万种昆虫走向灭绝之路。然而，人类无论是从目前的直观反应还是早先的科学研究都显然未对昆虫给予高度重视，自 15 世纪以来，入册记录的灭绝昆虫只有 70 种，专家称这可能与人类缺乏对昆虫的研究有密切关系。美国北卡罗来纳大学的昆虫学家罗伯特·邓恩表示，无论是回顾历史上灭绝的动物，还是预测未来濒危灭绝的动物，其中大多数都是昆虫物种。

昆虫在植物授粉、动物尸体分解及土壤改良中都扮演着重要角色，它们是生态食物链中必不可少的一个环节，它们既可以是食草类、食肉类昆虫，也可以是寄生类昆虫。那些与多种动物生存密切相关的基本昆虫物种，它们的数量减少和物种灭绝将直接影响自然生态系统和人类生活。因此，全球已经发起昆虫保护行动。

1）全球共同行动

为了保护地球生物多样性，1992 年在巴西里约热内卢召开的联合国环境与发展大会上，153 个国家签署了《保护生物多样性公约》。1994 年 12 月，联合国大会通过决议，将每年的 12 月 29 日定为"国际生物多样性日"。2001 年，第 55 届联合国大会通过第 201 号决议，将"国际生物多样性日"改为 5 月 22 日。联合国《生物多样性公约》第十五届缔约方大会（第二部分）于 2022 年 12 月 7 日至 19 日在加拿大蒙特利尔举办。

2）制定相关的法律规定

根据《中华人民共和国野生动物保护法》（1988 年 11 月 8 日通过，1989 年 3 月 1 日起施行）第二章第九条规定，国家对珍贵、濒危的野生动物实行重点保护。《国家重点保护野生动物名录》于 1988 年 12 月 10 日经国务院批准，1989 年 1 月 14 日由中华人民共和国林业部、农业部令第 1 号发布，自发布日起施行。

2021 年 2 月 5 日，经国务院批准，国家林业和草原局、农业农村部将调整后的《国家重点保护野生动物名录》正式向公众发布，包括节肢动物门昆虫纲 9 目 17 科 75 种，其中一级保护种类 3 种。

3）建立自然保护区及昆虫资源定向保护区

（1）自然保护区建设。中国古代就有朴素的自然保护思想，例如，《逸周书·大聚解》有"春三月，山林不登斧，以成草木之长。夏三月，川泽不入网罟，以成鱼鳖之长"的记载。官方采取封禁山林的措施，民间也经常自发地划定一些不准樵采的地域，并制定若干乡规民约加以管理。

中华人民共和国成立后，在建立自然保护区方面取得了进展。到 2006 年年底，已建立各级自然保护区 2349 处，其面积约占国土面积的 15%。其中 28 处国家级自然保护区已被联合国教育、科学及文化组织的"人与生物圈计划"列为国际生物圈保护区。

（2）昆虫资源定向保护区。对昆虫资源的保护，尚未引起高度关注，应该像保护植物资源、脊椎动物资源一样对昆虫资源加以重视。为了长期储存植物种子，全世界目前有 1750 个种子库，被视作保护物种多样性的保险库。为脊椎动物（如大熊猫、东北虎等）设立了定向保护区。同样，为保护昆虫多样性，建议建立昆虫资源定向保护区。

4. 维持昆虫多样性保护与资源利用之间的平衡关系

在利用自然资源的同时也要保护自然资源，在保护中利用，在利用中保护，把保护作为利用的前提，实现可持续的资源开发状态。既不能仅限于把所有资源保护起来，更不能无限制地消耗自然资源。

自然平衡可以通过自然界的自我调节实现。同样，生态平衡也可以由人类活动加以调节。美国生态学家奥德姆说，生态系统发展的原理对人类与自然的相互关系有重要的影响：生态系统发展的对策是获得"最大的保护"，即力图达到对复杂生物量结构的最大支持；而人类的目的则是获得"最大生产量"，即力图获得可能的最高产量。两者常常是矛盾的。

自然界生态演化不断地向最稳定的群落——顶极群落发展，形成生物与环境相适应的动态平衡的稳定状态。在这种发展中，生态系统为自然界的动态平衡提供最大的保护：生物种的数量增加，总的生产量或生物量增加，以及总生物量与总生产量成高比值状态。人类活动是为了从自然界中取得尽可能高的生物产量，如谷物、油料、纤维、水果蔬菜、肉蛋奶、木材等。随着需求增加，人类不断地加剧对资源的开发利用；而且，人类生活不仅需要足够的食物和纤维，还需要维持自然界的氧平衡、碳平衡、氮平衡、水平衡和气候均衡等，同时还需要在保护良好的自然景观情况下满足娱乐和审美需要等。事实表明，在全球人口数量不多和生产力水平较低的情况下，人类活动可以维持全球性平衡；但是在世界人口增加，特别是生产力发展的情况下，人类为了获得最高的生物产量，大举向荒野、森林、河流、湖泊、海岸带、沼泽地等发起进攻，使自然界发生了根本性的变化，生态平衡遭到破坏。这迫使人们作出调整，要把对生产力的追求限制在一定的界限内，以避免造成生态破坏。

5. 加快昆虫资源利用及保护的研究及实践

由于社会各界对昆虫产品的需求越来越多，导致社会需求量与自然资源生产量之间的矛盾愈加尖锐。增加昆虫生产养殖种类及规模，既能满足社会经济发展需求，又能真正实现对昆虫多样性资源进行保护的目的。

为保护昆虫稀有种和正在消失种，加快开展相关昆虫生产养殖技术研究十分必要。如绢蝶科褐绢蝶属和虎绢蝶属昆虫世界上只有4种，中国有3种，其中被蝶商称为"一号蝶"的双尾褐绢蝶是中国特有种。近年在杭州对中华虎凤蝶进行了大量生物学研究，解决了杜衡植物的室内栽培技术问题，研制了以杜衡叶粉为主的最佳人工饲料配方，名贵蝴蝶人工饲养的成功为保护和利用名贵蝴蝶开辟了道路。绢蝶属昆虫世界上共有37种，我国有27种，著名的阿波罗绢蝶是世界第一个被列入《濒危野生动植物种国际贸易公约》的保护对象。中国特有的金斑喙凤蝶过去认为世界仅有几个标本，近年在海南已有发现。台湾馆藏宽尾凤蝶5雄1雌。大紫蛱蝶和黑紫蛱蝶等都为名贵昆虫。研究这些昆虫的生产繁育是很有必要的。

6. 昆虫多样性保护的意义

1）昆虫是地球上尚未得到充分开发利用的最大可再生生物资源

目前，全世界都面临人口、资源、环境和能源问题，特别是资源制约与经济发展之间的矛盾日益尖锐。如果中国和印度这样的人口大国都实现现代化，达到西方国家的现代化水平，则需要再增加4~5个地球的资源；全世界如果按美国方式实现现代化需要5个地球的资源，按英国的方式需要3.4个地球的资源，按照阿根廷现在的现代化程度需要1.7个地球的资源。

人类可以通过以下几个途径解决资源危机：①发掘新资源；②节约利用传统资源；③高效利用传统资源；④多元化利用传统资源；⑤循环利用传统资源；⑥利用高新技术合成替代资源。昆虫则是其中应该进行发掘利用的新资源。

2）昆虫多样性是生物多样性的重要组成部分

生物多样性是人类赖以生存的物质基础，保护生物多样性，使生物资源能够持续利用，是迫在眉睫的一项全球性战略任务。据Wilson等（1988）报道，目前生物物种灭绝的速率比以前自然灭绝的速率快1000~10 000倍，不少人预测如果不及时采取有效措施，到21世纪中期，地球上将有1/4的物种陷入灭绝之境（Raven，1988）。

无论从昆虫种类数量还是从个体数量及从生物量来看，昆虫在生物区系，特别是在动物区系中都起着十分重要的作用，对物种数量占生物多样性近一半的昆虫多样性的保护自然不可忽视。Morris（1991）断言，人类对昆虫的依赖比历史上任何时期都更为紧密。

3）昆虫多样性是促进植物多样性发展的动力

2003年以来，美国和欧洲国家的蜜蜂大量死亡，引发各方关注。欧盟委员会曾发出公告，蜜蜂在传授花粉中扮演着至关重要的角色，世界上76%的粮食作物和84%的植物依靠蜜蜂传授花粉。没有蜜蜂的地球，植物会快速消亡。

昆虫与环境的适应关系是亿万年来长期进化的结果，绝大多数昆虫具有极强的适应能力、抗逆能力。人们对各种昆虫的生活习性及其在生态系统中的作用并没有研究、认识得很透彻，或者可以说大多数还处于无知状态。理解昆虫，探索昆虫，利用昆虫，保护昆虫，并与之和谐共存才能使我们赖以生存的地球更加表现出勃勃生机。

2.2.5 昆虫资源与资源昆虫

昆虫资源是指地球上所有昆虫资源库。昆虫资源保护及其现代产业如同现代农业的其他学科一样，在21世纪现代农业科技革命和产业革命浪潮席卷而至及我国发展进入了新时代的形势下，面临发展的机遇和挑战。

资源昆虫是指目前已经在人为管理养殖条件下，成为社会经济发展内容的昆虫种类。早在几个世纪前，我国昆虫资源的产业化长期领先于世界各国，但在近代工业技术革命中失去了一些机遇。在21世纪经济发展新常态下，我们必须牢牢把握世界农业科技革命和产业革命的大趋势，紧紧抓住历史性机遇，力争使我国资源昆虫现代产业再次跃居世界领先水平。

2.2.6 昆虫生产与昆虫产品

昆虫生产学是昆虫学的新兴分支学科，内容包括昆虫种质资源学、昆虫饲料学、昆虫生产装备学、昆虫加工学等。昆虫生产学解决了昆虫多样性保护与社会经济发展对昆虫资源需求之间的矛盾问题。

昆虫产品是指为了某种经济目的而在人工管理条件下大量生产繁育的昆虫虫体及各种衍生物，既包括生产繁育的益虫，也包括生产繁育的某些传统意义上的害虫，同时涉及不断发现和发掘其经济价值的新种类及具有潜在市场前景的土著资源昆虫，如具有悠久生产繁育历史的家蚕、蜜蜂，还有紫胶虫、白蜡虫、五倍子蚜虫等。东亚飞蝗原是重大农业害虫，但用于食用或生物防治而进行生产繁育时，东亚飞蝗养殖则成为一个具有很大市场发展空间的特色产业项目；蚱蝉、豆天蛾、蜻蜓、木蠹蛾、鱼蛉、松毛虫、甘蔗龟等在一些地区具有广泛的应用；黄粉虫、黑粉虫、大麦虫、黑水虻、家蝇、白星花金龟等"虫粉"已经跻身于常规饲料蛋白质源行列，并且具有与脊椎动物性蛋白质异源性的优点。一旦某种昆虫被列入生产繁育及产业化推进计划，则可称之为产业昆虫。

2.3 昆虫的生态系统服务功能

昆虫是一种可再生生物资源，是一个巨大的资源宝库，也是一种新型产业资源。在已被人类认识的数百万种昆虫中，目前只有少数种类被生产和产业开发，如家蚕、蜜蜂；绝大多数种类尚处于自然状态，没有得到充分的认识和发掘。随着昆虫资源价值不断被社会认识和昆虫资源被深入的研究开发，昆虫生产养殖、加工、产业利用呈现蓬勃发展之势，成为现代大农业生产中的一个新兴成分。昆虫资源具有自然再生产和经济再生产的特点，通过昆虫生产学技术体系的构建，可以培育形成新兴产业。黄粉虫、大麦虫、黑水虻、蝇蛆、蝗虫、蚱蝉等种类的生产与产业化推进已初具规模。

2.3.1 "大食物观"视角下的生物资源系统

昆虫是产业化程度极低的庞大的生物资源；环境昆虫在现代循环农业模式中发挥巨大作用；昆虫可以与脊椎动物、植物、微生物、藻类等整合成生物系统资源，发挥更大的生态环境与产业经济效益。随着昆虫资源的产业化推进，人们对自然生物资源系统的认识更加系统化。人类眼睛观察自然界的能力是有限的，一般认为人眼的远点可在无限处，近点在眼前 15cm 处。在合适的光照度下，一般人眼可看清前面 25cm 处的物体，这个距离称为明视距离。一般人眼可以看到 300μm 左右，就是 0.3mm 的物体。显微镜发明于 16 世纪末，而于 17 世纪始应用于科学研究中，它大大扩展了人类的视野，把人类的视觉从宏观引到微观，了解生物体的细微结构，直接推动了 19 世纪细胞学、微生物学等学科的建立。但是，这一发明也使人类认识世界过于依赖仪器设备，从而对介于宏观和微观之间的"小微物体"的认识研究被忽略，而昆虫则是"小微生物"的代表性类群。通过对昆虫资源的深入研究和开发，可以使人类建立 3M［macro-biology（大型生物）、mini-biology（中小型生物）、micro-biology（微型生物）］生物资源的立体结构，形成完善的生物资源产业结构。

3M 生物资源系统中：大型生物，即大型植物和脊椎动物，形成了传统种植业、养殖业；中小型生物，主要是无脊椎昆虫，正是现代虫业发展的物质基础；微型生物借助显微镜技术得以快速发展，目前已经形成蓬勃发展的菌物产业。

"大食物观"要求优化农业产业结构，构建"大农业观"，而"大农业观"又必须以"大资源观"为支撑，而"大资源观"的源泉则是"大生态观"，由此，"大食物观"与"绿水青山就是金山银山"相衔接。各个要素之间形成了以下关系：大食物观—大粮食观—大农业观—大资源观—大生态观—大保护观—绿水青山就是金山银山。

"大食物观"必须建立在"大资源观"的基础上。昆虫是自然界中种类最多、分布最广、生命周期较短、食物需求较少、生物量巨大的可再生生物资源，属无脊椎动物，与传统畜牧业对象脊椎动物共同构成动物资源，是未来最具竞争力的生物资源库。

2.3.2 昆虫多样性与生态系统稳定性

生态系统稳定性是指生态系统所具有的保持或恢复自身结构和功能相对稳定的能力，主要通过反馈调节来完成，不同生态系统的自我调节能力不同。

生态系统反馈分为正反馈和负反馈两种。在生态系统中关于正反馈的例子不多。例如，一个湖泊受到污染，鱼类数量就会因为死亡而减少，鱼类尸体腐烂，又会进一步加重污染，引起更多的鱼类的死亡。负反馈对生态系统达到和保持平衡是必不可少的。正负反馈的相互作用和转化，保证了生态系统可以达到一定的稳态。如果草原上的食草动物因为迁入而数量增加，植物就会因为受到过度啃食而数量减少；植物数量减少以后，反过来就会抑制动物数量，从而保证了草原生态系统中生产者和消费者之间的平衡。

不同生态系统的自我调节能力是不同的。一个生态系统的物种组成越复杂，结构越稳定，功能越健全，生产能力越高，它的自我调节能力就越强。因为物种的减少往往使生态系统的生产效率下降，抵抗自然灾害、外来物种入侵和其他干扰的能力下降。在物种多样性高的生态系统中，有生态功能相似而对环境反应不同的物种，并以此来保障整个生态系统因环境变化而调整自身，以维持各项功能的发挥。因此，物种丰富的热带雨林生态系统的自我调节能力要比物种单一的农田生态系统强。

生态学家们已经积累了许多证据，表明物种越多，生态系统就越稳定，恢复能力也越强；反之，物种越少的生态系统就越容易崩溃。一种微小的、不起眼的昆虫可能不会对人类有什么明显的好处，但它很可能支撑着一个生态系统，而这个生态系统会为人们提供服务。

2.3.3 生态足迹与生态系统服务功能

生态足迹计算的是为了再生人类所消耗的资源及吸收废弃物所需的生物生产性土地和海域面积，生态足迹会将每年科技进步的因素考虑在内。

生态系统服务功能是指生态系统及其生态过程所形成的有利于人类生存与发展的生态环境条件与效用，如森林生态系统的水源涵养功能、土壤保持功能、气候调节功能、环境净化功能等。

研究发现，仅在美国，昆虫生态系统服务每年产生的价值为570亿美元；而联合国生物多样性和生态系统服务政府间科学与政策平台（IPBES）获得的数据显示,在全球范围内,需要昆虫授粉的作物每年产生的经济价值为 235 亿～577 亿美元。另外,许多动物依靠昆虫为生。例如,在欧洲国家和美国,使用农药导致昆虫种群减少,进而导致鸟类数量急剧下降。

2.4　昆虫的食性与生态利用

2.4.1　昆虫的食性

昆虫食性异常复杂。在自然生态环境中,昆虫除了作为食物链(网)中极其重要的一环,还扮演着其他重要角色。在地下土壤中,昆虫的活动能使土壤透气,"昆虫隧道"可使水、氧气、营养到达植物根部。许多昆虫促进了营养物质的循环,加快了腐烂物质的分解转化过程。

2.4.2　访花性昆虫与授粉昆虫

访花性昆虫是指频繁活动在显花植物上的昆虫,其中授粉昆虫是以花粉或花蜜为食,同时将花粉传播到雌蕊进行授精、为植物传粉的昆虫。授粉昆虫的生态利用,可以提高农作物的产量和品质。

2.4.3　肉食性昆虫与天敌昆虫

肉食性昆虫是以动物为食料的昆虫,包括动物的外寄生或内寄生昆虫,大多数是害虫的天敌,分为捕食性昆虫和寄生性昆虫;也有少数是人畜害虫。天敌昆虫的生态利用是现代农业绿色发展的重要支撑技术之一。

2.4.4　腐食性昆虫与环保昆虫

在自然界中,有以腐败的动植物尸体、遗物为食料而得到营养的昆虫类群,这些自然条件下的腐食性昆虫称为环境昆虫。将环境昆虫通过人为生产繁育,用于转化处理人类生产、生活所产生的有机废弃物则称为环保昆虫。环保昆虫的生态利用是一个生物学转化过程,具有生态过滤功能和隔离效应,可以实现有机废弃物资源的再生利用,清洁环境,促进循环农业发展。

2.5　昆虫对水分的获取、代谢及回收利用

2.5.1　昆虫对水分的获取

昆虫摄取水分的方式有很多种。最简单的是直接喝水;植食性昆虫可通过植物汁液获得水分;肉食性昆虫可通过吸取其他动物体液获得;部分昆虫通过吸食

植物上的露水来获得水分；最神奇的就是在沙漠中有的昆虫通过在早晨伸展身体的部位（如翅膀、足等），让露水凝结在身体上来获得水分；还有部分昆虫在潮湿的地方呼吸就可获得水分；有些昆虫可以通过卵壳和体壁吸收水分。昆虫可以利用新陈代谢过程产生的水分。

2.5.2 昆虫马氏管系统与水分回收利用

1. 马氏管及其结构

马氏管是着生于昆虫排泄系统中、后肠交界处的细长盲管，由内胚层发育而来，因1669年意大利解剖学家马尔比基（Malpighi）在家蚕中首先发现而得名。蚜虫等无马氏管，捻翅目昆虫仅有原始状态的乳状突。典型马氏管的基部一端与消化道连通，端部一端游离于血液中。但在有些昆虫的幼虫中，马氏管的端部紧紧贴附于直肠周围，形成特殊的隐肾复合体结构。马氏管通常与肠道直接连通，也有些种类（如蟋蟀）是通过一根公共管与肠道连通，公共管部分是消化道的外延，属外胚层构造。

1）马氏管的构造

马氏管一般着生并开口于昆虫中、后肠交界处，基部与肠腔贯通，端部盲状、游离并浸浴在血淋巴中。有些种类的马氏管端部陷埋于直肠组织中，以加强对水分和无机盐类的回收利用。

马氏管的组织结构包括一层管壁细胞，管壁外包有一层坚韧而富有弹性的基膜，基膜上有很多微气管和螺旋状横纹肌纤维，从而使马氏管可以在血淋巴中伸缩、扭动、弯曲，以最大限度地使周围的血淋巴得以流动和更新，便于更广泛地回收待排泄物质。在鳞翅目、双翅目和半翅目昆虫中，肌肉分布于马氏管基部；在蜻蜓目和膜翅目昆虫中，有几条纵肌分布于整个马氏管；脉翅目和鞘翅目昆虫和直翅目的蝼蛄等，马氏管壁内分布有网状结构肌纤维；革翅目、缨翅目和某些缨尾目昆虫，在马氏管外无肌肉分布，因而不能蠕动。

马氏管的管壁细胞结构基本相同，但在有基部和端部分化的马氏管类型中，二者细胞的亚显微结构有所差异。马氏管的端部内缘有紧密排列的微绒毛伸向管腔，称为"蜂窝边"，靠血腔一侧的细胞基部质膜形成内褶，深入细胞内1/3左右。微绒毛腔内有时出现小液滴，有时出现液泡，这表明马氏管端部具有一定的分泌功能。马氏管的基部内缘也有微绒毛，但一般较粗短而稀疏，长度和排列也不整齐，称为"刷状边"，在血腔一侧管壁细胞质膜一般不形成内褶。例如，吸血蝽马氏管的基部约占管长的1/3，端部约占管长的2/3。

2）马氏管的基本类型

根据马氏管的基部与端部在结构和功能上的分化及是否形成隐肾复合体，可将其分为4个基本类型。①直翅目型：马氏管的基部和端部无分化，管内排泄物均为液体，如直翅目、革翅目、脉翅目及部分鞘翅目种类。②鞘翅目型：与前一类型基本相似，但马氏管端部与直肠形成隐肾复合体，如大多数鞘翅目及一些鳞翅目种类。③半翅目型：马氏管分化为基部和端部，基部具有水分及离子再吸收的功能，端部具有分泌原尿的功能，因此，当液状原尿流入基部后，便浓缩成固体进入直肠，半翅目昆虫属于此类型。④鳞翅目型：与半翅目型基本相似，不同处是其端部与直肠形成隐肾复合体构造，如鳞翅目昆虫。

3）马氏管的数量和表面积

不同种类的昆虫马氏管数量差异较大。绝大多数昆虫都有数量不等的马氏管，数量少者（如蚜类）只有 2 根，多的（如沙漠蝗）达 250 根左右。一般完全变态类昆虫马氏管数量较不完全变态类昆虫少。有些昆虫的马氏管数量在胚后发育过程中仍有变化。例如，鞘翅目幼虫随龄期的增加，马氏管数量也有增加。

各种昆虫的马氏管数量虽有很大差异，但其总的有效排泄面积差异不明显，因而并不至于影响其排泄效能。一般马氏管的数量与其长度成反比（马氏管数量多的一般都比较短，数量少的则比较长），因而可使马氏管与血淋巴保持充分的接触面积。例如，美洲大蠊的马氏管为 60 根，总表面积为 132 000mm^2，相当于每毫克体重有 412mm^2 的排泄面积；而一种枯叶蛾仅有 6 根马氏管，总表面积为 209 000mm^2，相当于每毫克体重有 500mm^2 的排泄面积。两者非常接近。

4）马氏管在蜕皮和变态过程中的变化

鳞翅目幼虫每次蜕皮时，马氏管都出现周期性的变化。在旧表皮蜕去之前，马氏管分泌大量的液体，使积聚的尿酸盐和草酸盐结晶随之排出。这些排出的液体与蜕皮液混合后，可能被皮细胞吸收，或再由口腔吞入消化道，被再次利用。因此，幼虫在每次蜕皮后，马氏管内就不再存有结晶物质。

在鳞翅目幼虫经蛹到成虫的变态过程中，马氏管的变化形式有两种。一种是幼虫马氏管的大部分外形不发生变化，仅隐肾复合体内的部分解体，如巢蛾、粉蝶和小地老虎等。小地老虎的成虫马氏管与幼虫比较，除无隐肾复合体外，仅长度有所缩短，其他无明显变化。另一种是幼虫马氏管全部解体，成虫的马氏管由器官芽重新形成，如谷蛾和蜡螟。

膜翅目幼虫有 4 根马氏管，在蛹期的组织解离过程中全部解体，其成虫马氏管由中、后肠交界处的膨大部分长出的指状突形成。鞘翅目和双翅目在幼虫到成虫的变态过程中，马氏管无明显变化。

2. 马氏管—直肠的排泄功能

马氏管是昆虫排泄系统的主体，但直肠常与马氏管形成隐肾复合体，并在水分及有用物质的再吸收方面发挥主要作用。因此，昆虫的排泄功能是由马氏管和直肠共同完成的。昆虫的排泄过程包括原尿的分泌（由血腔进入马氏管）、水分和无机离子的再吸收（由马氏管或直肠回到血腔）。首先是由马氏管将废物转运至管腔内形成原尿，然后原尿在经过马氏管基部或直肠时，其中的水分、无机离子甚至有机营养被再吸收，形成尿，并和食物残渣混合成为虫砂，最后经肛门排出体外。

1）原尿的分泌

马氏管吸收血液中的水分、离子和各种代谢产物，通过穿膜运输、胞间运输及胞吐作用，将其转运至管腔内形成原尿的过程，称为原尿的分泌。其中穿膜运输是最主要的机制。在穿膜运输中，各种离子泵起到非常重要的作用。贝里奇（Berridge）根据分泌细胞的特点（细胞的基区内褶和顶区微绒毛造成很多盲管）提出"静止梯度模式"理论，解释原尿的运输分泌机制。他认为，在马氏管的运输过程中，管壁细胞顶区大量的线粒体持续为离子泵提供能量，离子通过主动运输从血腔进入管壁细胞基区的内褶中，建立局部的高渗区域，水分子及小分子的溶质即随渗透压差而被动扩散，从血腔进入马氏管管腔，形成一个由渗透压梯度驱动的液流。一旦马氏管内的液流形成，血液中较小的可溶性物质均可经穿膜运输或胞间运输，以被动扩散或主动运输的方式进入马氏管管腔。由于胞间连接的桥粒结构使侧膜间隙的通透性很低，加之间隙的面积仅占马氏管外表面积非常小的比例，因而胞间运输的速度很慢，作用很小。胞间运输对细胞膜不能透过的大分子及外源性有毒物质的排泄，具有重要的作用。

此外，里格尔（Riegel）提出胞吐运输机制。他认为，马氏管的分泌细胞内含有类溶酶体的小胞囊，内含蛋白质和非活化的蛋白酶，当胞囊通过胞吐作用被排入管腔后，蛋白酶即被活化，囊胞中的蛋白质被水解，从而使囊胞内的渗透压提高，管腔中的水被囊胞吸收，进而使管壁细胞中的水渗入到管腔中，驱动尿液的流动。同时，囊胞运输对大分子的转运有着比较重要的作用。

2）水分和无机离子的再吸收

原尿形成后，从端部流向基部，再进入直肠，具有很高的流速。尿酸在进入马氏管时，大多以钾盐或钠盐的形式溶解在原尿中，呈微碱性。当原尿通过基部时，其中的水分、K^+和Na^+等被管壁细胞再吸收后，导致尿液的pH下降至中性或微酸性，尿酸析出成尿盐颗粒。有些昆虫的尿酸与NH_4^+、Ca^{2+}或Mg^{2+}结合，形成难溶的盐类。原尿中的水分和无机离子等在经过直肠时可进一步被再吸收至血液，从而构成排泄循环。昆虫通过排泄循环，将血液中的代谢产物不断地运送到直肠并排出体外，同时调节血液的渗透压和水分及无机离子的平衡。

直肠的选择性再吸收在水分和离子平衡调节中具有十分重要的作用，特别是直肠垫，具有很强的再吸收能力。在丽蝇幼虫中，离子从血液中主动运输进入直肠垫细胞间隙，形成高浓度区域，使肠腔中的水和一些溶质被动扩散进入细胞间隙，又经内部连通的细胞间隙，流入漏斗形通道，当达到足够的液压时，通向血腔的膜瓣被冲开，水流进入血腔。

在鞘翅目和鳞翅目的很多种幼虫中，马氏管和直肠构成的隐肾复合体具有比一般直肠更强的回收能力，使经过直肠尿液中的水分和无机离子，能够更有效地被回收。例如，在黄粉虫中，6根马氏管的端部紧贴在直肠周围，并由直肠肠壁细胞分泌的围肾膜包裹在外面。马氏管在靠近血淋巴的一侧，一些管壁细胞向外突起，端部与围肾膜相连形成珠泡状的薄膜。围肾膜对水无通透性，但K^+可从薄膜进入马氏管腔，使腔内的渗透压增高。从直肠进入间隙的水分，便被动扩散到马氏管管腔内，最后流向马氏管的基部，并被管壁细胞吸回到血腔中。

3）尿的组成

原尿经马氏管基部和直肠对水分和无机离子等的吸收后形成尿，并和来自消化道的食物残渣一起排出体外。排出的尿中主要含有3类物质：①含氮、磷和硫的有机代谢物；②饲料中多余的水分、盐分，为维持血液pH及渗透压必须清除的一些物质；③代谢进程中形成的色素及体内无法处理的物质。这些物质大部分由马氏管分泌，仅少量由肠道分泌。在组成比例上，以含氮代谢物占大多数。

昆虫的含氮代谢物种类及相对量在不同昆虫种类之间差异很大，并与生活环境、食物类型等有关。在陆栖昆虫中，一般以尿酸为主，这对于保持虫体内的水分具有重要意义。首先，尿酸分子中氢原子和氮原子的比例为1∶1，较其他排泄形式低（如脲及氨中氢原子和氮原子的比例分别为2∶1和3∶1），即它在形成过程中消耗的水相对较少。另外，尿酸不溶于水，在排出体外时不必消耗水分。

对于水栖昆虫（如脉翅目泥蛉属、蜻蜓目和毛翅目），保持水分并不重要，因此常以氨为主要含氮排泄物，并大多以水溶液的形式排出体外，以减少氨对细胞的毒害。一些昆虫由于不同虫态的栖息环境不同，排泄的主要含氮废物也不同。例如，泥蛉和龙虱，它们的幼虫在水中生活，是典型的排氨类型；而其成虫营陆栖生活，从蛹期开始就以尿酸为主要排泄物。其他的含氮代谢废物还有尿囊素、尿囊酸、脲，以及蛋白质、黄嘌呤、次黄嘌呤、蝶啶、肌酸酐等。昆虫排泄物中含氮代谢物的组分及含量见表2-1。

表2-1 昆虫排泄物中含氮代谢物的组分及含量

昆虫种类	尿酸	脲	氨	尿囊素	氨基酸	蛋白质
吸血蝽	90	+	—	—	+	—
家蚕幼虫	86	—	—	—	—	—
柞蚕	81	痕迹	1~8	—	9	—
伊蚊	47	12	6	—	4	11
按蚊	42	9	8	—	5	9
库蚊	47	8	10	—	5	10
绿蝇幼虫	—	—	90	10	—	—
蜻蜓幼虫	8	—	74	—	—	—
泥蛉幼虫	—	—	90	—	—	—
红蝽若虫	—	12	—	61	13	6

4）马氏管的其他功能

马氏管在不同的昆虫中，还具有某些特殊功能。草蛉幼虫的马氏管可以分泌丝，用于结茧；沫蝉若虫的马氏管可以分泌黏液，并与后肠中的液体混合后，经肛门吹出泡沫覆盖在体背，具有保护作用。另外，很多昆虫的马氏管可分泌石灰质，竹节虫对这些石灰质进行重吸收，用于形成卵壳，而天牛幼虫则将其排入中肠，并经口腔排出，用于形成隧道的覆盖物。

2.5.3 昆虫水分散失的途径

昆虫体内的水分可通过排泄、呼吸和体壁向外散失，也通过直肠、马氏管的基部、气门、体壁的结构控制失水。通过水分的散失和对水分的控制，体内可维持相对的水分含量。

1. 消化、排泄系统的排水

由消化、排泄系统排出来的水分，都与虫砂一起排出体外。虫砂中的水分来自两个途径：一是未被消化的食物残渣中的水分和已消化食物中被吸收后剩余的水分，二是由马氏管排出代谢废物时一起送进后肠的水分。消化道和马氏管都有回收水分的机能，以保证体内维持足够的水分。消化道吸水的部位主要在后肠，特别在直肠部分吸收水分的能力最强。马氏管从血液中吸取含氮的废物，主要是尿酸盐，这些废物是以水溶液状态被吸入马氏管的，当这些水溶液通过马氏管的基部时，部分重新回到血液之中。因此，消化系统和马氏管是失水的途径，同时也是控制失水、调节体内水分的途径。

2. 呼吸系统的失水

昆虫的气管遍布全身各种组织，如果计算气管壁的面积，则比体壁的表面积大很多倍。气管壁的水分蒸发量是相当大的。昆虫通过呼吸作用可以散失大量水分。昆虫通过气门控制呼吸，也控制水分的散失。

3. 通过体壁失水

昆虫的体壁有良好的保水性能，但也由于体壁的蒸腾作用而失水。昆虫的胸部水分蒸散作用最强。不同种类的昆虫体壁水分蒸腾情况不同，有些种类的蒸腾作用比较强，另一些种类则很弱，而鞘翅目、膜翅目及鳞翅目的幼虫体壁，基本没有蒸腾作用。

第 3 章
资源昆虫生态利用的理论

3.1 昆虫分类学

分类是人类认识客观事物最基本的方法。远在原始时代，人类的祖先在生活实践中，就需要辨别周围的事物，至少要区分是否可食、是否有毒。这就产生了最初的分类概念。昆虫分类是昆虫资源发掘的基础工作，在数百万种昆虫中，筛选优质种质资源，是实现昆虫资源生态利用的先决物质条件。昆虫分类学也是分析昆虫资源潜在种类、借鉴相关种类生物学资料及建立系统发育关系等的重要基础。

昆虫在长期的自然演化过程中，形成了彼此间具有亲缘关系和历史渊源的大小不同的自然类群，所以，昆虫分类的任务除鉴别种类和确定科学名称之外，还要研究昆虫种类的渊源及系统发育关系，以探讨物种的起源、自然种群的形成、分布、进化与变异及整个昆虫区系的形成、发展与演替，建立符合客观规律的分类系统。

在鉴定昆虫种类时，通常须按照分类系统，从高级阶元到低级阶元依次鉴别，以收到事半功倍的效果。正确鉴定昆虫种类，对昆虫生产学具有重要的实践意义。种类繁多的昆虫之间，差异有时是极其微弱的，若稍有疏忽，就会造成失误或错失良好的资源。昆虫的分类系统及亲缘关系包含众多信息，我们可以通过已经掌握的昆虫种类推断与其相近种类的有关信息，大大减少系统研究的工作量，提高昆虫生产的效率。

3.1.1 昆虫纲的分类系统

昆虫纲各目的分类主要以翅的有无及其特征、变态类型、口器构造、触角类型和化石昆虫等为依据。昆虫纲的分目系统随着分类学研究的深入和分类知识的积累而有很大改变，同时由于各个分类学者对主要类群在演化上的亲缘关系的见解不同，而提出了不同的系统。到目前为止，全世界已有 30 余位昆虫分类学家对昆虫纲提出了不同的分目系统，不仅目的数目不同，而且目的排列次序也差异较大，尚未有统一的看法。林奈最初将昆虫纲分为 7 个目，之后布劳尔（Brauer）

根据形态和系统发育将昆虫分为 2 个亚纲（原始的无翅亚纲和有翅亚纲），下分 17 个目。博尔纳（Borner）又根据是否变态将有翅亚纲分为不完全变态和完全变态两大类，共 22 个目。国内昆虫学者周尧（1947）、周尧和杨集昆（1964）将昆虫纲分为 4 个亚纲 33 个目；陈世骧（1958）分为 3 个亚纲 3 股 5 类 33 个目；蔡邦华（1955）分为 2 个亚纲 3 大类 10 类，共 34 个目。现今通常将昆虫类称为六足总纲，下分 4 个纲 36 个目。六足总纲包含的 4 个纲分别是原尾纲、弹尾纲、双尾纲、昆虫纲。狭义昆虫纲分为无翅亚纲和有翅亚纲。

本书依据昆虫系统学原理和资源昆虫生态利用价值，采用 34 目级系统。

昆虫纲目级名录如下：

(1) 原尾目　原尾虫
(2) 弹尾目　跳虫
(3) 双尾目　双尾虫、铗尾虫
(4) 石蛃目　石蛃
(5) 衣鱼目　衣鱼、家衣鱼
(6) 蜉蝣目*　蜉蝣
(7) 蜻蜓目*　蜻蜓、豆娘蜻、蜓、螅
(8) 襀翅目　石蝇，襀翅虫
(9) 蜚蠊目*　蜚蠊、蟑螂、白蚁
(10) 螳螂目*　螳螂
(11) 蛩蠊目　蛩蠊
(12) 革翅目　蠼螋
(13) 纺足目　足丝蚁、纺足虫
(14) 缺翅目　缺翅虫
(15) 啮虫目　啮虫、书虱
(16) 直翅目*　蝗虫、蚱蜢、螽斯、蟋蟀、蝼蛄
(17) 竹节虫目*　竹节虫
(18) 螳螂竹节虫目　螳螂竹节虫
(19) 食毛目　鸟虱
(20) 虱目　虱、虱子、吸虱
(21) 缨翅目　蓟马
(22) 半翅目*　蝽
(23) 同翅目*　蝉、叶蝉、飞虱、木虱、粉虱、蚜虫、蚧
(24) 广翅目*　齿蛉、鱼蛉、泥蛉
(25) 蛇蛉目　蛇蛉
(26) 脉翅目*　草蛉、褐蛉、粉蛉、螳蛉、蚁蛉

（27）鞘翅目*　甲虫

（28）捻翅目　捻翅虫

（29）长翅目　蝎蛉

（30）双翅目*　蝇、蚊、虻

（31）蚤目　跳蚤

（32）毛翅目　石蛾

（33）鳞翅目*　蝶、蛾

（34）膜翅目*　蜂、蚂蚁

注：带*者为经济价值较大的目级阶元。

3.1.2　昆虫纲目级资源概述

1. 原尾目

原尾目昆虫统称原尾虫，终生生活在土壤中，是昆虫纲中最原始的一个目。该类群于 1907 年由意大利昆虫学家西尔韦斯特里发现。尹文英（1983）在对无翅亚纲各目和其他节肢动物的比较研究，特别是对精子超微结构的比较研究后发现，原尾虫在节肢动物中应单独作为一个类群（原尾纲），其起源可能更早、更远，很可能与蛛形纲、综合纲、甲壳纲等具有共同的早期祖先。

1）形态特征

原尾虫体细长如梭，体形微小，体长在 2mm 以下。成虫体色一般为半透明的玉石色，淡白或黄色。头锥形，口器内颚式，无触角，无单眼复眼，具假眼 1 对和形状各异的下颚腺 1 对。有许多感觉器，代替触角功用。前 3 个腹节各有 1 对小型腹足（刺突），第 1 对腹足 2 节，第 2～3 对腹足 2 节或 1 节，上生 1～5 根刚毛。近腹部后端分别有雌性或雄性外生殖器，无尾须。

2）生物学特性

原尾虫为增节变态。胚后发育主要分为 5 个时期。生活史一般分前幼期、第 1 期幼虫、第 2 期幼虫、若虫和成虫期。若虫 5 龄，与成虫相似。在蚖科中，有的雄虫还多一个前成虫期。前幼期不活动，腹部 9 节，口器等发育不全；1 龄若虫腹部仅 9 节，口器和腹足不发达；2 龄若虫肛器和腹足发达，腹部仍为 9 节；3 龄若虫腹部 10 节；4 龄若虫腹部 12 节；5 龄若虫为成虫期，其后再蜕皮变为成虫。1 年可发生多代，多以成虫越冬。

原尾虫成虫、若虫行动缓慢，生活在潮湿的环境中，如土壤、泥炭、砖石下、树皮内或林地落叶层、树根、苔藓附近。一般分布在 30cm 以内的表土层。食腐木、腐败有机质、菌类等。在未开发的森林土壤中，原尾虫的密度可达每立方米数百至数千只。每年出现一个高峰期，或者春秋两季各出现一个高峰期。

3）资源潜力评述

原尾虫可以作为环境质量指示生物，检测土壤质量状况，可以与其他生物联合构建环境生物协同转化系统，在土壤生态系统研究中具有重要作用。

4）分类概况

世界各大陆均有发现，已知有 650 余种。我国已报道 2 目 9 科 160 余种，红华蚖为我国代表种。

2. 弹尾目

弹尾目昆虫俗称跳虫，是体小但个体数量巨大的无翅昆虫，以腹部具黏管而得名，具弹器，善于跳跃。

1）形态特征

跳虫体型微小或中等，长形或近圆球形。体长一般为 1～3mm，个别种类超过 10mm。体色多样，有暗蓝黑色、白色、黄绿色、红色，有些种类具有银色等金属光泽。体表光滑，或被有鳞片或毛。

2）生物学特性

跳虫为表变态，属于比较原始的变态类型。其若虫和成虫除体躯大小外，在外形上无显著差异，腹部体节数目也相同，但成虫期一般还要继续蜕皮。蜕皮最多可达 50 余次。1 年可发生数代。有孤雌生殖现象。

跳虫遍布全世界，常大批群居在土壤中，多栖息于潮湿隐蔽的场所，如土壤、腐殖质、原木、粪便、洞穴，甚至终年积雪的高山上也有分布。跳虫以腐殖质、菌类、地衣等为主要食物，有些种类为害活体植物的种子、根茎及嫩叶。

3）资源潜力评述

跳虫对农作物及园艺作物有一定的危害性。可以与其他生物联合构建环境生物协同转化系统，在土壤生态系统研究中具有重要作用。

4）分类概况

全世界已报道约 6000 种。我国已报道 66 属 190 余种。

3. 双尾目

双尾目昆虫俗称双尾虫、铗尾虫，腹末有 1 对尾须或尾铗，无中尾丝，是一类广泛分布的小型土壤动物。

1）形态特征

双尾虫体形细长而扁平。外骨骼多不发达。多数白色、黄色或褐色。体长一般在 20mm 以内。有毛或刺毛，少数种类有鳞片。头大，前口式。无眼。无翅。触角丝状，多节。口器咀嚼式，陷入头内，上颚和下颚包在头壳内。胸部构造原始，侧板不发达；3 对足的差别不大，跗节 1 节，有 2 爪，常有 1 小型中爪。腹部前面数节的腹面常有成对的刺突和可翻出的泡囊。无变态。

2）生物学特性

双尾虫分布极广，多生活在砖石下、枯枝落叶下或土壤等潮湿荫蔽的环境中，极怕光，行动活泼。以活的或死的植物、腐殖质、菌类等为食，或捕食小动物。

3）资源潜力评述

双尾虫可以与其他生物联合构建环境生物协同转化系统，在土壤生态系统研究中具有重要作用。

4）分类概况

世界上已知 800 余种，分属 9 科 84 属。我国已记载近 40 种。

4. 石蛃目

石蛃目昆虫俗称石蛃，该类昆虫适应能力极强，世界性普遍分布。

1）形态特征

石蛃属中、小型昆虫，体长常小于 2cm。体形近纺锤形，胸部较粗而背部拱起，向后渐细。体表常密被形状多样的鳞片。成虫体色与生境相近，多为棕褐色，常具金属光泽。幼虫体色较浅，体毛丛生，形态多样。

头卵圆形；触角位于单眼下方、额两侧，长丝状，一般 30 节以上；口器咀嚼式，位于头部腹面，下口式；下颚须 7 节，很发达；下唇须 3 节，长而明显；复眼大而近圆形；单眼 1 对，常为红棕色。胸部 3 节，前胸稍狭窄；无翅；3 对胸足形状较相似，分别由亚基节、基节、转节、股节和 3 个跗节组成，具爪 1 对。腹部共 11 节，第 1～4 节较为相似；腹板退化成三角形或更小；生殖前节（1～7 节）腹板横向明显分节，有些腹板具 1 对侧腹片。生殖前节的肢基片上常有 1～2 对伸缩囊，通常位于第 2～7 腹节；腹部末端有 1 对侧尾须和 1 根中尾丝；第 10 腹节缩短无附肢，第 9 腹节短小，并具 1 对多节的侧尾须，背板延长为长而多节的中尾丝。中尾丝的长度通常不小于侧尾须，其长度超过虫体长的 1/2；外生殖器位于第 8～9 腹节上。

2）生物学特性

石蛃为表变态。卵的休眠期长达 9 个月。初孵幼虫的体形与成虫基本类似，随着不断地生长蜕皮，仅在个体增大、性器官成熟、触角及尾节的增长方面有些变化。具 6 龄或 6 龄以上的幼虫期，在达到成虫期之前至少要蜕皮 5 次以上，蜕皮过程较快，需 4～5min；在 2 龄或 3 龄幼虫期之前虫体和足不具鳞片，1 龄幼虫不取食，2 龄幼虫取食自身的蜕皮屑。寿命可长达 3 年。

石蛃主要栖息在阴湿环境，如苔藓和地衣上、石缝中、靠近海边的岩石上。食性以腐食为主，如腐败的植物、菌类等，也有个别取食动物性产品。

3）资源潜力评述

石蛃可以与其他生物联合构建环境生物协同转化系统，在土壤生态系统研究中具有重要作用。

4）分类概况

全世界报道 65 属约 250 种。我国已发现 5 属 12 种。

5. 衣鱼目

衣鱼目昆虫俗称衣鱼、家衣鱼，生活在室外阴湿或室内干燥处，室内种类对书籍、衣物等造成一定危害。

1）形态特征

衣鱼体长 4～20mm，无翅。体狭长，略呈纺锤形，背腹扁平；柔软，多数密被鳞片、常乳白、银灰或银白色，并具有金属光泽。触角长丝状或念珠状，30 节或更多；口器外生式，咀嚼型；唇基和上唇发达；下颚较大，下颚须 5～6 节，下唇须 3 节；复眼退化，互不相连；常缺单眼，个别种类具 3 个单眼，但无中额器。胸部 3 节，宽大，背板两侧常有扩展的侧叶，侧叶中的器官分布与有翅昆虫的翅芽有相似之处。胸节的腹板前缘宽大，往后骤窄略成三角形。足 3 对，足基节无刺突，跗节 2～5 节，爪 2～3 个。腹部 11 节，第 11 节背板向后延伸成为细长的中尾丝，其两侧各有尾须 1 对；通常 1～6 腹节无刺突，7～9 腹节具刺突；雄虫第 9 节，雌虫第 8、9 腹板各具 1 对刺突，雄性外生殖器仅在第 9 腹节有 1 对不分节、可活动的阳基侧突，二者间的阳茎不分节，顶端扩展成棒状，在阳茎的侧腹面具有腺毛区，可分泌一种丝状物质，为传递精苞（精荚）之用。雄虫还具有 1 弯曲的长棒形产卵器。

2）生物学特性

衣鱼为表变态。受精卵的胚胎发育时间很长，从数月到 1 年不等，末期幼虫到性成熟亦需要较长的生长期，共须蜕皮 13 次，即使性成熟以后仍继续蜕皮，最多可达 60 次。衣鱼的寿命很长，一般长达 2～3 年，最长可达 7～8 年。

衣鱼性喜温暖的环境，多数夜出活动，广布世界各地。生境大致分为 3 种：①生活在土壤中，朽木、落叶、苔藓、砖石下，活树皮、树洞内；②生活在室内的衣服、纸张、书画等日用杂物之间；③常栖息在蚂蚁或白蚁巢穴中。

衣鱼快速逃跑时多为横向动作，故行走足迹从一般的步行被一系列的水平方向跳跃代替。

3）资源潜力评述

衣鱼可以与其他生物联合构建环境生物协同转化系统，在土壤生态系统研究中具有重要作用。

4）分类概况

全世界已知3科约250种。我国仅知5种1亚种。

6. 蜉蝣目

蜉蝣目昆虫俗称蜉蝣，因其成虫寿命很短，即意为"朝生暮死，短命的昆虫"。

1）形态特征

蜉蝣体小至中型，细长，体壁柔软。口器咀嚼式，但上、下颚退化，无咀嚼能力；复眼发达，单眼3个。触角短，刚毛状。翅膜质，休息时竖立在身体背面；前翅大三角形，后翅退化，小于前翅；翅脉原始，多纵脉和横脉，呈网状。雄虫前足延长，用于飞行中抓握雌虫。腹部末端两侧各生1对长的丝状尾须。一些种类还有1根长长的中尾丝。幼虫体扁平，复眼和单眼发达；触角长，丝状。腹部第1～7节具有成对的器官鳃，尾丝2～3条。

2）生物学特性

蜉蝣为原变态，即一生需要历经卵、幼虫、亚成虫和成虫4个时期。蜉蝣由幼虫变为亚成虫以后，还要再蜕皮1次才能变为成虫。这种亚成虫期为蜉蝣所特有。一般亚成虫期仅持续几分钟或1~2d。亚成虫形似成虫，但体色暗淡，翅暗褐色，不透明。亚成虫期的存在，显然是无翅昆虫演化到有翅昆虫时保留下来的原始特征之一，由此可认为蜉蝣是最原始的有翅昆虫；也有的学者认为蜉蝣亚成虫期相当于完全变态昆虫的蛹期。

蜉蝣一般为两性卵生，极少数种类为卵胎生或孤雌生殖。大多数种类1年发生2～3代，热带地区的某些种类1年可发生4～6代，也有的种类2～3年发生1代。以幼虫越冬，少数以卵越冬。卵极小，形态各异。卵色多样，有白色、绿色、灰绿或淡褐色等；在卵的一端常有附着的帽状物，或从卵的表面伸出有黏性的细丝，附着在石块上，也有的卵外包有胶状物。卵历期一般1～2周，短的几天，长的达数月。幼虫一般蜕皮10～15次，少数可达55次，其历期可从几个月到1年以上。蜉蝣幼虫可生活在多种类型的水域中，其中在水生植物较多的溪流、河流、潮滩等水域中种类及群落最为丰富。蜉蝣幼虫具一定的昼夜活动节律。白天藏于石块下，晚上出来活动。幼虫老熟后，在水面或水中羽化为亚成虫，然后再到水面，或幼虫先爬上岸，在石头、植物上羽化。一般刚羽化的亚成虫不活泼，待蜕去最后一次皮变为成虫后便活跃起来。成虫不取食，寿命极短，只能存活数小时，多则几天。成虫羽化后，雌雄个体常在上午成群结队地在栖息的水域、岸区上方的空中回旋飞翔，相互追逐，并在空中或水面交配，蜉蝣的这种行为现象称为婚飞。在婚飞后数小时便将卵产在水中，卵粒或卵块分散沉入水底或水生植物上，而一些雌虫可折叠双翅爬到水中产卵。蜉蝣的繁殖率很高，大多数种类的产卵量达500～4000粒。成虫具有较强的趋光性。

3）资源潜力评述

蜉蝣幼虫水生，除取食水生植物和藻类外，也是其他鱼类及多种水生动物的食料。因此，蜉蝣是淡水生物食物链中的重要环节，对维持水生生态平衡具有一定的作用。同时，可根据幼虫对水域的适应与要求，用于监测水域类型与污染程度。

4）分类概况

蜉蝣分布在热带至温带的广大地区。受温度、水体的地质、水质和水流速度等影响较大。全世界已知 2 亚目 29 科 2250 余种。我国已知 2 亚目 16 科 250 余种。

7. 蜻蜓目

蜻蜓目昆虫是一类十分古老的昆虫，统称蜻蜓、豆娘等，简称蜻、蜓、蟌等。成虫色彩艳丽，体态优雅，飞行敏捷，陆生；幼虫水生。成虫和幼虫均为捕食性，是一类益虫。

1）形态特征

蜻蜓体中大型，体长 20~150mm。头大，能自如活动；头部下口式，口器咀嚼式，上颚强大，有利齿，适于捕食；复眼极发达，占头部的大部分，单眼 3 个，位于复眼之前；触角短，刚毛状，3~7 节。翅 2 对，膜质，翅脉网状，翅室众多，休息时平展或直立，不能折叠于背上；足细长。腹部细长，10 节；雄虫腹部第 2、3 腹板形成复杂的外生殖器官。幼虫下唇特化，腹部末端有尾鳃（豆娘类）或直肠鳃（蜻蜓类）作为呼吸器官。

2）生物学特性

蜻蜓为半变态，经卵、幼虫和成虫 3 个阶段。卵产于水面或水生植物体表面。"蜻蜓点水"形象地描述了蜻蜓的产卵行为方式，产卵量可达几百粒，甚至千粒，分数次完成。幼虫又称水虿，常栖息于水中砂粒、泥水或水草间，取食水中的小动物，如蜉蝣及蚊类的幼虫，大型种类还能捕食蝌蚪和小鱼。老熟幼虫出水后爬到石头、植物上，常在夜间羽化。部分种类的幼虫可以食用。

小型种类 1 年可以发生 2~3 代，体型较大的种类要经过 2~3 年甚至 5 年才能完成 1 代。卵期 5~40d，少数种类卵期 80~230d。初孵化幼虫经过一段时间突破体表的一层薄膜后成为真正的第 1 龄幼虫。幼虫体色常为暗色，附着在水草上的蜻蜓幼虫常为绿色。幼虫常静伏不动，等待猎物经过而捕获之。老龄幼虫爬出水面后，附着在水体附近石头或水边植物上蜕皮羽化。羽化多在下半夜或早晨进行。幼虫龄期多少，随种类不同而异，甚至同种的不同个体也存在差异，有 10~15 龄。有成虫生殖前期。成虫寿命测定较为困难。蜻蜓成虫寿命为 2~6 周或 8~10 周，通常均翅亚目成虫寿命可超过 7~9 周，差翅亚目成虫寿命可超过 11~13 周。

蜻蜓成虫喜好在幼虫生活的水体附近飞翔，或沿溪流往返飞行。成虫在飞行中捕食大小适宜的昆虫。蜻蜓多在开阔地的上空飞翔，黄昏时出来捕食蚊类、小型蛾类、叶蝉等，是重要的益虫。幼虫生活在池塘里的种类，其成虫常在池塘上空不高的地方盘旋飞行。有些雄虫具有占领地域的习性，间歇性或不停息地进行巡逻飞行，防止其他雄虫侵犯。少数种类可迁徙或偶随大风飞到很远的地方。蜻蜓飞行速度快，似作滑翔飞行，较易被捕捉。很多种类，成虫羽化后虽飞到很远的地方，但在性成熟后回到产卵的水体进行配对、交配与产卵。通常雄虫比雌虫早飞回水体附近。

雄虫在性成熟时，把精液藏入交合器中。交配时，雄虫用腹部末端的肛附器捉住雌虫头顶或前胸背板，雄前雌后，一起飞行。蜻蜓的交尾是在形成环状串联过程中完成的，具有种间识别和种内性别识别能力，其交尾串联过程可分为4种类型，在交尾结束后雄虫的表现也不同，有的具有保护雌虫产卵的习性。有时雌虫把腹部弯向下前方，将腹部后方的生殖孔紧贴到雄虫的交合器上，进行受精。许多蜻蜓没有产卵器。它们在池塘上方盘旋或沿小溪往返飞行中将卵撒落水中；有的种类贴近水面飞行，用尾点水，将卵产到水里。蜻蜓的性二型现象明显。

在食性上，蜻蜓除了捕食其他各种昆虫外，成虫还具有相互残食的习性，个别亦有取食植物的习性。在交尾方式上大致相同，但产卵方式和交尾前行为在种与种之间存在一定的差异。不同种类对不同的天气变化反应也各自不同，大部分种类在空气相对湿度达90%时就很少活动或不活动，另外对温度的反应也是因种而异。

3）资源潜力评述

蜻蜓成虫捕食各类昆虫，大型种类能够捕食蝴蝶、蛾类昆虫、蜂甚至其他同类个体，均捕食活体猎物。多数白天捕食，一些在黄昏或黎明捕获群飞的蚊类或其他双翅目昆虫。热带种类常在夜间飞行和捕食。

蜻蜓类昆虫可作为天敌昆虫，其若虫则可作为食用昆虫。

4）分类概况

蜻蜓广布世界各地，尤以新热带和东洋区较多。全世界已知约5000种，分属3亚目14～25科。我国约有400种。

8. 襀翅目

襀翅目昆虫俗称石蝇、襀翅虫。襀翅目昆虫因其成虫静止时翅折扇状平叠在胸腹背面而得名；此外，因该类昆虫的幼虫常生活在溪流或河流中的石块下，并且常爬到河边的石头和石桥上羽化，故又称石蝇。

1）形态特征

石蝇体小至中型，体软，长略扁平。头部宽阔；口器咀嚼式，上颚正常或退化成软弱的片状物；复眼发达，单眼 2～3 个或无；触角丝状多节。前、中、后胸大，结构相似；翅 2 对，膜质，后翅臀区发达，翅脉多，中肘脉间多横脉；跗节 3 节。腹部有完整的 10 节，第 11 节常转化为外生殖器构造；尾须 1 对，线状多节或仅 1 节。雌虫无产卵器，常有特化的下生殖板。幼虫蜗型，似成虫，有器官鳃。

2）生物学特性

石蝇为半变态。两性卵生，极少数为卵胎生或孤雌生殖。大多数种类 1～2 年发生 1 代，小型种类 6～8 个月发生 1 代，而一些大型种类 3～4 年才能完成 1 代。常以幼虫或卵滞育越冬或越夏。

卵呈球形、椭圆形、弹头形、方形、扁圆形等多种形状。卵历期一般为 3～8 周，以卵滞育的种类其卵历期可长达两年。幼虫蜕皮 12～36 次，多数种类在 22 次以上。幼虫历期大多为 1～2 年，有的种类 3～4 年。幼虫的食性多样：捕食性类群主要以蜉蝣的幼虫、蚊类幼虫（孑孓）和其他小型动物为食；植食性类群主要以植物碎片、藻类和苔藓等水生植物为食；有的种类可取食腐败的有机物和极细的砾粒。幼虫生活在周围植被较好、水质冷凉清澈、通气好的山间溪流或小河流的砾石下；有的种类生活在大河、湖泊的水底淤泥或杂草中。幼虫发育成熟后分散爬到岸边的石头、枯枝、外露的树根上或堤坡的缝隙处、石桥或岩石、大树的树干上羽化；有的类群，如黑襀科种类则常在冰层下羽化。成虫多数在 5～6 月羽化，一些类群则主要在秋、冬寒冷的季节羽化。成虫飞翔能力较弱。中大型的类群常有趋光性。某些种类具有性二型和多型现象，即有长翅型和短翅型之分。幼虫肉食性的种类，其成虫一般不取食，仅须饮水；而植食性种类的成虫则需要取食地衣、花粉、真菌、植物碎片、嫩芽或嫩皮等补充营养，方可交尾产卵。大多数种类在交尾前，雄虫先用腹部末端敲击附着物产生鸣声，以此为信号向雌虫求偶，但只有未交尾的雌虫才会对这些信号作出反应。雌、雄交尾后 2～3d 即可将卵产于水中。卵多为块产，少数散产。雌虫一生可产卵数百粒，多者可达 6000 粒。成虫的寿命为 3～4 周，在冬季和早春羽化的种类寿命更长。

3）资源潜力评述

石蝇幼虫取食水中的植物碎片等，同时也被其他水生昆虫或动物取食，是淡水生物食物链的重要组成环节，对维持水生生态平衡和水体净化具有一定的作用；同时也是一些珍稀鱼类的食料。此外，该类昆虫对水中的化学物质较为敏感，可用于水资源的污染监测。

4）分类概况

全世界已知 2 亚目 16 科 2500 余种。我国已知 1 亚目 10 科 50 属 325 种。

9. 蜚蠊目

1) 蜚蠊、蟑螂

蜚蠊、蟑螂在野外生活于石块、树皮等处，或朽木和树洞内；居室内的种类为大家非常熟悉的德国小蠊。

（1）形态特征。蜚蠊体中到大型，长 2～100mm。体扁平，卵圆形，常见为黄褐色或深褐色，也有完全黑色或黄色，极少数为红色、绿色或古铜色。头小，颜面强向后倾斜；口器咀嚼式，上颚短而强壮，具锯齿；触角细长，丝状；复眼大，呈肾形围绕触角基部，单眼 2 个；颈侧骨片相遇于腹侧中线。前胸背板形大如盾，中后胸背板不发达，形状类似；无翅型的中、后胸背板常较有翅型的宽阔和坚固；翅 2 对或短翅，极少完全无翅，前翅为覆翅，狭长，相互重叠，左翅在上，右翅在下，覆盖于腹部之上；后翅膜质，臀区大，有时具发达横折叠的端域；足为步行式，多刺，基节扁平而扩大，几乎占据整个胸腹板，跗节 5 节，具爪；腹部 10 节，第 1 腹节背板中央具分泌腺，第 6、7 腹节背板常具背腺。雄性下生殖板通常具腹刺；雌性第 8、9 腹板缩藏于第 7 腹板之内，生殖突一般不外露；雄性第 9 腹板和雌性第 7 腹板特化为下生殖板，下生殖板阔大；产卵瓣退化；尾须 1 对，分节或不分节。

（2）生物学特性。蜚蠊为土栖性昆虫。渐变态。在夏季常温下，卵期约 1 个月，孵化过程中有预若虫期。若虫形似成虫，经 6～12 个龄期，有时雄虫多 1 个龄期。在发育过程中，除体型逐渐增大外，触角和尾须节数也有所增加，翅芽和生殖器发生一系列变化，雌性下生殖板的腹突在发育过程中逐渐缩小，而到成虫时则完全消失。生活史一般为 1 年 1 个世代，在环境适宜的情况下，1 年也可以发生 2～3 代，也有需 5 年才能完成 1 个世代的个体。

蜚蠊绝大多数为有性生殖，偶尔孤雌生殖。雌性蜚蠊能放出性外激素吸引雄虫前来交配，雄性蜚蠊则以触角感应、追求雌虫。卵产于卵鞘中，每个卵鞘中含卵约 20 粒，分隔成左右两排。卵鞘形状因种类而异。呼吸孔位于背侧接缝线。生殖方式有卵生、卵胎生。

（3）资源潜力评述。蜚蠊对环境和食料的适应性极强，活动范围广。大多数种类分布于热带和亚热带，少数分布于温带，在人类居住环境中发生十分普遍。生活于野外的蜚蠊常见于石块、树皮、枯枝、落叶及垃圾堆下。栖息于朽木内的食材类蜚蠊约 103 种，成虫和若虫群居在一起，表现出亚社会性习性。这类蜚蠊后肠中存在原生动物或共生细菌，若虫通过摄食成虫粪便，将原生动物转入体内。生活于居室内的种类，随人类的活动而扩散到全球。食性杂，尤偏好糖类和淀粉类物质。

（4）分类概况。全世界已知约 3684 种，分布地域甚广。我国已知 6 科 60 属

240种。

2）白蚁

白蚁具有群集的巢居习性和复杂的生态功能分化，是社会性昆虫。广布于世界各地，但以热带、亚热带地域居多。我国多数种类分布于长江以南地区，向北逐渐稀少，一般生活在低海拔的原始森林地区。我国古代人对此类昆虫有很深入的研究。

（1）形态特征。白蚁为中小型昆虫，形态结构非常复杂，有翅成虫的特征是种类鉴别的主要依据。头骨化，可转动；复眼1对，单眼1对或无；触角念珠状；前口式，咀嚼式口器，发达，兵蚁上颚大，镰刀状。前胸较头部宽或窄；前、后翅的形状、大小几近相等，故称等翅目。腹部10节，多数种类第9腹板后缘有1对刺突。第10腹板两侧有1对尾须。

白蚁为多形态昆虫，分为生殖型（大翅型、短翅型及无翅型繁殖蚁）和非生殖型（兵蚁和工蚁），或分为原始型和蜕变型。

（2）生物学特性。白蚁营群体生活，有品级分化。生殖型白蚁（繁殖蚁）体型大，尤其蚁后的腹部极其膨大，主要起交配、产卵作用。整个巢群内，其数量最少，但最重要。多数情况下，一个群体内只有一对原始蚁王、蚁后。原始蚁王、蚁后死亡后，巢群内会产生短翅型补充蚁王、蚁后或无翅型补充蚁王、蚁后，否则该巢群将失去控制，直至毁灭。非生殖型白蚁无生殖机能，是蚁巢的建设者和保卫者。非生殖型白蚁主要分工蚁和兵蚁2个品级。工蚁为群体内数量最多的一个品级，不繁殖后代，但却担负喂食蚁后、兵蚁和幼期幼虫，照顾卵，清洁、建筑、修理巢穴，搜寻食物和培育菌圃等各项巢内群体生活的任务。多数种类工蚁仅一类，形态及大小基本一致。兵蚁只承担巢穴的防卫工作，不参加其他工作。由于口器特化，自身已失去取食功能，需要依靠工蚁哺食、喂养。兵蚁一般只有一类，但在某些类群中，还有大、小兵蚁之分。

成熟的白蚁群体内，每年多数在春秋，尤以早春出现大量的有翅成虫，亦称为有翅繁殖蚁，飞离老巢，另建新巢，即分飞。分飞是巢群发育的开始。有翅成虫飞翔能力甚弱，飞翔高度低，5～30m不等，常飞出数米至数十米后，降落地面。雄虫追逐雌虫，接触后不久，四翅由肩缝处脱落，接着寻觅合适场所，建筑新居。脱翅后的雌雄成虫结成配偶，约一星期后开始产卵。原始蚁后的生殖能力及产卵速度随着群体的壮大而增强，衰老时又逐渐降低。一般新群体内产生的后代多数是工蚁，兵蚁很少，且完全不产生有翅成虫。当群体达到一定年龄和大小时，群体才产生下一代的有翅成虫，以便再次分飞。有翅成虫的分飞是白蚁扩散繁殖、延续后代的主要途径。

不同类群的白蚁群体大小不同，其个体数从较低等的仅有几百个到较高等的可超过200万个均有。个体和群体的寿命长短不清楚。据估计，非洲某些种类的原始蚁王、蚁后的蚁巢，可能有40～50年的历史。群体寿命并不受蚁后寿命限制，有的群体可活100年。白蚁的防卫十分复杂，不同种类有不同的防卫方法，主要表现为机械防卫和化学防卫两个方面。

蚁巢在白蚁生活中占据极其重要的地位。蚁巢可以分为木栖性蚁巢、土木栖蚁巢和寄居性蚁巢。蚁巢中专供蚁王、蚁后所居住的称为主巢，位于近蚁巢中央，类似"王宫"，蚁王、蚁后通常一直生活于王宫内。其余仅有其他品级的称为副巢，各巢间有蚁道相通。一些种类的蚁巢内有菌圃，上生真菌。菌圃不仅为白蚁提供丰富的食物，是白蚁的重要"粮仓"，而且又是巢内温、湿度的调节器，使蚁巢能维持一定的温、湿度，以适合卵和幼蚁的生长发育。

（3）资源潜力评述。白蚁消化道内生存有单细胞共生物，可协同分解和消化食物中的纤维类物质。蚁巢内常有无脊椎动物食客，一般取食白蚁巢内废物，或白蚁的排泄物，不危害白蚁的正常生活，有时与白蚁存在某种辅助关系。

白蚁保健酒和白蚁粉等系列产品都已被开发。

（4）分类概况。全世界白蚁种类分为6科，已知种类超过3000种。东洋区种类最多，超过800种。我国有400余种。

10. 螳螂目

螳螂目昆虫俗称螳螂。因其等待猎物时高举前足的姿态如同教徒祈祷，西方许多国家将螳螂称为"祈祷者"。

1）形态特征

螳螂体中至大型，细长或略呈圆筒形，也有呈扁叶状的。头三角形或近五角形，转动灵活；口器咀嚼式，上颚强劲；复眼发达，卵圆形突出，单眼3个，排列成三角形；触角丝状、念珠状、双栉齿状或其他形状，雄虫触角形状变化较大。前胸极度延长成细颈状，或呈近方形，有的背板侧缘扩张成叶状或盾状，能活动；前足为捕捉足，基节甚长，可动，腿节腹面具槽，胫节可折嵌入腿节的槽内，形如铡刀；中后足为步行足；跗节5-5-5式，少数4-3-3式；前翅革质，为覆翅，后翅膜质，臀区宽大，休息时两翅平叠于腹背上，有些雄虫的翅短缩或缺如。雌虫腹部第7腹板形成下生殖板，末端有1对刺突，交尾器不对称，被下生殖板包围；尾须分节，较短。

2）生物学特性

螳螂为渐变态。卵粒包于由附腺分泌物形成的卵鞘中。卵鞘附于树枝、墙壁或石块上，个别在土中；卵鞘的形状、大小、结构因种类而异。同一种类因所处的环境或食料的差异，其卵鞘的大小也有所不同。每一卵鞘内有卵10～400粒不等，表面有若虫的孵出口。多数螳螂都在晚秋产卵，每个雌性个体产卵鞘1～6个，次年6月初卵逐渐孵化。卵的孵化时间主要集中在8～9时和17～18时。少数种类的螳螂有守护卵鞘直至若虫孵化的习性。初孵若虫借助第 10 腹节腹板上的细丝连接虫体或悬挂在卵鞘上，而后开始在植株或草地、石块间爬行。1～2 龄若虫行动敏捷，老熟若虫行动比较缓慢。若虫一般需要蜕皮 7～8 次才能变为成虫。成虫一般在清晨羽化。羽化后 10d 左右即可交配。交配时间可维持 2～4h。一般 1 年发生 1 代。以卵在卵鞘中越冬。螳螂大多数生活在植物上，一些无翅种类生活在地面上，常有保护色和拟态。

螳螂的成、若虫均为肉食性，能猎食各种昆虫，特别喜食蝗虫、双翅目蝇类幼虫、鳞翅目幼虫、同翅目等昆虫及其他小微型动物。一些大型的螳螂甚至能攻击小鸟、蜥蜴、蛙类等小动物。螳螂有较为普遍的自相残食习性，雌性个体取食雄性个体、大龄个体捕食低龄个体为常见现象。性成熟的螳螂，一生可交配多次，但在交配前，常有雌性个体吃掉追随它的雄虫，即使雄虫的头部被食，并不妨碍雄虫的有效交配。雌性一旦进入雄性的视野，雄性即向雌性靠近，而雌性一旦发现雄性即向雄性进攻，即螳螂表现的"雌食雄"或"妻食夫"生物学现象。

3）资源潜力评述

由于螳螂为肉食性，具有凶猛的猎杀习性，可捕食农林环境中的多种害虫，是人工生态系统中的重要捕食性天敌昆虫。螳螂除了作为害虫生物防治的天敌资源外，还是一类重要的药用资源。螳螂的卵鞘被称为螵蛸，蒸晒或烘干后可入药。螵蛸一般分为团（软）螵蛸、长（硬）螵蛸和黑螵蛸 3 种。发生于桑园的螳螂形成的螵蛸特称为桑螵蛸，为药中珍品。螳螂可以作为食用昆虫资源。

4）分类概况

全世界已知螳螂目 4 总科 11 科 2200 余种。我国已记录 2 总科 8 科 47 属 112 种。

11. 蛩蠊目

蛩蠊目昆虫俗称蛩蠊，以其既像蟋蟀又像蜚蠊而得名。

1）形态特征

蛩蠊体长 12～30mm，细长、柄型，无翅，体被细毛。头前口式，上颚发达；触角丝状；复眼有或无，无单眼。胸部 3 个胸节的背板形状相似，可自由活动；3 对足细长、相似，跗节 5 节。雄虫腹部第 9 节的肢基片特化为发达的外生殖器，左右不对称，其末端具刺突；雌虫有发达的刀剑状产卵器；尾长，8～10 节。

2）生物学特性

蛩蠊为渐变态。由于成虫无翅，变态现象不明显。以广泛分布于北美洲的北美蛩蠊的生物学研究为例，该虫发育缓慢，完成 1 个世代需 7～8 年，其中卵期 1 年，若虫期 5 年，蜕皮 8 次。雌虫性成熟需 1～2 年，只交配 1 次，每次持续 12h；卵需要在雌虫体内发育 6 个月。卵黑色，很大，单产于石块、木块下或土壤中。

蛩蠊一般生活于寒冷潮湿的高海拔地区，尤其是高山上岩石或林中枯枝落叶层。该类昆虫喜欢低温，最适温度为 0～4℃，超过 16℃时死亡率显著上升；高温是其居群之间交流、迁移扩散的限制因素。成、若虫均营隐蔽生活。常生活在土壤里、石块下、枯枝落叶、苔藓或洞穴中。一般昼伏夜出，也有少数种类白天在雪地或地面活动。蛩蠊一般不群居生活，个体之间具有相互残食的习性，成虫交配后，雌虫将雄虫吞食。蛩蠊的食性属杂食性，通常取食苔藓、植物碎片或捕食昆虫的幼虫、蛹或其他小动物。

3）资源潜力评述

本类群具有昆虫系统发育研究的价值，具有环境指示生物的功能。

4）分类概述

陈世骧等（1986）在长白山发现，并将其命名为中华蛩蠊。该种模式产地在吉林省长白山顶部陡崖下的滑坡滚石地段，海拔 2000m，周围有蒿、苔藓、地衣等多种高山植物，年均温度低于 0℃，冬天积雪时间长达 230d 以上。

12. 革翅目

革翅目昆虫俗称蠼螋，以其前翅革质和后翅展开时形如耳状而得名。

1）形态特征

蠼螋体小至中型，狭长，略扁平，表皮坚韧，褐色或黑色。头扁宽，能活动；口器咀嚼式，上颚强壮、具齿；触角丝状，10～50 节；复眼发达，无单眼。前胸背板发达，方形或长方形；有翅或无翅，有翅者前翅革质、短小、无翅脉、末端平截，后翅大、膜质、扇形、半圆形或耳形，翅脉呈辐射状，休息时折叠于前翅下，常露于前翅外；足细长，步行足，跗节 3 节。腹部长，11 节，可以自由弯曲，第 1 腹节与后胸背板愈合，有的第 3、4 腹节生有腺褶，雄虫第 10 腹节背板常有成对的隆丘；雌虫无产卵器；尾须不分节，钳状，称为尾铗。

2）生物学特性

蠼螋为渐变态。卵生或胎生。卵呈卵圆形，乳白色，表面光滑，卵历期约 1 个月。若虫与成虫相似，触角节数较少，只有翅芽，尾铗较简单；若虫 4～5 龄，2 龄时出现翅芽。雌虫常在倒木或石块下筑巢，将卵堆产于其中，也有的将卵产于土壤中，少数产于树皮下。雌虫有护卵育幼的特殊习性，而低龄若虫也常留居在母体周围，受其保护。在温带地区 1 年 1 代，在热带和亚热带地区 1 年可发生 3～4 代，常以成虫或卵越冬。雌雄二型现象显著。雄虫尾铗大且形状复杂；尾铗主要用于捕食、防卫或交尾时起抱握作用，有时也用于清洁身体或折叠后翅。

3）资源潜力评述

大多数革翅目昆虫种类与人类直接关系不是很密切。少数种类危害花卉、贮粮、贮藏果品、家蚕及新鲜昆虫标本，也有一些种类是农业害虫的重要捕食性天敌，如黄足蠼螋对美洲斑潜蝇的蛹有较强的捕食作用，在 25℃条件下每天捕食量达 82 头之多。

4）分类概况

蠼螋全球分布，但主要分布于热带和亚热带地区。随着纬度的升高，种类数量递减。在海拔 5000m 的高山上仍能采集到该类昆虫。全世界已知 3 亚目 11 科 219 属 1900 余种。我国已记录 8 科 57 属 211 种和亚种。

13. 纺足目

纺足目昆虫俗称足丝蚁、纺足虫。该类群因其前足跗节能分泌丝织网或丝织造隧道和习性活泼、行动快捷而得名。

1）形态特征

纺足虫体小至中型，细长而扁平，柔软，胸部与腹部近等长。体色多为烟褐色或栗褐色，少数种类的雄虫翅近白色。头前口式；口器咀嚼式，雄成虫上颚呈水平状前伸；触角丝状或念珠状；复眼发达，无单眼。雌虫无翅，雄虫大多数有翅，极少数无翅，前后翅大小相似、膜质、翅脉简单；足短粗，跗节 3 节，前足第 1 跗节膨大，具丝腺，能纺丝结网。腹部 10 节，尾须 1 或 2 节，产卵器不明显，雄虫腹部末端的外生殖器不对称。由于雌成虫形态呈若虫状，目前分类鉴定的主要依据是雄虫的特征，如头部结构、尾须、腹部末节、外生殖器与翅脉等。前足第 1 跗节极度膨大是纺足虫最重要的鉴别特征。

2）生物学特性

纺足虫为渐变态。一般两性生殖，少数种类存在孤雌生殖现象。卵为长卵圆形，一端有盖，白色或银白色，有光泽，产于丝道内。若虫期 4~5 龄，3 龄前雌雄若虫形态差异不明显，3 龄时雄虫开始出现翅芽。1 年发生 1 代至数代。

若虫与成虫均能以前足第 1 跗节上的丝腺所分泌的丝织造隧道。一般新织的丝织隧道呈蓝白色或紫罗兰色，较老的丝织隧道常为多层丝织物，呈粉白色或乳白色。在湿润地区，整个坑道和丝织隧道可暴露于外；而在干燥、炎热的地区，隧道在地下、木头缝隙或蚂蚁、白蚁巢中。丝织隧道总是筑在食物源的附近，在开阔地区成虫可短时间在外面活动。在最适合生存的热带森林，丝织隧道可筑在树上。丝织隧道具保护作用，能使其免遭其他节肢动物捕食，并能防止过度干燥，也是生活、交配、越冬场所。

成、若虫喜温暖、潮湿，喜隐蔽、昼伏夜出；行动迅速、活泼、动作敏捷。雄成虫有趋光性。大多数种类为群居性，但无品级分化和社会性习性。1 个典型的群体是 1 个或数个雌虫与 1 窝若虫生活在 1 个丝织隧道内，有的在 1 个丝织隧道内有数百个不同虫态的个体共同生活在一起，也有每个丝织隧道中仅 1 头虫或 1 头雌虫与 1 头若虫。雄虫通常要进入丝织隧道与雌虫交配，离开丝织隧道后不久便死亡，或被雌虫吃掉。雌虫单独留在丝织隧道中产卵数粒，并抚育后代。

成、若虫均为植食性。取食干枯的树皮、枯枝落叶、植物碎屑、木屑、地衣、苔藓、菌类或植物组织制品等。雄成虫一般不取食。有的种类具相互残食习性，这些种类的雄虫在交配结束后常被雌虫吃掉。

3）资源潜力评述

成、若虫具有构建环境生物系统的潜在价值。我国目前发现种类极少，因此，本类群研究在丰富我国昆虫种类、建立科学发育系统方面具有重要价值。

4）分类概况

纺足虫主要分布于热带、亚热带地区及海岛上，少数种类出现在温带地区。全世界已知2亚目8科300余种。我国仅记录1科2属6种。

14. 缺翅目

缺翅目昆虫俗称缺翅虫。1913年，意大利学者西尔韦斯特里最先建立缺翅目，由于最初发现的缺翅虫均为缺翅型，故误认为该类昆虫均属缺翅昆虫。直到1920年，美国学者考多（Caudell）才发现了有翅型，并且明确指出缺翅目昆虫不是一个"缺翅"的目。

1）形态特征

缺翅虫体小型、扁平、柔软，体长3～4mm，褐色或暗褐色。头大，近三角形；口器咀嚼式；触角长念珠状；无翅型无复眼，有翅个体有1对发达的复眼和3个单眼。有翅型有2对膜质翅，翅狭长，翅脉简单，易脱落；前胸发达，近正方形，中、后胸后缘稍扩大呈梯形；3对足为步行足，后足较粗大，跗节2节，第1跗节极短，第2跗节长，足末端有1对镰刀状的爪。腹部10节；雄虫腹部末节腹面有时露出一钩状的外生殖器；尾须1节，乳头状。

2）生物学特性

缺翅虫为渐变态。卵椭圆形。若虫似成虫，色较浅，乳白色。有翅型若虫触角8节，后增加到9节，端部数节为念珠状。有多型现象，即分为缺翅型和有翅型两类。有翅个体成熟后翅即脱落，脱翅后的成虫常隐藏在树皮或腐木下生活。

缺翅虫多生活在热带、亚热带林内枝叶茂密、林间郁闭度高、异常阴湿的热带雨林和季雨林中的朽倒木或折木的树皮下、木屑堆、腐殖土中，具有"广布的目、狭布的种"的分布特点。有时出现在白蚁巢内。该类昆虫具有集群生活习性，成虫和幼虫通常聚集在一起，惊动后四处奔跑逃逸；虽然缺翅虫群居生活，但无品级分化和社会性习性。许多种类至今仍未发现雄虫，可能存在孤雌生殖现象。

缺翅虫主要取食腐木上的大型真菌孢子和微小型节肢动物。有关缺翅虫的生活史情况，目前了解极少。

3）资源潜力评述

缺翅虫腐食性，具有构建环境生物系统的潜在价值。缺翅虫独具特色的形态特征，表明了其进化的特殊性，在昆虫系统发育研究方面具有重要意义。

4）分类概况

世界已知缺翅虫1科1属29种。我国记载的第一种缺翅虫，是由中国科学院动物研究所黄复生于1973年在西藏察隅采集而得，1974年将其命名为中华缺翅虫；后来又发现另一种缺翅虫，即墨脱缺翅虫。我国已知的两种缺翅虫均来自西藏东南部山谷间的阔叶林和云雾林，均被列为国家二级保护动物。

15. 啮虫目

啮虫目昆虫常称为啮虫、书虱。

1）形态特征

啮虫小型，体长1~10mm；柔弱，具长翅、短翅或小翅型种类。头大，活动灵活；复眼1对，单眼3个或无；触角线状，常为13节，有时达50节；有些种类的第1鞭节膨大；口器咀嚼式，后唇基甚发达，呈球状凸出；上颚呈不对称的坚硬锥状；下颚须4节，下唇须退化、短小，1或2节；舌位于头壳腹面中央，构造复杂。有翅类中，前胸较小，较中、后胸简单；无翅类中，前胸相似于中、后胸；有翅成虫常有两对翅，前大后小，一般为长三角形，常具翅痣；前、后翅均为膜质，常具臀褶；休息时常呈屋脊状或平置于体背；足一般细长，外形相似，后足基节内侧具1发声器官。跗节2或3节，爪1对，有或无亚端齿；爪垫宽或细。腹部简单，分为9节，听觉器官位于第1腹节两侧；气门常8对；无尾须；末端具肛上板和1对肛侧板；外生殖器构造特殊。雄虫第9腹板特化为下生殖板，很发达，位于阳茎的腹面；雄虫的肛侧板上端常具角突。雌虫第7腹板甚发达，构成外生殖器的亚生殖板；产卵瓣3对；腹瓣位于第8腹节，通常呈尾须状；背瓣和外瓣位于第9腹节上，背瓣一般宽阔，质软；外瓣横长，卵圆形、四边形或三角形。

初孵若虫在外形上与成虫相似，但若虫的跗节为2节，触角较短，无单眼；在发育过程中，小眼的数目、触角上感受器的数目逐龄增加；若虫从第2龄开始出现翅芽；若触角在低龄若虫期折断，在以后的发育中，常出现鞭节增长、感受器增多的补偿性生长。

2）生物学特性

啮虫为渐变态。卵大多为长卵形，淡色，无卵孔，两侧不对称；单产或聚产，裸露或覆网。若虫一般为6龄，有时5或4龄，极个别3龄。成虫多数喜高温高湿，约1个月即可完成1个周期。所有啮虫具负趋光性，常见于阴暗场所；另一些种类则具正趋光性。少数种类的雌雄成虫均具照顾卵粒的习性。初孵若虫有时具有吃掉卵壳的习性。

多数为植食性和菌食性；能取食植被与其他有机物的碎屑和菌类，包括谷物碎屑、植物花粉、烟草、书籍、昆虫标本、毛皮、真菌菌丝和孢子、单细胞藻类等。少数种类肉食性，能捕食其他昆虫和螨类。部分还取食自己的卵，并会自相残食。有些种类还具有粪食性。

生殖方式有卵生和胎生，也有两性生殖和孤雌生殖，但多数情况下，为两性、卵生。目前仅知 3 种啮虫有胎生能力。孤雌生殖多数属于专性孤雌生殖，仅少数为兼性孤雌生殖。

地球各大动物区均有分布，以热带、亚热带及温带的林区为多。生境十分复杂，生活于树叶和枝干上或树皮下、灌木丛和落叶层中、篱笆和墙壁上、土壤表层、储物间等处；有些种类可生活于蜂箱中、白蚁巢中，甚至鸟巢中。多数啮虫为散居性种类；少数群居于网下。织网的大小在不同种类间差别极大。

3）资源潜力评述

啮虫腐食性，具有构建环境生物系统的潜在价值。独具特色的形态特征，表明了其进化的特殊性，在昆虫系统发育研究方面具有重要意义。

4）分类概况

全世界已知 3 亚目 37 科 300 余属 4658 多种。我国已知 3 亚目 27 科 120 属 585 种。

16. 直翅目

直翅目昆虫因其前、后翅的纵脉直而得名，包括常见的诸多昆虫，如蝗虫、蚱蜢、螽斯、蟋蟀、蝼蛄等。

1）形态特征

直翅目昆虫体中型至大型。雌虫多有发达的产卵器；雄虫常会发音。

头部：多为下口式，少数穴居种类为前口式；头圆形、卵圆形或圆柱形，蜕裂线明显；口器为典型的咀嚼式，上颚强大而坚硬；触角丝状、剑状或槌状；复眼大且突出；单眼 2~3 个，但一些螽斯科种类缺单眼。

胸部：前胸特别发达，背板常向后和两侧扩展呈马鞍形，盖住前胸侧板；前胸腹板在两前足基节之间平坦或隆起，或呈圆柱形突起，称前胸腹突；中胸与后胸愈合；前翅覆翅；后翅膜翅，臀区宽大，平时呈折扇状纵褶于前翅下；前足和中足为步行足，后足为跳跃足；但蝼蛄类昆虫的前足特化成开掘足。

在蝗虫类昆虫中，有些种类的翅退化成鳞片状，形似蝗虫的若虫（俗称蝻、蝗蝻或跳蝻）。但是，它们的前翅覆盖后翅，且翅上除纵脉外还有横脉；而蝗蝻的后翅翻转盖住前翅，且翅芽上仅有纵脉而无横脉。

在螽斯和蟋蟀中，其雄虫前翅上有发声器。在蝗虫中，其雄虫的前翅和后足腿节外侧上有发声器,但癞蝗科昆虫的发声器在腹部第 2 背板和后足腿节内侧。在螽斯和蟋蟀中,在其前足胫节基部上有听觉器官。

腹部:一般 11 节;雌虫第 8 节或雄虫第 9 节发达,形成下生殖板。蝗虫、螽斯和蟋蟀的雌虫产卵器发达,呈锥状、剑状、刀状或矛状;蝼蛄无特化的产卵器。尾须 1 对,不分节。在蝗虫类昆虫中,听觉器官位于第 1 腹节背板的两侧。

2)生物学特性

直翅目昆虫多为植栖性,少数土栖性和洞栖性。个别种类有群栖性,或迁飞习性。多为植食性,少数为杂食性或捕食性,无寄生性。

栖境:典型的陆生种类。螽斯生活在植物上,蝗虫生活在植物或地面上,蟋蟀生活在石头或土块下,蝼蛄生活在土壤中。

食性和活动习性:绝大多数种类为植食性,尤其喜食植物的叶子。但是,螽斯科昆虫的少数种类为肉食性,取食其他昆虫和小动物。蝗虫多在白天活动;螽斯、蟋蟀和蝼蛄多在夜间活动,有较强的趋光性。

变态类型:渐变态。一生历经卵期、若虫期和成虫期。雌虫产卵于土内或植物组织中。螽斯和蟋蟀的卵多为单粒散产,蝗虫则多粒、产于卵囊内。卵为圆形、圆柱形或长卵形。若虫一般 5～7 龄,第 3 龄后出现翅芽,其形态与成虫相似,生活习性相同。在成虫期,许多种类的雄虫能发声,用以吸引雌性,完成交配和生殖的使命。但绝大多数种类的雌虫都没有发声器,不能鸣叫。

生活史:多为一化性或二化性,少数三化性。多数在夏秋产卵,以卵越冬,翌年 4～5 月孵化,6～7 月发育成为成虫。

一些蝗虫种类如果在若虫期高密度集栖,可形成群居型蝗虫并可远距离迁飞,如东亚飞蝗;如果在若虫期分散栖居,到成虫期就形成散居型蝗虫,不迁飞。

防御习性:最常见的是保护色、拟态和自残。植栖性种类体色近似栖境,或形态近似叶片、细枝、树皮等,以隐匿自己,躲避敌害。当直翅目昆虫的后足被捉时,常会在跳跃足的腿节与转节之间自行切断逃掉,但断足很少能再生。

3)资源潜力评述

直翅目昆虫许多种类在自然发生状态下是农业、林业和牧草的重要害虫。有些种类能成群迁飞,加大了危害的严重性,例如,沙漠蝗迁飞扩散范围可达 65 个国家和地区,占地球陆地面积的约 20%。在我国,东亚飞蝗从春秋时期起到新中国成立的 2600 多年中成灾 800 多次,涉及长江以北 8 个省(区),常造成大范围内的庄稼颗粒无收。

少数种类肉食性,捕食其他昆虫和小动物,是农业害虫的天敌。

本目很多种类成为资源利用的生产养殖对象,已经大规模生产的种类有东亚飞蝗、稻蝗、棉蝗和中华蚱蜢。此外,本目昆虫中有些种类鸣叫动听引人,如蝈蝈和蛐蛐等;有些种类生性好斗,如斗蟋等;有些种类形态奇异,或美丽诱人,如叶䗛等，这些都是重要的观赏昆虫。

4）分类概况

全世界已知 20 000 多种。我国已知约 2000 种。多数学者将直翅目分为剑尾亚目和锥尾亚目。

剑尾亚目

触角丝状，长于或等于体长，少数短于体长之半；听觉器官在前足胫节基部；以左右前翅摩擦发音；跗节 3 节或 4 节；产卵器较长，刀状、剑状或长矛状。多夜间活动。

（1）螽斯科。触角长丝状；3 对足的胫节背面有端距；跗节式 4-4-4；雌虫产卵器刀状；尾须短。

栖于草丛或树木上，保护色明显。一般植食性，亦有肉食性和杂食性。卵产于植物组织内，很少产于土中。多数种类雄虫能发音，俗称蝈蝈。代表种类：中华螽斯。

（2）蟋蟀科。触角长丝状；后足胫节背面两侧缘有较粗短和光滑的距；跗节式 3-3-3；雌虫产卵器针状、长矛状或长杆状；尾须长。

多栖息于低洼、河沟边及杂草丛中，一般穴居，也有的生活于土表砖石下。多为植食性，喜夜出。卵产于泥土中。多数种类雄虫为著名的鸣虫，通称蛐蛐。著名种类：斗蟋。山东省宁津县自 1991 年起，每年农历七月二十八日举办"中国宁津蟋蟀节"，以传播中国的斗蟋文化。

（3）蝼蛄科。触角短于体长；前足为开掘足，胫节宽而有 4 齿，跗节基部有 2 齿；后足腿节不发达，非跳跃足；跗节式 3-3-3；前翅短；后翅长且纵卷，伸出腹末如尾状；雌虫产卵器退化；尾须长。

喜欢栖息在温暖潮湿和腐殖质多的壤土或砂壤土中的蛀道内，咬食植物根部，为重要的地下害虫。生活史长，一般 1～3 年完成 1 代。母虫有护卵哺幼之习性。夜间或清晨活动特别活跃。成虫有趋光性。重要种类：华北蝼蛄、东方蝼蛄。

（4）蚤蝼科。体小型，多数体长在 10mm 以下。触角短，12 节；前足开掘足；后足跳跃足；后足胫节末端有两个能活动的长片；跗节式 2-2-1；无发声器或听器；雌虫产卵器退化；尾须较长。

多生活于近水的场所，善跳，并能在水面游泳。植食性。代表种类：台湾蚤蝼。

锥尾亚目

触角丝状，短于体长之半；如有听觉器官，即在第 1 腹节背两侧；以足摩擦前翅或腹部背板发音；跗节 3 节或 3 节以下；产卵器短，凿状。多白天活动。

（1）蝗科。触角丝状、剑状或棒状；前胸背板发达，马鞍形，仅盖住前胸和中胸背面；多数种类具 2 对发达的翅，少数具短翅或完全无翅；跗节式 3-3-3，爪间有中垫；雄虫以后足腿节摩擦前翅发音；腹部第 1 节背板两侧有 1 对鼓膜器。

栖于植物上或地表，产卵于土中。由于繁殖力强，个体数量众多，有时会聚集生活，形成群居型，并具迁飞的习性。著名种类：飞蝗在全世界有 6 个亚种，其中我国有 3 个亚种，包括分布于新疆、内蒙古及青海的亚洲飞蝗，分布于华北、华东及华南的东亚飞蝗和分布于西藏的西藏飞蝗。

（2）蚱科，旧称菱蝗科。前胸背板特别发达，向后延伸至腹末，末端尖，呈菱形，故名菱蝗；前翅退化，呈鳞片状；后翅发达；跗节式 2-2-3，爪间缺中垫；无发声器和听觉器官。

喜生活在土表、枯枝落叶和碎石上。常见种类：日本菱蝗。

17. **竹节虫目**

竹节虫目又称䗛目，该目昆虫俗称竹节虫或叶子虫，简称䗛。因其奇异体形和明显拟态现象而得名。

1）形态特征

竹节虫体大型，体长 3～30cm，体躯延长呈圆筒形、杆状、棒状等或体扁平呈阔叶状，酷似竹节、树枝或树叶。头前口式；口器咀嚼式；触角丝状，较短；复眼小，大多数种类无单眼，少数种类有 2～3 个单眼。前胸短，中、后胸长，后胸与腹板第 1 节常愈合；有翅或无翅，前翅短、革质，后翅发达、膜质，具大的臀区，即翅为覆翅；3 对足相似，细长，跗节 5 节，少数 3 节。腹部长，环节相似。雌虫产卵器小，常为扩大的第 8 腹板所遮盖；雄虫外生殖器不对称，常为第 9 腹节包盖。尾须短，不分节。

2）生物学特性

竹节虫为渐变态。卵生，卵椭圆形或桶形，卵壳坚硬，极似植物种子；卵散产或聚产，有的卵经过 1～2 年仍能孵化。若虫形似成虫，蜕皮 3～6 次。两性生殖或孤雌生殖，有的种类二者兼而有之。竹节虫生长发育缓慢，完成 1 个世代需 1～15 年。以卵或成虫越冬，有的种类以滞育卵越冬。成虫大多不善飞翔，通常将卵产在枯枝落叶或草丛中，或产在植物的叶面、茎秆上，或产在疏松的砂壤土中。竹节虫均为植食性，有的种类为单食性，主要取食林木的叶片，少数可危害农作物。成虫和若虫喜在高山、密林等生境复杂的环境中生活，其中大多为树栖性或生活于灌木上，少数生活于地面或杂草丛中。竹节虫的一个显著特点就是具有典型的拟态和保护色，竹节虫极似树木的细枝。此外，该目昆虫还有假死、发声、摆动及产生防御性分泌物等保护特性。

3）资源潜力评述

近年来，竹节虫在我国南方一些林区已成为比较典型的森林害虫，并有危害上升的趋势。该类害虫大发生时，可引起林木大量落叶，使林木大面积死亡；而大范围的树冠受害，可导致落叶后第 2 年的干材增加量减少。

竹节虫是一类典型的鉴赏昆虫，在科普、自然教育和研究方面均很有价值。

4）分类概况

竹节虫主要分布于热带、亚热带地区。全世界已知 2 亚目 6 科 2500 余种。我国已记录 2 亚目 5 科 100 余种。

18. 螳螂竹节虫目

螳螂竹节虫目或螳䗛目作为一个昆虫新目，在 2002 年 5 月正式发表于美国《科学》杂志。

1）形态特征

螳螂竹节虫目昆虫头下口式。口器咀嚼式，上颚具 3 齿，下颚须 5 节，下唇须 3 节。触角丝状，多节。无单眼。幕骨无叶突，前幕骨陷位于上颚前关节的上方。口上沟缺。下颊沟明显，从上颚后关节直到达前幕骨陷，然后下弯至上颚前关节。头壳在后腹方被亚颊包围，无外咽片。

完全无翅。胸部每个背板都稍盖过其后背板。前胸侧板大，充分暴露。后胸无锥状表皮突。基节扩大。跗节 5 节，基部 4 节具跗垫，基部 3 节合并，以沟为界；第 3 跗节背方端部膜质区有 1 三角形突；端跗节中垫很大，有 1 列长毛。

腹部第 1 背板和第 1 基腹板明显，但短，两者均游离于后胸；基腹板无中腹囊。第 1~8 腹气门位于侧膜上，具内部闭肌和外部开肌。

雄性第 9 基腹节不分开，形成下生殖板，具匙状中突，无刺突；阳茎区有横形的膜状叶围绕生殖孔，以此与活动关节、第 10 背板前侧角相连。尾须 1 节，明显，与第 10 节背板无活动关节相连。

雌性下生殖板短，由第 8 基腹板形成。产卵管明显超过下生殖板。生殖板短，强度骨化。第 8 生殖突端部钝，第 9 生殖突大部分与生殖板愈合，腹方有腹脊插入到第 8 生殖突的背沟内。生殖棱有 3 个关节。尾须 1 节，比雄性长。

2）生物学特性

螳螂竹节虫目昆虫为渐变态。捕食性。前足、中足腿节和胫节有成排的刺，表明前足和中足具捕食功能。有自相残食习性。夜间活动。卵缺卵孔板和卵孔盖；卵壳有六角形沟，沟内有细横隔，具气盾呼吸功能。已知种生活于热带非洲山顶的草丛中。其他详尽的生物学特性仍在研究中。

3）资源潜力评述

螳螂竹节虫目是独具特色的一个昆虫目级单元，在昆虫的系统发育研究领域具有重要的价值。

4）分类概况

本目仅含 1 科（螳䗛科）2 属 3 种。模式属为螳䗛属，含 2 种：东风螳䗛采自坦桑尼亚（东非）；西风螳䗛采自纳米比亚（西南非洲）。化石属为缝螳䗛属，含 1 种：柯氏缝螳蛸，自然琥珀标本产自波罗的海的始新世地层，原初归在直翅目。这似乎表明，非洲的现生螳蛸是历史上曾经广泛分布类群的残遗种类。

19. 食毛目

食毛目昆虫俗称鸟虱或嗜虱，寄生于鸟类和部分哺乳动物，不侵扰人类，除少数类群取食宿主血液外，多数类群以寄主的羽毛和皮肤分泌物为食，终生依赖寄主，并传播禽类疾病。其得名原因就是其能取食寄主羽毛之意。

1) 形态特征

食毛目昆虫体小且扁，体壁骨化，体表被毛，长形、卵圆形或椭圆形，一般体长为 0.5～0.6mm，有的体长达 10mm。头大，扁宽，能活动，较前胸宽或等宽，象虱亚目昆虫头固定不活动。触角短小，由 3～5 节组成，末端 2 节具感觉器，复眼小或退化，无单眼。口器咀嚼式，前口式，象虱亚目昆虫的口器位于喙的顶端。无翅，前胸发达，中胸、后胸背板常愈合，腹侧具气门 1 对。足 3 对，均短粗发达，跗节 1 或 2 节，一般具 2 爪，寄生于哺乳动物体上的有 1 爪；无爪间突或爪垫，但在第 1 跗节关节处有 1 大型跗垫。腹部 11 节，由于第 1、2 节、第 8、9 节常愈合，一般仅 8～9 节，第 9 节不易看见。肛门开口于腹末端。雌性生殖室位于第 8 腹节，生殖孔开口于该室，无产卵器。雄性生殖室位于腹末端，开口于肛门下方。无尾须。

卵长卵形，白色，长 0.5～2mm，表面光滑或具刻纹。

2) 生物学特性

食毛目昆虫为渐变态，经卵、若虫和成虫 3 个发育阶段，营外寄生生活。卵期一般 2～4d。若虫经 3 个龄期，约 3 周可达成虫。常 1 年多代，具时代重叠现象。鸟虱终生依靠寄主，不能离开寄主太久，一般离开 2～3h，至多 2～3d 即会死去。一般雌虫寿命较长，牛鸟虱的雌虫可活 42d。

鸟类体表有各种不同的小生境，不同小生境中生活的鸟虱种类不同。鸟虱一般有以下几种类型：①寄生头、颈部的鸟虱，如鸡角羽虱；②生活在寄主背部和翅上的种类，如家鸡长鸟虱；③凡在寄主的头、颈、翅等整个身体上生活的种类，多是一些体小、善跑动的种类，很少固定在羽毛上。每种鸟类身上可有几种鸟虱寄生，一般有 2～10 种，平均 5～6 种，家鸡身上可达 15 种以上。

3) 资源潜力评述

许多种类寄生在寄主的头、颈和翅上。当数量异常多时，会引发寄主羽轴裸露和脱毛、食欲不振，易感染疾病，特别是幼雏和体弱者更易被侵袭，造成寄主死亡。因此，鸟虱是养禽业的重要害虫之一。其特殊的寄生行为，也为研发昆虫与鸟类的共进化关系提供实例材料。

4）分类概况

全世界已知3亚目13科300余属4500种和亚种。我国已知6科124属931种。

20. 虱目

虱目昆虫俗称虱、虱子、吸虱，寄生于真兽类和人类，吸取寄主血液，并传播疾病，是一类卫生害虫。以体表无毛被和缺尾而得名。

1）形态特征

虱体微小，体长1～6mm，扁平，无翅。头小，窄于胸部，向前突出，能活动；前口式，口器刺吸式。胸部各节愈合，分节不明显，胸部背侧具1对气门；足粗短，跗节1节，具1爪，胫节末端前缘常具拇指状突与爪对握，适宜握住寄主的毛发。腹部9节，因前两节退化，仅见7节，无尾须。雄虫腹末端钝圆，且向上弯曲，故生殖孔和肛门似位于背部。体灰白色或黄褐色。体表具成排刺状毛和鳞毛。卵为椭圆形，有卵盖，盖中间有气室。

2）生物学特性

虱为渐变态。经卵、若虫和成虫3个发育阶段，全在真兽类和人体上完成。卵单产，黏附于寄主的毛发上或衣物的缝隙间。体虱卵期为7～10d，有的可达2周。若虫孵出后数小时便可吸血。人体虱1代16～17d，一般1代为2～7周不等。

虱的传播方式主要是寄主间的直接接触，其他如衣服、被褥等混放，甚至交通工具的座位上也可以传播。虱具有高度的寄主特异性，1种虱寄生在同种寄主上，或近缘种的寄主上，而且往往被限定在同种寄主体上的特定部位。例如人头虱寄生于人的头部、颈部和耳根处的毛发上，人体虱寄生在人身体上，产卵与栖息在衣服的褶缝中等。

3）资源潜力评述

虱吸食寄主血液，叮咬皮肤，可引起皮肤炎，还能传播斑疹伤寒、战壕热及回归热，其中以传播斑疹伤寒最为严重，故虱是重要的卫生害虫。寄生在家畜和野生兽类上的虱能传播各种传染病，在动物流行病学方面也相当重要。

4）分类概况

全世界已知7科30属500余种。我国已知约65种。

21. 缨翅目

缨翅目昆虫意为"翅边缘有缨毛的昆虫"，该类昆虫足前跗节有可伸缩的囊状结构，故又称为泡脚目昆虫。缨翅目昆虫最初发现于大蓟、小蓟等植物的花中，所以又称为蓟马。

1）形态特征

蓟马为小微型昆虫，体细长而扁平，体长0.5～2mm，最大者只有15mm；体黄色、黑色、黄棕色，有时苍白色。触角 6~9 节，鞭状、棍棒状或念珠状，末端 1~3 节称为节芒；复眼椭圆形或圆形，单眼通常 3 个，呈三角形排列，但有时无单眼，单眼月晕红色或橙色；眼鬃通常 4 种：前单眼前鬃、前单眼前侧鬃、单眼间鬃、单眼后鬃和复眼后鬃；口器锉吸式，锥形，右上颚退化，左上颚发达，这是蓟马独有的特征。翅狭长，边缘有细长的缨毛；翅分为 4 种类型：长翅型、半长翅型、短翅型和无翅型，翅脉简单或退化，原始种类仍保留有围脉和横脉；足前跗节有可伸缩的泡状物。腹部 10 或 11 节，纺锤形或圆筒形，常较扁平；雌虫产卵器锯齿状或退化。

蓟马体表多为横线纹，有时为网纹，而且在线纹或网纹间有时存在颗粒状物；体躯各部分均着生鬃毛。鬃毛的名称常以其所在的位置而命名。鬃毛的颜色有透明的、淡黄的、棕色的或黑色的，形状则有鬃端尖锐的、扁平的或钝圆的。此外，在锥尾亚目昆虫中，一些种类的翅和腹节常有成片的微毛。

若虫形状与成虫相似。体色为红色，或黄色和红色相间，体呈纺锤形。头小，触角节数较少，一般为 4~7 节。前胸、中胸和后胸可明显区分。复眼由可见的数个小眼组成，无单眼，跗节通常 1 节。

2）生物学特性

蓟马完成 1 个世代一般为 10d 至 1 年不等。通常每年发生 5~7 代。蓟马的卵很小。锥尾蓟马的卵常单粒产在植物组织内，卵长 0.2~0.5mm，多为肾形，表面光滑柔软；管尾亚目昆虫的卵则单粒或成堆地产在植物表面、缝隙中或树皮下，卵长 0.2~0.8mm，多为长卵形，表面有网状刻纹。若虫多为 4 龄或 5 龄，少数 3 龄，龄期最短 10d，最长可达 1 年。

蓟马若虫形态与成虫相似。有外生翅芽的前蛹期，具备渐变态的特征，但第 1~2 龄若虫翅芽不外露，有 1 个休止的蛹期，又具有全变态的特征。此外，有的种类还在土中作茧，类似于完全变态的裸蛹。因此，蓟马的变态被认为是处于渐变态和完全变态之间的过渡类型，特称为过渐变态。

生殖方式为两性生殖或孤雌生殖，或两者同时存在，或交替发生，但是以孤雌生殖较为常见。蓟马的孤雌生殖有两种类型：一类是产雌孤雌生殖，如烟蓟马、温室蓟马；另一类为产雄孤雌生殖，如棕榈蓟马、花蓟马。

3）资源潜力评述

许多蓟马种类为植食性，生活于花丛草际之间，栖息于植物柔嫩梢端、叶片及果实之中，其中不少种类为害农作物、花卉及林果。它们常用其特有的锉吸式口器锉破植物表皮组织，通过吸吮植物汁液造成危害，甚至有的种类还可以间接地传播病毒病。因此，有不少种类被列为重要的经济害虫。在蓟马中，也存在大量菌食性和腐食性的种类。它们多生活在林木的枯枝树皮下或林区枯枝落叶层中，取食菌类孢子、菌丝体、腐殖质。此外，少数种类为捕食性，可捕食蚜虫、粉虱、蚧和螨类，成为这些小型害虫的自然天敌。同时，还有一些蓟马可在一定限度内为植物传播花粉，对这些有益种类应当加以保护和利用。

4）分类概况

缨翅目分为 2 亚目 4 总科 5 科。全世界已知 6000 多种。我国记载约 400 种。

管尾亚目

前翅无翅脉或仅有 1 简单缩短的中脉；翅面无微毛，雌虫无外露的产卵器；腹部末端（第 10 腹节）管状。

管蓟马科，异名皮蓟马科。体多为黑褐色或黑色，常有白色和暗色斑点。头前部圆形，触角 7～8 节，有感觉锥，第 3 节最大，下颚须和下唇须 2 节。前翅透明，无翅脉和翅鬃。腹部第 9 节宽略大于长，腹部末节向后略变窄，但不延长。雌虫无产卵器。

该科昆虫是缨翅目中最大和最进化的类群。农业上危害严重的种类有中华管蓟马、稻管蓟马、麦管蓟马、榕管蓟马。但是，管蓟马科中也有不少种类为捕食性，为害虫的自然天敌，常见种类有黄鬃长胫蓟马、捕虱管蓟马。

锥尾亚目

前翅有 1～2 条不清楚的纵脉，有时还有横脉。翅脉上有刚毛，翅面有微毛。雌虫腹末节圆锥形，有发达的锯状产卵器。

（1）纹蓟马科。体粗壮，褐色或黑色。翅白色，常有暗色斑纹，前翅宽，端部宽而圆，有明显的环脉和横脉，前翅缨毛短。触角 9 节，第 3～4 节有长的感觉器，雌虫产卵器锯状，向上弯曲。

该科昆虫为缨翅目中最原始的类群，广泛分布于古北区、北美区，其中以纹蓟马属种类最多。该属均为捕食性，可捕食其他蓟马等小微型昆虫及螨类，在生物防治中具有重要意义。

（2）蓟马科。体略扁平。触角 6～8 节，第 3～4 节有简单的或叉状感觉锥。多数有翅，少数无翅。有翅者翅端狭长且尖锐。跗节上无破茧器。下颚须 2 节或 3 节。雌虫产卵器发达，笔直或向下弯曲。

该科为缨翅目昆虫中危害最严重的大型类群。重要的害虫有烟蓟马、稻蓟马、花蓟马、温室蓟马等。

22. 半翅目

1）形态特征

半翅目昆虫体小至大型，扁平。喙出自头部前端。

头部：后口式；刺吸式口器从头的前方伸出；下唇特化成喙，喙通常 4 节，少数 3 节或 1 节；触角一般 4 节，少数 5 节，多为丝状；复眼发达；单眼 2 个，少数种类无单眼。

胸部：有翅 2 对；前翅半鞘翅，其加厚的基半部常由革片（corium）和爪片（clavus）组成，有的还分为缘片（embolium）和楔片（cuneus），其膜质的端半部是膜片（membrane），膜片上常有翅脉，是分科的重要特征；后翅膜质，翅脉明显；少数种类翅退化或无翅；胸足发达，步行足，少数特化成开掘足、捕捉足、跳跃足或游泳足等。

腹部：常 10 节；第 2~8 腹节的腹侧面各具气门 1 对；背板与腹板汇合处形成突出的腹缘称侧接缘（connexivum）；雌虫产卵器由内瓣和腹瓣 2 对产卵瓣组成，缺背瓣；无尾须；水生种类或具呼吸管。

蝽类昆虫有臭腺，受惊遇袭时喷出大量臭液，产生浓烈的臭味，用以防卫。多数种类成虫臭腺开口于后胸腹面近中足基节处，但臭虫的臭腺开口于第 1~3 腹节的背板上；若虫的臭腺都位于腹部第 3~7 节背板上。

2）生物学特性

栖境：其栖境多样性非常丰富，有陆生、水面生和水下生。陆生种类大多生活在植物叶片上，部分生活于虫瘿内、树皮下、土表或土壤中，少数寄生于鸟类、哺乳类及人体上，吸食这些动物的血液。

食性和活动习性：多数种类为植食性，如缘蝽、网蝽、长蝽和大部分盲蝽；部分为肉食性，如猎蝽、姬蝽、花蝽、部分盲蝽及多数水生种类。植食性种类嗜食花、果和种子。多数种类成虫有护卵习性，具趋光性。低龄若虫常群居生活。一些种类可以传播动植物病害。

变态类型：半翅目昆虫为渐变态。历经卵、若虫和成虫 3 个阶段。卵单粒或成块产于寄主体表、组织内或土中。负子蝽将卵产在雄虫体背。产于植物表面的卵为桶形、短圆柱形或短卵形，常多粒整齐排列；产于植物组织内的卵为长卵形或长肾形，单粒或多粒成行排列。若虫一般 4~5 龄，少数 3 龄或 6~9 龄。

繁殖方式和生活史：两性卵生，只有寄蝽和少数长蝽为卵胎生。多数种类 1 年发生 1 代，以成虫越冬；少数种类 1 年发生多代，以卵越冬。

3）资源潜力评述

蝽类昆虫多为植食性，为害农作物、蔬菜、果树、花木或牧草，刺吸其茎、叶、花、果或幼芽的汁液，造成组织破坏，形成枯斑或顶梢萎蔫，或落花落果等。有的种类还可以传播植物病害。寄生于动物体外的吸血半翅目昆虫，为害人畜并传播疾病，例如吸血蝽传播锥虫病等。

捕食性种类捕食其他害虫，可作为益虫加以保护利用，如利用微小花蝽和南方小花蝽防治棉花和蔬菜害虫。水生种类有时捕食鱼卵及鱼苗，对养殖业有一定影响。蠋蝽和猎蝽已经成为人工生产繁育的重要天敌种类。

4）分类概述

在多数国家的教科书中，半翅目包括同翅亚目和异翅亚目。但我国学者一般将这两个亚目作为目来对待，分别称为同翅目和半翅目。多数学者将半翅目分为7个亚目，即奇蝽亚目、鞭蝽亚目、黾蝽亚目、蝎蝽亚目、细蝽亚目、臭蝽亚目和蝽亚目。全世界已知38 000余种。我国已知3100种。

黾蝽亚目

黾蝽科，又称水黾科。体细长，腹面着生银白色绒毛；触角4节；喙4节；单眼常退化；前足端跗节分裂，爪着生在其末端之前；后足腿节伸过腹末端；跗节式2-2-2。

水面生活，可生活于急流或静水表面。捕食性。代表种类：海南巨黾蝽，是世界最大型的一种黾蝽科昆虫。

蝎蝽亚目

（1）负子蝽科，又称负蝽科或田鳖科。体卵圆形，扁平。触角4节；喙5节；缺单眼；前足捕捉足；腹末呼吸管短而扁，有些种类可缩入体内；跗节式2-2-2或3-2-2。

喜静水，多生活在浅水域底层或水草间。捕食性，常捕食鱼苗、鱼卵等各种小型水生动物，对水产养殖业造成一定危害。向光性强。在一些属中，雌雄交尾后，雌虫会将卵产在雄虫背上，直到若虫孵化后卵壳才脱落，故名负子蝽。代表种类：桂花蝉，体大型，在广东、广西等地作为食用昆虫。

（2）蝎蝽科，又称红娘华科。体形多变化，有细长如螳螂者称为水螳螂或螳蝽，有体阔呈长卵状者称为水蝎或蝎蝽。触角3节；喙3节；前足捕捉足；腹末具长的呼吸管，外露；跗节式1-1-1。

喜静水，在水底爬行。捕食性。常见种类：中华螳蝎蝽。

（3）划蝽科。体多狭长，呈两侧平行的流线型。触角3~4节；头部后缘覆盖前胸前缘；前足短；中足细长，向两侧伸出；后足游泳足；跗节式1-1-2或1-2-2。

生活于静水或缓流的水体中，主要取食藻类。趋光性强。代表种类：狄氏夕划蝽。

（4）仰蝽科，又称仰泳蝽科，俗称松藻虫。体背隆起似船底，游泳时背面向下，腹面朝上。触角4节；喙3~4节；前足和中足短，用以握持物体；后足长桨状，用以划水游泳，休息时伸向前方；跗节式2-2-2。

捕食性强，常伤鱼卵和鱼苗等。产卵于水中植物组织内。代表种类：大仰泳蝽。

臭蝽亚目

（1）猎蝽科，又称食虫蝽科。头部后端呈颈状；触角4节；喙3节，粗短而坚锐；常有单眼；前翅膜片常有2个翅室，室端伸出2条纵脉；小盾片小三角形。

捕食性或吸血。多数种类是有益的，捕食害虫及害螨，如黑光猎蝽；少数种类吸食哺乳动物及鸟类的血液，传播锥虫病。著名种类：长红猎蝽，为昆虫生理学研究变态的著名材料。

（2）盲蝽科。该科是半翅目的最大科。触角 4 节；喙 4 节，第 1 节与头部等长或较长；无单眼；前翅革区分为革片、爪片和楔片，膜片有翅室 2 个，无纵脉；小盾片小三角形。

多为植食性，为害花蕾、嫩叶、幼果，并传播病毒，产卵于植物组织内；少数为肉食性或兼有植食性和肉食性，如黑肩绿盲蝽既为害水稻，也捕食稻飞虱和叶蝉的卵。常见种类：黑肩绿盲蝽。

（3）网蝽科，又称军配虫科或白纱娘科。头背、前胸背板及前翅上有网状花纹；触角 4 节；喙 4 节；无单眼；小盾片小三角形；跗节式 2-2-2。

植食性，多在叶背面或幼嫩枝条群集食害。常见种类：梨网蝽，为害梨；方翅网蝽，为害法桐。

（4）花蝽科。触角 4 节；喙 4 节；有单眼；前翅革片分缘片和楔片，膜片常具不明显的纵脉 2~4 条；小盾片小三角形。

多见于花朵或叶间，主要捕食蓟马、木虱、粉虱、蚜虫、蚧类、螨类等，是这类害虫的重要天敌，以成虫在枯枝落叶下及其他隐蔽场所越冬。常见种类：南方小花蝽。

（5）臭虫科。体小而扁卵形，红褐色。触角 4 节；喙 3 节；无单眼；翅退化，仅保留前翅革片的残痕；跗节式 3-3-3。

全部以吸食鸟、兽和人等温血动物的血液为生。夜出，白天藏于缝隙中。常见种类：温带臭虫。

蝽亚目

（1）长蝽科。体长卵形。触角 4 节；喙常 4 节；有单眼；前翅革区无楔片，膜片上有 4~5 条纵脉，有时还具 1 翅室；小盾片小三角形；跗节式 3-3-3。

栖息于土表的覆盖层或植物上。多为植食性，不少种类为害种子；部分种类捕食小型昆虫和螨类的卵与低龄幼虫；少数种类吸食高等动物的血液。重要种类：甘蔗异背长蝽，为害甘蔗。

（2）红蝽科。体多为红色而带有黑斑。触角 4 节；喙 4 节；无单眼；前翅膜片有 2~3 个翅室，每个翅室有 3~4 条纵脉伸出；小盾片小三角形；跗节式 3-3-3。

栖息于植物表面或地面。植食性。常见种类：棉二星红蝽，为害棉花。

（3）缘蝽科。触角、前胸背板和足常有扩展成叶状的突起，特别是后足腿节。触角 4 节；喙 4 节；有单眼；前翅革区分革片和爪片，膜片有 8~9 条纵脉皆从同一基横脉上伸出；小盾片小三角形；跗节式 3-3-3。臭腺发达，恶臭。

全为植食性，栖于植物上，吸食植物幼嫩组织或果实汁液。常见种类：稻棘缘蝽，为害水稻。

（4）土蝽科。触角 5 节，少数 4 节；有单眼；前足胫节有数列刚刺，似开掘足；小盾片大三角形或舌形；跗节式 3-3-3。

生活于地表，于植物的根部或茎基部吸食。多数种类有趋光性。常见种类：根土蝽。

（5）龟蝽科。又称圆蝽科。触角 5 节；喙 4 节；单眼 2 个；小盾片半球形，覆盖前翅和整个腹部；前翅长于体长，膜片折叠于小盾片之下；跗节式 2-2-2。

植食性。多群栖于植物枝条上，尤其在豆科植物上多见。常见种类：筛豆龟蝽。

（6）盾蝽科。触角 5 节或 4 节；喙 4 节；有单眼；小盾片"U"形，覆盖前翅和整个腹部；前翅与体等长，膜片不折叠。

植食性，嗜食果实。多栖于木本植物上。雌虫有守护其卵和初孵若虫的习性。常见种类：丽盾蝽。

（7）蝽科。触角 5 节，稀有 4 节；喙 4 节；有单眼；小盾片大三角形或舌形；前翅膜片有多条纵脉，少分支。跗节式 3-3-3；腹部第 2 气门被后胸侧板遮盖而不可见。

栖于植物上，多为植食性，少数为肉食性。若虫有群聚性。重要种类：稻绿蝽，为害水稻；九香虫，是我国有名的药用昆虫，有益脾补肾之功效。

23. 同翅目

1）形态特征

同翅目昆虫体小型至大型。喙出自头部下后方。

头部：后口式；刺吸式口器从头的下后方或前足基节间伸出；下唇特化形成喙；喙一般 3 节，少数 4 节、1 节、2 节或缺；触角刚毛状或丝状；复眼发达或退化；有翅种类有单眼 2~3 个；无翅种类常无单眼。

胸部：有翅 2 对或无翅；有翅 2 对的种类胸部分节明显，前翅为膜翅或覆翅，后翅膜翅，静止时常在体背上呈屋脊状放置；雄性介壳虫的前翅为膜翅覆翅，后翅为棒翅；无翅种类（如雌性介壳虫）的胸部一般愈合，分节不明显；胸足一般发达，但雌性介壳虫因营固定生活，胸足退化；跗节多数 2~3 节，少数 1 节或缺。

腹部：腹部 9~11 节；雌性介壳虫腹部各节常有不同程度的愈合，分节不明显，如盾蚧科昆虫腹部第 4~8 节或 5~8 节高度硬化愈合成臀板；雌虫一般有发达的产卵器，但介壳虫和蚜虫无瓣状产卵器；无尾须；多数种类腹部有蜡腺，可分泌虫蜡；一些种类的腹部还有发声器、听觉器官、腹管、皿状孔等结构。

2）生物学特性

栖境：典型的陆栖种类，一般生活于植物的茎干、枝条和叶片上，但蝉的若虫和一些蚜虫等取食为害植物根部。

食性和活动习性：多为多食性，少数是寡食性或单食性。多数种类有群聚性，有较强的趋光性。一些种类（如稻褐飞虱、白背飞虱和黑尾叶蝉等）能进行长距离迁飞。

变态类型：渐变态。历经卵、若虫和成虫3个阶段。但是，雄性介壳虫和粉虱末龄若虫不吃不动，极似全变态昆虫的蛹期，称为过渐变态。

蝉、叶蝉和飞虱等有发达产卵瓣的昆虫，将卵产于植物组织内；蚜虫、介壳虫、木虱和粉虱等无产卵瓣，将卵产于植物表面。粉虱和介壳虫的第1龄若虫胸足发达，行动活泼，到处爬动，借以扩散和寻找适宜的寄主，称为爬行虫；找到适宜寄主后，爬行虫蜕皮，失去足和触角，进入第2龄，营固定生活。

繁殖方式和生活史：多数为两性卵生，但蚜虫和介壳虫可行孤雌胎生和孤雌卵生。同翅目昆虫的繁殖力强。

蝉、叶蝉和飞虱的生活史比较简单；蚜虫、粉虱和介壳虫的生活史非常复杂，可出现全年孤雌生殖或包括两性生殖和孤雌生殖的世代交替。

1年发生1至多代，多以卵越冬，如一些蚜虫1年可发生40多代。个别种类，如十七年蝉，约需17年才能完成1个世代。

雌雄二型和多型现象：雌雄二型在一些种类中很明显，如介壳虫的雄虫有翅，雌虫无翅；蝉的雄虫有发声器，雌虫没有。

有些种类有多型现象，且多见于雌性，如飞虱有长翅型和短翅型；蚜虫每种至少有二型，即有翅孤雌型和无翅孤雌型，一般常见的蚜型有干母、有翅孤雌蚜、无翅孤雌蚜、雌性蚜和雄蚜。

共栖现象：同翅目昆虫吸食的液体食物中，水分和糖分多而蛋白质少，消化道形成特殊构造，前肠的一部分直接与后肠接触，使多的水分和糖分能透过接触处直接进入后肠，这种接触形成的适应性构造叫滤室。所以，同翅目昆虫的液体排泄物中含有大量糖分（蜜露），为蚂蚁所喜食，蚂蚁追随其后，舐食蜜露，并保护同翅目昆虫不受其他天敌侵害，有的在晚秋或冬季将同翅目昆虫或其卵搬回蚁巢里过冬，到春季再把它们搬回到寄主植物的嫩枝叶上。

3）资源潜力评述

同翅目昆虫都是植食性，以刺吸式口器刺破植物组织，吸食汁液，使受害部分营养不良、褪色、变黄、器官萎蔫或卷缩畸形，甚至整个植株枯萎或死亡。同翅目昆虫除了直接为害外，还传播植物病毒病，传播病毒造成的损失比直接为害造成的损失更大。其中，以蚜虫、飞虱、叶蝉、粉虱和木虱等昆虫更为突出。据统计，约有75%的植物病毒病可以通过同翅目昆虫传播。目前，至少已知有275种蚜虫可传带植物病毒，占传植物病毒介体昆虫的第1位。其中，桃蚜至少可传播107种植物病毒病。另外，同翅目昆虫分泌蜜露引发霉菌滋生，影响光合作用，也造成间接为害。

在同翅目昆虫中，有些种类是对人类非常有益的资源昆虫。例如，紫胶虫雌虫分泌紫胶（lac），白蜡虫雄性分泌虫白蜡，胭脂虫的虫体可以提取胭脂，五倍子蚜寄生漆树属植物叶子形成虫瘿五倍子等。另外，蝉类昆虫能鸣叫，有的种类体色鲜艳；角蝉类昆虫的前胸背板奇形怪状，是重要的观赏娱乐昆虫。蚱蝉生产养殖已经在山东形成巨大的产业。

4）分类概述

我国学者一般将同翅目分为头喙亚目和胸喙亚目。全世界已知 49 500 余种。我国已知 3000 多种。

头喙亚目

触角短，刚毛状或鬃状；喙出自头部后下方；翅脉发达，前翅至少有 4 条纵脉从翅基部伸出；跗节 3 节；雌虫有 3 对产卵瓣。

（1）蜡蝉科。体中型至大型，是同翅目中体色最艳丽的类群。有些种类的额与颊间有隆堤；单眼 2 个；前翅爪片明显；后翅臀区有网状脉。

常见种类：龙眼鸡，为害龙眼和荔枝。

（2）蛾蜡蝉科。体中大型，形似蛾。头比前胸窄；单眼 2 个；前翅前缘区多横脉，臀区脉纹上有颗粒；后翅宽大，横脉少，翅脉不呈网状。

常见种类：碧蛾蜡蝉，为害柑橘等果树。

（3）飞虱科，又称稻虱科。体小型。单眼 2 个；前翅基部有肩片；后足胫节常有 2 个侧刺，端部有 1 个大距。

主要为害禾本科植物，并能传播多种植物病毒病。一些种类有远距离迁飞的习性。重要种类：褐飞虱、白背飞虱和灰飞虱，是水稻的重要害虫。

（4）蝉科，俗称知了。体中至大型。单眼 3 个；前足似开掘足；膜翅，围脉发达；成虫第 1 腹节腹面有发达的听觉器官；雄虫第 1 腹节腹面有发达的发声器。

成虫生活于植物地上部分，产卵于植物的嫩枝内；若虫地下生活，吸食植物根部汁液。若虫老熟后钻出地面，爬到植物的茎干和枝叶上羽化，蜕下的皮叫蝉蜕；若虫被真菌寄生后形成蝉花，蝉蜕和蝉花均可入药。常见种类：蚱蝉。

（5）叶蝉科，曾叫浮尘子科，是同翅目中最大的科。体小型。单眼 2 个；前翅覆翅，后翅膜翅；后足胫节侧缘有 2 列以上小刺。

主要取食植物的叶子，一些种类能传播多种植物病毒病。重要种类：黑尾叶蝉，可传播稻矮缩病。

（6）沫蝉科。体小至中型。单眼 2 个；后足胫节有 1~2 个侧刺，末端有 1~2 圈端刺。因若虫常埋藏于泡沫中而得名，俗称吹泡虫。泡沫是由若虫腹部第 7 节和第 8 节表皮腺分泌的黏液从肛门排出时混合空气而形成的。

常见种类：赤斑黑沫蝉，是水稻的重要害虫。

（7）角蝉科。体小至中型，单眼 2 个；前胸背板特别发达，常向前、向后、向上或向两侧延伸成角状突出，形状怪异奇特，故名角蝉。该科一些种类有很高的观赏价值。

主要生活于灌木或乔木上。有群聚性，特别是若虫。常以卵在树枝内越冬。珍稀种类：周氏角蝉。

胸喙亚目

体小型。触角长丝状；喙从前足基节之间伸出；跗节 1～2 节；翅脉不发达，前翅不会有多于 3 条纵脉从翅基部发出；雌虫产卵器不明显。

(1) 木虱科。触角 10 节，末节端部有 2 刺；单眼 3 个；前翅 R 脉、M 脉、Cu_1 脉基部愈合，近翅中部分成 3 支，近翅端部每支再各分 2 支。

多数种类为害木本植物，有些能传播植物病毒病。卵产于叶片、芽鳞或枝干等处。若虫群居。重要种类：柑橘木虱，为害柑橘，并能传播柑橘黄龙病。

(2) 绵蚜科。触角 3～6 节，感觉孔横带状；前翅具 4 斜脉，中脉不分叉；腹管退化或消失。

大多营异寄主生活，第 1 寄主多为阔叶树，第 2 寄主多为草本植物。重要种类：五倍子蚜，是著名的资源昆虫。

(3) 蚜科。触角 6 节，少数 4～5 节，最后两节上有圆形感觉孔；前翅具 4 斜脉，中脉分叉 1～2 次；腹部第 5 节背侧面有 1 对腹管（cornicles）。

营同寄主或异寄主生活。大多生活在植物的芽或花序上，故名蚜虫。重要种类：桃蚜，分布于 132 个国家，其寄主多达 50 科 400 余种，并能传播 115 种植物病毒病。

(4) 粉虱科。触角 7 节；单眼 2 个；前翅纵脉 1～3 条，后翅纵脉 1 条；成虫和第 4 龄若虫（特称蛹壳）腹部第 9 节背板有一凹陷称皿状孔。

重要种类：烟粉虱，寄主植物达 74 科 500 多种，并能传播多种植物病毒病。

(5) 绵蚧科。雌虫无翅；体肥大，分节明显；体背附有白色的卵囊；触角 11 节；固定生活。雄虫触角 10 节；前翅膜质；后翅棒翅；腹末有 1 对突起，自由生活。

重要种类：吹绵蚧，曾给美国加利福尼亚州的柑橘生产带来毁灭性的破坏。1888 年，美国农业部从澳大利亚输引澳洲瓢虫 129 只，引进后第 2 年就控制了灾害。这成为引进天敌昆虫防治害虫的经典例子。

(6) 粉蚧科。雌虫无翅；卵圆形，分节明显，被粉状或绵状蜡质分泌物；触角 5～9 节；胸足发达；腹末有臀瓣及臀瓣刺毛；肛门周围有骨化的肛环（circumanal ring）和肛环刺毛 4～8 根，通常 6 根；自由生活。雄虫常有翅；腹末有 1 对白色长蜡丝。

重要种类：湿地松粉蚧，是我国从美国引进湿地松种子时带入，于 1990 年首次在广东台山红岭湿地松种子园中发现，现在广东为害非常严重，为害面积在 15

万 hm² 以上。

（7）蚧科，又称蜡蚧科。雌虫体被蜡质，分节不明显；触角和足都很退化；腹末有臀裂（anal cleft）；肛门上有二块三角形的肛板（anal plate）。雄虫口针短又钝；触角 10 节；足发达；腹末有 2 条长蜡丝。

重要种类：白蜡虫，是中国特有的资源昆虫，其雄性若虫分泌的白蜡被誉为"中国蜡"。

（8）盾蚧科。该科是蚧总科中最大的科。雌虫无翅，盾状介壳是由第 1 龄和第 2 龄若虫的两层蜕皮和一层丝质分泌物叠成；腹部第 4~8 节或 5~8 节愈合成臀板。雄虫幼期盾状介壳由第 1 龄若虫的蜕皮和一层分泌物组成。雄成虫有翅；触角 10 节；腹末无蜡丝。

主要生活在木本植物上，很多种类是果树和林木的重要害虫。重要种类：松突圆蚧，于 1982 年 5 月在广东珠海马尾松林发现，至 1989 年已扩散到广东 21 个县（市），造成约 700 万亩大片松林严重被害，其中有 120 万亩连片枯死。

（9）胶蚧科。雌虫体略呈卵形，极隆起；头很小；胸部很发达，占虫体的绝大部分；腹末有肛环和肛环刺毛。雄虫有翅或无翅；触角 10 节；腹末有 2 条长蜡丝。

著名种类：紫胶虫，是世界著名的资源昆虫，其雌虫分泌的紫胶是重要的工业原料。我国紫胶产量位于印度和泰国之后，排名世界第三。

24. 广翅目

脉翅类昆虫包括广翅目、蛇蛉目和脉翅目 3 个目，为完全变态类昆虫中原始的类群，过去一些分类学家把所有脉翅类昆虫归作一个大目——脉翅目，现在日趋分别列为独立的目。

广翅目之名源于一些种类具大翅，通称为齿蛉、鱼蛉、泥蛉，是完全变态类昆虫中最原始的类群。

1）形态特征

广翅目昆虫体小至大型。头部前口式，有些背腹扁平；后头宽大，呈方形或三角形。复眼位于头两侧，半球形突出；单眼 3 个或无。触角多节，通常与头胸等长，其形状多样：有丝状、念珠状、锯齿状、栉齿状；有时有雌雄异型现象：雄性为栉齿状，雌性为锯齿状。口器咀嚼式；上颚发达，末端尖锐，内缘有齿；下颚须多为 5 节，有时 4 节；下唇须 3~4 节。胸部明显窄于头部，分节明显；前胸近方形，有时延长；中后胸形状相同。足 3 对，发达，形状相同，跗节 5 节，末端具 2 爪，无爪垫。翅宽大，膜质，静止时呈屋脊状或稍平置于腹部背面，翅脉分支较多，脉序网状，在翅缘一般不再分叉，翅痣不明显；前缘横脉多，R_1 和 Rs 之间有数条横脉；Sc 长，端部与 R_1 愈合；A 脉 3 条，1A 分 2~3 支。后翅比前翅宽大，有大而能折叠的臀域。腹部长筒状，可见9节，有8对气门，位于1~8腹节两侧。

成虫体粗长，翅较宽大；陆生捕食性。幼虫衣鱼形或蠕衣形，水生，捕食性。体背腹扁平。头部前口式，明显背腹扁平，后头宽大。口器为咀嚼式，上颚发达，有尖齿；下颚较长，下颚须5节；下唇唇舌有齿，下唇须3节。触角细长，4~5节。胸部有3对发达的足；前胸一般比中后胸大，中后胸形状相似。腹部很长，两侧有7~8对鳃，末端有1对较粗的钩状臀足。

2) 生物学特性

成虫陆生。白天多栖息在水边岩石、树干或杂草上；夜间活动，有很强的趋光性，飞翔能力比较强。成虫、幼虫均为捕食性。例如，中华斑鱼蛉捕食黏虫，也可取食花蜜或树缝穴处流出的汁液。卵成块产于水边的石头和植物上，每个卵块有几百粒至数千粒，覆盖蜡被。卵圆柱形，两端圆，暗褐色。卵产后不久即孵化。孵化而出的幼虫落入或爬入水中。幼虫水生，常见于湖泊和溪流中，捕食小微型水生昆虫，以器官鳃呼吸。幼虫老熟后离开水面，在水边潮土中或石块下空间建造一个蛹室化蛹。蛹为离蛹。大多数种类1年1代，少数种类2~3年才能完成1个世代。

3) 资源潜力评述

该类群包括了一些农业害虫的天敌昆虫和资源昆虫。幼虫对水质变化比较敏感，可作为水质质量监测的指示生物。幼虫可作为鱼类的食料，也可以作为鱼饵。有的种类幼虫可入药，如分布于日本、朝鲜和我国台湾的大星齿蛉幼虫专治"小儿疳"。

4) 分类概况

广翅目是一个小型目，仅包含2个科，即齿蛉科和泥蛉科。全世界已知300余种。我国已知10属70余种。

25. 蛇蛉目

蛇蛉目昆虫通称为蛇蛉。

1) 形态特征

蛇蛉目昆虫体细长，小至中型。头部长，有些种类背腹扁平，前口式，后头收缩呈三角形。复眼位于头两侧，半球形突出；单眼3个或无。触角长丝状。口器咀嚼式；上颚发达，末端尖锐，内缘有齿；下颚须5节；下唇须3节。前胸细长如颈，中、后胸形状相同，均较短宽。足细长，前足生于前胸后端，跗节5节，第3节大而扁，第4节较小。翅狭长，膜质透明，前、后翅形状和脉相结构类似，有明显的翅痣；翅脉网状，在翅缘分叉或不分叉，前缘横脉多，Sc 不与 R_1 愈合；后翅无明显臀域。腹部长筒形，雌虫腹部末端有一条细长针状产卵管。

幼虫衣鱼形，体有些背腹扁平。头前口式，后头宽大；口器为咀嚼式；触角较短，3～4 节。胸部有 3 对发达的足；前胸比中后胸长，中后胸形状相似，有 1 对气门。腹部很长，有 7 对气门。

2）生物学特性

成虫和幼虫均陆生，主要生活在山区。一般在松柏类树木上活动，均为捕食性，捕食弱小的节肢动物，包括昆虫（如小蠹虫）等，为森林益虫。幼虫在树皮下生活，通常有 10～15 个龄期。蛹为裸蛹。大多数种类 2 年完成 1 个世代。

3）资源潜力评述

该类群昆虫可作为松柏类树木害虫小蠹虫的天敌昆虫，也具较强的鉴赏价值，还可作为营养保健昆虫资源开发。

4）分类概况

蛇蛉目仅包括 2 个科，即蛇蛉科和盲蛇蛉科。全世界已知近 200 种。我国仅知 9 种。

26. 脉翅目

脉翅目昆虫通称蛉，包括草蛉、褐蛉、粉蛉、螳蛉、蚁蛉等。

1）形态特征

脉翅目昆虫体小至大型。头下口式。复眼较大，位于头两侧；一般无单眼。触角通常细长，多节，其形状多样：有丝状、念珠状、棍棒状、锯齿状、栉齿状等。口器咀嚼式；上颚发达，末端尖锐，内缘常有齿；下颚须多为 5 节；下唇须 3 节。胸部比头部窄，分节明显；前胸近方形，有时延长；中后胸形状相同。足 3 对，发达，形状相似，胫节末端有 1 对距，跗节 5 节，末端 2 爪，有中垫。前后翅膜质，其大小、形状和脉相类似；翅脉分支较多，脉序网状，在翅缘分小叉，前缘横脉多，但粉蛉翅脉较简单。少数种类后翅较小。腹部长筒状，有 8 对气门，位于 1～8 腹节两侧。

幼虫衣鱼形。头部明显，有时很大；触角一般刚毛状；口器为双刺吸式，左右上颚和下颚各延长嵌合成 1 对尖锐的长管，用以捕获猎物，吸食其体液。胸部有 3 对发达的足，基节大而相远离。腹部 10 节，1～8 节各有 1 对气门。

2）生物学特性

成虫和幼虫一般陆生，但少数种类幼虫水生或半水生。

卵多呈长卵形，卵壳表面有网纹，有的卵具长柄。幼虫有 3～4 个龄期，老熟幼虫能作茧化蛹。蛹为裸蛹。成虫飞翔能力弱，多数种类有趋光性。大多数种类 1 年 2 代。

3）资源潜力评述

所有成虫和幼虫均为捕食性，自然界捕食叶蝉、木虱、蚜虫、介壳虫、叶螨等刺吸植物汁液的害虫，其中草蛉、褐蛉、粉蛉在生物防治中有利用价值。

4）分类概况

脉翅目昆虫全世界已知 20 科 4500 余种。我国已知 14 科 600 余种，其中 3 科较为重要。

（1）蛉科。体中至大型。体和翅多呈绿色。头部复眼为金绿色，触角长丝状；Rs 仅 1 条与 R 相连，再分成多条，至少有 2~3 组阶脉。卵单产或成丛，有细长的丝柄；幼虫称为蚜狮，胸部和腹部两侧有毛瘤，主要捕食蚜虫。

全世界已知 1800 余种。我国已知 240 余种。常见种类有大草蛉、中华草蛉等。

（2）蚁蛉科。体大型。体细长。头部和胸部一般有长毛；触角较短，约等于头胸之和，其末端膨大呈棒状；翅狭长，翅痣下方有 1 狭长的翅室。幼虫体粗壮，头部较大，有长而弯的上颚，足粗短，后足胫节与跗节愈合。幼虫称为蚁狮，多在沙土中做漏斗状穴坑，捕食滑落入坑的蚂蚁、蜜蜂等小微型昆虫。

全世界已知 1300 余种。我国已知 70 余种。常见种类有蚁蛉等。

（3）蝶角蛉科。体大型。体细长。外观极似蜻蜓。头部和胸部一般有长毛；触角很长，几乎等于体长，其末端膨大呈棒状；复眼大，多有 1 横沟把复眼分成上下两半。翅痣下方无狭长的翅室。幼虫体侧有明显突起，中后胸各 2 对，腹部各节 1 对，头基部凹而侧角突。

全世界已知 300 余种。我国已知近 30 种。常见种类有锯角蝶角蛉。

27. 鞘翅目

1）形态特征

鞘翅目昆虫体小至大型，体壁坚硬。前胸发达；中胸只露出小盾片；幼虫寡足型，少数无足型。

头部：下口式，或前口式；口器咀嚼式；触角多为 11 节，形状各异；复眼常发达，但穴居或地下生活种类的复眼常退化或完全消失；绝大多数种类缺单眼，少数有 1 个中单眼。

胸部：前胸腹板在前足基节间向后延伸，称为前胸腹突。前胸腹突在穿过前足基节后变宽，封闭了前足基节窝时，称为前足基节窝闭式；相反，称为前足基节窝开式。在前胸背板与前胸侧板间，肉食亚目和菌食亚目有背侧沟。

前翅为鞘翅，两鞘翅在体背中央相遇成一直线，称鞘翅缝；若鞘翅在侧面突然向下弯折，弯折部分就称为缘折（epipleuron）。飞翔时前翅扬举，与体躯呈一定角度。后翅为膜翅，翅脉较少或无翅脉。一些步甲、拟步甲和象甲种类缺后翅。

胸足发达，有步行足、跳跃足、抱握足、游泳足和开掘足等。跗节主要有下面 6 种类型：①五节类，跗节式 5-5-5；②伪四节类或隐五节类，即跗节实为 5 节，但第 3 节相对较大呈双叶状，第 4 节短小，从上面不易看到；③异跗类，跗节式 5-5-4；

④四节类，跗节式 4-4-4；⑤伪三节类或隐四节类，跗节实为 4 节，但第 2 节相对较大呈双叶状，第 3 节短小，从上面不易看到；⑥三节类，跗节式 3-3-3。

腹部：一般 10 节，但由于腹板常有愈合或退化现象，可见腹板多为 5~8 节。第 1 腹板的形状是分亚目的特征之一，在肉食亚目中，后足基节窝向后延伸，将第 1 腹板完全分割开；在多食亚目中，后足基节窝不把第 1 腹板完全分开。雌虫腹部末端几节渐细，形成可伸缩的产卵管。无尾须。

2) 生物学特性

栖境和食性：有水生和陆生两种类型。陆生种类又分为土中、植物根部、茎干内、花果内、叶表面、菌体上、动物活体内、巢穴内、粪内、尸体上等亚类型。鞘翅目昆虫的食性分化最强烈，包括植食性、菌食性、腐食性、尸食性、粪食性、捕食性和寄生性等。大多数甲虫为植食性，取食植物的不同部位，如叶甲、天牛、小蠹虫、象虫和金龟子等；部分为菌食性，以菌类尤其是真菌为食，如大蕈甲、小蕈甲、球蕈甲等；部分为腐食性、尸食性和粪食性，以动植物的尸体和排泄物为食，如隐翅虫的部分种类为腐食性，埋葬甲为尸食性，粪金龟为粪食性；部分为捕食性，以捕猎其他昆虫或小型动物为生，如步甲、虎甲、瓢虫、萤火虫等；少数种类为寄生性，寄生于其他昆虫、蜘蛛或其他小动物活体内，如大花蚤和芫菁幼虫。多数鞘翅目昆虫的食性广，为多食性，如金龟子；少数单食性，如蚕豆象只吃蚕豆种子。

变态类型和生活史：绝大多数种类一生历经卵、幼虫、蛹和成虫 4 个阶段，属于完全变态。但有部分种类如芫菁科、步甲科、隐翅虫科、大花蚤科和豆象科等均为复变态，即幼虫各龄出现多种不同形态。如芫菁科的豆芫菁属，幼虫共 6 龄：第 1 龄蛃型，或称三爪蚴，行动敏捷，在土中取食蝗卵；第 2~4 龄为蛴螬型；第 5 龄为象甲型；第 6 龄又转变为蛴螬型。

卵多为圆球形。产卵方式多样，可在动植物表面或组织内、土中等产卵。幼虫寡足型。蛹主要为离蛹，少数被蛹。

生活史一般较长，1 年 1~4 代，也有很长的，如 1~5 年才完成 1 代，甚至一些天牛需 25~30 年才完成 1 代。多数种类以成虫越冬，少数以幼虫或卵越冬。

雌雄二型在萤科、独角仙科、锹甲科、粪金龟科和天牛科中较常见。

趋光性和假死性：鞘翅目昆虫的成虫多数有趋光性，并且几乎所有的种类都有假死性，可以利用这些习性来捕捉和防治它们。

3) 资源潜力评价

鞘翅目昆虫食性复杂。多数种类是植食性，且食性广，许多种类是农林牧业的重要害虫或检疫害虫，它们为害植物的各个部分，且成虫和幼虫都能为害，给生产带来了严重的损失；还有一些种类能传播植物病原，如松墨天牛是特大毁灭性病害——松材线虫病病原松材线虫的主要传播媒介，该线虫病近年在我国江苏、浙江、山东、安徽、台湾、广东、香港和云南等地为害严重。但是，一些植食性甲虫可以用于杂草的生物防治。最著名的例子是美国从澳大利亚引进四重叶甲来控制严重危害美国西部1800多万亩牧草场的有毒杂草黑点叶金丝桃，取得了巨大的成功。在我国，中国农业科学院生物防治研究所于1987年先后从加拿大和苏联引入豚草条纹叶甲来防治恶性豚草，取得了很好的效果。同年，又从美国引进空心莲子草叶甲防治空心莲子草，也取得了成功。

鞘翅目昆虫中部分是捕食性和寄生性，可以作为益虫来保护利用。例如，我国引进捕食性澳洲瓢虫和孟氏隐唇瓢虫来防治介壳虫，是我国引进天敌防治害虫非常成功的例子。我国、日本和美国利用寄生性花绒寄甲防治天牛和光肩星天牛也取得了成功。2008年以来，山东农业大学生产养殖原生于胶东半岛、辽东半岛柞蚕产区的柞树林的黑广肩步甲，进行草原释放控制蝗虫、鳞翅目害虫的试验获得成功。

另一些鞘翅目昆虫以真菌为食，以腐败物为食，以粪便为食，以动植物尸体为食等，这在保护地球生态平衡、维持环境清洁方面起了极大作用。例如，埋葬甲找到动物尸体后，在尸体底下挖穴，产卵于尸体上，再将尸体掩埋。

此外，甲虫是最原始的传粉昆虫，包括叩头虫科、金龟子科、郭公虫科、叶甲科、隐翅虫科、芫菁科、天牛科和露尾甲科等昆虫。

4）分类概况

该目一般分为4个亚目：原鞘亚目、菌食亚目、肉食亚目和多食亚目。全世界已知35万种。我国已知1万多种。其中，肉食亚目和多食亚目与人类关系密切。

肉食亚目

成虫前胸具背侧沟；后翅具小纵室；后足基节与后胸腹板愈合，不可动，并把腹部第1腹板完全分开；跗节式5-5-5。幼虫蛃型；上颚无臼齿区；大多种类腹部背面有分节的尾突。成虫和幼虫均为肉食性，仅步甲科中少数种类为植食性。陆生或水生。

（1）虎甲科。常具金属光泽和鲜艳色斑。触角11节，触角间距小于上唇宽度；下口式；头常宽于前胸；成虫后翅发达，能飞行。幼虫第5腹节背面突起上有逆钩；腹末无尾突。

陆生。成虫白天活动，经常于路上觅食，当人走近时，常向前作短距离飞翔又停下，故称拦路虎。幼虫在砂地或泥土中挖孔穴，居住其中，头塞在孔穴入口处，张开上颚，狩猎路过的小虫。常见种类：中华虎甲。

（2）步甲科。该科是鞘翅目中的第三大科。体色一般较暗，少数鲜艳。触角11节，触角间距大于上唇宽度；前口式；头常狭于前胸；成虫后翅退化，不能飞行，只能在地面行走，故称步甲。幼虫第5腹节无逆钩，第9腹节有伪足状突起。

陆生。成虫喜欢在晚上活动，有些种类有趋光性。可设陷阱加味诱法采集这类昆虫。濒危种类：拉步甲和硕步甲，被列为国家二级保护动物。

（3）豉甲科。触角粗短，11节；每个复眼分为上下两部分；前足最长，远离中后足。幼虫腹节两侧有气管鳃，端部有尾钩。

水生。成虫夜出性，夜间群集水面游泳，呈回旋游动。常见种类：大豉甲。

（4）龙虱科。体背腹两面呈弧形隆起。触角11节；后足最长，为游泳足，远离前足和中足；雄虫前足为抱握足，交配时用以抱拥雌虫。幼虫腹末有尾突。

水生。捕食水中的鱼卵、鱼苗、蝌蚪和昆虫。常见种类：黄边大龙虱，在广东和广西等地作为食用昆虫和药用昆虫。

多食亚目

成虫前胸无背侧沟；后翅无小纵室；后足基节不与后胸腹板愈合，可动，不把腹部第1腹板完全分开；跗节有五节类、伪四节类、异跗类、四节类、伪三节类和三节类。幼虫上颚具白齿区；有蛃型、蛴螬型、象甲型和天牛型；多数有尾突。成虫和幼虫食性杂，有植食性、肉食性、尸食性、粪食性和腐食性等。陆生或水生。

（1）水龟虫科，又称牙甲科或长须水甲科。体背面弧形拱起，腹面平扁。触角短，棍棒状；下颚须丝状，常长于触角；少数种类复眼分为上、下两部分；中胸腹面有1尖锐的刺突；跗节式5-5-5。

水生。成虫多腐生性，幼虫多捕食性。常见种类：长须水龟甲。

（2）隐翅甲科。触角10节；头部有外咽片；鞘翅常极短，末端平截；后翅折叠于鞘翅之下；腹节露出3节以上；跗节式5-5-5、2-2-2或3-3-3。

陆生。生活于砖石或枯枝落叶下，以腐败物为食，或取食花粉，或捕食其他昆虫和螨。有些种类生活于蚂蚁或白蚁巢内，与蚂蚁或白蚁共栖。有些种类有毒，能引起皮肤病。如1959年，在重庆和四川南充地区，毒翅虫引发流行性皮肤病。常见种类：青翅蚁形隐翅虫，捕食水稻害虫。

（3）锹甲科。雌雄二型明显；体黑色或褐色，扁平。头大，前口式；上颚发达，尤其雄虫上颚呈角状向前伸出；触角11节，膝状；前胸背板很宽，方形；鞘翅覆盖整个腹部；跗节式5-5-5。

一般生活于朽木或腐殖土间。在林地的地表或树头易发现。成虫喜夜出，趋光性强。大型种类：福运锹甲。

（4）粪金龟科，又称蜣螂科。触角末端几节鳃片状；头部铲形或多齿，背面不可见；前胸背板上有各式突起，后缘与前翅紧密相接；中胸小盾片不外露；前足开掘足；中足左右远离；后足至腹末端间的距离小于与中足间的距离；鞘翅上常有纵沟线；跗节式5-5-5。幼虫蛴螬型。

成虫与幼虫均为粪食性。成虫常夜间活动，有趋光性。不少种类成虫能将粪滚成球，藏于地下土室中，再在粪球上产1粒卵，孵化后的幼虫即栖息其中，直到羽化为成虫。故粪金龟俗称屎巴牛或推粪虫。往地下土室中灌水，成虫很快就会爬出地面，可以利用这种方法捕捉粪金龟。著名种类：蜣螂。澳大利亚政府曾两次派昆虫学家到中国引进该虫，以清除大面积牧场上的牛粪，解决牛粪对牧草的覆盖和对环境的污染，取得了巨大成功。

（5）花金龟（甲）科。体中至大型，体背面通常平坦，色泽鲜艳。上唇退化或膜质。触角10节，鳃叶部3节。该科的重要特征是，中胸后侧片露出于前胸与鞘翅之间，自背面可见，鞘翅外缘凹入，中胸腹面通常具腹突。幼虫足短小，上唇3叶状，肛门横裂。成虫日间多取食为害植物的花器，常钻入花朵取食花粉、花蜜，咬坏花瓣和子房，故有"花潜"之称；幼虫栖于土中，多以腐殖质为食，如白星花金龟、白条花金龟、小青花金龟等。

（6）拟步甲科。外形似步甲。体小至大型，体扁平，多为黑色或暗棕色。头部较小，部分嵌入前胸背板前缘内。口器发达，上颚大形。触角11节，多为丝状、棒状或念珠状。前胸背板发达，一般呈横长方形，侧缘明显。后翅多退化，不能飞翔。跗节式5-5-4。腹板可见5节。幼虫与叩头甲科相似，故称伪金针虫。有些种类属仓库害虫，为害贮粮或面粉等，有的种类为害农作物、腐败物质和菌类。常见种类（如网目拟地甲，黄粉虫、大麦虫）被大量饲养用来养殖蝎子、蜈蚣、蛤蚧、牛蛙、金钱龟、鱼类和鸟等；其蛹也被开发成菜肴。

（7）金龟甲科。其包括鳃金龟、丽金龟和花金龟。触角末端几节鳃片状；头部从背面可见；前胸背板无突起，后缘与前翅紧密相接；中胸小盾片外露；后足至腹末端间的距离大于与中足间的距离；鞘翅常光滑，无纵沟线；跗节式5-5-5。

成虫和幼虫食性分为植食性、粪食性和腐食性等。成虫营地上生活，有很强的趋光性，植食性种类的成虫可以传粉；幼虫地下生活，俗称蛴螬。濒危种类：彩臂金龟，为国家二级保护动物。著名种类：日本弧丽金龟，于1916年由日本传入美国，给果树和牧草生产造成巨大损失。

（8）犀金龟科，又称犀甲科。雌雄二型；触角10节，鳃片部3节；头和前胸背板有角状突起，在雄虫中尤其显著；中胸小盾片外露；跗节式5-5-5。

濒危种类：驻犀金龟，为国家二级保护动物。著名种类：二疣犀甲，曾给一些南太平洋国家的椰子和棕榈生产带来严重损失。在20世纪80年代，利用无包涵体杆状病毒防治该虫取得了巨大成功。这是病毒治虫的著名例子。

（9）叩甲科。触角11～12节，锯齿状、栉齿状或丝状；前胸背板与鞘翅相接处凹下，后侧角突出成锐刺；前胸腹板有一楔形突插入中胸腹板的沟内，作为弹跳的工具；跗节式5-5-5。幼虫蜗型，表皮黄褐色且坚硬，又称金针虫。

成虫营地上生活。当成虫被捉时能不断叩头，以图逃脱，故称叩头虫。幼虫营地下生活，是重要的地下害虫。常见种类：蔗梳爪叩甲，是我国南方省（区）的甘蔗害虫。

（10）吉丁甲科。成虫常有美丽的金属光泽。触角11节，多为短锯齿状；前胸背板宽大于长，与鞘翅相接处在同一弧线上；后胸腹板上具横缝；跗节式5-5-5。幼虫无足型，前胸背板两面呈盾状，宽于头部。

成虫喜阳光，在树干和枝的向阳部位易发现。幼虫蛀茎干、枝条或根部。常见种类：柑橘吉丁甲，又称柑橘爆皮虫，是南方柑橘园中常见害虫。

（11）萤科。触角11节，丝状或栉状；跗节式5-5-5。雌雄二型。雌虫常无翅，呈幼虫型，发光器在腹部倒数第1腹节腹面；雄虫前胸背板发达并盖住头部，前翅为软鞘翅，发光器在腹部倒数第1～2腹节腹面。

喜欢生活在水边或湿润的环境。夜间活动。肉食性，捕食蜗牛、蛞蝓等软体动物和蚯蚓等环节动物。获得猎物后，用上颚将分泌液注入猎物体内，先进行体外消化，然后再吸入体内。卵、幼虫、蛹和成虫都能发光。萤火虫产生的能量有90%以上为光能，是冷光源，在矿井、弹药库及水下作业作为照明灯，加上它不会产生磁场，可用于清除水雷的照明。常见种类：中华黄萤。

（12）瓢甲科，俗称花大姐。体半球形。头小，紧嵌入前胸；触角短锤状，从背面不易看到；鞘翅有缘折；第一腹板上有后基线；跗节隐4节。

约80%种类为肉食性，捕食蚜虫、粉虱、介壳虫和螨类等，在害虫生物防治中起重要作用。肉食性瓢虫成虫鞘翅表面光滑无毛，触角着生于两复眼前，上颚具基齿；幼虫行动活泼，体前端阔、后方狭，体上有软的肉刺及瘤粒。约20%种类为植食性，为害各种植物。植食性瓢虫成虫鞘翅上被细毛、无光泽，触角着生于复眼之间，上颚不具基齿，幼虫爬动缓慢，体背多具硬而分叉状枝刺。常见种类：七星瓢虫，是重要的益虫。

（13）芫菁科，俗称葛上亭长、斑蝥或地胆。头与前胸等宽或比前胸宽；前翅软鞘翅，两鞘翅在末端分离，不合拢；前足基节窝开放式；跗节式5-5-4；爪二分裂。

成虫取食豆科或瓜类植物的嫩叶和花，受惊时常从腿节端部分泌含有斑蝥素的液体，对皮肤有强烈的刺激作用，形成水肿，采集时要小心。幼虫捕食蝗虫卵块或蜂巢中蜂的卵和幼虫。斑蝥素毒性很强，但对肿瘤有一定的抑制作用，尤其是肝癌。药用种类：大斑芫菁，又称南方大斑蝥，可治疗痈疽、溃疡或癣疮等。

（14）天牛科。触角丝状，11节，能向后伸，常长于体长；复眼内缘内凹呈肾形或分裂为2个，包住触角基部；跗节隐5节。幼虫乳白色，无足型；头部多缩入前胸内；腹部第6或第7腹节背面一般有肉质突起，有帮助在坑道内行走的功能。

全为植食性。成虫产卵于树缝或以上颚咬破植物表皮，产卵于组织内。幼虫蛀食树根、树干或树枝的木质部，隧道有孔通向外面，排出粪粒。重要种类：松墨天牛。

（15）豆象科。体卵圆形；头向前伸，形成短喙；鞘翅比腹部短，腹末臀板外露；跗节隐五节。幼虫象虫型；复变态；很多种类为植物检疫对象。

为害豆科植物种子。主要在嫩荚上产卵，幼虫孵化后咬进豆粒，当豆子成熟收回仓库时，豆象幼虫还未老熟，继续在豆粒内为害，直至化蛹变为成虫才从豆粒里爬出来。常见种类：绿豆象。

（16）叶甲科，又称金花虫科，是鞘翅目中的第二大科。体常有金属光泽；复眼卵圆形；跗节隐5节。幼虫蛞型。

植食性。成虫食叶，故称叶甲。幼虫有潜叶的，如铁甲虫；有食叶的，如大猿叶甲；有取食根部的，如黄曲条跳甲。该科有些种类在杂草生物防治中做出了很大贡献。著名种类：马铃薯甲虫，是世界著名的毁灭性检疫害虫，对马铃薯为害最重，且可传播病害。

酸模叶甲、核桃扁叶甲、十三斑胫角叶甲和葡萄十星叶甲已经人工生产繁育，作为培养六斑异瓢虫和蠋蝽的活体饵料叶甲，实现了大规模生产繁育和天敌昆虫全年繁育。

（17）三锥象甲科。头部前伸，为直喙状；触角不呈膝状弯曲；跗节隐5节。常见种类：甘薯小象甲。

（18）象甲科。该科是鞘翅目第一大科。头部下伸，呈喙状；喙向下弯曲；触角膝状弯曲；跗节隐5节。幼虫象虫型。

成虫和幼虫为植食性。一些种类是重要的检疫害虫或仓储害虫。重要种类：稻水象甲，近来在我国部分省区为害严重。

（19）小蠹科。触角膝状，端部3~4节，呈锤状；头部后半部被前胸背板覆盖；胫节扁，具齿列；前翅端部多具翅坡，周缘多具齿或突起。

蛀食树皮形成层或木质部内，形成非常美丽的隧道图案，是一类非常重要的森林害虫。小蠹虫雌雄关系很特殊，常1雌1雄或1雄多雌共同生活，其行为受到昆虫行为学家的关注。重要种类：落叶松小蠹，是松树的重要害虫。

28. 捻翅目

捻翅目昆虫俗称捻翅虫，以其前翅像用纸搓成的捻子而得名。

1）形态特征

捻翅虫体微型；变态复杂，寄生性昆虫。雌雄异型。雄虫体长1.3~4.0mm，自由生活，前翅退化，呈伪棒状，后翅膜质，扇形；触角常为栉齿状，至少第3节具有侧突；口器咀嚼式但退化；复眼突出；跗节2~5节。雌虫无翅、无足，一般呈蛆状，终生不离开寄主，体长2~30mm，头与胸愈合；触角、复眼、单眼和口器退化；腹部长袋形，无产卵器。

2）生物学特性

捻翅虫为复变态。卵胎生。幼虫一般 3 龄。第 1 龄幼虫称为三爪蚴，行动活泼，通过爬行或借助腹部末端的粗长刚毛弹跳到地面、花器或寄主昆虫喜欢的植物上，等待寄主幼虫或飞行的蜂类携带到蜂巢中。三爪蚴钻入寄主体内后即行蜕皮，变成无足的蠕虫型幼虫。幼虫营寄生性生活。雌虫终生不离开寄主，雄虫自由生活，寿命几小时至 1~2d。一头雌虫体内可孵化出数千至数万头幼虫；弱颚型离蛹。部分种类有孤雌生殖和多胚生殖现象。捻翅虫的寄主对象主要是膜翅目、同翅目、半翅目、直翅目、螳螂目、双翅目和衣鱼目等昆虫。

3）资源潜力评述

捻翅目昆虫是昆虫纲中非常奇特的一类昆虫，其在研究昆虫的系统发育、交配机制及与寄主昆虫之间的生态关系等方面具有重要意义。

4）分类概况

捻翅虫分布于各大动物地理区。全世界已知 400 多种，分为 2 亚目，4~5 总科，6~11 科。我国仅记录 23 种。常见种类有稻虱跗虫扇，寄生白背飞虱及灰飞虱等水稻害虫；拟蚤蝼虫扇，寄生直翅目的蚤蝼科昆虫。

29. 长翅目

长翅目昆虫通称为蝎蛉。

1）形态特征

成虫：头部的唇基和颊下区明显向腹面延长，形成一个较宽的喙。下颚胫节也相应延长，位于喙的后壁。口器的其他部分特别延长。上颚构造依食物不同而略有变异。植食性类群的上颚短、粗，并有 2 个或多个亚端齿；捕食性种类的上颚较细扁，末端尖，有 1 个齿，相互间像剪刀一样嵌合；而腐食性种类上颚为中间类型。复眼发达，在大多数种类中有 3 个单眼，触角节数很多，丝状。

前胸小，中、后胸发达。有两对大小、形状和脉相均相似的膜质翅。脉相原始，横脉众多。长翅目昆虫脉相的显著特征是后翅中 Cu_1 和 M 短距离愈合，Cu_2 和 1A 短距离愈合。翅在某些科中退化或消失。雪蛉科昆虫雌性翅短，为骨化垫状；雄虫的翅较细，骨化，钩状，沿中缘有刺，交配时用于抱握雌虫。足细长，适于行走，跗节 5 节。在蚊蝎蛉科昆虫中，足显著退化，用于捕捉猎物，其胫距极度延长，第 5 跗节可回折到第 4 跗节之上，只有 1 个大爪（在其他长翅目种类中为 2 个小爪）。

雌虫腹部明显分为 11 节，尾须 2 节，仅雪蛉科昆虫有产卵器。在雄虫中，第 9 节双叉状，有 1 对球状抱握器；第 10 节不明显，尾须不分节。在蝎蛉科昆虫中，末端数节上弯，形状略似蝎子的螯尾，故长翅目昆虫俗称为蝎蛉。

幼虫：蠋式。头明显骨化，足肉质，但分节明显，具单爪。前胸盾骨化。腹部 1~8 节具腹足。雪蛉科和拟蝎蛉科幼虫为特化的蛴螬型，腹部短粗，无腹足，通常向腹面弯曲。小蝎蛉科幼虫略呈蛞型。蝎蛉科幼虫的胸部和腹部有具刚毛的小骨片。在腹部第 8 和第 9 腹板上有成对的粗刚毛状突起；第 10 节背板上有 1 个类似构造。蚊蝎蛉科幼虫在中胸、后胸和腹部 1~9 节背面各有 1 对肉质突起。每个突起有 3 个分支。分支上刚毛的形状可用于分类。

2）生物学特性

蝎蛉科昆虫常见于北半球潮湿、有茂密阔叶草本和灌木的温带森林中。成虫出现于低植被间，极少高过数尺。幼虫和蛹见于土中。蚊蝎蛉科昆虫栖息于森林和草原，偶尔见于洞穴中。但与其他长翅目昆虫一样，多数种类要求高湿环境，成虫出现于茂密草本植物间，幼虫生活于地面碎屑内，在土中化蛹。由于大多数长翅目昆虫栖息于潮湿森林，降低温度和遮蔽度的任何因子都会影响长翅目昆虫的生存。

蝎蛉科昆虫的主要食物为死亡的软体昆虫，其次为花粉、果汁，或许还有花蜜也占食物的一小部分。蚊蝎蛉科昆虫主要见于南半球，捕食各种节肢动物，主要是昆虫。它们可以从植物上或在飞行中捕获猎物。蚊蝎蛉科昆虫在悬挂状态时用捕捉足抓住猎物。幼虫为腐食性。雪蛉科成虫和幼虫均取食苔藓。

3）资源潜力评述

长翅目昆虫在昆虫学上的价值主要在于其与双翅目和鳞翅目昆虫之间的亲缘关系。根据化石记录，长翅目昆虫是全变态类昆虫中最古老的成员。

长翅目昆虫的腐食性在构建环境生物系统技术中具有潜在价值，一些捕食性种类也具有重要的生防潜力。

4）分类概况

全世界已知约 500 种，共 9 个科。

30. 双翅目

1）形态特征

触角或细长多节，或短而少节；雌虫无产卵瓣。幼虫无足型。

头部：口器有刺吸式、舐吸式、切吸式和刺舐式 4 种；复眼大，部分种类雄虫为接眼；单眼 3 个，少数单眼缺；触角形状多样，在环裂亚目昆虫中，触角具芒状，触角芒光裸，或基部半长毛、端部半光裸，或全部长毛；在短角亚目昆虫中，触角亦分 3 节，第 3 节的末端常有端刺；在长角亚目昆虫中，触角一般 6~18 节，末端无触角芒或端刺；在环裂亚目的一些蝇类中，触角基部上方有一倒"U"形的缝，称为额囊缝；在额囊缝的顶部与触角基部之间有一新月形骨片，称为新月片。

胸部：前胸和后胸很小，中胸发达；前胸背板后侧部为肩胛；中胸背板分为前盾片、后盾片和小盾片；前盾片与后盾片间的外侧是背侧片；中胸侧板常分为中侧片、腹侧片、翅侧片和下后侧片。

前翅常发达，膜质；后翅棒翅；在一些蝇类中，前翅的内缘近基部有 1～2 个腋瓣；在腋瓣外有 1 小翅瓣。部分蝇类的前缘脉有 1～2 个骨化弱或不骨化的点，使该脉似乎被折断，这样的点称为缘折，它可能出现在靠近 R_1 的末端或肩横脉附近；在有瓣蝇类中，头部和胸部的一些鬃毛常有固定的位置和排列，并给予特定的名称，叫毛序；跗节 5 节；前跗节有爪间突或无爪间突；爪间突刚毛状或垫状。

腹部：外观上由 4～5 节组成；雌虫腹部第 6～8 节常缩入体内，能伸缩，形成产卵管。

2）生物学特性

食性和活动习性：双翅目昆虫的幼虫与成虫的食性和活动习性很不一致。成虫多数取食植物的汁液、花蜜和动物的血液等，少数种类取食腐败物质或动物排泄物。蚊类成虫多在黄昏、夜间和黎明时取食，蝇类和虻类多在白天取食。多数蚊类昆虫在交配前有群舞现象，即在黄昏或黎明前后，大量雄蚊在离地面 2～3m 的空旷地方、草丛、树林、建筑物附近，聚集飞舞。此时，雌蚊陆续飞入雄蚊群寻找自己理想的配偶，将其携出蚊群，进行交配，交配是在飞行时进行。一般雌蚊交配后，须多次吸食人或动物的血液才能完成卵巢发育。蚊虫的吸血习性随蚊种而异，有的嗜食人血，有的嗜食动物血，有的兼食人及动物血。幼虫的食性很复杂，大致包括植食性、腐食性、尸食性、捕食性和寄生性。大多数幼虫喜欢潮湿环境。

变态类型和生活史：完全变态，但长吻虻科、蜂虻科、小头虻科、拟长吻虻科等的一些种类为复变态。卵一般为长卵形。幼虫无足，一般分 4 龄，有显头型、半头型和无头型 3 种类型。幼虫气门形式有：前气门式，仅胸部气门有呼吸功能；侧气门式，胸部气门封闭，大部分腹节有气门并具呼吸功能；后气门式，仅腹部最后 1 对气门有呼吸功能；无气门式，无气门，通过体表或气管鳃交换气体。蛹有被蛹、围蛹和裸蛹。

成虫的羽化有两种方式：直裂，成虫羽化时蛹背呈"T"形裂开；环裂，成虫羽化时蛹的前端呈环状裂开。

生殖方式和繁殖力：绝大多数是两性繁殖，一般为卵生，部分胎生；少数行孤雌生殖和幼体生殖。双翅目昆虫发育快，繁殖力强，甚至很惊人。在夏季，家蝇 6～10d 即可完成卵到成虫的生长发育，成虫羽化后 1～3d 即可产卵；一些寄蝇单雌可产卵 6000 粒。

3）资源潜力评估

在植食性的双翅目昆虫中，许多为非常重要的农业害虫或检疫害虫，如小麦吸浆虫、稻瘿蚊、地中海实蝇和美洲斑潜蝇等。在腐食性或尸食性双翅目昆虫中，有许多是非常重要的医学昆虫，传播多种疾病，给人类健康带来威胁，传播的疾病包括病毒类的脊髓灰质炎、传染性肝炎、天花和红眼病等，衣原体类的沙眼，螺旋体类的雅司病，细菌类的伤寒、痢疾、霍乱和肺结核等，寄生虫类的阿米巴痢疾和鞭毛虫病，蠕虫类的蛔虫、蛲虫和绦虫病等。但是，一些双翅目昆虫种类在尸体的法医鉴定中有非常重要的价值，已被应用在刑事案件的调查和侦破中，是法医昆虫学研究最重要的内容。

在捕食性和寄生性双翅目昆虫中，部分种类寄生于人畜体内，造成蝇蛆症等，必须加以防治；部分种类寄生于害虫体内，可作为益虫加以保护利用。

在吸血性双翅目昆虫中，一些种类除直接骚扰人畜和吸血外，也传播多种疾病，包括疟疾、丝虫病、乙型脑炎、登革热和黄热病等，是重要的医牧害虫。

另外，双翅目昆虫（如果蝇、家蝇和麻蝇等）由于繁殖力强，在科学研究和饲料开发中有非常重要的价值。

4）分类概况

双翅目昆虫可分为长角亚目、短角亚目和环裂亚目 3 个亚目。全世界已知约 15 万种。我国已知 6000 多种。

长角亚目

成虫体细小；触角丝状、羽状或环毛状，6 节以上，长于头部和胸部之和；口器刺吸式；下颚须 4～5 节。幼虫为显头型（瘿蚊除外）；上颚发达，左右活动；属多气门式。蛹为被蛹，但瘿蚊为裸蛹。此亚目昆虫通称蚊类。

（1）大蚊科。触角长丝状，有时锯齿状或栉状；中胸背板有一个"V"形的盾间缝；翅上常有斑纹，有 9～12 条纵脉伸达翅缘，A 脉 2 条。幼虫表皮粗糙；腹末通常有 6 个肉质突起。

成虫不取食或仅食花蜜。幼虫陆生、水生或半水生，通常取食土壤中或水中的腐殖质、作物的根、菌及朽木等。常见种类：稻根蛆，为害水稻。

（2）蚊科。成蚊的头胸腹和翅脉上被有鳞片；翅狭长，顶角圆，有缘毛；雄虫触角环毛状。该科有许多重要的卫生害虫。幼虫称为孑孓；头大；胸部 3 节愈合；第 8 腹节背面有呼吸管；第 9 腹节有 4 个向后突出的肛鳃及一丛扇状毛刷。

成虫陆生，多夜间和黄昏活动。雄蚊取食植物汁液或花蜜。雌蚊吸食温血动物血液，并传播多种疾病，如库蚊传播流行性乙型脑炎和盘尾丝虫病，伊蚊传播流行性乙型脑炎、盘尾丝虫病、黄热病和登革热，按蚊传播疟疾等。常见种类：中华按蚊。

（3）摇蚊科。雌蚊触角丝状，雄蚊环毛状；口器退化；后盾片有一纵沟；C 脉终止于翅顶附近；M 脉二分支；前足很长，休息时常向上举起。幼虫细长；一些种类血液含有血红素而呈红色，称红丝虫；前胸与第 9 腹节各有一对伪足突起；

肛门周围有 2 对血鳃；幼虫以身体扭动来游泳。

成虫常成群飞舞，趋光性很强。幼虫主要水生，生活于静水或流水中。常见种类：稻摇蚊，为害水稻幼苗。

（4）瘿蚊科。触角念珠状，轮生细毛；翅脉简单，纵脉 3~5 条；足胫节无距；跗式 5-5-5。幼虫蛆形，第 3 龄幼虫以后的前胸腹板上有一个 "Y" 形或 "T" 形胸骨片。

成虫喜早晚活动。幼虫有捕食性、腐食性和植食性 3 种，植食性幼虫危害常形成虫瘿，故名瘿蚊。重要种类：稻瘿蚊，是近年又严重为害我国南方山区水稻的害虫。

短角亚目

成虫体粗壮；触角 3 节，短于胸部，第 3 节分几个环状节或末端有 1 端刺；口器切吸式；下颚须 1~2 节。幼虫为半头型；上颚口钩上下垂直活动；前端所门式、后端气门式或两端气门式。蛹多为被蛹，少数围蛹。成虫羽化时，由蛹背面作 "T" 形裂开。短角亚目昆虫通称虻类。

（1）虻科。头半球形。口器刺舐式；雄虫复眼为接眼，雌虫为离眼；触角鞭节牛角状；前翅 R_4 与 R_5 基部合并，端部分别伸达翅的顶角前和顶角后；翅中央有长六边形的中室；爪间突垫状。幼虫纺锤形；各节有轮环状隆起；尾端有一条呼吸管。

成虫喜水边。雌虻吸食温血动物血液，能传播多种疾病，如兔热病、马的锥虫病和家畜炭疽病等。幼虫生于土中或水中，肉食性。常见种类：华虻。

（2）盗虻科，又称食虫虻科。体多毛鬃。触角鞭节端部 1~3 节形成端刺；雌雄虻的复眼均为离眼；前翅 R_5 脉多伸达翅的外缘；爪间突刚毛状或缺。幼虫体圆柱形；分节明显；胸部每节有侧腹毛 1 对；前气门式；腹末节形状多变化。

成虫和幼虫均为捕食性。成虫常静止在地面上或植物上，伺机攻击猎物。幼虫生活在土中、垃圾中或腐殖质中，捕食小虫。常见种类：中华食虫虻、泰山潜穴虻。

环裂亚目

成虫体粗壮；触角 3 节，具触角芒；口器为舐吸式或刺舐式；下颚须 1~2 节。幼虫无头型俗称蛆；上颚口钩上下垂直活动；两端气门式或后端气门式。蛹为围蛹。成虫羽化时蛹前端呈环形裂开。环裂亚目昆虫通称蝇类，分为无缝组和有缝组。有缝组又分为前翅无腋瓣的无瓣类和前翅有腋瓣的有瓣类。

（1）蚜蝇科。形似蜂，腹节上常有黄黑相间的斑纹。R 脉与 M 脉间有一游离的伪脉。幼虫体平滑或有圆锥突起及刚毛；捕食性种类的体前端尖，后端平截；粪食性种类的腹末有长的呼吸管。

成虫通常在阳光下取食花蜜和花粉；飞翔时能在空中静止不移又忽然突进。腐食性和粪食性的幼虫生活在朽木、粪便和腐败动植物体中；捕食性种类取食蚜虫、介壳虫、粉虱和叶蝉等。常见种类：纤腰巴食蚜蝇。

食蚜蝇是常见的天敌昆虫，以幼虫捕食蚜虫而著称。还有一些种类为腐食性，幼虫以腐败的有机物或畜禽粪便为食，如羽芒宽盾食蚜蝇，体粗壮。

（2）头蝇科。头部大，呈球形或半球形。复眼为接眼，几乎占据整个头部。

成虫多活动于花草间。幼虫寄生于同翅目若虫体内，特别是叶蝉、飞虱和沫蝉。常见种类：黑尾叶蝉头蝇。

（3）黄潜蝇科。体小型或微小型，黑色或黄绿色有黑斑。C脉在Sc脉末端折断；Sc脉缺或端部退化；Cu脉中部略弯折；无臀室。幼虫体短；前气门位于两侧，小而长。

幼虫常钻入草本植物茎叶内取食。重要种类：麦秆蝇。

（4）实蝇科。体色彩鲜艳；翅上常有褐色或黄色雾状斑纹。触角芒光滑或有细毛；C脉有缘折2个；Sc脉末端向前缘直角弯曲；R脉3分支；M脉2分支；臀室末端成一锐角；雌虫腹末数节形成细的产卵管。

成虫多见于花间；静止或爬动时，常不停地扇动两翅，飞翔时能在空中静止不移又忽然突进。幼虫多生活在各种果实中。该科有多种检疫害虫。重要种类：橘大实蝇。

（5）潜蝇科。体小型，淡黑或淡黄色。触角芒光裸或具刚毛；C脉在Sc脉末端或接近于R_1脉处有一折断；Sc脉末端变弱，止于脉折断处，或在伸达C脉之前与R_1脉合并；有臀室；雌虫第7节长而骨化，不能伸缩。幼虫体侧有很多微小的色点；前气门一对，着生在前胸近背中线处，互相接近。

幼虫潜叶为害，取食叶肉而残留上下表皮，造成隧道，俗称"鬼画符"。重要种类：美洲斑潜蝇和南美斑潜蝇，是近年严重为害蔬菜和花卉的重要害虫。

（6）果蝇科。体小型，浅黄色。复眼常红色；触角第3节椭圆或圆形；触角芒羽状；中胸背板有2～10列刚毛；C脉有缘折2个；有臀室。幼虫每节有小型钩刺一圈。

成虫和幼虫喜在腐败有发酵味的果实和叶上生活。著名种类：黑腹果蝇，是非常重要的实验昆虫。1910年，摩根和他的同事用这种果蝇为材料，发现了连锁遗传规律，创立了细胞遗传学；1927年，马勒用这种果蝇成功地诱发了可遗传变异；2000年，全球195位科学家通过共同努力终于完成这种昆虫全基因组序列的测定，这是第一个生物基因组的全序列测定。

有瓣类，前翅有腋瓣；触角第2节背面外侧有一纵贯全长的纵缝。

（7）花蝇科。体小至中型，常为灰黑色。触角芒光裸或有羽毛；中胸背板被盾间沟分为前后2块；前翅M_{1+2}脉端部不向前弯曲，与R_{4+5}脉端部平行或远离；

Cu_2+2A 脉伸达翅的后缘；可见腹节 4～5 节。幼虫腹部各节的末端、侧面和背面有 6～7 个刺状突起，且多呈羽状；后气门突短，裂缝口呈放射形。

成虫常见于花草间，故名花蝇。幼虫通称地蛆或根蛆，多为腐食性，部分为植食性。常见种类：灰地种蝇。

（8）蝇科。触角芒羽毛状；喙肉质，唇瓣发达；胸背具黑色纵条斑；M_{1+2} 脉在端部向前弯曲；Cu_2+2A 脉不伸达翅的后缘。幼虫腹面有足状突起；前气门左右各有 6～8 个突起，后气门 1 对，半圆形，每气门有 3 个裂口，呈放射状排列。

成虫和幼虫多取食粪便及污物，成虫边吃边吐边排粪，其吐滴和粪便可携带病原体而污染食物。成虫传播 55 种以上的病原，主要有肺结核、伤寒、痢疾、百日咳、霍乱、肺炎及淋病等病原。该科是非常重要的医学卫生害虫。常见种类：舍蝇，是重要的卫生害虫。

（9）丽蝇科。体常有蓝、绿、黄、铜等金属颜色。触角芒羽毛状或栉状；喙肉质，唇瓣发达；背侧片上有背侧鬃 2 根；M_{1+2} 脉成角状向前弯折。幼虫第 8～10 腹节有乳状突；前气门有指状突约 10 个；后气门椭圆形，有 3 个纵裂的气门孔。

成虫能传播痢疾和伤寒等病。幼虫主要为粪食性或腐食性。著名种类：螺旋蝇，曾是美国南部牛的重要害虫，后用辐射不育法完全消灭了该虫。这是害虫不育防治的著名例子。

（10）麻蝇科，又称肉蝇。体常灰色。触角芒基半羽毛状、端半光裸；中胸背板上有银色斑纹；背侧片上有背侧鬃 4 根。幼虫体上有许多肉质突起；后气门椭圆形，陷入很深，上有 3 个气门孔口。

多数种类食腐肉、干肉、咸鱼、动物尸体或侵害活动物的肉和伤口，引起人畜蝇蛆病。常见种类：宽角折麻蝇。

（11）寄蝇科。体粗壮多鬃毛。触角芒光滑无毛；后盾片发达，呈圆形突起，从侧面看特别明显。幼虫前气门小；后气门显著。

成虫活泼，多在白天活动。幼虫寄生性，寄生于鳞翅目、鞘翅目、直翅目等昆虫的幼虫和蛹。常见种类：蚕饰腹寄蝇，寄生家蚕，是蚕业生产的大害虫。

31. 蚤目

蚤目昆虫俗称跳蚤，能爬，善跳，不仅通过叮吸行为对人畜造成危害，还能传播一些重要的疾病。

1）形态特征

蚤目昆虫体小，常为 1～3mm，个别可达约 6mm，怀卵期可达 8～10mm，左右扁平。体常为褐色。成虫体扁平，体表多鬃、刺或栉。触角 3 节，棒状；口器刺吸式；无翅；后足发达，跳跃式。腹部共 10 节，分生殖前节（第 1～7 腹节）、生殖节（常为 8～9 节）和生殖后节（肛节）3 部分。绝大多数的蚤类在雌性肛背叶的外侧有一棒形的肛锥。

蚤目昆虫几丁质外骨骼上常有不同形状的衍生物（如鬃、刺、毛和微刺等）。鬃的分布、排列、数目、形状和大小等均为分类特征。

2）生物学特性

蚤目昆虫为完全变态，经卵、幼虫、蛹（茧）和成虫 4 个阶段。卵多为椭圆形，长径一般为 0.4～2mm，常乳白或淡黄色；卵多数产于寄主栖居场所，特别是窝穴内。幼虫蛆形，体黄白色，口器咀嚼式，触角棍形，无眼，无足，胸部 3 节，腹部 10 节；幼虫期 2～3 周，一般分为 3 龄，蜕皮 3 次后化蛹；幼虫营自由生活，以吸食宿主血液生存和繁衍后代，寄主多为兽类、鸟类。幼虫 3 龄末开始吐丝结茧，在茧内最后一次蜕皮后即变为蛹，离蛹。蛹期通常 1～2 周，雄虫蛹期长于雌虫。成虫羽化后不久，即寻找寄主吸血，之后即行交配并繁殖后代。单雌蚤 1d 可产卵 1～4 次，一生可产卵 300～400 粒，多的可达 1000 粒以上。成虫能长时间忍受饥饿。

3）资源潜力评述

蚤目昆虫是温血动物的体外寄生虫，刺吸寄主的血液，唾液有防止寄主血液凝固的作用。

4）分类概况

全球均有分布。世界已知 2500 余种（亚种），分为 3 总科 16 科。我国已记录 640 余种（亚种）。

32. 毛翅目

毛翅目昆虫因翅面具毛而得名。成虫形似鳞翅目蛾类，俗称石蛾。幼虫生活于湖泊和溪流，偏爱较冷的无污染洁净水域，幼虫称为石蚕。许多种类对水质污染极为敏感，近 30 年来已被用作水质生物监测的重要指示生物。石蛾又是许多鱼类的主要食物源，在流水生态系统的食物链中具有重要位置。

1）形态特征

毛翅目昆虫成虫头顶常有 1～3 对毛瘤；复眼较大，单眼 2～3 个或缺；触角丝状，覆盖毛或鳞片，常与前翅等长，少数长达前翅长的数倍；口器咀嚼式，退化或完全消失；上颚退化，下颚小；下唇须一般 3 节，下颚须发达，1～5 节，其形态为重要分类特征。前胸小，背面常具 1～2 对毛瘤；中胸略发达，中胸盾板上常有毛瘤，其形状和有无是分科的重要依据。足细长；胫节常具刺或距。翅 2 对，膜质，少数种类翅退化，尤以雌虫为甚。前翅略长于后翅，静止时置于背面呈屋脊状，翅面具毛；翅脉极接近原始脉序，但无横脉。腹部通常 10 节，纺锤形；腹板两侧有时具各种形状（瓣状、粗管状、线状等）的腺体。雄性外生殖器一般包括第 9、第 10 节，第 9 节骨化环的腹面具抱握器或下附肢 1 对，抱握器仅 1 节；阳具位于生殖腔中央，由阳具基和阳茎端两部分组成；射精管位于阳茎端中，末端开口成射精孔，射精孔周围常有 1 对射精孔片。雌性外生殖器较为简单，第 8 节稍微特化，其腹板一般形成较发达的下生殖板，有时末端数节缩入第 8 节之中，形成一个可伸缩的管状产卵器。

幼虫头骨化强，具 1 对钉状短触角；口器咀嚼式；单眼数个，聚生；上颚发达；下唇中央丝腺开口。前胸背板为 1 对发达的骨板，各节均有极小的侧片；足发达。腹部 10 节，几乎全为膜质。在营建可携带巢的种类中，腹部第 1 节的背侧面常分别具 1 可伸缩的瘤突。腹部器官鳃常分背、侧、腹 3 组，有些幼虫器官鳃完全退化。老熟幼虫化蛹于蛹茧中，为强颚离蛹，上颚发达。头部具疏水毛，翅紧贴身体，中足跗节具浓密缨毛。蛹鳃与幼虫鳃发生在相似的部位，腹部末端常有 1 对臀突。

2）生物学特性

毛翅目昆虫为全变态。多数种类 1 年 1～2 代，但也有 2～3 代的种类。沼石蛾 2 年 1 代；瘤石蛾 2 年 3 代。滞育现象普遍，如沼石蛾的老熟幼虫于 6 月进入滞育，短光照可以打破滞育。

多数种类将卵直接产在水中或水中植物组织表面，也有产于近水面的植物叶片、茎秆上，部分种类的卵能适应较干旱的环境。卵块可由几粒至 800 粒的单粒卵组成。单粒卵小而略呈球形。毛翅目昆虫是原生性水生昆虫，整个幼虫阶段生活在水中，其食性可以分为肉食性、植食性和腐食性 3 种类型。根据取食对象的不同，取食方式大致可以分为撕食型、集食型、刮食型和捕食型 4 种类型。幼虫以建筑"工匠"著称，能营造不同形状和质地的网、隐蔽居室及可携带的巢。筑巢习性基本有自由生活型、纺网型（隐蔽居室型）、马鞍形巢、钱袋形巢及管形巢 5 种类型。老熟幼虫在巢内或茧内化蛹。自由生活型幼虫用碎石在岩石表面筑一个粗糙但形状各异的蛹巢，然后在内结丝茧化蛹；纺网型幼虫常在居室的末端结茧化蛹；筑巢型幼虫吐丝将巢固定在硬基质表面，并封住巢的两端，在内吐丝化蛹。蛹期 2～3 周，常有预蛹期。成虫多发生在幼虫栖息的水域附近，夜出性，日间隐蔽在草丛或湿度较大的灌木丛中，不取食或仅取食植物蜜露。成虫寿命通常 1 个月左右，少数以成虫态滞育的石蛾寿命可长达 3 个月。

3）资源潜力评述

由于毛翅目昆虫幼虫对水环境的温度和溶解氧含量的敏感度在科、属甚至种间有明显差异，目前许多发达国家已将之用作水质监测指示生物。

4）分类概况

毛翅目昆虫广布于世界各地。全世界已知 45 科 600 属近 10 000 种，分为 3 亚目。我国已知约 27 科 850 种。

33. 鳞翅目

鳞翅目昆虫包括所有的蝶类和蛾类。二者主要区别是蝶类触角末端膨大，停息时翅竖立在背上或平展，无翅缰，体色多鲜艳；多白天活动。蛾类触角末端尖细，停息时翅平覆在体背上，多有翅缰，体色多灰暗；多夜间活动。

1）形态特征

体小型至大型；体和翅被有鳞片。跗节通常5节。幼虫蠋型；腹足有趾钩。

头部：口器虹吸式，但小翅蛾科的口器为咀嚼式口器。蛾类触角有丝状、锯齿状、栉状或羽状；复眼较大；常有单眼2个。蝶类触角为棍棒状；复眼相对较小；缺单眼。

胸部：前翅和后翅翅面上常有由不同色彩鳞片排列成的斑纹，并给予特定的名称：亚基线、内横线、中横线、外横线、亚缘线、外缘线、基斑、基纹、楔形斑、环形斑、肾形斑和亚肾斑等。有些蝴蝶的翅面上有香鳞或腺鳞。

前翅和后翅一般有中室，这是由于M脉基部退化形成翅中央部分的一个大翅室。有些R脉分支在其分支点后又再愈合，形成副室。鳞翅目的脉序相对简单，横脉很少，一般采用康-尼氏命名法。

腹部：10节；无尾须。雄性外生殖器主要由背兜、基腹弧、囊形突、爪形突、尾突、颚形突、肛管、阳茎和抱器瓣等组成。

雌性外生殖器有3种基本类型：单孔式，轭翅亚目雌蛾腹部末端的交配孔与产卵孔合而为一；外孔式，蝙蝠蛾总科雌虫的交配孔与产卵孔虽然分离，但彼此却十分靠近；双孔式，绝大多数雌虫腹部末端交配孔与产卵孔彼此分离。

2）生物学特性

食性和活动习性：鳞翅目昆虫成虫喜欢吮吸花蜜，是非常重要的花媒昆虫；但一些蛾类须补充营养，可以利用糖醋液来诱捕或诱杀它们。蝴蝶的一些种类也常吸收水分和排泄物等，可以利用这个特性进行捕捉。在台湾，采蝶人常在蝴蝶迁移经过的地方挖一个坑，泡上尿，再在旁边放几个死蝴蝶，用来吸引迁飞经过的蝴蝶，一次可捕到200余只。

蝶类成虫多在白天活动，喜色泽鲜艳而香味浅淡的花朵；蛾类成虫多在夜间活动，喜夜间开放、颜色浅淡而香味浓郁的花朵，有很强的趋光性，在黑光灯下常能诱到大量的蛾类，因而常被用作测报和采集的手段。

鳞翅目昆虫成虫的活动主要是为了交配和寻找适宜的产卵场所。在蛾类中，雌蛾分泌性激素吸引雄蛾前来交配。在蝶类中，雄蝶往往借助美丽的外表和优美的翔舞来吸引雌蝶，适当分泌一些香味或性激素来加强性吸引效果。在生产上，常利用人工合成性诱剂来进行测报和防治。

一些鳞翅目昆虫成虫有很强的群集性和远距离的迁飞能力，如黏虫、小地老虎、稻纵卷叶螟、甜菜夜蛾和秋黏虫等。最著名的是君主斑蝶，从加拿大南端起飞至墨西哥新火山地的森林，行程约5000km。

鳞翅目昆虫的为害主要在幼虫期。绝大多数幼虫为植食性，主要食叶，也有蛀根、茎、花、果和种子的，还有取食仓储物的，如麦蛾和米蛾；少数种类为捕食性或寄生性，如食蚜灰蝶捕食甘蔗绵蚜，龙眼鸡寄蛾寄生龙眼鸡，紫胶猎夜蛾（白虫）和紫胶黑虫捕食紫胶虫。许多鳞翅目昆虫初孵幼虫都有吞食卵壳的习性和群集性。一些夜蛾幼虫常集体迁移，有行军虫之称。

变态类型和生活史：完全变态。卵圆柱形、馒头形、椭圆形或扁平形，表面常有饰纹，黏附于植物上或产于地表。幼虫俗称蠋，一般分5龄。幼虫体上有刚毛、毛片、毛突、毛瘤和毛撮等。刚毛分为3种类型：原生刚毛，为第1龄幼虫具有的刚毛；亚原生刚毛，为第2龄幼虫时出现的刚毛；次生刚毛，为第2龄以后出现的刚毛。其中，原生刚毛和亚原生刚毛分布排列很有规律，并给予命名，称为毛序。在毒蛾、枯叶蛾和刺蛾等昆虫的幼虫中，其体毛与毒腺相连，充满毒液，极易折断，触碰可造成皮肤发炎，疼痛难忍，采集时须小心。幼虫头部每侧一般有6个侧单眼；额三角形；额外方为1对窄的斜骨板叫额侧片（这两个特征可与鞘翅目和膜翅目昆虫的幼虫相区别）；上唇的前缘中部常内凹，称缺切；有吐丝器；胸部有胸足3对；腹部一般有腹足5对，着生于腹部第3~6节和第10腹节上，夜蛾科和尺蛾科昆虫的腹足有不同程度的退化，舟蛾科的臀足有时退化或呈分枝状，称为枝足。腹足端具趾钩，趾钩是幼虫分类的主要特征。趾钩排列成一行时称为单列，两行时称为双列，多行时称为多列；趾钩高度相等时称为单序，高度不同时，则相应分别称为双序、三序和多序。趾钩排列形状有环状、缺环式、二纵带、中带和二横带等。

幼虫胸部或腹部常有一些特别结构和腺体。卷蛾科、麦蛾科和弄蝶科幼虫臀板下有一梳状结构，称为臀栉，用以弹去粪粒；天蛾科和蚕蛾科幼虫第8腹节背中部有尾突；凤蝶科幼虫的前胸有臭丫腺，当受惊扰时由前胸背板前缘伸出，分泌凤蝶醇等物质，对蚂蚁等多种昆虫有忌避作用；毒蛾科昆虫幼虫有一对翻缩腺（毒腺），位于第6~7或第7~8腹节背中央；灰蝶科昆虫幼虫有一个翻缩腺位于第7腹节上；蛱蝶科、某些夜蛾科和舟蛾科昆虫幼虫的前胸腹板上有前胸腺。

幼虫老熟时，蝶类多在敞开的环境中化蛹，不结茧；蛾类则多在隐蔽处结茧或作土室化蛹，如小地老虎。蛹绝大多数为被蛹，仅毛顶蛾科和小翅蛾科等少数种类为离蛹。

一般1年发生1~6代，一些种类可达30多代，也有2~3年才完成1代的，如木蠹蛾和蝙蝠蛾等。常以幼虫或蛹越冬，少数以卵或成虫越冬。

雌雄二型与多型现象：雌雄二型极普遍，有时特别引人注意，如雌蛾无翅，触角线状；雄蛾有翅，触角为羽状。雌雄二型在蝶类中更常见，尤其以凤蝶科、灰蝶科和蛱蝶科最为明显。多型现象有多种成因，但以季节变化形成的季节二型最常见，这在蝶类中较多见。季节二型可以在幼虫、蛹和成虫期出现。

3）资源潜力评述

鳞翅目昆虫幼虫绝大多数是植食性的，是极其重要的农业害虫，例如，为害水稻的三化螟和稻纵卷叶螟，为害旱粮的黏虫和玉米螟，为害棉花的红铃虫和棉铃虫，为害果树的桃小食心虫、柑橘潜叶蛾和荔枝蒂蛀虫，为害蔬菜的小菜蛾和甜菜夜蛾，为害储粮的麦蛾、谷蛾和米蛾，为害森林的舞毒蛾和松毛虫等。但是，家蚕、柞蚕、天蚕和蓖麻蚕等植食性昆虫却是非常重要的资源昆虫。我国是世界蚕业的发祥地，养蚕已有近5000年的历史，生丝出口量和丝绸出口量都居世界第一位。一些植食性鳞翅目昆虫可用于杂草生物防治，如澳大利亚引进阿根廷螟蛾防治曾给该国畜牧业造成巨大损失的仙人掌，取得了很大成功，这是利用昆虫防治杂草的一个著名例子。

鳞翅目昆虫成虫是非常重要的传粉昆虫。鳞翅目昆虫的成虫，尤其是蝶类，有极高的观赏价值。我国蝶类资源极其丰富，尤以台湾和云南为甚。在20世纪60年代，台湾有2万~3万人以出售蝴蝶标本和工艺品为生。一些鳞翅目昆虫是重要的药用昆虫，如冬虫夏草、僵蚕和虫茶等。

4）分类概况

该目一般分为4个亚目：轭翅亚目、无喙亚目、异蛾亚目和有喙亚目。有喙亚目分为6个次目：毛顶蛾次目、新毛顶蛾次目、冠顶蛾次目、外孔次目、异脉次目和双孔次目。全世界已知约22万种。我国已知约1万种。

外孔次目

前、后翅脉相似；雌性外生殖器外孔式，无副腺；喙短，常极度缩小；翅轭连锁。

蝙蝠蛾科。触角短，雌虫为线状或念珠状，雄虫为栉齿状；缺单眼；喙退化；翅轭指式；中室内M脉主干2分叉；胫节无距。幼虫体有皱褶；体毛长在毛瘤上；趾钩缺环式多序。

成虫常在傍晚低飞，在飞行时产卵，散落地面。幼虫多蛀木或在多年生草本植物的根和茎中为害。药用种类：虫草蝙蝠蛾幼虫被冬虫夏草菌寄生后形成的虫菌结合体——冬虫夏草。冬虫夏草是名贵中药材，产于云南、四川、青海、甘肃和西藏海拔4000m的草甸地带。

双孔次目

前、后翅形状和脉相不相似；雌性外生殖器双孔式，有副腺；喙发达；翅缰-翅缰钩连锁或贴接连锁。

（1）蓑蛾科，又称袋蛾科。雌雄异型。雌虫无翅，体肥胖，蛆状；触角、口器和足极度退化。雄虫有翅；翅中室内有M脉主干存在，前翅3条A脉在端部合并；触角栉齿状。幼虫体肥胖；胸足发达；趾钩环状单序。

雌虫终生匿居在幼虫所缀的巢袋中，并在袋中交尾产卵，故称袋蛾或躲债虫。幼虫在袋中孵化，吐丝随风分散，然后吐丝缀枝叶成袋，负袋行走，主要为害树木。常见种类：大蓑蛾，为害树木和果树。

（2）细蛾科。触角丝状，长度等于或长于前翅长度；下唇须3节，常前伸或上举；翅极窄，端部尖锐，有长缘毛；前翅常有白斑和指向外的"V"形横带；中室直长，占翅长度的 2/3～3/4；后翅无中室；休息时，常以前中足将身体前端支起。幼虫体扁平；胸足和腹足常退化，如有腹足则只有 4 对，第 6 腹节的腹足退化。

幼虫常潜入叶、花、果和树皮内为害。重要种类：荔枝蒂蛀虫和荔枝（尖）细蛾，是荔枝和龙眼的重要害虫，前者蛀果和梢，后者蛀梢和嫩叶。

（3）菜蛾科。触角柄节有栉毛，静息时向前伸；前翅后外缘的缘毛长，休息时突出如鸡尾状；后翅 M_1 脉和 M_2 脉常共柄。幼虫细长，常绿色；腹足细长，行动敏捷。

幼虫食叶或潜叶。重要种类：小菜蛾，是世界性大害虫，严重为害十字花科蔬菜。

（4）潜叶蛾科。触角第 1 节很宽，下面凹入，能盖住部分复眼，为眼罩；前翅披针形，脉序不完全，中室细长，顶端有几条脉合并；后翅线形，有长缘毛，Rs 脉达翅顶。幼虫体扁；无单眼；胸足和腹足退化。

幼虫潜叶为害。重要种类：柑橘潜叶蛾，是柑橘的重要害虫。

（5）麦蛾科。触角线状；前翅广披针形，A 脉 1 支，基部分叉，R_4 脉与 R_5 脉共柄，R_5 脉达顶角前缘；后翅外缘常向内凹入，顶角尖突，后缘有长缘毛，Rs 脉与 M_1 脉基部共柄或很接近。幼虫苍白或粉红色；气门圆形；肛门上常具臀栉；趾钩双序缺环或二横带。

幼虫以卷叶、潜叶或钻蛀为害。重要种类：马铃薯块茎蛾和麦蛾。麦蛾卵获取是赤眼蜂小卵繁蜂的关键技术。

（6）卷蛾科。前翅略呈长方形，肩区发达，前缘弯曲；两前翅平叠在背上呈吊钟形；前翅翅脉均从基部或中室直接伸出，不合并呈叉状；后翅 $Sc+R_1$ 脉与 R_2 脉不接近。幼虫前胸气门前骨片或疣上有 3 毛；肛门上方常有臀栉；趾钩环状单序、双序或三序。

幼虫卷叶、蛀茎、花、果和种子。重要种类：苹果黄卷蛾。

（7）刺蛾科。体粗壮多毛。翅短而阔，翅中室内有 M 脉主干存在；前翅 A 脉 3 条，2A 脉与 3A 脉在基部相接；后翅 A 脉 3 条，$Sc+R_1$ 脉从中室的中部分出。幼虫蛞蝓型，体上多枝刺，触及皮肤引起红肿疼痛。老熟幼虫化蛹前可结坚硬的石灰质茧，茧呈鸟蛋形附着在树干或浅土中。

幼虫食叶，为害多种树木和果树。常见种类：黄刺蛾，为害柿、油桐、乌桕及其他多种树木。

（8）羽蛾科。前翅裂为 2~3 片；后翅裂为 3 片；足极细长；后足胫节第 1 对距位于中后方。幼虫多有毛疣和次生毛；前胸侧毛 3 根；趾钩单序中带式。

常见种类：甘薯白羽蛾，为害甘薯。

（9）螟蛾科。体瘦长。触角多丝状；前翅长三角形，R_3 脉与 R_4 脉常共柄；后翅臀区发达，A 脉 3 条，$Sc+R_1$ 脉有一段在中室外与 Rs 脉愈合或接近，M_1 脉与 M_2 脉基部分离。幼虫体细长光滑，毛稀少；前胸气门前的一个毛片上有 2 毛；趾钩为单序、双序或三序，排列成环状、缺环或横带。

幼虫卷叶、蛀茎、蛀干、蛀果和蛀种子为害。重要种类：地中海粉螟，是贮粮重要害虫。

（10）尺蛾科。体细弱。缺单眼；四翅宽薄，平展，鳞片细密；前翅 R_5 脉与 R_3 脉和 R_4 脉共柄；后翅 $Sc+R_1$ 脉在基部弯曲；少数雌虫无翅。幼虫细长；体平滑无毛；腹部只有 1 对腹足和 1 对臀足，即足式为 30000010001，行走时似尺量物，故称尺蠖、步曲或造桥虫（夜蛾科有些种类的幼虫也称为造桥虫）。

幼虫有拟态习性，多为木本植物害虫。重要种类：茶小尺蠖，是我国茶树的重要害虫。

（11）枯叶蛾科。体粗壮多毛。触角双栉状；单眼和喙退化；前翅 R_5 脉与 M_1 脉共柄，M_2 脉与 M_3 脉共柄或至少基部靠近；后翅无翅缰，肩角扩大，肩横脉 2 条以上。幼虫前胸在足上方有 1 或 2 对突起，其上毛簇特别长；趾钩双序中带环或缺环。

幼虫食叶为害，是森林和果树的重要害虫。重要种类：松毛虫，在我国有 28 种或亚种，严重为害松树，是林业重大害虫。同时其毛与毒腺相连，触碰松毛虫毒毛可引发松毛虫病。

（12）天蚕蛾科，也称大蚕蛾科。体大型。触角短，双栉状；喙退化；无单眼；翅中室常有透明斑；前翅只有 3~4 条 R 脉；后翅无翅缰，肩角发达，但无肩横脉；有些种类后翅有尾状突。

幼虫体大，有枝刺或带刺的瘤突；上唇有极深的倒 "V" 形缺切；趾钩双序中列式。

著名种类：天蚕，是著名的绢丝昆虫，其丝素有"丝中皇后"之称。

（13）蚕蛾科。体中型。触角双栉齿状；喙退化；前翅外缘近顶角处常有弯月形凹陷，5 条 R 脉常基部共柄，至少 R_3 脉、R_4 脉与 R_5 脉常共柄；后翅翅缰很小，$Sc+R_1$ 脉与 Rs 脉间近基部常有一横脉相连，A 脉 3 条。幼虫第 8 腹节背面有 1 尾突；每腹节不分环或只分 2~3 环；腹足左右离开。

著名种类：家蚕，是著名的绢丝昆虫，原产我国，后传至国外。

（14）天蛾科。体纺锤形。喙发达；触角栉齿状，末端弯，呈细钩状；前翅狭长，后缘近端处常内凹，M_1 脉与 Rs 脉共柄；后翅较小，$Sc+R_1$ 脉与中室有 1 横脉相连；腹部第 1 节有听觉器官。幼虫体粗壮无毛；每腹节有 8～9 个小环；第 8 腹节背面有 1 个尾突；腹足左右靠近。

成虫飞行迅速，且能在空中定翔取食。不少种类日出，有访花习性。幼虫休息时常将身体前端举起，头缩起向下，长时间不动。常见种类：甘薯天蛾。

（15）毒蛾科。体粗壮多毛。触角双栉齿状；喙与下唇须退化；无单眼；后翅 $Sc+R_1$ 脉与 Rs 脉在中室约 1/3 处相接或接近，M_2 脉非常靠近 M_3 脉；足多毛，休息时前足伸出前面；雌虫腹末有成簇的毛；有的种类雌虫无翅。幼虫体多毒毛；胸部背面有毛簇；腹部第 6 节和第 7 节或第 7 腹节和第 8 腹节背中央有翻缩腺开口；趾钩中带单序。

该科是林木和果树的重要害虫。重要种类：舞毒蛾，是世界性林业大害虫。

（16）灯蛾科。腹背常有暗或黑色斑点或条纹。喙退化；后翅 A 脉 2 条，$Sc+R_1$ 脉与 Rs 脉在基部愈合几达中室之半，但不超过中室末端，M_2 脉靠近 M_3 脉。

幼虫体较软，密生长短较一致的红褐色或黑色毛丛；毛丛均长在毛瘤上；前胸气门以上有 2～3 个毛瘤；胸足端部有刀片状毛。一般无毒。

为害木本和草本植物。重要种类：美国白蛾，是世界性大害虫，可为害 317 种以上的阔叶果树和行道树，是国际重要检疫对象。我国北方常发生的种类有红缘灯蛾和红腹灯蛾。

（17）夜蛾科。该科是鳞翅目最大科。体多色暗，多鳞片和毛。复眼大；喙发达；前翅 Cu 脉四叉型，一般有副室；后翅 $Sc+R_1$ 脉与 Rs 脉在中室基部短距离相接，不超过中室之半，Cu 脉四叉型或三叉型。

幼虫无毛，色暗，或有各种斑纹或条纹；中、后胸足上毛片仅有 1 毛；趾钩单序或双序；有些种类的第 1 对或第 1～2 对腹足退化。

成虫均在夜间活动，幼虫也大多在夜间活动和取食，故称夜蛾。成虫趋光性和趋化性很强，对糖、蜜、酒和醋有特别嗜好。幼虫绝大多数为植食性，为害禾本科和十字花科等植物。重要种类：甜菜夜蛾。

（18）弄蝶科。体色暗。触角基部远离，末端呈钩状；前翅三角形，R 脉 5 分支，不共柄，直接从中室伸出。

幼虫头大，前胸小，有明显的颈部，体末较尖，呈纺锤形；肛门上方有臀栉。

成虫多在早晚或阳光不强时活动，飞行迅速而带跳跃。幼虫主要为害禾本科，常缀叶作苞为害。常见种类：香蕉弄蝶，为害香蕉。

（19）凤蝶科。体大且美丽。前翅 R 脉 5 条，A 脉 2 条，中室与 A 脉基部有 1 横脉相连接；后翅 Sc 脉与 R 脉在基部形成 1 个小室，在 M_3 脉处有尾状突或外缘呈波纹状，A 脉 1 条。

幼虫体肥大，平滑无毛；前胸背部前缘有臭丫腺；后胸隆起最高。蛹为缢蛹，与粉蝶蛹外形相似，但头部 2 分叉。

许多种类成虫有雌雄二型和多型现象。幼虫主要为害芸香科、樟科、伞形科和马兜铃科等植物。濒危种类：金斑喙凤蝶，是国家一级重点保护野生动物；三尾褐凤蝶、双尾褐凤蝶和中华虎凤蝶，是国家二级重点保护野生动物。

（20）粉蝶科。体多为白色或黄色；翅上常有黑色斑纹。前足正常，爪分裂；前翅 R 脉 3～4 条，A 脉 1 条；后翅 A 脉 2 条。

幼虫多为暗绿色或黄色，有小黑颗粒点；每体节分为 4～6 个小环节；趾钩中带双序或三序。蛹为缢蛹，头端有一个尖突起。

幼虫主要为害十字花科、豆科和蔷薇科等植物。常见种类：菜粉蝶，为害十字花科蔬菜。

（21）眼蝶科。体色暗；翅上常有眼状斑纹。前翅有几条纵脉的基部常膨大；前足退化。幼虫纺锤形，头部分二叶或有角，前胸颈状，腹末有 1 对尾突；趾钩中带单序、双序或三序。

幼虫多在禾本科植物上为害。常见种类：稻眼蝶，为害水稻。

（22）斑蝶科。前足退化；前翅 R 脉 5 条，R_3 脉至 R_5 脉共柄，A 脉基部分叉；后翅肩区发达，常有发香鳞区。幼虫体平滑；中胸或第 8 腹节上常有肉状刺 1～2 对；体节有许多横皱纹。

成虫飞行缓慢。幼虫喜群栖。常见种类：金斑蝶，为害夹竹桃和榕树。

（23）蛱蝶科。体美丽，具各种鲜艳色斑。前足很退化；前翅 R 脉 5 条常共柄，A 脉基部不分叉。幼虫色深，体上生有许多枝刺，枝刺无毒；头常具头角或尾突 1 对；上唇倒"V"形缺切；趾钩单序、双序或三序。

成虫飞行迅速，停息时四翅常不停地扇动。著名种类：枯叶蛱蝶，是著名拟态种类。

（24）灰蝶科。体小至微小；触角有白环；复眼周围白色圈。前翅 R 脉 3～4 条，M_1 脉从中室顶角发出；后翅无肩脉，外缘常有 1～3 个尾状突；雌雄二型明显。幼虫蛞蝓型；第 7 腹节背面常有 1 个翻缩腺。

大多数种类为植食性，多为害豆科植物。常见种类：亮灰蝶。

34. 膜翅目

膜翅目昆虫包括各种蜂类和蚂蚁。

1）形态特征

膜翅目昆虫体微小型至大型。多数具并胸腹节；雌性有发达的产卵器。幼虫主要可分为原足型、蠋型和无足型。

头部：下口式；口器咀嚼式或嚼吸式；复眼发达；单眼 3 个；触角的形状和

节数变化较大，有丝状、念珠状、棍棒状、膝状和栉齿状等。在小蜂总科中，梗节与鞭节之间常有环状节，且鞭节还可分为索节和棒节。

胸部：胸部包括前胸、中胸和后胸。在细腰亚目中，还包括并胸腹节，所以细腰亚目的胸部又称中躯。

前胸一般较小，但前胸背板2个后侧角向后延伸，称为前胸背板突。中胸很发达，常分为中胸盾片和小盾片；中胸盾片有的还有1对完整或部分消失的盾纵沟；有的细腰亚目在盾纵沟两侧还有1对盾侧沟。后胸背板一般不发达。在细腰亚目中，后胸背板紧接并胸腹节，两者密不可分。

膜翅两对，前翅大于后翅；前翅前缘常有翅痣；前翅肩角前有一小型的翅基片；翅脉的变化很大，有的（如叶蜂和蜜蜂等）复杂，有的（如小蜂总科）退化甚至消失；在姬蜂总科、瘿蜂总科、小蜂总科、青蜂总科和胡蜂总科中，部分种类无翅，至少雌虫无翅，还有部分种类为短翅。

足的变化也很大，包括足的各节形状与结构的变化和功能的特化。足转节1节或2节；胫节末端无距或有1~2枚距；跗节5节，少数2~4节。在广腰亚目中，前足胫节上的一个端距通常增大而特化成净角器；在细腰亚目中，前足基跗节基部有具刷的凹陷，与距形成净角器。

腹部：一般10节，青蜂仅2~5节。在细腰亚目中，腹部由原始第2腹节及其以后的腹节组成，特称为柄腹部或后体，以免与真正的腹部混淆；柄腹部的第1节基部缩小，甚至呈细腰状，称为腹柄；产卵器发达，锯状、鞘管状或针状，适于锯、钻孔或穿刺产卵。

大多数寄生蜂的产卵瓣同时兼具产卵和刺螫功能，但是在蜜蜂科中，产卵瓣完全失去产卵功能而特化为刺螫功能，用以防卫。

2) 生物学特性

绝大多数陆生，少数种类寄生于水生昆虫。成虫和幼虫大多为肉食性，少数植食性。成虫多喜阳光。多数种类的幼虫营寄生生活。

食性和成虫活动习性：膜翅目昆虫成虫自由生活，食性很复杂：几乎所有类群都具有访花行为，取食花蜜、花粉或花管内的露水，有的取食昆虫分泌的蜜露，有的捕食猎物或寄主或取食寄主伤口处渗出的体液，有的取食植物种子或真菌等，很难界定植食性或肉食性。幼虫的食性比较固定，广腰亚目中，绝大多数种类为植食性，取食植物的叶和茎干，或取食花粉，仅有少数为肉食性；在细腰亚目中，绝大多数种类为肉食性，捕食或寄生其他昆虫或蜘蛛等其他节肢动物，是害虫天敌的一个最大类群，仅有蜜蜂总科的一些种类为植食性。

多数膜翅目昆虫成虫喜阳光，白天在花上活动或飞翔，是最大的花媒昆虫类群；少数种类喜欢荫湿的生境，如广腰亚目和细腰亚目细蜂总科中的一些种类；还有一些种类在晚上活动，有趋光性，如有些姬蜂只在黑暗中飞行。

膜翅目中有不少种类为雄性先熟，即雄蜂先于雌蜂羽化，早先羽化的雄蜂可以不同的方式寻找雌蜂，或者在羽化口守候，或者在巢区仔细巡逻，或者在雌蜂喜去的地方搜寻，或者在飞行中寻找。某些细腰亚目的雄蜂具有保卫领地的习性。

变态类型和生活史：多数为完全变态，但在姬蜂、巨胸小蜂等内寄生类群的一些种类为复变态。卵为长卵圆形或纺缍形。幼虫基本上分为两种类型：广腰亚目幼虫为伪蠋型，体常为绿色或灰黄色，不透明，头部高度骨化，触角1~5节，侧单眼1对或无，胸部和腹部分节明显，胸足一般发达，腹足无或7~10对；细腰亚目幼虫为无足型，体常白色半透明，头部骨化程度弱或中等，触角退化，无侧单眼，头部之后的体段分节不明显，无胸足或腹足。寄生蜂的幼虫一生只排便1次，发生在化蛹前。

蛹为裸蛹，常有茧或巢室包裹。化蛹场所可以是土中、植物组织内、植物表面上、寄主体内或体外。

膜翅目多数种类为1年1代，少数1年2代或多代，个别种类需2~6年才完成1代。

寄主寻找和生殖方式：刚羽化的寄生蜂成虫可能远离它们后代的寄主，因此它们必须找到寄主，整个过程一般可分为寻找寄主栖息地、寻找寄主、接受寄主和寄主的适合性4个阶段。

当寄生蜂找到合适的寄主后，就开始产卵，繁殖后代。所有的膜翅目昆虫均为卵生生殖，主要包括两性卵生生殖、孤雌卵生生殖和多胚卵生生殖。

寄生习性：寄生蜂的寄生习性复杂多样。可以根据寄主范围的大小、所寄生寄主的虫态、在寄主上寄生的部位、寄主体上寄生蜂的种类、寄生蜂寄生关系的次序和寄主体育出寄生蜂个体数等分为不同的类型。

根据寄主范围的大小可分为：单主寄生，寄生蜂限定在一种寄主寄生的现象；寡主寄生，寄生蜂只能在少数近缘种类寄生的现象；多主寄生，寄生蜂可在多种寄主寄生的现象。

根据所寄生寄主的虫态可分为：单期寄生，寄生蜂幼虫只寄生在寄主的某一虫期并能完成发育，包括卵寄生、幼虫寄生、蛹寄生和成虫寄生；跨期寄生，寄生蜂幼虫要经过寄主的2个或3个虫期才能完成发育，包括卵-幼虫寄生、卵-幼虫-蛹寄生和幼虫-蛹寄生。

根据在寄主上寄生的部位可分为：内寄生，寄生蜂的幼虫生活于寄主体内，内寄生种类约占寄生蜂种类的80%；外寄生，寄生蜂的幼虫生活于寄主体外。

根据寄主体上寄生蜂的种类可分为：独寄生，寄主体上的寄生蜂只有一种；共寄生，寄主体上的寄生蜂有两种或两种以上。

根据寄生蜂寄生关系的次序可分为：原寄生，直接寄生寄主昆虫；重寄生，以寄生寄主昆虫的寄生蜂为寄主，有二重寄生、三重寄生、四重寄生，甚至五重寄生。

根据寄主体上育出寄生蜂个体数可分为：单寄生，一个寄主只育出一头寄生蜂；聚寄生，一个寄主可育出两头或两头以上寄生蜂。

寄生性黄蜂寄生于五倍子蜂（另一种黄蜂），寄生性黄蜂将卵产在五倍子蜂钻出的小洞中，受控五倍子蜂把出口通道挖得太小、无法逃生，最终自困其中，任由超级寄生蜂食尽体内器官，然后从它的头部钻出来。这是昆虫"超级操控"或称"超级寄生"行为的一个罕见案例，即一种寄生昆虫被另一种寄生昆虫所操控。

营巢群栖与多型现象：该目昆虫大部分种类营独栖生活，但蚁科、胡蜂科和蜜蜂科的种类为真社会性生活，即群栖生活并有明显的社会分工。在蚁科中，还有些种类表现出奴役习性。社会性昆虫由于社会分工不同而导致不同型的分化，从而产生多型现象。在独栖性膜翅目昆虫中，多型现象也很常见。

雌雄二型：膜翅目昆虫的雌雄二型非常普遍又明显，不仅社会性昆虫如此，在独栖性种类中也是这样，可以表现为雌蜂无翅或短翅、雄蜂长翅、雌蜂体大小和色彩与雄蜂不同、雌蜂触角节数比雄蜂多且形状不同等。

3）资源潜力评述

广腰亚目的幼虫多为植食性，食叶或蛀茎干为害。一些种类是重要的林业害虫，如分布于四川和云南的祥云新松叶蜂是这两省松树的主要食叶害虫。欧洲云杉吉松叶蜂是欧洲针叶树的重要食叶害虫。

细腰亚目中的一些种类也是重要害虫。阿根廷火蚁为害多种作物和咬螫人，是重要的农业和医学害虫。小家蚁传播病菌和叮咬人，是非常重要的医学害虫。许多膜翅目昆虫，特别是胡蜂和蜜蜂能螫人，轻则引起局部肿疼，重则致命，如杀人蜂。

虽然少数膜翅目昆虫对人类有害，但绝大多数膜翅目昆虫是益虫而非害虫。膜翅目昆虫给作物授粉，为人类生产食品，帮助人类消灭了不计其数的害虫，等等。膜翅目昆虫是最主要的传粉昆虫。国内外研究表明，蜜蜂传粉增产效果显著。

膜翅目昆虫能为人类提供大量昆虫产品。大家最熟悉的是蜂蜜、蜂王浆、蜂蜡、蜂胶和蜂毒。世界市场上的蜂蜜年贸易量在100万t以上。其中，我国蜂蜜及蜂王浆产量居世界首位。蜂蜜除可直接食用外，还用于糖果、饼干、酸乳酪、干果、蜜饯、肉制品等食品加工及医药和烟草加工中。蜂蜡可用于化妆品工业、军事工业和医药制造等。蜂毒被用来治疗风湿病和关节炎。

膜翅目昆虫也是多种害虫的天敌，是最大的害虫天敌类群之一。绝大多数膜翅目昆虫的成虫都是许多重要害虫的捕食者，同时其幼虫也是许多重要害虫的寄生者。在自然状态下，膜翅目昆虫的捕食和寄生可以将许多害虫控制在造成危害的水平以下。同时，人类也可以通过保护和利用这些天敌昆虫来控制害虫，保护农作物生产。

4）分类概况

膜翅目传统上分为广腰亚目和细腰亚目共 2 个亚目。全世界已知约 15 万种。我国已知约 5100 种。

广腰亚目

腹基部不缢缩；原始第 1 腹节不与后胸合并；前翅至少有 1 个封闭的臀室；后翅基部至少有 3 个闭室；产卵器锯状。除尾蜂科等寄生于天牛和吉丁虫幼虫外，都为植食性种类。

叶蜂科。体粗短。触角丝状，常 9 节，少数 7 节或多达 30 节；前胸背板后缘向前凹入；前足胫节有 2 个端距，内距常分叉；各足胫节无端前距；后翅常有 5～7 个闭室。幼虫胸足 3 对；腹足 6～8 对，无趾钩。

常见于叶上或花上。成虫产卵于小枝条内或叶内。多数种类幼虫取食植物叶片，少数蛀果、蛀茎或形成虫瘿。重要种类：欧洲云杉吉松叶蜂，在 1935 年将加拿大魁北克省 6000mi^2（1mi^2=2.589 988km^2）松木的针叶吃光。

细腰亚目

腹基部缢缩成细腰状；原始第 1 腹节并入后胸；前翅无臀室；后翅基部少于 3 个闭室；产卵器为针状或鞘管状。除瘿蜂总科和蜜蜂总科部分种类为植食性外，其他均为肉食性。本亚目又分为寄生部和针尾部。寄生部：产卵器为鞘管状，有产卵和刺螫功能。

Ⅰ 姬蜂总科

姬蜂总科是细腰亚目中最大的总科。触角丝状，16 节以上；前胸背板突伸达翅基片；前翅有翅痣，翅脉发达；后足转节 2 节；腹部末端几节腹板纵裂；产卵器自腹末前伸出，不能缩回，有产卵器鞘。

（1）姬蜂科。前翅常有第 2 回脉和小翅室；腹部细长，圆形或侧扁；腹部第 2 节与第 3 节不愈合，柔软可动。

大多为原寄生，卵产于寄主体内或体外。幼虫营内寄生或外寄生，主要寄生于鳞翅目、膜翅目、鞘翅目和双翅目的幼虫或蛹。姬蜂是一类重要的天敌昆虫。常见种类：螟蛉悬茧姬蜂。

在国外，引进姬蜂防治害虫成功的例子很多。例如，美国于 1911～1913 年从意大利引进象甲姬蜂防治紫苜蓿叶甲取得了成功，加拿大于 1910～1911 年从英国引进落叶松叶蜂姬蜂防治落叶松叶蜂也取得了成功。

（2）茧蜂科。前翅只有 1 条回脉，无小翅室；腹长卵圆形或平扁；腹部第 2 节与第 3 节愈合，坚硬不可动。

大多数种类为原寄生，卵产于寄主体内。幼虫内寄生，老熟幼虫在寄主体内、体外或附近结茧化蛹。主要寄生于鳞翅目、同翅目和双翅目幼虫，是一类重要的天敌昆虫，并用于害虫生物防治。珍稀种类：马尾茧蜂。

Ⅱ 小蜂总科

触角膝状，5～13节，有1～3个环状节；翅脉退化，无翅痣；前胸背板突不伸达翅基片；胸腹侧片常存在；后足转节常2节；腹部末端几节腹板纵裂；产卵器自腹末前伸出，不能缩回，有产卵器鞘。

（1）小蜂科。体多为黑色或褐色，无金属光泽。头胸部背面常有粗大刻点；触角11～13节；后足腿节膨大，腹缘有刺或锯齿状，胫节向内弧状弯曲，末端有2距；跗节式5-5-5。

均为寄生性，寄生于鳞翅目、双翅目、鞘翅目、膜翅目和脉翅目等昆虫的幼虫或蛹，是一类重要的天敌昆虫。常见种类：广大腿小蜂。

（2）金小蜂科。该科为小蜂总科中最大的科。体多具绿色或蓝色金属光泽。头胸部密布细刻点；触角8～13节；前翅后缘脉和痣脉发达；并胸腹节中部一般有明显的刻纹；后足胫节末端仅1距；跗节式5-5-5。

寄主范围广，寄生昆虫纲中的多数目和蛛形纲中蜘蛛的卵、幼虫、蛹和成虫，少数为重寄生。其中，大多数种类是害虫的重要天敌。常见种类：蝶蛹金小蜂，寄生于玉带凤蝶和菜粉蝶的蛹。

（3）赤眼蜂科。体极微小型。触角5～9节；雄虫触角上常有长毛轮，雌虫毛一般短；前后翅有长缘毛；前翅无痣，后脉翅面上微毛常排列成行；跗节式3-3-3；腹部无柄。

卵寄生，寄生于鳞翅目、膜翅目、半翅目、鞘翅目、缨翅目、双翅目、脉翅目、广翅目、革翅目和直翅目的卵，以鳞翅目为主。有许多种类已非常成功地进行人工大量繁殖并应用于害虫生物防治，这是目前研究最深入、应用最广的一类天敌昆虫。重要种类：松毛虫赤眼蜂，是我国应用相当广泛的一种赤眼蜂。

Ⅲ 细蜂总科

体微小或小型。触角丝状或膝状；前胸背板突伸达翅基片；后翅无臀叶，无关闭翅室；前足腿节正常，胫节仅1端距；后足转节1节；腹部有侧缘；腹部末端几节腹板不纵裂；产卵器从腹末伸出。

（1）广腹细蜂科。体黑色。触角丝状，13节；前翅前缘脉、亚前缘脉和径脉均发达，翅痣明显；腹柄亚圆柱形，具明显刻纹；柄后腹有一大愈合背板和腹板；胫节距式1-2-2。

该科多生活在潮湿的地方，寄生于鞘翅目幼虫体内。代表种类：短翅细蜂。

（2）缘腹细蜂科，又称黑卵蜂科。多为黑色而有金属光泽。触角膝状；雄蜂触角12节；雌蜂触角11～12节，末端几节常成棒状；前翅有前缘脉、亚缘脉、后缘脉和痣脉，无翅痣；腹部长形或卵圆形，两侧有锐利边缘，无柄或近于无柄，以第2、3背板最长；胫节距式1-1-1。

卵寄生，寄生于螳螂目、直翅目、半翅目、纺足目、脉翅目、鳞翅目、鞘翅目、双翅目和膜翅目中蚁科的卵，以及蜘蛛的卵，是一类重要的天敌昆虫。常见种类：松毛虫黑卵蜂。

针尾部：产卵器为针状，无产卵功能，特化为刺螫时注射毒液的螫针。

Ⅳ 青蜂总科

触角丝状；前胸背板突伸达或几乎伸达翅基片；后翅无明显的脉序或关闭的翅室，有臀叶；前足腿节常膨大且末端呈棍棒状；后足转节 1 节；腹部末端几节腹板不纵裂；产卵器从腹末伸出。

（1）青蜂科。体有美丽的青、蓝、紫色或红色等金属光泽；体壁强骨化。触角 12～13 节；头与胸等宽；前胸背板突几乎伸达翅基片；并胸腹节侧缘常有锐利的隆脊或刺；腹部可见腹节 2～5 节，能向胸部腹面弯贴；腹板内凹；爪 2 分裂。

全部寄生性，寄主包括竹节虫的卵、膜翅目的幼虫和鳞翅目的预蛹等。常见种类：上海青蜂，寄生于黄刺蛾茧内的预蛹。

（2）肿腿蜂科。体常无鲜艳的金属光泽。触角 12～13 节；唇基上常具 1 个中纵脊；前胸背板突伸达翅基片；胸足腿节特别膨大，尤其是前足腿节，故名肿腿蜂；腹部可见腹节 6～8 节，不能向胸部腹面弯贴。

寄主主要是生活在隐蔽场所的鳞翅目和鞘翅目幼虫。重要种类：管氏肿腿蜂，近年在我国用于控制天牛取得了很好的效果。

（3）螯蜂科。触角 10 节；雌虫多无翅，似蚂蚁；雄虫有翅；雌蜂前足第 5 跗节与爪特化成螯，用以捕捉猎物和抱握寄主，故名螯蜂。

幼虫寄生于同翅目头喙亚目昆虫的成虫或若虫体内，是一类重要的天敌昆虫。常见种类：稻虱红单节螯蜂。

Ⅴ 胡蜂总科

触角丝状或膝状；前胸背板突伸达或几乎伸达翅基片；后翅至少有 1 个关闭的翅室，有臀叶；前足腿节正常，不膨大；后足转节 1 节；腹部末端几节腹板不纵裂；产卵器从腹末伸出。

（1）蚁科。触角膝状，雄蚁 10～13 节，工蚁和后蚁 10～12 节；腹部第 1 节或第 1～2 节收缩成结状节；跗节式 5-5-5。

社群生活，多型现象明显。一个巢室内通常有有翅的雌雄生殖蚁和无翅的工蚁和兵蚁。有肉食性，植食性或多食性。著名种类：黄猄蚁，记载用于防治广东的柑橘害虫，这是世界上以虫治虫的先例。

（2）土蜂科。体多毛。触角丝状，雌蜂触角 12 节，雄蜂触角 13 节；前足基节相互靠近，中后足基节相互远离；中后胸腹板平坦，生有盖在中后足基节基部的片状突起；足粗短；中足胫节 1 或 2 枚端距，后足胫节 2 枚端距；后足腿节不伸达腹末；翅上有很多纵皱纹，翅脉常不伸达边缘；前翅第 1 中室比亚中室短；

腹部长，有带纹，各节后缘有长毛；雄腹末腹板的端部有3个刺。

成蜂常近地面低飞。幼虫寄生于蛴螬体外。常见种类：白毛长腹土蜂。美国曾从中国和日本引进该蜂以防治日本弧丽金龟。

（3）蛛蜂科。触角丝状。雌蜂触角12节，弯卷；雄蜂触角13节，不弯卷；翅半透明，带有颜色或虹彩，翅脉不到达翅边缘；前胸背板伸达翅基片；中胸侧板被一横直的缝分为上、下两部分；前翅第1中室比亚中室短；足细长，多刺毛，基节相互接触；中后足胫节有2枚端距；后足腿节常超过腹末。

成虫常在地面低飞或爬行，狩猎蜘蛛或昆虫，带回巢洞中饲育幼虫，故名蛛蜂。常见种类：玳瑁蛛蜂。

（4）胡蜂科，俗称马蜂或黄蜂。触角丝状；雌蜂触角12节，雄蜂触角13节；复眼内缘中部凹入；上颚短，闭合时呈横形，不交叉；前胸背板突伸达翅基片；前翅第1中室比亚中室长；中足胫节2枚端距；爪简单，不分叉；后翅常无臀叶；第1、2腹节间有1明显缢缩。

多在高大的树上或石壁上筑吊钟状的巢，营社群生活。在一个巢群内包括雄蜂、雌蜂及生殖器官发育不全的雌性职蜂。当其巢受惊扰时，会群蜂出动，追螫入侵者。采集时要小心。常见种类：长脚胡蜂，其巢称为"露蜂房"，中医入药用。

（5）蜾蠃科。触角丝状；雌蜂触角12节，雄蜂触角13节；复眼内缘中部凹入；上颚长，闭合时左右交叉；前胸背板突伸达翅基片；前翅第1中室比亚中室长；中足胫节1枚端距；爪2分叉；后翅有臀叶。

营独栖生活。常见种类：黄喙蜾蠃。

Ⅵ 泥蜂总科

触角丝状；前胸背板不伸达翅基片；中胸背板的毛简单，不分枝；后翅有臀叶；后足转节1节；后足基跗节纤细，不宽阔或增厚，常无毛；腹部末端几节腹板不纵裂；产卵器从腹末伸出。

泥蜂科。雌蜂触角12节，雄蜂触角13节；复眼大，其内缘略平行；前翅有2～3个亚缘室；足细长；前足适于开掘；中足胫节有1～2枚端距。

成虫以泥土在墙角、屋檐、地面、岩石或土壁上做土室。狩猎鳞翅目夜蛾科及尺蛾科幼虫、蠡斯和蜘蛛等，刺螫其神经中枢将其麻痹，供子代幼虫食用。常见种类：黑足泥蜂。

Ⅶ 蜜蜂总科

触角膝状；前胸背板不伸达翅基片；中胸背板的毛分枝；后翅有臀叶；后足转节1节；后足胫节及基跗节宽阔或增厚，多毛；腹部末端几节腹板不纵裂；产卵器从腹末伸出。

蜜蜂科。雌蜂触角 12 节，雄蜂触角 13 节；嚼吸式口器；前足基跗节具净角器；后足为携粉足。

社群生活，有严密的分工；或独栖生活。成虫植食性，是著名的传粉昆虫。著名种类：中华蜜蜂和意大利蜜蜂，是著名的产蜜昆虫和传粉昆虫。

3.2 昆虫种源群体的建立

资源昆虫种源是一切生产的基础，只有建立优良种源群体，才能实现资源昆虫产业化。资源昆虫的种源一般可以分为 4 类：①绝大多数种类尚处于从自然界采集、筛选野生资源的阶段；②一些种类刚刚进入人工驯化初期，如大蜡螟、玉米螟和桃蛀螟等；③一些近年来产业推进迅速的种类，已经初步建立了种源群体，如黄粉虫、黑粉虫、大麦虫、中华真地鳖、美洲大蠊、白星花金龟、黑水虻、家蝇、东亚飞蝗、七星瓢虫、异色瓢虫、龟纹瓢虫、六斑异瓢虫、深点食螨瓢虫、蠋蝽等；④传统的家蚕、蜜蜂已经形成了系统的育种体系，有规范的种源供应模式。

任何一种资源昆虫在其产业价值被确认后，均可从自然界采集野生资源，建立始祖种源，扩大生产群体。以种源形成过程为主线分析，分为以下几个阶段和环节。

3.2.1 自然资源的采集阶段

这一阶段是针对某些自然界中的昆虫种类，在人们发现了其资源价值以后，先在自然界进行较少量的采集，对其资源价值进行验证与开拓。这一阶段的采集产物尚不能构成种源，仅作为建立始祖种源的物质基础。因为直接从自然界野生状态采集的昆虫个体或群体，具有携带各种天敌或寄生病原菌的潜在危险，而且不同的个体之间在经济性状方面存在很大的差异，有的适宜做种源基础，有的则不适宜做种源基础。因此，野生采集的昆虫资源要经过人为条件下的饲养观察、筛选淘汰过程。由少量采集到大规模采集，易造成自然资源的破坏甚至枯竭，只有实现生产养殖，才可以使有益的资源得到可持续的利用。

昆虫自然资源（种质资源）的采集是昆虫生产的前提，主要任务是依据一定的原则（资源原则、经济原则、技术原则、生态环境原则、政策原则）选择培养对象，获得自然资源，筛选始祖种源，通过筛选、驯化，最后形成品种或良种体系，奠定始祖种源群体和研究始祖种源的实验种群生活周期。

首先，根据经济价值和社会需求量，确定目标昆虫。一般来说，最原始的种源都是从自然界中获取的野生资源，然后在人为条件下进行筛选、驯化，经过选育与杂交，培育成为优良品种。

在确定其资源价值的前提下，必须考虑以下几方面的自然属性。①确定原始群体的自然发生地域。②确定收集对象个体生活周期、收集材料的时间，根据昆虫种类，在自然界收集处于滞育状态的幼虫、蛹、成虫或卵，作为原始材料。在可能性相等的情况下，卵是奠定群体的最好阶段，因为卵的消毒比较简单。③保持收集材料的最小容量，或称种群基数。④使始祖种源群体摆脱与其同步发生的捕食者、寄生者、病原物等。

在为生产养殖选择种源时，最适宜的种类是能适应人工设置的自然环境条件的那些种类，或者生产地大量发生的土著昆虫资源。为了保持和恢复正在消失的罕见种，也不排除对灭绝的和不适合大量生产养殖的种进行生产繁育。

只有在建立种源群体的前提下，开展昆虫生产技术研究，扩大昆虫产物生物量，才能满足产业化推进的需求，三者之间的关系见图3-1。

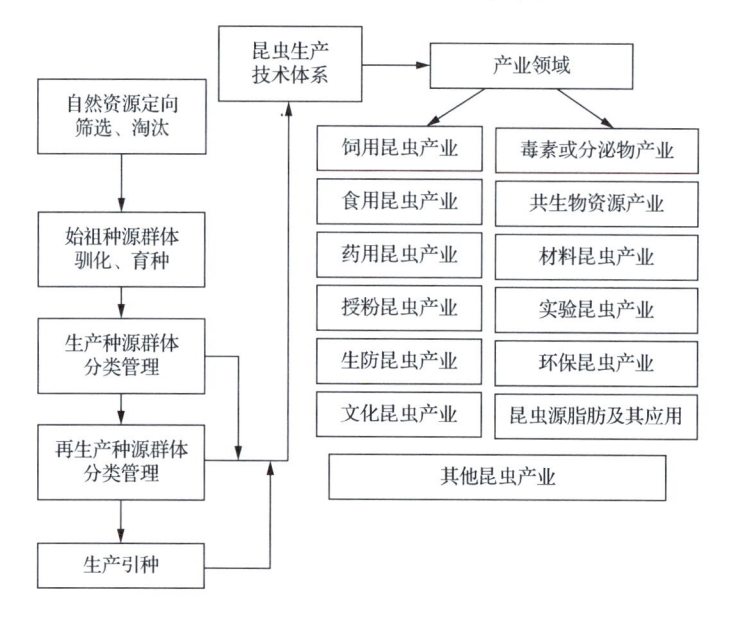

图3-1 昆虫种源-生产技术体系-产业领域关系简图

3.2.2 资源昆虫始祖种源群体的建立

以产业发展为生产目标而确定的经济资源昆虫种类，经过严格程序，筛选所需要的、表现优良经济性状的个体，保持其一定的群体数量，建立始祖种源群体。在始祖种源群体建立阶段，同时必须完成始祖种源群体的生物学观察研究，即对其在人工可控条件下的基本发育规律、生活习性、生态行为等进行研究。

资源昆虫利用的最终目的是获得足够数量的昆虫产物（虫体、虫砂及其他产物），实现其产业化利用。选择资源昆虫种类须考虑经济目的、生活周期及其生物学特性、生态学行为等。

1. 资源昆虫始祖种源群体建立原则

从资源昆虫的种质、种源角度分析，可以将自然种质资源视为 F_0 代，始祖种源视为 $F_1 \sim F_n$ 代，直至完全建立符合昆虫生产要求并稳定表现的再生产种源群体。

在建立、评价资源昆虫始祖种源群体时，应偏重生态可塑的、区域性同源的、多周期的、食料易得的种质资源。资源昆虫生产养殖对象应具有生活周期短、生产力高、存活率高、食物来源丰富的特点。

以黑广肩步甲为例，说明有潜能的天敌昆虫始祖种源群体建立的主要评价特性。①生态适应性：生态环境条件要求接近拟控制目标种。②时间同步性：在发生时间上与寄主（植物或饵料）相适应。③对寄主密度的反应：存在对寄主密度的快速反应。④生殖潜能：指世代时间短或其他因素保证的高生殖能力。⑤寻找能力、扩散能力：在低密度下寻找寄主或猎物的能力，容易并很快扩大自己空间范围的能力。⑥寄主专化性和同寄主相容性：食谱或单食性程度。⑦对食物的要求和行为：补充最低营养和辨认寄主的能力。⑧自然抑制因素：在天敌昆虫中不存在寄生者、病害和捕食者。⑨适合保持生产状态：大规模生产的条件简单。⑩评估其直接猎杀刺伤性攻击的能力：人为携带并共生昆虫致病菌的能力。

资源昆虫始祖种源群体建立是昆虫生产过程中由自然资源采集阶段转入人工生产阶段的初始时期，主要任务是实现始祖种源群体（即原始实验种群）的建立并在人工可控条件下完成生活史。在昆虫原始实验种群建立的基础上，确定生产对象的生活周期，并确定其在有利条件下生产性能的表现，能经受最大生产饲养密度、连续生产等。始祖种源群体可以理解为服从昆虫生产目标的实验种群，在这个阶段要完成生命表生物学、种群生态学和育种等方面的研究工作。

在这个时期内应解决的主要问题是昆虫产物的分型、昆虫产物适应、昆虫产物优化、昆虫产物质量估价、昆虫生产的标准化、建立优化标准昆虫产物的生产规范和快速方法等。

昆虫始祖种源群体基数的确定原则如下。

（1）生物学原则。当群体数量低于一定数量时，种群延续将得不到保障。始祖种源群体大小依赖建立的昆虫产物类型，如果在昆虫培养过程中最大限度地保持自然特性，始祖种源群体应相当大，从几百头到几千个体，应保证种群的自然多样性水平。在建立赤眼蜂始祖种源群体时，建议收集不少于1000头或1500头赤眼蜂寄生的昆虫。可区分群体的实际数量和有效数量。有效数量是给群体生殖带来贡献的个体数量，可能大大少于实际数量。如果生产目的不是最大限度地保持自然特性，如培养昆虫是为了生产昆虫病原物等，始祖种源群体数量可以少些。为保持始祖种源群体多样性水平，可根据酯酶活性估价的原始材料异质性，确定始祖种源群体内可能的最低个体数量。

（2）经济学原则。成本/盈利的基础基数在生产过程中对成本的控制、盈利的追求及生产周期与产量之间存在平衡关系。这些会直接影响经济效益和市场竞争力。

（3）纯种群原则。为保证昆虫产物的纯度，必须使始祖种源群体摆脱同步发生的寄生者和捕食者。如果同步发生种与生产种的分类、生物学和个体生态学明显不同，那么这种区别可用来排除同步种。为此可把始祖种源群体分成几个小群体，这些小群体便于定期观察和从中排除同步种、天敌昆虫及有病和不典型的个体。通常要在两代期间完成这一工作。有时为了把主要种与同步种分开，要利用种的行为特点。通过羽化个体和解剖昆虫也可以发现寄生者和捕食者的存在。在一些情况下，为消灭或从昆虫种群中排除有害有机体可利用生物替代物。加热防止昆虫产物污染的方法也在昆虫生产学中得到实际应用。在一些情况下，为保持培养物免遭有害机体侵入或为了排除它们也使用杀虫剂。目前提出了昆虫卵消毒防止病毒、真菌、细菌和其他病原侵害的有效手段。养虫室工作人员要遵守保持培养物清洁和预防流行病的卫生制度，这对保持培养物免遭污染有重要意义。在养虫室内必须防止灰尘落入昆虫体上，因为灰尘常引起昆虫死亡或使培养物明显衰弱。

（4）胚胎发育预测原则。在建立昆虫始祖种源群体时，还应根据胚胎状况评估卵的质量，观察昆虫生殖能力、昆虫行为、昆虫种群生理状态、种群生活能力等。分析血淋巴对评估昆虫种群生理状态有重要意义，因为在外形健康昆虫中有可能出现慢性病类型。昆虫血淋巴中的血细胞主要有母白细胞、大核细胞、小核细胞、嗜酸细胞、吞噬细胞、生态分泌细胞等类型。正常状态下每种昆虫的特点是单位体积中不同类型血细胞占有一定比例（血型）。在发病、寄生者寄生、不利环境因素对血淋巴结构和血型成分比例的作用下，血淋巴发生变化，根据这种变化可判断昆虫种群生理状态。始祖种源群体配套以后，主要任务是把种的生活周期封闭在实验室条件下。始祖种源群体在实验室条件下培养，产生了与自然界隔离的人工种群实验室培养物，之后进行培养物的分型，并按这一类型建立标准的优化人工种群。

从以上各个方面可充分阐明种群状态。个体行为在种群生活中有很大意义。在人工种群中保持行为反应可促进昆虫产物生长能力、生殖潜能的实现和保证成功利用昆虫产物。可列入个体生态学问题的有昆虫产物的个体生态决定因素、控制个体行为方法及其完善行为育种特点等。对生产任务、目标效率、引种培养前提等方面的评估，可编写建立昆虫产物的预备方案。

应在实验室进行计划研究。为每一具体种制定有科学依据支撑的、可操作的生产培养技术规范，为后期的生产培养和引种做好储备。这一预备工作应以种的专门登记注册或标准品种的建立为基础。

2. 昆虫始祖种源群体的发展方向

根据资源昆虫生态利用目的和种的生物学可能性提出昆虫产物的目标用途。

对于在自然界用来完成生命活动具体功能的昆虫产物类型，应在生理、遗传、生态特征方面最大限度地保持其自然种群的特性。为了成功完成一定的生产培养任务，建立最接近自然的人工生产条件是重要的。在短期内确定计划，并且确保昆虫产物保持与始祖种源群体相联系的痕迹。天敌昆虫培养物、遗传防治替代物和植物授粉昆虫属于这一范畴。

用作饲料或食品加工原料的昆虫产物是连续存在于人工生产条件下的。生产培养计划致力于得到最符合专门规定特性的生态类型，并且这种生态类型部分或完全失去与自然群落的联系，直到把它们完全驯化。在实现连续长期生产培养计划时，只有保持生产群体中高水平生命活动与人工生产条件相符合，才能取得成功。用作生产工业产品（丝、蜡、紫胶、洋红）、人类营养产品（蜂蜜）、动物营养产品（饲料蛋白）及生产生物活性物质和昆虫病原物的培养物属于这一类型。

用作科学研究实验材料的昆虫产物是特殊的生产培育类型，可以分为两类，即试验昆虫产物和生物研究昆虫产物。试验昆虫产物是作为功能因子标准试验的实验培养物类型；生物研究昆虫产物是用作研究微生物与脊椎动物、寄主植物间相互关系的实验培养物种类。对这些培养物有特殊要求，并且它们的建立需要专门的培养方法。

3. 昆虫始祖种源群体的选择与适应

选择建立昆虫始祖种源的原始材料时，应充分掌握其自然分布及分布区的生态环境条件，应充分考虑区域性分布在种群进化上形成并在遗传上巩固的出生和死亡的稳定性特点。据此可区别分布区范围内的种群，并且这种稳定性决定了种群分布动态。

在生物防治利用中，昆虫培养物季节周期与寄主季节周期配合度高的那些天敌昆虫潜在利用前途最大。除考虑季节周期符合程度外，也必须考虑自然界中天敌昆虫的数量水平、与其他天敌昆虫的竞争关系、寄主发育阶段、空间分布等。

从获得昆虫产物的角度看，昆虫主动适应环境的生物学前提是大量生产培养，并保证昆虫产物数量和生物量增加，以及世代的快速循环。在昆虫被动适应类型中，有可能建立长期保持和积累的昆虫产物库。在恶劣条件下，除生命活动的速率改变外，生活小区和个体生态也产生了有利于躲避不利因素的适应和选择适宜综合条件的适应，其中可能出现有利于种培养的适应。选择始祖种源群体时，除分布区特点外，应考虑自然种群数量动态时期。在自然数量增长最优的发源地，从生存能力最强的种群中选择始祖种源群体。

昆虫在人工生产条件下所达到的适应水平因昆虫产物类型而不同。从始祖种源群体奠定时刻起昆虫就开始了对生产群落条件的适应过程，并且在世代再生产过程中继续适应。

完善的生物学特性建立在适应基础上。例如，气候驯化、物种变异和自我选择及人工选择，都是自然选择的一部分。这些过程共同作用，使生物能够更好地适应其所处的环境，并逐渐发展出更加完善的生物学特性。

在昆虫实验室第1个世代中，发育条件明显改变，其中包括改变食物成分和特点的情况，营养环境中的幼虫生活时间延长或发育不完全，死亡率高，成虫羽化和生殖率都很低。同时观察到生物学指标有很大变化，可以通过平均数偏差的幅度证明这一点。在实验室最后世代，昆虫死亡率和变化率逐渐降低。经过几代，生物学指标达到能继续保持的正常水平，这证明适应过程完成的生物学指标稳定，松毛虫第4代可以达到，甘蓝夜蛾第5代可以达到，苹果蠹蛾第6代可以达到。这时即可认为始祖种源群体（实验室昆虫产物群体）的建立过程已经完成，这个过程在自然种质资源F_0代的基础上，历经$F_1 \sim F_n$代。

4. 昆虫产物优化

昆虫产物优化包括正确选择饲料和所有生产条件的优化。

昆虫产物优化是在最优生产条件下，实现昆虫产物的再生产。在稳定的优化条件下进行生产培养，可保证昆虫产物的稳定性。在应用系统优化数学方法的所有情况下，规定试验容量最少时完成规定的任务，并保证结果正确。根据现代模拟试验方法，建立昆虫培养物优化标准及其结果分析试验，制定昆虫培养物优化的一般原则和具体组织工作的一般程序。

应用数学模拟方法时，试验前应规定优化任务，选择独立变量（控制作用）和培养物状态指标（产量参数）。这些内容的确定，一方面依赖于具体的生产要求，另一方面依赖于掌握目标培育种的生物学知识水平。

昆虫产物的遗传变化特点也依赖于种的生物学特性，如发育速度、化性、性比、成虫多配性、杂合性。老弱病残个体参加后代的再生产会使目标培养物生活能力降低。没有自然种群或抑制群体基因的输入会导致能提高生活能力的杂交优势丧失，并使种群杂合性降低，特别在昆虫数量少和长期培养情况下，会导致近亲繁殖。

始祖种源群体是用作具预定特点的人工种群再生产的昆虫产物类型。在所有生产培养情况下，能保持的各级种源群体是标准类型。对于始祖种源群体，重要的是保持建立种群的所有基因库、生活周期所有阶段的高生活能力指标及强生殖能力。

3.2.3 昆虫再生产种源群体的建立

昆虫再生产种源群体的建立阶段，实质上就是优良始祖种源群体的扩大过程。对昆虫专用饲料、昆虫的最佳适宜环境条件、昆虫病原及天敌的去除与防护进行系统的研究，构建昆虫生产技术体系。

在完成昆虫始祖种源群体的分型、育种、优化和标准化过程后，建立昆虫生产群体，同时必须储存供生产连续应用的种用昆虫产物。在昆虫生产群体中，应不断选择优良个体、组建种群，培养次级种源群体，保持二者的平行生产。

3.2.4 昆虫再生产种源繁育的主要任务和特点

在已经开展正常昆虫生产的过程中，应对生产种源群体与商品化生产群体进行分类管理，建立相应的生产技术体系。需要特别指出的是，在种源群体建立的各个阶段，均需要保持一定的群体数量，即种群基数。如果昆虫生产培养计划规定长期保持昆虫产物或昆虫大量再生产，那么昆虫再生产种源繁育就是成功实现这一计划的重要条件。在生产种源阶段进行保种，防止昆虫种源退化、混杂和保持昆虫预定经济特性。

当停止育种时，昆虫会发生向始祖种源群体方面的偏离（即退化），为克服这种情况，必须进行种源保持工作。种源繁育是从赋予昆虫产物稳定的预定经济特性开始的。长时间保持和改善培养的预定经济特性是昆虫再生产种源繁育的主要任务。在经常利用优化遗传育种方法和控制不同繁育阶段培养物生理状态的情况下，把培养物保持在无近亲繁殖的有害作用范围内，可达到要求。

在种源繁殖和生产培养过程中，昆虫产物的一些质量丧失难以避免，造成这些质量丧失的原因很多。其中一个原因就是昆虫生物材料的容量增加，这就导致不可能应用培养物优化的许多育种方法及导致昆虫生产条件发生不利变化。在大量生产时，昆虫培养的成本因素开始起重要作用，大多数情况下也对培养物质量产生不利影响。因此，在种源繁殖的所有阶段和大量繁殖时，应特别注意保持培养物的预定经济特性。养蚕业中积累了种源工作的丰富经验，在专业蚕种场用保持育种方法进行种子工作，建立了三年或二年的种源工作周期。

根据对生物材料的要求、种的生物学特点可确定昆虫种源群体数量，也可根据昆虫繁殖规模及种的生物学特点改变昆虫种源工作的方法。

3.2.5 昆虫的育种

昆虫育种方法在育种和种源工作中起重要作用。昆虫有两个繁殖方向：品种内（种群内的）繁殖和品种间（种群间的）繁殖。品种内繁殖可以是近亲繁殖和远亲繁殖。在近亲繁殖情况下，生产者彼此间有某种程度的亲缘关系。在远亲繁殖情况下，生产者无共同祖先。最流行的品种内繁殖是品系繁殖。品系是通过长期定向选择和直系近亲繁殖从一对个体中得到的后代。这样的材料在形态、生物学和经济特征方面有很高的同质性。通常同时培育几个远亲品系，以品系间杂交结果育种。品系繁殖在家蚕、蜜蜂等的育种中得到应用。

品种间繁殖得到的后代称为杂种。有品种间的、种间的，甚至属间杂种。亲本个体形态、生理特征差别越大，杂种优势表现越强烈，特别是在 F_1 代。以后世代的杂种优势渐渐减弱。

在育种工作中，必须把亲本的有价值特征结合进新品种（种群）中，以及为得到亲本不存在并可能通过选择固定下来的新特征时，也可利用杂交技术。杂交技术是大量繁殖昆虫的很有前途的方法。

目前在昆虫种源生产中可以利用培养物优化的遗传育种方法。

（1）根据伴随生活能力和产量的特征选择杂交对象。根据昆虫孵化和幼虫发育强度，成虫羽化和产卵时间、寿命及成虫对不利因素作用的抵抗力，昆虫某些发育阶段对不利环境因素作用的抗性，对生态因子作用的反应，雄虫对性激素的敏感性，典型性行为，生理过程强度等选择杂交对象。

（2）根据遗传决定的特征选择杂交对象。遗传决定的特征包括杂种效应、异质杂交、短时间多次交配、生态杂交、引入杂交、与性别相联系的卵颜色、幼虫颜色和斑纹及性比。昆虫繁殖方法在许多方面依赖于种源工作效率。

3.2.6 昆虫引种培养

成功实现昆虫生产培养计划在许多方面依赖于种源的选择，为此必须估价种源群体生理状态。估价种群状态可利用数量方法、质量方法和实验方法。数量方法可归结为从种群中抽样，并提供关于种群数量和结构的概念。质量方法可提供种群状态的概念。种群估价的实验方法与专门的研究方法相联系，它们有可能得到关于种群生理状态的最充分概念。种源估价的主要方法如下。①根据昆虫颜色估价。颜色变暗是数量增长的最可信指标之一。暗化表明生理过程发生强烈。②根据种群性比估价。种群性比表明质量状况，因为雌虫数量增加证明有数量增加的趋势。应在两性种群中区别初始性比和后续性比。初始性比是由遗传机制决定，并表明某个种的特点。后续性比通常与两性的存活差别相联系。③根据卵的取样估价种群数量。可采取卵的形态解剖方法估价卵的质量；采用称重或浮选的方法进行卵质量的数量估价。④根据昆虫卵的孵化率估价卵的质量。⑤估价昆虫滞育状态。选择原始材料时，应确定材料的滞育持续期。可利用生物化学方法确定昆虫结束滞育的时间等。⑥估价种群的年龄结构和空间结构。保持优化年龄结构是种群对栖居环境条件适应的主要机制之一。在昆虫中用季节节律和它的生命活动时期确定种群年龄结构。允许种最大限度地利用食物资源和其他栖居环境资源，以及保持种群动态的空间结构在昆虫生活中起重要作用。⑦估价昼夜及季节生物节律。

昆虫全部生活周期和发育的某些时期服从一定的节律，这个节律实质上为活泼的有节奏特点的专化生物化学和生理学反应。可以把有机体的正常功能看作单个节奏的综合和同一生物系统时间驱动的协调。

季节周期特点是确定引种培养技术路线的最重要问题之一。不存在光周期反应滞育类型的种最有前途，即所谓连续繁殖种。这些种的季节节奏直接反映外部环境的季节节奏。存在光周期数量反映的季节适应类型，其数量反映的季节适应性意义在于，在最适应阶段遇上冬季，也就是种群个体生活周期同步化。在这样的培养物中，揭示了长期管理个体发育历期使培养物同步化的可能性。对专性滞育类型，必须在培养时改变光周期和温度状况，形成摆脱滞育和发育反应的条件。对兼性滞育类型，可通过一定温度状态下的光周期，在培养物中预防滞育，以便连续培养或在必要情况下诱导滞育。

3.3　昆虫生产种群的管理

3.3.1　昆虫生产群体的质量控制体系

资源昆虫生产的种群理论基础包括种群的概念、影响昆虫种群数量变动的因素、昆虫种群的生态对策等。在此基础上，讨论昆虫生产种群的建立和昆虫生产群体的质量保持。

昆虫生产获得生物量的方式与传统的畜禽等脊椎动物生产的生物量计量方式不同，昆虫生产的生物量计算以种群数量或总生物量为基础，而不是以单一个体为计量单位。因此，昆虫种群理论是昆虫生产学的重要理论基础之一，估计昆虫生产的群体数量发展趋势，是组织与评价昆虫生产的一种重要方法，也是与资源昆虫生产规划、具体生产方案有关的一个重要问题。

在昆虫生产技术体系中，在昆虫饲料充分满足的情况下，影响资源昆虫群体数量发展的主要因素有种源基数，始祖种源与生产种源的生殖力、繁殖率和存活率。在昆虫饲料不能充分满足的情况下，由于食料的缺乏而直接引起死亡率和繁殖率的下降，从而影响生产群体的发展。不适宜的环境条件（如冬季加温不足，夏季降温、通风不够等）也会产生类似的影响。

昆虫种群生态学讨论了种群结构对种的生态位的影响，以及作为种的微进化因素作用。在不同生长地域、不同环境因素影响下，种群结构按不同的方式变化，这就保证了它们的遗传异质性。同样，种群遗传结构可能对种群的生态可塑性产生影响。

1. 昆虫种群

生态学上的种群是指在同一生境内，占有一定空间，可进行繁殖的同种个体的总和，是生态学研究的基本单位，在概念上与分类学的种群概念不完全相同，分类学研究的基本单位是种，而种群是种或亚种以下的分类单元，是种内个体根据其生态、生理、形态上的差异而区分的种群，其间的差异有一定的遗传性。这些差异主要是长期的地理隔离所造成的。在生态学上，同一种生物在不同生境内的种群不一定存在分类学上的差异，但同种生物由于长期生境不同的生理隔离而形成不同的地理种群，其概念就与分类学上的概念一样了。

1）地理种群

地理种群也称为地理宗。由于物种在较大的分布区域内长期的地理隔离，使不同地区的同种种群分别适应本地区的条件而产生一定差异。例如，水稻三化螟在我国南方广大稻区都有分布，但对温度与光周期形成了不同的适应性（表3-1）。

表3-1　水稻三化螟南京种群和广州种群对温度及光周期的适应

种群名称	卵发育始点/℃	卵有效积温/（℃·d）	蛹发育始点/℃	蛹有效积温/（℃·d）	幼虫滞育光周期
南京种群	16	81.1	15	103.7	13h 45min
广州种群	14.2	99.38	13.8	128.23	12h

玉米螟为全国分布种类，在黑龙江、吉林东部山区1年1代，在辽宁、内蒙古、山西的大部和河北北部1年2代，在河北大部、陕西、山西南部、山东、河南、江苏、安徽、四川1年3代，在江西、浙江、湖北东部1年4代，在广西柳州、广东曲江和台湾台北1年5代，在广西南部1年6～7代。

在1年内的活动周期，种群变化规律都不相同，不同的地理种群对光周期反应不同。例如，在25℃以下，三化螟广东种群幼虫在10h光照下，无化蛹者，在12h光照下开始化蛹；南部种群在12h光照下无化蛹者，在14h光照下化蛹数量大增。棉铃虫在我国江苏20℃下，引起蛹滞育，临界光周期为12h 30min；而在北高加索地区同样温度下，临界光周期为14h 30min。一般形成地理种群的地理区域距离是比较远的。不同的地理种群间交配常会出现中间类型，有的表现在形态上有所差异，有的能影响遗传变异。舞毒蛾的法国宗与东亚宗交配后，由于东亚宗雌蛾的 X 染色体特殊，所繁殖的后代雄蛾异常，雌蛾则为中雌不孕。生活在墨西哥热带地区的棉铃象甲的黑色品系（非滞育性）和美国棉区的红色品系（滞育性）交配，产生了一种青铜色品系，它有98%的个体不能滞育。

2）生态种群

在地理种群以下又可再分生态种群。例如，泰山桃蛀螟、南京三化螟的同一个南京种群，因为有的生活在山区，有的生活在平原，形成了不同的生态种群。山区种群比平原种群早发育 2~3d。同一地区的棉铃虫生活在棉田和玉米田，其发育进度有所不同。不同的生态种群经常进行个体交换或相互混杂，所以它们总是共同（混合）构成本地区种群的数量变动。也有生态种群在色型上存有较明显的差异，但随环境的消失而消失。

3）生物种群

生物种群也是地理种群再细分，又称食物宗或寄生宗。例如，苹果绵蚜在它的原产地——美国，需要在美国榆上度过有性世代，而该虫传入欧洲后，因欧洲没有美国榆，终于逐渐适应在苹果上完成整个世代交替，这样就形成了两个生物种群，我国的苹果绵蚜即属于欧洲生物种群。上海地区二化螟可以在茭白茬和稻茬中越冬。茭白田中的二化螟发育特别快，越冬死亡率低、个体大、产卵量高，构成越冬蛾的前峰，为第一代的重要虫源；在稻茬中越冬的幼虫发育慢，越冬死亡率高、产卵量少，它构成越冬代蛾的后峰，某些寄生蜂由于寄主不同而形成不同的寄主宗。

同种昆虫的不同种群间存在着生物学和生态学的差异。种的生态特性是种的适应特性，属于种的特性，而昆虫种群数量波动及空间结构是昆虫与它所处的环境因素之间相互关系的状态变化，换句话说，就是昆虫种群在一定条件下种的生态特性的表现。因此昆虫种群动态是昆虫生态学的中心问题，也是昆虫生产学的核心问题。

同种昆虫个体组成的种群称为单种群；由两种或两种以上的昆虫密切联系的总体，称为混合种群。在昆虫生产学中主要研究昆虫的单种群问题。

2. 影响昆虫种群数量变动的因素

食物、环境条件（土壤、气候）、天敌等因素对昆虫种群数量变动的影响很大，现主要讨论影响昆虫种源及生产群体数量变动的主要内因：①种群的组成；②种群基数；③种群的生殖力和繁殖速率；④昆虫的死亡率与存活率；⑤种群的活动习性。

1）种群的组成

种群的组成是指种群内某些生物学特性各不相同的各类个体在总体内所占的比例，或称在总体中的分布，如不同的性比（性比=雌虫/雄虫）或雌虫率，不同的年龄组成（不同的虫态、龄期、卵和蛹及成虫性腺的发育进度等），不同虫型比例（如长翅形、短翅型、群居型、散居型等），不同抗药力个体比例等。

种群的组成以种群的性比和年龄组成较为重要。不同的性比影响种群的增殖率，不同的年龄组成与种群的死亡率、发育进度、滞育比例等都有密切的关系。例如，对兼性滞育的昆虫（可在不同世代中发生滞育昆虫），在一定时期内调查虫态或年龄可以预测下一代的发生量和滞育比例。在山东省棉铃虫1年4代，以滞育蛹过冬，但一部分个体第4代蛹可以继续发育，不进入滞育状态，它们往往完不成1个世代就死亡，所以在第4代化蛹盛期调查非滞育蛹占比例大的年份，则翌年虫量将相对减少。

2）种群基数

种群基数是对种群数量发展趋势进行估测的一个基础数据，对于发生世代明显的昆虫，前一世代的数量是当代发生数量的基数，或前一世代的数量是其后若干代的基数。对世代重叠的昆虫，前一段时间的发生数量是其后若干时间发生数量的基数。

在一个昆虫生产群体中，无论是种源群体还是生产群体，可以按照基础种源密度（引种或培育获得）和生产规模预测这个条件下昆虫生产群体的数量，如第 1，2，3，$\cdots$，n 类型条件的密度和规模分别为 D_1, D_2, D_3, $\cdots$, D_n 和 M_1, M_2, M_3, $\cdots$, M_n，则其平均密度为 $\overline{D}=(D_1M_1+D_2M_2+D_3M_3+\cdots+D_nM_n)/(M_1+M_2+M_3+\cdots+M_n)$，其种群群体数量为 $N=D_1M_1+D_2M_2+D_3M_3+\cdots+D_nM_n$。

无论在任何一种情况（如饲料、环境条件等）下，掌握种源基数都是重要的。

3）种群的生殖力和繁殖速率

昆虫种源或生产群体的生殖力是指一个种群的平均繁殖数量，不是以个别雌虫个体的生殖力表示的。例如，东亚飞蝗的个体最高生殖力为单雌产卵721粒，而平均生殖力则为280~360粒。

繁殖速率是指一种的种源或生产群体在单位时间内增长的个体数量的最高理论倍数，它反映了种群个体数量增加的能力。繁殖速率的大小主要取决于种群的生殖力、性比和发育速度等，可以下式表示：

$$R=\left(\frac{f}{m+f}\times e\right)^n$$

式中，R 代表繁殖速率；f 代表雌虫数；m 代表雄虫数；e 代表每头雌虫的平均生殖力；n 代表代数。

昆虫的生殖力大，世代历期短，因而一般种类的繁殖速率是相当惊人的。繁殖速率高是对大量死亡的一种适应，这是在进化过程中形成的，也是昆虫生产技术体系得以建立的前提。

4) 昆虫的死亡率与存活率

昆虫种群的死亡率是在一定时间内、一定条件（如天敌的入侵、不良气候条件或食料条件）下的个体平均死亡率。昆虫种群的存活率则是死亡率的百分对应关系。如以 D_h 表示死亡率，存活率以 S 表示，则 $S = 1 - D_h$。

在估测昆虫种源或生产群体数量发展趋势时，死亡率是不可忽视的因素。假设群体的预期增长倍数为 I，则繁殖率与死亡率或生存率的关系为

$$I = \left[(1 - D_h) \times e \times \frac{f}{m+f} \right]^n$$

或

$$I = \left[S \times e \times \frac{f}{m+f} \right]^n$$

这是昆虫种源或生产群体增长趋势的基本公式，其中包含了死亡率（存活率）、雌雄比、雌虫后代的平均数量之间的关系。

昆虫种源或生产群体数量发展趋势与存活率有密切的关系。为了便于分析，进行以下理论推算。假设单雌产卵量为 200，雌雄比为 1∶1，当死亡率达到 99%，即存活率为 1% 时，则群体预期增长倍数为

$$I = \left(\frac{1}{100} \times 200 \times \frac{1}{1+1} \right)^n = 1^n$$

即群体的增长倍数为 1，其后代将保持原有的数量水平。

5) 种群的活动习性

昆虫种群个体，尤以具飞翔能力的种类，影响一定空间和时间种群数量的变动。具有短距离扩散特性的昆虫，比较容易对其进行生产控制；具有迁飞活动习性的昆虫，需要的生产场所空间较大。

3. 有关昆虫种群数量变动的模型

所谓模型，是一种理论的概括，表示事物间的内在联系，表达其内容一般有两种类型：一是描述性的动态模型，以图或表表示，包括各成分间的相互联系和对模型性质起决定性作用的成分的动向，如生命表的基本表型；二是数学模型（模式），把各成分面的关系以数学公式表示，其所揭示的范围比图表所揭示的范围较窄，或是对图表某些内容的深入揭示，其下可包括若干个亚模型。所谓模拟，是将理论模型具体应用于一种昆虫或一种虫期，在特定的生态环境条件下，尽可能反映各成分间具体情况的细节。

动态模型和系统调查分析一样，是目前国内外分析复杂系统的一种广泛使用的方法，通过模型揭示各成分和因素之间的关系，有助于把复杂的结构划分为几个比较简单的结构，使主要矛盾得以显示，再构成一个动态数学模型和亚模型，

并引进参数和变量进行模拟。

4. 昆虫种群的生态对策

凡是能以其繁殖和生存进程来最大限度地适应所处环境的生物体都是有利于其进化的。生态对策或称为生活史对策是生物体对其生存环境的适应方式，是物种长期对生态环境适应能力的体现，而不是指生物本身有什么主观上的策略。生态对策反映在生物（昆虫）身体的大小、繁殖周期（世代数）、生殖力、寿命、逃避天敌能力、迁飞扩散能力、分布范围等方面，以便其最大限度地适应环境和合理利用能源。生物的生态对策在能力分配上有一定的协调性：有机体如果在生殖上耗去了大量能量，则不可能同时在生存机能上分配大量能量；有机体有很好的照顾后代的能力，则其本身便不可能有大量繁殖后代的能力；迁飞型个体具有远距离迁飞的能力，其生存能力就比居留型个体小。所以，也可以说生物的某种生态对策就是其生活史中各方面的能源物资的协调分配。我们可以把生物的居住地（生境）视为一个模块，进化动力在这个模块上决定生物的生态对策。

昆虫（生物）种群的大小和变化速率主要决定于昆虫的内禀增长率（r）和环境容量（k，表示在食物、天敌等因素的制约下，种群数量可能达到的最大稳定数量）。r 值反映了昆虫种群的增长速率，k 值的大小决定种群发展的最大范围。所以，当 k 值保持一定时，r 值越大，种群的消长速率越快，种群数量就越不稳定；相反，当 r 值保持一定时，k 值越大，则种群发展的限度越大。根据 r 与 k 的大小，将昆虫（生物）分成 3 类。

1) k-对策者

当 r 值较小，而相应的 k 值较大时，种群数量基本趋于稳定，也就是说它们以增大环境容量使种群维持旺盛，它们在进化方面是增加了种间或种内竞争的能力，这样自然也就增加了环境容量值，这类对策称为 k 类对策，属于此类的生物称为 k-对策者。

k-对策者具有稳定的生境，它们的世代时间（T）与生境保持有利时间（H）的比值（T/H）很小，所以其进化方向是使其种群保持在平衡水平上和增加种间竞争的能力。这类昆虫（生物）个体较大，世代时间较长，内禀增长率较低（如生殖力低等），存活率较高，寿命长，食性比较专一，死亡率较低，种群水平一般保持或接近平衡水平，种群数量变幅不是很大，所以当种群容度下降到平衡水平以下时，不大可能迅速恢复，有的甚至可能灭绝［在动物演化过程中有的个体不断增大，直至灭绝，称柯普规律（Cope's rule）。如恐龙属于极端的 k-对策者］。几种主要的 k-对策害虫如表 3-2 所示。

表 3-2 几种主要的 k-对策害虫

种类	单雌产卵数（近似值）	世代时间（近似值）	为害性状
二庞独角仙	50	3～4 个月	成虫为害椰子树生长点，经常伤害棕榈
舌蝇	10	2～3 个月	为人畜的锥虫病媒介
苹果蠹蛾	40	2～6 个月	幼虫为害苹果及其他水果

2）r-对策者

具有较大的 r 值，其 k 值相对较小，种群数量不稳定，所处的生态环境也不稳定，灾害性天气较多，种群平衡取决于其强大的增殖率，这类对策称为 r 类对策，属于此类的生物称 r-对策者。

r-对策者是不断地侵占暂时性生境的种类，T/H 值较大，它们的生态对策基本是随机的"突然爆发"和"突然崩溃"。迁移习性是其种群的重要特征。这类害虫身体往往较小；由于生殖力大和世代周期短而具有较高的内禀增长率；死亡率一般偏高；对捕食者的主要防御，除了有高的生殖力外，常与天敌呈现为同步性（被捕食者数量增多，捕食者数量相应增多；前者减少，后者也相应减少）和其具有机能性（由于个体较小，善于迁移，而有利于隐藏和逃脱）。

因为 r-对策者有较高的内禀增长率，环境饱和容量一般较小，故其种群数量常不稳定，由于密度过高，因食料不足而引起的死亡率通常很高。但极端的 r-对策者，以其较灵活的转移、扩散、迁飞等习性，寻找新的食源，摆脱种群密度过高的影响，减少死亡率。一些迁飞性昆虫和红蜘蛛等就是典型的例子。当然，r-对策者个别种群在环境很恶劣时，尤其在人为因素（如喷药、水旱轮作等）干扰下，死亡率很高，甚至灭绝，但作为这一物种的整体却是富有恢复能力的。典型的 r-对策害虫如表 3-3 所示。

表 3-3 典型的 r-对策害虫

种类	单雌产卵数（近似值）	世代时间（近似值）	为害性状
沙漠蝗	400	1～2 个月	周期性大发生，吃掉任何作物的叶片
豆卫矛蚜	100	1～2 个星期	为害多种作物，包括蚕豆、甜菜
（欧洲）家蝇	500	2～3 个星期	以有机排泄物为食
小地老虎	1500	1～1.5 个月	为害多种作物幼苗

3）中间类型者

从 k 类对策到 r 类对策是完整的、连续的，除了极端的 k-对策者和 r-对策者外，存在中间类型。在大的分类单位中，可以将脊椎动物看成是 k-对策者，将昆虫视为 r-对策者。如果将昆虫作为一个整体，大多数属于 r-对策者，或接近 r-对策者一端，但不同类群的昆虫或不同栖境下的昆虫采取的生态对策有所不同，一般来说，在热带地区生存的物种更接近于 k 类对策（如热带雨林中的某些蝶类，就是典型的 k-对策昆虫），而在温带或寒带地区生存的物种常趋向于 r 类对策。即使像蚜虫那样典型的 r-昆虫类群中，不同种所采取的 r 类对策的程度也有所不同。例如，杏蚜和松蚜的身体相对较大，繁殖率较小，更倾向于采纳 k 类对策。所以，所谓生态对策，实际上是一个从 k 类对策到 r 类对策的连续系统，或称为 r-k 对策连续系统。在此系统中，按照 k 选择和 r 选择排列着各种生物。存有许多中间类型，从 k 端到 r 端生物的身体逐渐变小，世代时间不断缩短，内禀增长率逐渐增大。在同样的环境下，平衡时的种群数量越来越大，对外界的防御能力亦越来越强。

极端的 r-对策害虫和 k-对策害虫，其天敌似乎都不能起重要作用，因为极端的 r-对策害虫本身增殖速率甚大，而其天敌的繁殖速率常不易在很短的时间内赶上害虫；或当天敌的繁殖速率赶上害虫并发挥控制作用时，害虫已大发生而造成严重危害，或害虫可能已从原栖境迁到新栖境中重新建立种群。对于 k-对策害虫，则因其体型较大，竞争能力强，使天敌的作用难以发挥，而只有大多数中间类型的对策者，其天敌的作用是很重要的。

r/k 选择理论是生态学中的经典理论，近年来已经被更加精细的理论取代。通俗地说，r/k 选择理论认为，生物后代的数量和质量存在一个平衡，k 选择的生物往往体型大，寿命长，繁殖力低下但后代成活率高；r 选择的生物体型小，繁殖力强，生长快速，同时伴随着很高的死亡率和较短的寿命。

5. 昆虫的种群生命表

昆虫在各发育阶段（卵期、幼虫期、蛹期和成虫产卵前期）都会因各种原因而死亡，对各发育阶段的死亡率和死亡原因进行累计和分析，才能了解整个世代种群数量变动的实际情况。Daaty（1947）将应用于人寿保险的生命表方法用于调查分析害虫。国内对棉铃虫、稻纵卷叶螟、稻飞虱、七星瓢甲等多种昆虫也进行了试验和应用。

生命表原本是国外应用于人寿保险的手段，用于调查人口的死亡年龄和死亡原因，现在应用于昆虫种群发展调查研究，成为昆虫群体数量趋势估计的一个方法。把昆虫不同发育阶段的死亡情况和引发死亡的原因记录在生命表内，可以进一步分析影响昆虫群体大量死亡的原因和主要虫期，如果继续积累有关资料，则可进一步研究影响昆虫群体数量变化的关键因素和关键虫期。

生命表应用于研究昆虫种群时，由于昆虫体小数量多，如果对每一个调查对象进行标记，追踪观察和记录其死亡虫期和死亡原因，连续地观察整个发育过程，实际操作十分困难。因此，很多研究者依据不同种类昆虫的特点而采取适当的取样调查方法，以取得生命表中的基础数据。

对于经济资源昆虫的种源或生产群体，可以分别对不同虫态进行取样调查。

3.3.2 实验种群及其调节理论

昆虫生产学的研究对象本质上就是昆虫的实验种群（人工种群）。第一，昆虫生产学为评估资源昆虫的种源或生产群体提供可能性；第二，昆虫生产学可对资源昆虫的种源或生产群体应用种群生态学和遗传学的一般原则。

本书从昆虫生产学角度把昆虫种群分为 4 类，即自然野生的种质资源、始祖种源群体、再生产种源群体、商品性生产群体。划分的根本标准是种群的自主程度，以此可确定管理种群的原则。自然野生的种质资源群体是完全自主的种群，没有任何人为调节，它们能长期存在；其他种群都是完全不自主的种群，它们失去了与自然野生种群的联系，并且在人类经济活动之外不能存在。在许多情况下，需要利用自然野生的种质资源群体定期补充基因库而长期保持有限人工种群。

3.3.3 昆虫生产群体的建立与质量保持

通过黄粉虫、大麦虫、中华真地鳖、东亚飞蝗、黑水虻、白星花金龟等的试验表明，原则上可利用逻辑斯蒂模型研究昆虫生产群体数量变化的调节规律。昆虫生产群体的变化特点，在许多情况下依赖种的适应潜力。有机体对生存条件变化的适应能力是建立在个体、种群和种所固有的潜在可能性实现的基础上。这些潜在可能性是个体、种群在所有发育时期内积累突变和综合变化的结果，称为调动潜力。进入新的条件时，有机体调动自己能产生适应的全部潜力。在将这些条件保持多代的情况下，对最稳定个体进行选择，而新的反应得到加强，并在遗传上得以巩固种群内关系。种群内关系对昆虫产物状态的影响，表现在昆虫产物过于拥挤时密度因素的调节作用。人工种群中不存在个体的自动迁入和迁出；密度过分增加导致个体重量、生活能力、雌虫潜在生殖能力的降低，死亡率增加；性比偏离及其对昆虫产物的其他不良效果。在培养容器中每个种和生活史中每个阶段所达到的密度水平对种是专化的，并依赖于种的策略类型。

1. 昆虫生产群体的建立

资源昆虫产业化是在农业产业化推进与农业产业结构大力调整的新形势下异军突起的新兴特色养殖产业，要求与市场接轨、与国际接轨、与传统产业融合提升，为农民增收开辟新途径，为乡村振兴贡献力量。技术方面要实现工厂化规模生产，形成高度集约化、专门化、标准化、产业化的生产场所，使目标资源昆虫群体处于紧张而有节奏的高强度生产状态，因此，必须在优良始祖种源群体建立的基础上，给目标资源昆虫群体创造最优的生活环境和生产条件，充分挖掘昆虫的潜在生物学生产力，达到耗能最少、单位时间的产品率最高、单位增重消耗最少的饲料和最少的劳动力目标,周转快、成本低,以获取最佳经济效益。

2. 昆虫生产群体的质量保持

昆虫生产种源群体的建立是昆虫工业生产的基础,是始祖种源群体的放大或无限放大。这一阶段解决的主要问题是确定最佳的生产繁育条件,表现出最有利特性,并经受最大饲养密度、长期培养等。

建立生产种源群体,必须首先建立良好的始祖种源群体基础,同时匹配最佳生产场所及设施设备、昆虫饲料、环境条件控制及防护技术,最终建立标准化及规范化的生产技术体系指标。

1)昆虫产物质量评价

昆虫产物质量评价是昆虫生产学的基本技术问题之一。昆虫产物质量评价标准的选择由培养目的、保持昆虫产物生活能力和产量的任务决定,除了像个体重量、发育和生活历期、存活率、生殖力这些基本标准外,还提出了表明昆虫产物一般状况的许多补充标准,如幼虫孵化率、产卵雌虫、昆虫产物发育同步性、所有指标的可变性程度;表明昆虫产物目标质量的一些补充标准,如天敌昆虫寻找能力、寄生率、捕食者捕食性、交配活性、雌虫对性激素气味反应、飞行活性、迁移距离等。

根据生物防治计划培养昆虫时,昆虫产物的质量监控包括观察昆虫的行为特点。可根据行为反应和形态指标确定昆虫的寻找能力。

现代生物学实验技术和描述方法允许控制精细的形态生理和生物化学过程。提出了许多控制昆虫产物质量的新方法。例如,研究昆虫产物遗传漂移的新方法——蛋白质电泳;根据酶试验、血淋巴阳离子组成、生殖腺状况、细胞原生质状况估计昆虫生理状况和代谢水平。为试验分析昆虫生活能力,可利用触角电位方法测量电生理。利用生物生理试验,记录实验对象的辐射热,可提供昆虫体内温度的信息;确定有机物质在不同频率范围内的介质渗透率,可提供病理学变化情况下昆虫活细胞中发生的过程信息。根据昆虫表皮许多电系数可确定外表皮组织的生活能力等。

应用数学模拟试验不仅可以寻找最优解,还可以在数学层面上描述所研究的系统,也就是对昆虫产物的质量进行评估。这包括阐明昆虫产物指标的变化水平,以提高预定的准确性指标的选择数量,并在此基础上确定相关指标。

2)昆虫产物的标准化

应把昆虫产物的质量评价及其标准化与相应的昆虫产物质量指标和标准化指标进行区分。昆虫产物的质量评价,如上所述,是系统的描述。昆虫产物质量指标是描述系统的指标。生产过程标准化是使昆虫产物具有预定的质量水平。昆虫产物标准化指标是具有预定水平、表明标准昆虫产物特点的指标。

在选择昆虫产物质量的标准化指标时，应重视整体指标。单个个体重量可作为整体指标之一。尽管在一些种中个体重量超出增加范围会导致生殖能力和生活能力降低，但这一计算简单的指标间接反映了个体的生活能力和雌成虫的生殖能力。

昆虫产物整体指标的制定，对持续有效利用昆虫产物有特殊意义。例如，已提出了赤眼蜂质量的总指标，这一总指标包括以下 4 个指标：成虫羽化百分数、性指数、生殖能力和寻找活性。把赤眼蜂质量分为 4 个等级，试验找到了期望的天敌昆虫生物学效应及其质量总指标间的直线关系。把质量总指标划入回归方程，就可计算期望的生物学效果。已找到了赤眼蜂质量总指标，根据它的运动活性及寻找寄主活性之间的依赖性，组建了依赖性模型。

在此基础上，制定了确定赤眼蜂质量的快速方法，为了进行昆虫产物优化和标准化，可利用期望函数使昆虫产物质量指标连成整体。利用期望函数估价生物系统的可能性根据在于，在系统生物优化的范围内，由于补偿反应，一些特性的改善可能伴随一些其他特性的变坏。生物优化的估价归结为寻找许多指标的补偿结合，因此极大简化了向最适点移动的计算和近于恒定范围的描述。同时期望函数原是描述优化带中昆虫产物行为的极好模型。

3）建立昆虫产物优化标准生产的规范和快速方法

利用数学模拟的方法可建立昆虫产物及生产过程规范化、标准化。在任何情况下，规范化的昆虫生产技术体系包括 4 个阶段：①明确任务［确定昆虫产物类型和选择独立变数（控制因素和昆虫产物质量指标）］；②寻找生产条件优化范围；③昆虫产物标准化；④昆虫生产管理的标准化操作。

根据生产技术规范化的昆虫体系，可用快速方法建立昆虫产物优化标准。

3. 昆虫产品质量与品牌效应

品牌农业就是要彻底改变传统农业生产、加工和经营的思想和方式，引入工业型管理的先进理念、技术、品牌营销模式和人才，把农业产品像工业品那样加工和经营，以全新的方式振兴和发展。

嵌入式天敌昆虫系统的应用创造了"瓢虫有机草莓"品牌，就是在冬季采摘草莓大棚的角落建设一个 $150m^2$ 的小棚，即大棚套小棚，小棚用于饲养瓢虫，供大棚甚至其他草莓棚使用，杜绝了化学农药的使用。

昆虫产品作为大农业产品的一个新兴门类，一步跨入农业品牌战略发展的新时代，具有后来居上的优势，没有沉积的弊端，比较容易实现品牌化。

第4章 授粉昆虫的生态利用与展望

4.1 授粉昆虫与植物多样性

没有花及授粉过程的存在，世界对于人类来讲就处于死寂的状态。地球上不开花的植物有苔藓、蕨类、松柏、苏铁和银杏等，其他所有的植物，包括人类和其他动物所食用的植物，几乎都要靠花进行繁殖。也可以说，如果没有授粉带来的植物枝繁叶茂，人类就难以生存下去。

植物可以通过很多动物实现授粉，其中包括如鼬、鸟类、蜥蜴、松鼠等动物和蓟马、蝴蝶、蛾蚋、蟑螂、瓢虫、螳螂、蝇类等昆虫；在非洲有种花靠长颈鹿帮忙传粉，有种热带藤蔓植物靠蝙蝠传粉。在所有授粉动物中，昆虫是最重要的类群。

4.1.1 授粉昆虫的概念

授粉昆虫是指具有授粉功能的昆虫类群，植物（尤其是被子植物）的繁荣与昆虫存在密切关系，随着虫媒植物与授粉昆虫的协同进化，二者形成互惠共生关系。昆虫为了从植物上获取蛋白质等而流连于花丛之间，植物则为了吸引昆虫授粉而分泌花蜜，产生足量的花粉，除保证植物自身授粉需要外，还提供给昆虫丰富的蛋白质食料。

4.1.2 授粉昆虫的进化

现代多种授粉昆虫中，最早出现的是甲虫。三叠纪出现的被子植物到了白垩纪后期急速繁荣，进入被子植物时代。早期出现的被子植物后来逐渐绝迹，但新生代出现的被子植物逐渐繁荣。裸子植物大都是风媒花，随着被子植物的进化，虫媒花占的比例越来越高，由于虫媒花利用昆虫的吸蜜习性与飞翔能力，精准地把花粉送到同种另一朵花的雌蕊上受精、结实，因此，新生代古近纪和新近纪是植物、昆虫建立密切关系的时代。自从生命体出现以来的30亿年中，因各种因素从地球上消失的动物、植物为数不少。但整体而言，现在仍是生物多样性最丰富的年代，其原因就在于被子植物与昆虫的出现及繁荣。

4.1.3 授粉昆虫的贡献

授粉昆虫一直以来默默地为物种的进化和人类的农业生产做出巨大的贡献。在显花植物种类中，大约有85%依赖于授粉昆虫的传粉活动实现繁衍，同时授粉昆虫在传粉过程中获得生存的营养，二者形成了密切的、互惠的、相互依赖的关系。授粉又是获得农业产品——农作物种子的重要环节。一般来说，虫媒花数量大于风媒花，只有依靠昆虫携带才能完成异花授粉，进行正常繁殖。

授粉昆虫行为对授粉有非常重要的影响。由于异花授粉给植物带来遗传上的优势，植物在长期进化过程中形成了适于异花授粉的形态及生理机制，如雌雄异株、雌雄异花、雌雄蕊异长和雌雄蕊异熟等。授粉昆虫是在不同植株之间往复采集，还是在同一植株上连续采集，是连续采集同一性别的花，还是在两性花之间进行采集，对授粉效果都有很大的影响。在研究蜜蜂采集行为时，人们发现有专门采粉的蜜蜂，而另一些则只采集花蜜，还有的两者都采集。采粉蜜蜂的传粉授粉效能较高，而只采集花蜜的蜜蜂则传粉效能较低。因此，在研究昆虫授粉时，必须对授粉昆虫的行为进行仔细研究，只有这样才能对昆虫的授粉效果做出正确、全面的评价。

2020年以后，第六次物种大灭绝的迹象已愈发明显。对于某些物种而言，即使是小幅度的温度上升，也会大幅降低其生存率。为了预测下一步哪些物种将面临灭绝危险，科学家绘制了温度与物种数量的变化趋势图。结果显示，地球最重要的物种之一——蜜蜂将成为下一个受害者。

让生态学家感到震惊的是，在过去35年中，地球野外环境无脊椎动物数量锐减45%。科学家认为，造成这一现象的主要原因是农药的滥用及全球变暖的影响。草甘膦的大规模使用导致昆虫遭受灭顶之灾，当然温度的上升也会杀死部分昆虫。蜜蜂便是其中最大的受害者。

将气候变化作为物种末日的场景并不十分准确。要想计算未来物种灭绝的可能性，需要仔细研究该物种的种群数量在过去几十年里与温度的波动关系。对此，渥太华大学杰里米·科尔（Jeremy Kerr）选择蜜蜂作为研究起点，将北美洲与欧洲的66个蜜蜂物种作为分析对象。蜜蜂是迄今为止野外环境中最好的授粉者，因此，研究蜜蜂具有重要意义。

在1901～1974年及2000～2014年的基准期间内，以100km^{2}为单位，对蜜蜂物种的分布进行了分析。结果发现，欧洲地区蜜蜂种群数量平均减少17%，而北美洲蜜蜂种群数量的跌幅则达到46%。

目前尚不明确气候变化引发的温度上升是如何导致蜜蜂加速灭绝的，但研究人员发现，蜜蜂加速灭绝的地区往往是气候干燥的地方。如果这种趋势继续下去，越来越多的蜜蜂物种将在未来几十年内永久消失。当蜜蜂灭绝以后，整个生态系统将面临坍塌式的破坏，地球将变得更加不稳定。

昆虫授粉与植物繁衍之间存在密切的协同进化关系，由于环境的变迁、生物进化，更重要的是人为的破坏，打破了生态平衡关系，使人工培育并释放授粉昆虫变得十分重要。植物的传粉与受精产生种子和果实，是人类食物的主要来源。传粉与受精在作物育种、种质遗传多样性、杂种优势利用等现代农业的多个领域有重要的应用。

4.2 主要授粉昆虫的生态利用

4.2.1 授粉昆虫的主要类群

具有传粉功能的昆虫种类很多，自然界常见的有膜翅目的蜜蜂类、壁蜂类、熊蜂类、胡蜂类和榕小蜂类，双翅目的食蚜蝇类，以及鳞翅目的一些蛾、蝶类等，还有鞘翅目、缨翅目、半翅目和革翅目的一些种类，或者可以说，几乎所有在花朵上具有停留、栖息、交配、取食等行为的昆虫，都可以通过这些行为帮助蜜源植物授粉，它们多以植物的花蜜、花粉为食料，经常出没于花丛中，采集花粉酿蜜，同时完成授粉活动。

在生产上传粉作用最明显的为膜翅目的蜜蜂类、壁蜂类、熊蜂类，其中蜜蜂属占有最大的比例。蜜蜂属是一个庞大的家族，有 15 000～20 000 种，中华蜜蜂和意大利蜜蜂是蜜蜂属中优秀的蜂产品生产品种，在为农作物授粉过程中发挥主导作用。此外，熊蜂、切叶蜂等其他野生授粉蜂种，在昆虫授粉领域也有很好的发展前景，尤其对于苜蓿、西红柿等的授粉具有重要作用。

4.2.2 蜜蜂

蜜蜂属膜翅目蜜蜂科，全世界有 1000 多种，我国主要有意大利蜜蜂、中华蜜蜂、大蜜蜂、小蜜蜂等。

蜜蜂养殖能收获许多蜜蜂产品，首先是蜂蜜，此外，还有蜂王浆、蜂蜡、蜂蛹、蜂毒、蜂胶、蜂花粉等。这些是食品、医药、通信、纺织、国防和出口的重要物资。据统计，中国蜂蜜和蜂王浆的出口量居世界第一位。近几年，蜂毒自动采集器的问世，为蜂毒利用创造了条件。蜂毒是蜜蜂工蜂毒腺和副腺分泌出的具有芳香气味的透明毒液，贮存在工蜂毒囊中，螫刺时从螫针排出。初生的工蜂毒液很少，随日龄增长毒液逐渐增加，到 15 日龄，一只工蜂毒量为 0.3mg。蜂胶是最优良的生物灭菌剂，对各种溃疡、肿瘤、癌症具有良好疗效。

中国是世界第一养蜂大国，养蜂规模占世界的 1/9；也是世界最大的蜂王浆生产国和出口国，国际贸易中的蜂王浆产品有 90% 以上来源于中国。中国蜂王浆产品主要出口到日本、欧洲国家、美国、东南亚国家等。2013 年，蜂王浆出口量升到 1620t，比 2012 年增加 40t，出口量有史以来首次超过国内市场销量，超过幅度达 33.42%。

蜂王浆是中国传统的保健食品。中国于 20 世纪 50 年代开始从国外引进蜂王浆生产技术。2008 年，国际标准化组织（ISO）食品技术委员会（TC34）决定，由中国牵头负责蜂王浆国际标准的制定工作，组织日本、德国、法国等多个国家共同为蜂王浆国际标准提供科学的数据支撑。

1. 蜜蜂的起源

依据目前发现的化石标本分析，蜜蜂已有 3 亿年的历史，而且与被子植物的起源相辅相成。

从生物进化分析，生物总是向着有利于自身发展的方向演进，所以如果有了蜜源植物，而且这种蜜源植物必须经过蜜蜂授粉，那么这种蜜源植物出现的时候，当时蜜蜂就已经存在了，二者之间进行着协同进化。

直至今日，许多需要蜜蜂授粉的蜜源植物，其开花的物候期与蜜蜂可以活动的时间是一致的。当温度过高时，蜜蜂难以采蜜，这时蜜源植物也不流蜜；当温度过低的时候，蜜蜂活动性差，不能采蜜，蜜源植物也不流蜜，如冬季。

在众多的授粉昆虫中，蜜蜂是唯一一种可以在原地过冬的多年生授粉昆虫。

2. 人工生产养殖的蜜蜂种类

1）中华蜜蜂

中华蜜蜂，又称中华蜂、中蜂、土蜂，是东方蜜蜂的一个亚种，属中国独有的蜜蜂品种，是以杂木树为主的森林群落及传统农业的主要传粉昆虫。

中华蜜蜂具有利用零星蜜源植物，采集力强，利用率较高，采蜜期长，适应性、抗螨抗病能力强，消耗饲料少等优点，非常适合中国山区定点饲养。中华蜜蜂体躯较小，头胸部黑色，腹部黄黑色，全身披黄褐色绒毛。2003 年，在北京市房山区建立中华蜜蜂自然保护区。2006 年，中华蜜蜂被列入农业部国家级畜禽遗传资源保护品种。

2）意大利蜜蜂

意大利蜜蜂，简称意蜂，是西方蜜蜂的一个品种，原产于意大利的亚平宁半岛。原产地和蜜源地的特点是：冬季短、温暖而湿润；夏季炎热而干旱，花期长。在类似以上的自然条件下，意大利蜜蜂表现出很好的经济性状；在冬季长而严寒、春季经常有寒潮袭击的地方，适应性较差。

意大利蜜蜂的性情比较温顺，只要与它们接触多了，并且不乱跑乱动，它们一般是不会蜇人的。意大利蜜蜂是从日本引进的，它还具有产卵多、采集力强、分泌蜂王浆能力强等特点，每一箱蜂中都有一个蜂王。

3. 蜜蜂授粉的生态化实践

1) 国外蜜蜂授粉概况

蜜蜂与农业的关系十分密切。随着现代化农业，尤其是设施农业的发展，利用蜜蜂为农作物授粉，已成为一项不须扩大土地、增加生产投资，又不会产生副作用的增产措施。国外研究结果表明，蜜蜂为牧草、油料作物、果树和蔬菜授粉，增产作用十分显著（表4-1），已引起各国农业科研机构和生产单位的重视，并且逐渐扩大其应用范围和领域。

表4-1 国外利用蜜蜂授粉的增产效果

作物名称	增产/%	试验国家	备注	作物名称	增产/%	试验国家	备注
棉花	18~41	美国	显著	青年苹果树	32~40	苏联	—
大豆	14~15	美国	—	老年苹果树	43~52	苏联	—
油菜	12~15	德国	—	苹果树	209	匈牙利	极显著
向日葵	20~64	加拿大	显著	梨树	107	意大利	极显著
荞麦	43~60	苏联	显著	梨树	200~300	保加利亚	极显著
甜瓜	200~500	匈牙利、苏联、美国	极显著	樱桃树	200~400	德国、美国	极显著
洋葱	800~1000	罗马尼亚	极显著	叭达杏树	600	美国	极显著
黄瓜	76	美国	显著	紫花苜蓿	300~400	美国	极显著
西瓜	170	美国	极显著	红苜蓿	52	匈牙利	—
芜菁	10~15	德国	—	亚麻	23	苏联	—
野草莓	15~20	美国	—	蜡果	700	美国	极显著
黑莓、树莓	200	瑞典	极显著	野豌豆	74~229	美国	极显著

国外较早提出蜜蜂具有授粉作用的是德国的克尔罗伊特（Kölreuter）和施普伦格尔（Sprengel）。他们在1750~1800年出版的著作中，阐明了蜜蜂和花之间的关系。1862年，达尔文在研究遗传规律时也证实了昆虫授粉在提高坐果率和结实率方面的作用，对植物授粉与昆虫之间的关系进行了科学解释。1892年，韦特（Waite）获得美国农业部的支持，将蜜蜂应用到果树授粉上。他发现了梨树的花粉比较重，而且黏性大，不能自由飘浮在空气中，无法通过风传播花粉，需要蜜蜂将花粉传递到其他花朵上。他还推荐在果园中释放一定数量的蜜蜂。如今，蜜蜂授粉作为一项增产措施，已经被应用于园艺农业生产实践中。

美国对蜜蜂授粉非常重视，近十几年来利用蜜蜂授粉的工作得到迅速发展，实现了专业化和产业化，养蜂者已将授粉收入列为养蜂的一项收入来源。美国现有400多万群蜜蜂，农场和果园每年约租用100万群，为100多种农作物授粉，每箱蜜蜂的租金为 20～35 美元。因此，美国加强了对蜜蜂授粉的研究，并引发了全球对蜜蜂种群消失的关注。

罗马尼亚全国约有 100 万群蜜蜂。为了保证养蜂业为农业提供足够的授粉用蜂，政府颁布法令支持养蜂。国家对养蜂业不收税；禁止在授粉作物开花期间喷洒农药；养蜂实行国家保险制度；养蜂饲料用糖由国家按市价减 10%供应；购买养蜂机具时，国家给予贷款或预付 40%的蜂产品价款；在授粉季节，主管部门积极组织动员所有的蜂农为农作物授粉；凡为农作物授粉的蜂群由农业收益单位免费运输，并给予一定的经济补助。

从 1966 年起，保加利亚对农作物授粉的蜜蜂不收运输费，积极鼓励养蜂者为果树、向日葵和苜蓿等授粉。有的农业部门还与养蜂者签订合同，每年定期去所在地放蜂授粉。保加利亚的蜜蜂授粉实践证明，向日葵在没有蜜蜂授粉的情况下，每公顷产量为 1500kg；经过蜜蜂授粉后，每公顷产量增加至 2540kg。由于大面积栽种挥发性油料作物（香料），如薰衣草等，需要蜜蜂授粉，棉花也需要蜜蜂授粉，因此，保加利亚每年约有 40 万群蜜蜂转地饲养。1970 年，国家规定蜜蜂为果园授粉，每群可得 5～10 列瓦报酬，转运费用支出全部由果园承担。

日本也十分重视蜜蜂授粉。早在 1955 年颁布的《振兴养蜂法》中就明确提出，利用蜜蜂为农作物授粉，可提高农作物的产量，增加收入。1984 年，全国出租用于草莓授粉的蜜蜂有 74 300 群，用于温室甜瓜授粉的蜜蜂有 17 200 群，为果树授粉的蜜蜂有 20 100 群，为其他温室外作物授粉的蜜蜂有 2360 群。特别是利用蜜蜂为温室内的草莓授粉，每 $300m^2$，放置 1 群蜜蜂，草莓增产效果十分显著，比没有蜜蜂授粉的产量提高 10 倍。目前，日本出租授粉蜂群 10 万余群，几乎占总蜂群的一半。用于出租的蜂群都是带有产卵王的分蜂群，群势为 4～6 框，每箱蜜蜂租赁费用为 1.1 万～1.5 万日元，租用时间大约为 3 个月，在租用期间，养蜂者负责管理蜂群。

苏联是世界上蜜蜂数量最多的国家，约 800 万群蜜蜂。早在 1931 年，全苏列宁农业科学院养蜂部就把蜜蜂授粉作为农作物增产的一项措施，研究如何提高蜜蜂效率等问题，曾组织 200 多个国有农场进行授粉增产试验，证明了蜜蜂授粉可使棉花增产 12%，向日葵增产 40%，荞麦增产 43%～60%。因此，许多大型国有农场和集体农庄都建起了养蜂场，一般饲养 500～800 群蜜蜂，专门为自己的农场农作物授粉。此外，养蜂场还出租蜂群为其他地区的农场农作物授粉，每群蜜蜂的租金依作物或果树品种不同而存在差异。据全苏列宁农业科学院有关专家测算，蜜蜂为农作物和果树等授粉，每年可使农产品的收入增值约 20 亿卢布，比养蜂直接获得的收入多 8～10 倍。1973 年，苏联在其国内发现一种红壁蜂，经过多年研究，也实现了工业化生产，年繁育规模达 500 万头，可应用此蜂为甜樱桃、酸樱桃和苹果授粉。

印度早在 1905 年就成立了昆虫研究所蜜蜂及授粉研究室，从事印度蜜蜂育种及饲养技术研究，并研究印度蜜蜂对农作物的授粉作用。全国人工饲养的印度蜜蜂约 200 万群，蜂产品产值约为 2000 万卢比。养蜂收益在农作物授粉及森林树木制种方面，超过 2 亿卢比。

波兰全国大约有 250 万群蜜蜂，高等学校蜂学系的蜜源植物与授粉研究室负责蜜蜂授粉的研究。从全国来讲，为了增加作物和果树的产量，作物种植者在必要时都向养蜂者租赁蜜蜂授粉。为果园授粉，一群蜜蜂授粉时间为 2 周，租赁费相当于 8kg 蜂蜜的价值；给红三叶草授粉，租赁费相当于 6kg 蜂蜜的价值；给苜蓿、荞麦授粉，租赁费相当于 4kg 蜂蜜的价值。

加拿大全国有 60 多万群蜜蜂，为农作物授粉的效益相当可观。仅安大略省的蜂群每年为农作物授粉所产生的经济效益就达 6500 万加元，生产 3500t 蜂蜜。据统计，直接或间接依赖授粉的农产品价值，全国约为 120 亿加元，全年收获蜂蜜和蜂蜡的价值近 6000 万加元。

2）国内蜜蜂授粉概况

我国蜜蜂授粉研究是从 20 世纪 50 年代开始的，由中国农业科学院蜜蜂研究所与果树研究所在旅大市（现大连市）用蜜蜂为果树授粉，浙江农业大学陈盛禄等用蜜蜂为棉花授粉，都取得了显著的效果，开创了中华人民共和国成立后蜜蜂授粉的新局面。1990 年，中国养蜂学会正式接受蜜蜂授粉的研究论文。1991 年 11 月，中国养蜂学会在江苏省苏州市召开的理事会上，通过并成立了蜜源与蜜蜂授粉专业委员会的决议，同时召开了第一次学术研讨会。到 1995 年，我国蜜蜂授粉研究工作进入快速发展阶段，在甘肃省敦煌市召开了以"蜜蜂授粉促农"为主题的学术研讨会，在会议交流论文中，蜜蜂授粉论文占一半还多，标志着我国蜜蜂授粉研究进入一个新阶段。

发展至 20 世纪 90 年代中期，蜜蜂授粉作为一项增产措施，相继在山东、河北、山西和福建等省推广应用，主要应用于草莓、果树、瓜类、蔬菜和油料植物，增产效果十分显著（表 4-2）。

表 4-2　我国利用蜜蜂授粉的增产效果

作物名称	增产/%	作物名称	增产/%
油菜	26~66	乌桕	60
向日葵	34~48	西瓜	170
蓝花子	38.5	莲子	24.1
大豆	92	油茶	87~98
砀山梨	8~9	甜瓜	200
紫云英	50~240	柑橘	25~30
砂仁	68	桂圆	149

续表

作物名称	增产/%	作物名称	增产/%
花菜	440	猕猴桃	32.3
菩提子	449.6	甘蓝	18.2
荞麦	50～60	李子	50.5
水稻	2.5～3.6	荔枝	248
棉花	23～30	沙打旺	30
苹果	71～334	黄瓜	35
蜜橘	200		

许多果农愿意为养蜂者承担运费，有的还支付每群 50～80 元的授粉报酬，并确保在花期不打农药，以保证蜂群的安全。在有些地区，特别是草莓授粉期，曾出现授粉蜂群不足的现象，但这仅是一种局部现象。全国的蜜蜂授粉发展很不平衡，在我国养殖蜂群中，用于授粉的蜂群不足 1%。影响授粉的主要原因如下：一是蜜蜂授粉的增产作用宣传力度不够，农民缺乏了解；二是养蜂人与农民配合不协调；三是利益观不同，很多农民认识不到蜜蜂授粉的增产作用，反而认为蜜蜂采蜜时带走了花的营养，影响生产，因此就出现了拒绝甚至干扰、驱逐养蜂者的现象。

经过我国蜜蜂授粉科技工作者坚持不懈的努力，蜜蜂授粉已经应用到棉花、蔬菜、果树、油料作物生产、制种方面，同时还针对某种植物研究了专用蜂箱。随着各项配套技术的不断完善，蜜蜂授粉这一农业增产措施势必在农业生产中发挥更大的作用。

经过蜜蜂授粉作物调查，目前全球主要种植的 100 种作物为人类提供了 90% 的食物，而这 100 种作物里至少有 70% 为虫媒植物，而且授粉主要依赖蜜蜂。经蜜蜂授粉后，农作物普遍能增产 20%～30%，其中油菜可增产 10%～48%，向日葵可增产 10%～40%，苹果可增产 5%～30%。至于品质提升，比较典型的如水果、番茄，经蜜蜂授粉后的果实个大、果型正、均匀一致，口感风味更好。

4.2.3 熊蜂

熊蜂是熊蜂属的种类，为多食性的社会性昆虫，进化程度处于从独居到营社会性生活的中间阶段，是多种植物，特别是豆科、茄科植物的重要授粉昆虫。我国已知熊蜂北方种类比南方种类丰富；山地和高原熊蜂种类分布也比较丰富。平原地区受人类活动影响较大，熊蜂分布很少，甚或没有分布。

在 20 世纪 80 年代中期荷兰某公司就实现了欧洲熊蜂的工厂化生产，为温室蔬菜和果树授粉，在增加产量和改善果实品质方面取得了理想的效果。该公司生产的熊蜂不仅满足本国温室果蔬授粉的需要，同时还相继出口至以色列、墨西哥、约旦、西班牙、意大利、土耳其、日本、韩国和中国等地，甚至还在以色列、土耳其、加拿大等地建有子公司，以满足当地及其周边地区温室果蔬授粉的需要。我国对熊蜂的应用研究起步较晚，1996年从荷兰进口熊蜂为温室番茄授粉，1998年我国首次获得了野生熊蜂人工饲养的初步成功，并在北京建立了熊蜂繁育试验室。近几年的研究结果表明，红光熊蜂、明亮熊蜂、小峰熊蜂、火红熊蜂和密林熊蜂等群势强大，易于人工养殖，具有重要的授粉利用价值。

1. 熊蜂的种类与分布

全世界已知的熊蜂种类有300余种，分布遍及全北区、东洋区和新热带区，集中分布于北半球的温带和亚寒带，适于寒冷、湿润的气候。我国有100多种，分布于全国各地。常见种有红光熊蜂、黑足熊蜂、短头熊蜂、牡岭熊蜂、三条熊蜂、黄熊蜂、重黄熊蜂、小峰熊蜂、密林熊蜂、明亮熊蜂、火红熊蜂、富丽熊蜂、长足熊蜂、贞洁熊蜂、关熊蜂、散熊蜂等。红光熊蜂分布于较低海拔地区，明亮熊蜂分布于较高海拔地区。红光熊蜂、明亮熊蜂和火红熊蜂为优势种，可人工饲养。

2. 形态特征

熊蜂体粗壮，体中至大型，黑色，全身密被黑色、黄色、白色和火红色等各色相间的长而整齐的毛。口器发达，中唇舌较长，唇基稍隆起，而侧角稍向下延伸。吻长9～17mm，如长颊熊蜂吻长达18～19mm，比蜜蜂长3倍；但也有较短的个体，如卵腹熊蜂吻长只有7～10mm。单眼几乎呈直线排列。胸部密被长而整齐的毛；前翅具3个亚缘室，第1室被1条伪脉斜割，翅痣小。雌性后足跗节宽，表面光滑，端部周围被长毛，形成花粉筐；后足基胫节宽扁，内表面具整齐排列的毛刷。腹部宽圆，密被长而整齐的毛。雄性蜂外生殖器强几丁质化，生殖节及生殖刺突均呈暗褐色。雌性蜂腹部第4腹板与第5腹板之间有蜡腺，其分泌的蜡是熊蜂筑巢的重要材料。

蜂王个体比工蜂和雄蜂大。不同蜂种间蜂王大小差异较大。欧洲熊蜂蜂王体长为20～22mm，明亮熊蜂蜂王体长为19～20mm。工蜂个体最小，不同蜂种工蜂间大小差异较大。欧洲熊蜂工蜂和明亮熊蜂工蜂体长为11～17mm。雄蜂个体比工蜂大，但比蜂王小。因蜂种不同其大小差异较大，欧洲熊蜂和明亮熊蜂的雄蜂体长为14～16mm。

3. 生物学、生态学及行为习性

多数熊蜂在自然条件下1年1代。3月底4月初越冬蜂王出蛰，2周以后开始产卵，5月中下旬第1批工蜂开始出房，7月上旬工蜂数量达到150只左右，随后蜂群中出现雄蜂和蜂王，8~9月蜂王和雄蜂交配。10月上旬，天气逐渐变冷，交配后的蜂王开始在地下休眠越冬。为确保冬季和早春温室蔬菜授粉，在人工控制条件下打破蜂王的休眠期，实现1年多代繁育，可以满足不同时期设施农业授粉应用。

1）熊蜂的生活史

熊蜂以交配成功并未产卵的蜂王休眠越冬。当春季气温升高时，冬眠的蜂王开始苏醒，这时蜂王体质纤弱，卵巢很小，卵巢发育不完全或者还没有发育。经过21d的营养补充和飞翔锻炼，蜂王的体质健壮，卵巢发育完全，具备了产卵能力。其后，蜂王一般要花几天甚至几周时间，在树篱、河岸或者荒芜的地表低飞，寻找合适的筑巢地点。巢址选择好后，蜂王开始利用纤维类材料筑造直径为20~30mm的巢窝。巢窝筑好后，开始正常觅食，常常将花蜜带回巢中，吐在巢窝的纤维上，以供天气不好时食用。随着天气转暖，部分植物开花，蜂王开始较大量地采集花蜜和花粉，同时开始泌蜡筑造第1个巢室，并将采集的花粉装入巢室内，然后在巢室的花粉上产卵育子。少数熊蜂（如红光熊蜂和明亮熊蜂等）将采集的花粉制成直径6~10mm的花粉团，然后在花粉团的小穴上产卵，有的熊蜂在花粉团表面产卵。其后，用分泌的蜡包在花粉团和卵外面，形成巢室。以后将卵产在准备好的巢室内。

熊蜂蜂王第1批产卵的数量因蜂种不同而异，一般可产4~16粒卵，卵的直径大约为1mm，长为3~4mm。卵孵化和幼虫发育的适宜温度为30~32℃。熊蜂卵在30℃的温度下，经4~6d后幼虫孵化，并以花粉和蜂王吐在巢室中的食物为食，从中获得生长必需的脂肪、蛋白质、维生素和矿物质。随着幼虫成长，对食物的需要量增多，这阶段蜂王经常出巢采集花蜜和花粉。幼虫成长过程中经几次蜕皮，最后一次蜕皮并饱食后吐丝作茧进入蛹期。熊蜂卵和幼虫的发育和成长阶段通常多只共同生活在一个蜡造的巢室中，但到幼虫发育完全、吐丝作茧后，同一个巢室内的熊蜂幼虫通过茧衣互相隔离开来，成为独立的小巢室，幼虫在其中化蛹。此后，蜂王将巢室上部的蜡咬除，并利用它筑造其他巢室。

熊蜂工蜂卵期一般为4~6d，幼虫期为10~19d，蛹期为10~18d。熊蜂工蜂的发育期除了因蜂种不同有差异外，发育期间的温度和食物的数量与质量对发育期长短有较大的影响。因此在某种环境下，熊蜂工蜂从卵到成虫的发育期约需21d，而在另一种环境下，则要超过42d。熊蜂工蜂个体的大小取决于其幼虫阶段获得的食料数量和营养价值。由于早春外界食料来源短缺，且只有1只蜂王哺育，所以第1批成蜂通常个体都较小。

当第1批培育的熊蜂幼虫作茧化蛹，蜂王将其巢室上部的蜡咬除后，蜂王便开始在第1批茧上部外侧用蜡筑造培育第2批熊蜂的巢室，并在新筑的巢室内产下第2批卵，培育第2批熊蜂。培育第2批熊蜂的巢室一般2~18个，每个巢室产卵6~14粒。大多数种类的熊蜂，如储粉型熊蜂，蜂王培育第1批熊蜂时通常将卵产于花粉团上，但从培育第2批熊蜂开始，就直接将卵产于巢室底部，幼虫孵化后，由工蜂饲以花蜜和花粉的混合物。只有少数种类的熊蜂，如造蜡囊型熊蜂，仍然先在巢室内准备好充分的花粉，然后将卵产在花粉团上，幼虫孵化后食用巢室内的花粉和工蜂喂饲的花蜜。几天后，第2批产下的熊蜂卵孵化，几乎与此同时，第1批熊蜂成蜂羽化出房，此时出房的熊蜂立即投入到筑造第2批巢室和培育第2批幼虫的工作中。一般情况下，第1批卵发育的成蜂都是工蜂。第1批工蜂成熟出房后，参与巢房的建设，使蜂巢快速加大，它们替代蜂王泌蜡筑巢、采集花蜜和花粉、哺育幼虫。当有足够的工蜂出房时，蜂王便停止出巢采集，专心产卵，整个巢房无规则地向上和向四周扩展。随着蜂群壮大，蜂王的产卵率也逐渐提高。但在蜂群壮大过程中，培育熊蜂的数量与现有熊蜂的虫口数成一定比例增加，蜂群的哺育能力与所培育的熊蜂数量间始终保持平衡。

当熊蜂群达到最大群势时，会产生有性个体蜂王和雄蜂。一般来说，蜂王产第3批卵时，熊蜂的群势已达到高峰，此时蜂王开始产未受精卵，培育雄蜂。同时，群内出现王台，开始培育新蜂王。雄蜂出房后，食用巢内储存的蜂蜜，2~4d后离巢自行谋生和寻找处女王交配。新蜂王通常在雄蜂羽化7d后出房，出房5d后性成熟进行婚飞。熊蜂的交配行为因蜂种不同而异。有的蜂种，雄蜂爬在巢门口等待处女王飞出；有的蜂种，雄蜂按一定方式环绕飞行后急降到草丛或者嫩枝上留下标记气味，处女王循气味找到雄蜂交配；有的蜂种，雄蜂按确定的路线盘旋飞行，以吸引处女王。野生状态的熊蜂蜂王交配都在野外进行，人工饲养的熊蜂在交配笼内交配。交配后的新蜂王仍迷恋母群，经常回到原群取食花蜜和花粉，待体内的脂肪体积累充分时，便离开母群另找地方冬眠。在地下越冬的熊蜂，一般在地面以下60~150mm、直径约30mm的洞穴中冬眠。原群熊蜂培育新蜂王和雄蜂后，老蜂王尽管储精囊中还有充足的精子，但它不再产卵培育工蜂。蜂群随着老蜂的死亡，群势逐渐衰弱。随着天气变冷，食物日渐匮乏，原群老蜂王和其他熊蜂工蜂也逐渐死亡。

2）熊蜂蜂群组成

熊蜂属社会性昆虫，蜂群由蜂王、工蜂和雄蜂组成。每群只有1只蜂王、若干只雄蜂及数十只至数百只工蜂。夏季成群生活，但到了秋季，蜂群即解体，以雌蜂越冬。

（1）蜂王。蜂王是蜂群中唯一生殖系统发育完全的雌性蜂，由受精卵孵化。蜂王具有孤雌生殖能力，可产未受精卵培育雄蜂，产受精卵培育工蜂或蜂王。熊蜂蜂王通过冬眠越冬，春季苏醒的时间因蜂种和气候不同差异较大。授精的蜂王春季出蛰后，就开始野外采食、筑巢、产卵和育虫，但当第1批工蜂羽化后，哺育幼虫和筑巢的工作由工蜂承担，而蜂王则专伺产卵。

至夏末，蜂群发展到最大群势，巢内又有大量蜜粉储存时，蜂群便开始培育新蜂王和雄蜂，这是该蜂群开始消亡的征兆。

新蜂王通常在雄蜂羽化 7d 后出房，出房 5d 后性成熟开始婚飞。处女王的婚飞半径约为 300m。新蜂王交配后，食用大量蜂蜜和花粉，为冬眠积累脂肪，然后离开原群找一个合适的场所冬眠。自然越冬的蜂王产卵率比人工繁育的蜂王产卵率要高一些。

蜂王的寿命一般为 1 年，但热带地区和在新西兰某些周年蜜粉源不断的地区，有些熊蜂种的蜂王寿命可超过 1 年。蜂王具螯针。

（2）工蜂。熊蜂的工蜂为雌性，由受精卵发育而成，但生殖器官发育不全。工蜂从卵到羽化出房的发育期，这个过程不同蜂种有较大差别，一般历时 21～28d。工蜂刚羽化时，其体毛呈银灰色，翅皱褶且较软。羽化 1～2h 后，体毛颜色变得与采集蜂一样，24h 后翅膀完全展开。

熊蜂工蜂担负起泌蜡筑巢、饲喂幼虫、采集食物和守卫等各项工作。工蜂是熊蜂蜂群中的主要成员，授粉就是靠工蜂来完成的。熊蜂工蜂的分工因个体大小存在差异，较小个体熊蜂在巢内窄小的通道穿行从事巢内工作，个体大的工蜂采集时吸蜜较快，且体能好，能携带较多的花蜜和花粉，有利于从事采集工作。但是，熊蜂工蜂的分工也不是一成不变的，必要时采集蜂也可以转而从事巢内工作，内勤蜂也可转而从事采集工作。

熊蜂群发展到后期，群内工蜂大量增加。食物丰富、气温较高刺激一些工蜂卵巢发育，并能够产未受精卵、培育雄蜂。当群内出现工蜂产卵时，蜂群的协作失调，蜂王敌对产卵工蜂，并常常试图吃掉工蜂卵，产卵工蜂之间常常互相攻击。工蜂具螯针，但螯针上无倒钩。熊蜂较温驯，一般不会主动攻击人或动物，但如果其巢穴遭到侵扰，则工蜂会群起袭击入侵者，保护家园。由于工蜂的螯针无倒钩，螯刺入侵者后工蜂可收回螯针，不会像蜜蜂那样螯刺后因螯针丧失而死亡。工蜂的寿命为 2 个多月。

（3）雄蜂。雄蜂由未受精卵发育而成。雄蜂在蜂王未产生之前已在蜂群中繁育，其职能是与新蜂王交配。当熊蜂群发展到较大群势，巢内又有大量蜜粉储存时，熊蜂群便开始培育新蜂王和雄蜂，进行繁殖。雄蜂出房后，食用巢内储存的蜂蜜，2～4d 后离巢自行谋生，常常在夜里或白天因下雨寄宿于植物花的背面。对熊蜂的研究显示，如果雄蜂不离巢，则在几天内就会被工蜂杀死。雄蜂通常与新蜂王交配。熊蜂交配后的雄蜂不像蜜蜂交配后的雄蜂那样立即死去，而与其他雄蜂无不同之处。雄蜂的寿命约为 30d。另外一些熊蜂品种的雄蜂与工蜂和蜂王的体色有明显的差异。

（4）熊蜂筑巢习性。熊蜂一般利用自然孔洞筑巢，如鸟巢、鼠洞、蛇洞、土穴及干枯植物残体下的缝隙等，其深度不一，巢体零乱。熊蜂巢由巢室、蜜室及花粉室构成。巢室用于产卵及哺育幼虫，由熊蜂腹部腹板蜡腺分泌的蜡制成，呈罐状，巢室的大小有较大差异，排列也不整齐。1个巢内有十几至几十个甚至上百个巢室粘在一起，有些种的熊蜂在同一地块筑巢，可形成较大的巢群，且年复一年在旧巢基础上筑新巢室。熊蜂蜂巢的大小因蜂种不同差异较大。有的熊蜂蜂巢直径约为80mm，有的可达230mm。蜂巢的形状取决于巢穴的内部形状。

熊蜂一般在第1批卵产下后，开始筑造第1个蜜室。第1个蜜室通常用蜂蜡建造在巢门内侧。筑造时，先筑造蜜室的基础，然后筑造室壁。一般建造1个蜜室需1~2d。筑好的蜜室高约20mm，直径约13mm。

熊蜂在筑造巢室时，也会像蜜蜂那样利用蜂蜡，会将那些内部幼虫已结茧化蛹的巢室顶部的蜡取下，用于其他巢室的建造。被取下蜡的巢室茧衣露出，有利于新蜂出房。从培育第2批熊蜂开始，巢室筑造与培育第1批熊蜂的不同，一般是在前一批幼虫结茧化蛹巢室的蜡咬除后，在前一批熊蜂茧的上部边侧筑造下一批培育熊蜂的巢室。前一批熊蜂出房后留下的小巢室用于储存蜂蜜或花粉，熊蜂将其上口边缘整平，并在需要时用蜂蜡加高以增加容积；用于作蜜室储存蜂蜜时，当蜂蜜装满时熊蜂就用蜂蜡将其封盖。

熊蜂巢的花粉室筑造因蜂种不同而异。储粉型熊蜂利用位于蜂巢中央的熊蜂出房后留下的小巢室储存花粉，并用蜂蜡将小巢室加高达100mm。造蜡囊型熊蜂则在育虫巢的边上用蜂蜡筑造蜡囊，储存花粉，当育虫巢团向外扩展时，这种储有花粉的蜡囊便改造成巢室，用于培育熊蜂，熊蜂幼虫可以直接食用其中储存的花粉。

（5）熊蜂的群势。熊蜂群势因蜂种不同差异较大，群势大小从几十只至数百只不等。群势较大的熊蜂，其授粉利用价值就大。欧洲熊蜂和明亮熊蜂较易驯养，且群势最大时可达400~500只工蜂，其授粉能力高而被广泛应用于温室番茄授粉。大黄蜂和长颊熊蜂，其群势最大时只有数十只工蜂。同一个蜂种，即使在同一年份，由于蜂王的产卵力、当地的气候、蜜粉源等条件不同，其所能达到的群势也有很大差异。一般来讲，熊蜂群势达近百只时就可用于温室作物授粉，群势达到数百只时即达到熊蜂群发展高峰，其后群势就开始下降，直至群势下降至无授粉价值，乃至蜂群消亡。通常，1个数百只熊蜂的授粉蜂群，在温室内授粉的周期可达2.5~3个月，可以重复用于授粉工作。

4. 生产养殖技术

在自然界，大多数地区熊蜂都是1年1代，极个别的区域有1年2代的情况。熊蜂群的消亡规律，通常是单只蜂王休眠越冬，第2年春季筑巢产卵繁殖，在夏秋蜂群发展到高峰期时产生雄蜂和新蜂王，新蜂王交配后不断取食花蜜和花粉，待体内的脂肪体积累充分时，再另居他处以休眠的方式越冬，而原蜂群在秋末冬初时自然消亡。这说明，在自然界，熊蜂的授粉应用主要在夏秋季，而对于冬季和早春的温室蔬菜授粉则需要通过人工创造条件才能满足熊蜂蜂群的生活要求。目前，无论国外还是国内，均已掌握熊蜂周年饲养技术，并达到授粉熊蜂生产、商业化。

熊蜂的人工饲养全都在室内进行，通过给熊蜂提供人工熊蜂巢穴、熊蜂蜂箱、人工饲料花蜜、花粉和水等，使熊蜂在人工条件下进行繁殖。

1）生产场地、设施与器具

（1）熊蜂饲养室。野生熊蜂通常穴居于干燥、安静、避光性较好的场所。熊蜂的性情较温顺，但对周围的响动反应敏锐，易受惊吓。所以饲养熊蜂的房舍要建造在干燥处，并且远离交通要道；室内要通风良好，要避光，能保持黑暗；饲养室要能防鼠，饲养架要能防振动；饲养室要装配精度较高的自动控温控湿设备，用于调节室内的温度和湿度。饲养室的温度一般应控制在25～30℃，湿度控制在50%左右。

（2）熊蜂养殖器具。熊蜂养殖用具主要是养殖箱和交配箱。

① 养殖箱。通常由巢箱和取食箱组成，巢箱与取食箱之间用1根短管连通。巢箱供熊蜂筑巢，取食箱放置蜂蜜和花粉供熊蜂取食。养殖箱一般采用木材或其他隔热良好的材料制作，但不应用胶合板制作（熊蜂不易爬附，易坏，不易消毒）。箱体的形状有立方体和圆柱形两种。养殖箱的巢箱内围大小为75mm×75mm×50mm，取食箱内围大小为175mm×125mm×100mm，采用玻璃或有机玻璃制作箱盖，以便观察箱内熊蜂生活情况。

最近，报道有两种熊蜂养殖箱，它们既可用于室内养殖熊蜂，又可在熊蜂成群后连箱带蜂置于室外养殖或授粉，现将它们介绍于下。

养殖箱Ⅰ。巢箱和取食箱分别由直径150mm、长约150mm的塑料管，采用硅酮胶黏固在木底板上制成，两箱之间有1条采用不刨光的木板制成的通道，其内有1条外径为25mm的塑料短管连通巢箱和取食箱，熊蜂经此管道进出巢箱或取食箱。巢箱和取食箱各自朝外向侧壁上部钻有一些小孔，并附有纱网，以作通气窗。取食箱前向下有1条直径为15mm的管道，经两箱间的通道引向并开口于通道前向，以在熊蜂成群后连箱带蜂置于室外养殖或授粉时作为熊蜂进出的巢门。这种养殖箱的巢箱和取食箱分别配有有机玻璃内盖，并共用1个木制防雨箱盖。

养殖箱Ⅱ。该养殖箱采用木板制成。箱体为连体箱，巢箱和取食箱由50mm宽、100mm高的内置通道和闸板纵向隔离而成。内置通道采用不刨光的木板制成，以便熊蜂爬附。内置通道内有1条外径为25mm的箱间连通管，熊蜂经此管道进出巢箱或取食箱取食。箱体的两侧壁上部设计有通气窗。箱前向下有1条直径为30mm的巢门通道，引向并开口于箱体的前壁，以便在熊蜂成群后连箱带蜂置于室外养殖或授粉时作熊蜂进出的巢门。巢门口上有便于熊蜂认巢的图形和颜色（熊蜂喜爱黄色或淡紫色）标记。这种养殖箱的巢箱和取食箱分别配有有机玻璃内盖，并共用1个木制防雨箱盖。

中国农业科学院蜜蜂研究所在养殖熊蜂时，在熊蜂繁殖的早期阶段，采用较小的单箱体养殖以加强保温，熊蜂筑巢和取食均在单箱内进行。至第1批熊蜂工蜂出房后，换上双箱体养殖箱，即让熊蜂在巢箱中筑巢，在取食箱中取食。

② 交配箱。人工养殖状态下，提供给熊蜂交配的交配笼大小因蜂种不同变化较大。对室内养殖熊蜂的研究认为，对于熊蜂采用24cm×12cm×12cm的交配笼较为合适，而欧洲熊蜂则在小容器，甚至可以在暴露于光亮下的巢箱中完成交配。

2）生产管理

春季熊蜂开始繁殖时，先在养殖箱的巢箱内底部铺放一张大小与箱内宽和长相仿的衬纸，然后在箱中放适量的消毒过的棉花供熊蜂做巢时保温。衬纸的用处是吸收熊蜂的粪便和便于清理箱内卫生。接着把经催醒的休眠熊蜂王移入养殖箱内，并在箱内安放一个两槽的饲喂器，其中一个槽装稀糖浆或稀蜂蜜，另一个槽装花粉，给熊蜂王提供充足的饲料，诱导蜂王筑巢产卵繁殖。

熊蜂的饲料以花粉和蜂蜜为主。用花粉饲料饲喂时，通常要将花粉制成花粉团进行饲喂。花粉团以新鲜花粉研碎后加入稀蜜水（按质量比，蜜与水的比例为1.4∶1）揉成小团而成。制作的花粉团，其干湿度要适当，既不太硬又不过软。用蜂蜜饲料饲喂时，采用成熟的新蜂蜜按蜜：水（质量比）1.4∶1的比例稀释成糖浆供给。

蜂王移入养殖箱后，其开始产卵的时间（天数）因蜂种不同差异较大。一般来讲，蜂王安置在箱中后2~3d就会开始筑巢，准备产卵繁殖或开始产卵。所以，蜂王置于箱内后的头3天不要去惊扰它，让它安定下来筑巢繁殖。冬眠过后的蜂王取食花粉后，体质恢复，卵巢迅速发育。蜂王是否准备产卵可以从以下的迹象判断。①箱内出现较多含有花粉的粪便，说明蜂王已开始取食，并将筑巢产卵繁殖。②棉花上出现巢穴，说明蜂王已开始筑巢。这时应注意，不要触动棉花，以免惊动蜂王。③花粉团上出现积蜡。有的熊蜂种的巢室是通过在花粉团上涂蜡形成的，所以这时不要触动或更换它，饲喂时只要将新加入的花粉团置于带蜡花粉团的周围即可。④开始筑造蜜室。有些熊蜂，通常在产卵前先造蜜室，然后再造巢室。⑤把蜂蜜寄放在巢穴口的棉花上。熊蜂蜂王为了在保温孵卵时取食方便，常会把蜂蜜寄放在巢穴口的棉花上。蜂群发展的早期，也常会持续出现这种现象。如果到第3天，未有迹象表明蜂王即将产卵时，就要更换供蜂王筑巢时保温的棉花，并加入新的花粉饲料。如此，直至蜂王产卵。

蜂王产卵后，应每隔24h更换花粉饲料1次，并适当增加花粉的饲喂量，直至第1批工蜂出房。蜂王开始筑巢后，应隔天1次，在巢的附近适量放置一些微小的花粉团饲喂。饲喂的花粉量不宜过多，否则易使蜂群过早培育新蜂王和雄蜂，导致培育的蜂群达不到最大群势。花粉饲喂量要以饲喂的花粉体积不超过其新筑巢团体积的 1/4～1/3 为度。幼虫孵化时，应将原来食剩的花粉取出，换上新鲜花粉。由于新出房的工蜂参与哺育下一批幼虫，其取食量增加，这时应每天定时饲喂花粉，并酌情增加饲喂量。这个阶段花粉的饲喂量，一般应掌握在巢内不积累、幼虫不挨饿或巢内略有积累的程度。这时饲喂的花粉团可以做成直径约 10mm、长约 5mm 的较大花粉团，并置于熊蜂取食箱让工蜂自行取食。

在熊蜂的养殖过程中，养殖人员工作时要注意以下事项。①根据蜂王产卵和蜂群发展情况适当饲喂，并做好记录。如果发现拖卵或幼虫巢室长时间不封盖等异常现象，应及时处理。②每天饲喂时顺便观察蜂群剩食和粪便的情况。由于每天都定时定量投喂，所以从剩食的量可以初步判断熊蜂的食欲和饲料的品质。通过熊蜂粪便的形状和颜色则可判断健康状况。正常的熊蜂粪便呈淡黄色并伴有水分，如粪便发暗或多日不排便，是患病的症状，应及时治疗。③注意察看蜂群的群势，一般蜂群发展的虫口达 80 只时就可提供授粉。④养殖过程中要保持养殖室安静和避免振动，开箱操作要轻，避免惊动蜂群。⑤每天定时记录室内温度和湿度情况，确保室内的温度和湿度准确控制在所需范围。⑥做好养殖室的清洁卫生工作，定期清理养殖箱和用高压锅消毒饲喂器，并每天更换饲喂器。每年应对养殖箱进行消毒灭菌，并除去污物。

在养殖熊蜂时，有的一开始养殖就采用巢箱较大的养殖箱（包括 1 个巢箱和 1 个取食箱），有的（如中国农业科学院蜜蜂研究所）为了提高蜂巢的保温效果，开始时采用单个巢箱做养殖箱，到第 1 批工蜂出房后换上较大的巢箱，并配齐取食箱养殖。当采用较小巢箱养殖时，到第 1 批工蜂羽化出房后，应及时将小巢箱的熊蜂巢和熊蜂一并移入较大巢箱中养殖。体积较大的巢箱为熊蜂群的发展提供了充足的空间，使蜂群能充分繁殖，发展到最大群势。

3）熊蜂的特殊养殖技术

（1）缩短蜂王滞育期和休眠期、促进繁殖。在自然状态下，交配后的熊蜂蜂王要经过一段时间的滞育，然后再经过较长时间的休眠越冬，到第 2 年春季才可筑巢产卵繁殖，因此通常 1 年繁育 1 代。在商品化熊蜂的人工养殖条件下，通常要采取特殊的养殖技术措施，缩短熊蜂蜂王的滞育期和休眠时间，使熊蜂能 1 年繁育多代，周年繁育，以提高养殖效率和满足授粉的需要。目前我国主要通过在人工控制条件下，采用麻醉剂或激素等处理，打破蜂王的滞育，并使其在很短的时间内经历休眠期体内所需经历的生理变化，实现熊蜂 1 年繁育多代、周年繁育的目标。例如，中国农业科学院蜜蜂研究所通过打破蜂王滞育期和缩短休眠期的技术，成功地使养殖的明亮熊蜂和欧洲熊蜂蜂王在 15d 内开始产卵。

（2）严格控制温度和湿度，加速蜂群发展。熊蜂的养殖环境，尤其是养殖室的温度和湿度等环境因素，是影响蜂群发展的关键因素。熊蜂的发育日期不像蜜蜂那么严格，它随环境因素的变化而变化。在某一环境下，从诱导产卵到成群需要50d左右的时间，而在另一环境下，则可能需要100d以上，所以选择和严格控制适宜的养殖环境对工厂化熊蜂群的生产极为重要。研究显示，蜂群发展前期，发育较慢，在试验环境下，从产第1批卵到第1批工蜂出房，大概需要21d。后期发育逐渐加快，从第1批工蜂出房到成群（60多只）只需25d左右。所以，在试验环境下，从采用缩短蜂王滞育期和休眠期技术诱导熊蜂产卵到成群大概需要50d。

在蜂群的发展过程中，并不是所有产卵的蜂王都可以发育成群。乞永艳等（2000）的研究显示，养殖的明亮熊蜂蜂王258只，成群119群，成群率为46.12%；养殖的欧洲熊蜂蜂王59只，产卵53只，产卵率为89.83%，成群32群，成群率为54.24%。在人工养殖熊蜂过程中，将养殖室的温度和相对湿度严格控制在熊蜂发育的最适范围，使熊蜂在最佳环境中发育成长，可加速熊蜂的繁殖，有利于提高熊蜂的成群率。

（3）人工控制交配，提高处女王交配成功率。在蜂群发展到高峰期时出现雄蜂和蜂王，大多数的蜂群先出现雄蜂后出现蜂王，也有的蜂群先出现蜂王后出现雄蜂，个别的蜂群只出现雄蜂或蜂王。在人工控制条件下，采用交配笼，将来自不同群的性成熟的处女王和雄蜂，按一定的性别比例放入交配笼，让熊蜂处女王与雄蜂及时、充分交配，可大幅提高处女王交配的成功率和蜂王的产卵率。室内养殖熊蜂的研究表明，1只熊蜂王至少要有1只雄蜂与之交配。另据观察，蜂王和雄蜂都可以多次交配，交配时间为30min左右，最长的可达2h。

（4）蜂王的储存技术。高效储存蜂王是工厂化生产熊蜂的重要技术之一。在熊蜂生产中，熊蜂开始繁育的时间通常要根据温室作物授粉需要来决定。由于在一定条件下，人工养殖的明亮熊蜂和欧洲熊蜂繁育成群的时间约需50d（即应在作物授粉前50d开始繁育，50d后刚好成群，这样才能充分利用熊蜂的授粉潜力），所以在人工养殖熊蜂时，在缩短滞育期和休眠期处理后，将不立即投入繁殖的蜂王储备起来备用。

影响蜂王储存的主要因素是温度和湿度。不同蜂种和不同储存时间对储存的温度要求有较大差异。室内储存熊蜂时采用的温度为5℃，而储存 *Bombus nevadensis*、*Bombus rufocinctus*、*Bombus fervidus* 等时采用的温度为1℃。对于储存时间不超过24h的蜂王，在室温下用1个大小为（1~2）m×0.6m×0.6m、带有食料的笼子储存。储存蜂王时的湿度，一般随室内湿度而就。

（5）激活储存蜂王的技术。储存的蜂王，尤其是经过长时间储存的蜂王，其体内的脂肪体消耗较多，不宜直接用于繁育，而要经过一段时间的激活，待体内的营养积累充分、卵巢管发育完全时再进行繁育。这一过程需要的时间长短，主要通过温度和饲料供给量来调节。对激活后的蜂王，要进行如上所述的周期养殖。

5. 熊蜂授粉的生态利用

1）熊蜂的授粉特性

熊蜂个体大，寿命长，浑身绒毛，有较长的吻，对一些具有深冠管花朵的蔬菜（如番茄、辣椒、茄子等）的授粉特别有效。熊蜂具有旺盛的采集力，日工作时间长，对蜜源的利用比其他蜂更为高效。熊蜂能抵抗恶劣的环境，对低温、低光照度适应力强，即使在蜜蜂不出巢的阴冷天气，熊蜂依然可以继续在田间采集。熊蜂的趋光性比较差，不会像蜜蜂那样向上飞撞玻璃，而是很温顺地在花上采集。熊蜂的声震大，对于一定的声震作物（一些植物的花只有感受到昆虫的嗡嗡震动声时才能释放花粉）的授粉特别有效。熊蜂不像蜜蜂那样具有灵敏的信息交流系统，能专心地在温室作物上采集授粉，很少从通气孔飞出去。因此，熊蜂成为温室内比蜜蜂更为理想的授粉昆虫，尤其为温室内采用蜜蜂授粉不理想的番茄等作物授粉，效果更加显著。此外熊蜂采集力强，飞行距离5km以上，更会利用蜜源。

2）授粉熊蜂管理

授粉熊蜂群一般应在授粉作物开花前进入场地，但较理想的进场时间是在授粉作物开花达5%时进入。授粉熊蜂群运输时，常常将它们数箱绑成1组搬运，每组重量一般不宜超过15kg，以便于搬运。蜂群在授粉场地的排列，通常每4~6箱（群）为1组排放。排放时，蜂箱要架高，离地面至少180mm，并要避免排放在蚁巢附近和道路旁。群势较强的授粉熊蜂群，一般可以重复利用。当在大田重复利用授粉时，至少要将蜂群搬到2km以外的场地授粉，以免回蜂。熊蜂群在授粉期间一般无须供水。

3）授粉熊蜂数量估算

美国缅因州在利用美洲东部熊蜂为大田栽种的蓝莓授粉时，提出了一种估算授粉熊蜂数量是否满足授粉要求的方法。其估算的方法是：在蓝莓盛花前，均衡地将熊蜂授粉区域分成10个小区，并用木桩或小旗标记。在3个不同的日子，观察每个小区熊蜂出现的次数。每次观察应在有阳光、无风、晴天的9:00~14:00进行，且持续观察1min。观察时，应小心接近观察区，避免惊扰采集中的熊蜂，且要站在距观察小区30cm处，以免挡住熊蜂飞行路线。每次观察都要记录每个小区熊蜂出现的次数，然后统计平均数。每英亩（1英亩=4046.87m^2）配备3群熊蜂时，每分钟每平方码（1平方码=0.836m^2）熊蜂的平均数量应为0.1只，这相当于花期中每10个1平方码的面积内，每分钟有1只熊蜂在访花。达到这样密度的熊蜂数量，对蓝莓的授粉才是充足的。

4）熊蜂的授粉效果

应用熊蜂授粉，效果显著，为番茄授粉，坐果率达到98.16%，可增产40%~

50%，并可提高品质。利用欧洲熊蜂为温室番茄授粉，无论是坐果率、果实形状、单果重，还是单果的种子数，要比利用蜜蜂或人工授粉高效得多。研究显示，对于温室黄瓜和西瓜的授粉，应用熊蜂授粉的畸形果率始终比蜜蜂授粉的低。另外利用熊蜂授粉，无须进行额外管理。蜂箱由天然材料专门设计制造，适合熊蜂生存，配备3个月的食物，一旦授粉熊蜂进入棚室安置好后就无须任何管理。

6. 熊蜂授粉产业化

熊蜂主要应用于保护地经济作物授粉。熊蜂授粉有八大优势。

（1）可以周年繁育。能够在人工控制条件下缩短或打破蜂王的滞育期，在任何季节都可以根据温室蔬菜授粉的需要而繁育熊蜂授粉群，从而解决冬季温室蔬菜应用昆虫授粉的难题。

（2）熊蜂有较长的口器（吻）。蜜蜂的吻长为5～7mm，而熊蜂的吻长为9～17mm，因此对于一些具有深冠管花朵的蔬菜（如番茄、辣椒、茄子等），应用熊蜂授粉效果更加显著。

（3）采集力强。熊蜂个体大，寿命长，周身布满绒毛，飞行距离在5km以上，对蜜粉源的利用比其他蜂更加高效。

（4）耐低温和低光照。在蜜蜂不出巢的阴冷天气，熊蜂可以照常出巢采集授粉。利用熊蜂耐低温的生物学特性，能够实现温室作物周年授粉，特别是冬季授粉。

（5）趋光性差。在温室内，熊蜂不会像蜜蜂那样向上飞撞玻璃，而是很温顺地在花上采集。

（6）耐湿性强。在湿度较大的温室内，熊蜂比较适应。

（7）信息交流系统不发达。熊蜂的进化程度低，对于新发现的蜜源不能像蜜蜂那样相互传递信息，也就是说，熊蜂能专心地在温室内采集授粉，而不会像蜜蜂那样从通气孔飞到温室外的其他蜜源上去。

（8）声震大。一些植物的花只有当被昆虫的嗡嗡声震动时才能释放花粉，这就使熊蜂成为这些声震授粉作物（如草莓、番茄、茄子等）的理想授粉者。

7. 熊蜂授粉的生态利用现状

1）国外熊蜂授粉开发利用状况

早在1940年欧美国家开始进行熊蜂的人工应用技术研究，直到20世纪70年代，才将熊蜂作为温室最佳授粉昆虫广泛应用。近20年来，在全球范围内掀起了设施农业应用熊蜂授粉的热潮，近几年熊蜂的人工繁育技术开始获得发展，目前只被少数几个农业发达国家掌握，丹麦、荷兰、比利时、英国和美国已经进行大规模工厂化繁育，年产量达数十万群，并向世界各地出口，每群售价200美元。

国外对熊蜂的研究应用较为深入，美国利用熊蜂为温室甜椒授粉，在果宽、果重、果实体积、种子产量、坐果、收获的天数等方面，均有显著效果，不但改变了果品等级，还提高了大果和超大果及四果室的百分比。日本除研究证实了熊蜂对番茄能增产 20%外，还证实了坐果率高而稳定、果实均匀，维生素 C 与柠檬酸含量均高于使用生长调节剂的单性果实，取得了比使用生长调节剂好得多的效果。新西兰 90%能达到最低出口重量的甜瓜，是通过采用熊蜂授粉技术而获得的。波兰用熊蜂为温室雄性不育品种黄瓜授粉，使授粉植株种子产量达到 345kg/hm^2，显著高于切叶蜂、蜜蜂的授粉结果。果形好的果实产量是切叶蜂、蜜蜂的 1.9～2.5 倍。日本每年约进口 6 万群熊蜂为保护地植物授粉。日本不仅是熊蜂应用较多的国家，也是熊蜂研究较深入的国家之一。

荷兰每年有 500hm^2 以上的番茄利用熊蜂授粉技术，现已建立了 3 个熊蜂授粉公司，每年向国内外客户出售商品性熊蜂及授粉技术。1990 年，在荷兰养蜂研究所成功举办了国际温室技术展览会，大会对熊蜂对温室作物的授粉功能大为推崇，倡议未来举办国际性熊蜂与授粉学研讨会。

2）国内熊蜂授粉概况

我国在 20 世纪 90 年代初期，从国外引进现代化温室，其中为保护地植物授粉的熊蜂也是引进的技术之一。一群熊蜂的引进价格高达 200 美元，这种高价格引起我国政府和科技工作者的重视。中国农业科学院蜜蜂研究所梁诗魁 1995 年首次立项，开展熊蜂繁育技术研究。经过数年努力，2001 年中国农业科学院蜜蜂研究所突破了诱导蜂王产卵、新蜂王的保存、抑制工蜂产卵等关键技术，解决和掌握了熊蜂周年繁育的技术难点，在国内首次研究和设计了熊蜂人工繁育室和交配室，设计制造了熊蜂繁育箱和商品蜂专用箱，并将繁育成本降低到 300 元左右，已具备了规模化生产的条件。随后，北京市农林科学院信息技术研究所、山西省农业科学院园艺研究所和吉林省养蜂科学研究所等多家科研单位，也在以上项目的研究方面获得成功，为熊蜂开发利用奠定了良好的基础。

中国农业科学院蜜蜂研究所熊蜂课题组将熊蜂应用到保护地番茄、草莓、黄瓜、西瓜和杏等作物上，获得显著的增产效果。为了开发利用我国本土熊蜂资源，对华北、西南和东北的熊蜂资源进行了详细的调查，查明了熊蜂种类（品种）有 60 余种，并分别进行了人工繁育研究，适合人工工厂化繁育和具有授粉价值的熊蜂种类有密林熊蜂、红光熊蜂、明亮熊蜂、火红熊蜂和小峰熊蜂 5 个种类。

熊蜂授粉的增产效果是非常显著的。但是，它在我国仅应用于投资很大的现代化温室中，在普通的日光节能温室和大棚中尚未得到很好的推广。其主要原因是熊蜂授粉的成本太高。还有一个关键原因是我国尚未实行限制生长调节剂在蔬菜生产中应用的政策。随着人们生活水平的不断提高，对食品安全和绿色食品要求的提高，与禁止食品添加剂一样，禁止生长调节剂的使用势在必行。到那时，熊蜂授粉的重要作用将会得到充分显现。

4.2.4 壁蜂

壁蜂属隶属于膜翅目切叶蜂科，大部分种类行独栖生活，但群集活动习性很强。其绝大多数种类访花习性很强，是多种作物的传粉者，其中不少种类是早春开花的多种果树的传粉者。壁蜂用腹部腹面的毛刷采集携带花粉，耐低温，访花效率高，授粉效果远远好于家养蜜蜂。早在19世纪末，欧洲的法夫雷（Fabre）及费尔东（Ferton）等就注意到此类蜂的访花习性，并对壁蜂属的生物学及个体生态学进行了研究。

壁蜂作为可管理资源，成功地用于果树授粉，最早开始于日本。20世纪40年代日本松山荣久氏最先开始研究角额壁蜂的人工应用技术，并成功地用于果树授粉。50年代后，由于果品生产上授粉不足问题越来越严重，人工授粉已无法解决这一问题，利用角额壁蜂授粉在日本农业生产上被高度重视，前田泰生及北村泰三等对角额壁蜂的授粉效果、必要饲养数、应用技术等作了进一步系统研究，并对日本常见的角额壁蜂、凹唇壁蜂、叉壁蜂、壮壁蜂进行比较生物学和生态学的初步研究。

角额壁蜂作为日本当地的优势种，20世纪70年代以后被广泛地用于苹果、梨和樱桃等果树授粉上，并作为果品生产上提高产量和质量的一项不可缺少的技术，还实现了蜂种和蜂具的商品化，形成了新型的昆虫工业。美国农业部农业研究所（USDA-ARS）在40年代末建立蜜蜂生物学及分类学实验室，其中50%的科研力量用于研究开发野生蜂。在犹他州诱集的蓝壁蜂，经实验室人工驯化，释放到加利福尼亚州的扁桃园为扁桃授粉，获得成功，大大提高了坐果率。后又将这种壁蜂用于苹果等果树授粉。与此同时，美国70年代还从西班牙引进角壁蜂，从日本引进角额壁蜂，为扁桃、苹果和杏等的果树授粉。其中在美国东部高湿地区引入角额壁蜂获得成功。在加利福尼亚州南部海岸山区，收集到大量 *Osmia ribifioris*（无中文名），这种壁蜂被引入加利福尼亚州北部，用于蓝莓授粉，表现出非常显著的授粉效果，每分钟访花20朵，比意大利蜜蜂快3倍多。自1992年以后这种壁蜂被广泛用于蓝莓生产中，大大提高了产量。在欧洲壁蜂作为可管理资源主要有两种：角壁蜂和红壁蜂。1974年以来，红壁蜂在苏联被成功地用于苹果和樱桃等的果树授粉，明显提高了坐果率和果品质量。

我国对壁蜂属生物学和生态学研究起步很晚。1987年中国农业科学院生物防治研究所从日本岛根大学引进1500只角额壁蜂，在河北定州苹果园释放，未获成功。1988年又从日本引进1500只，并在山东威海进行试验，获得成功。1989年在研究角额壁蜂的同时，通过人工设置的巢管，诱集到山东威海的2种野生壁蜂（凹唇壁蜂和紫壁蜂）。周伟儒等（1990）对3种壁蜂的人工应用技术作了进一步研究，1990年在山东烟台和威海部分果园开始推广应用。袁锋等（1992）在对陕西果树传粉昆虫进行调查的同时，在陕西礼泉诱集到3种壁蜂（凹唇壁蜂、角额壁蜂和叉壁蜂），其中凹唇壁蜂为陕西优势种。除上述提到的几种壁蜂外，我国北方还存在壮壁蜂。

自1990年以后，角额壁蜂和紫壁蜂作为我国山东沿海地区的优势种，凹唇壁蜂作为中西部地区的优势种，在果品生产上已开始推广应用，大大提高了苹果、梨、桃、杏、李和樱桃等的果树坐果率。

1. 壁蜂种类与分布

壁蜂属分布范围很广，除澳大利亚和新热带区没有发现外均有分布，世界种类尚不清楚，前田泰生（1978）报道日本有7种。我国现已发现并研究应用较多的壁蜂种类主要有角额壁蜂、凹唇壁蜂、叉壁蜂、紫壁蜂和壮壁蜂5种。红壁蜂虽有分布，但目前尚无有关应用研究的报道。除壮壁蜂外，角额壁蜂、凹唇壁蜂、叉壁蜂和紫壁蜂4种主要分布于我国北方。角额壁蜂和紫壁蜂更偏向分布于东部沿海，其中紫壁蜂为山东沿海一带的优势种；凹唇壁蜂为中西部地区的自然优势种；叉壁蜂除分布在北方外，在四川、江西和浙江等地也有分布；壮壁蜂主要分布于我国南方。我国常见5种壁蜂的形态特征及分布介绍如下。

（1）角额壁蜂。雌性体长10~12mm，灰黄色，唇基光滑，端缘中央呈三角形突起，唇基两侧具角状突起，突起顶端平截状，外侧稍凹，两角状突起相距很近。腹部背板端缘毛带色浅，腹毛刷橘黄色。

雄性体长8~10mm，唇基及颜面有1束灰白色毛，头部复眼内侧和外侧各具1~2排黑色长毛，头胸及腹部1~6节背板被灰白色或灰黄色毛，无腹毛刷。

分布于北京、河北、甘肃、山东、陕西和东北等地。

（2）凹唇壁蜂。雌性体长11~13mm，灰黄色，唇基隆起，中部呈三角形凹陷，凹处光滑，中央有1条纵脊，唇基两侧角各有1短角状突起。腹部背板端缘毛带色浅；腹毛刷金黄色。

雄性体长10~12mm，唇基及颜面有1束灰白色毛，头胸及腹部第1节和第2节背板密被灰黄色长毛，第1~5节背板端缘有白色毛环，第3~6节背板被稀疏的灰黄色毛，无腹毛刷。

分布于北京、河南、山东、辽宁、江苏、浙江、陕西和山西等地。

（3）叉壁蜂。雌性体长12~15mm，灰黄色，唇基光滑，端缘中具1对小瘤状突起，春季两侧角的角状突起长而宽大，相距宽，端部呈叉状。腹部背板不具色带；腹部第1节和第2节背板被黄色毛。

雄性体长11~12mm，唇基及颜面有1束白灰色长毛，腹部毛色似雌性，无腹毛刷。

分布于北京、辽宁、江苏、安徽、浙江、江西、四川、甘肃、湖北、陕西和河南等地。

（4）紫壁蜂。雌性体长8～9mm，红褐色，唇基正常，不具角状突起，腹部第1～5节背板端缘及腹毛刷红褐色。

雄性唇基及颜面有1束灰白色毛，头及胸部被浅黄色毛，腹部第1～5节背板端缘毛带白色，无腹毛刷。

分布于山东、河北和陕西等地。

（5）壮壁蜂。雌性体长10～12mm，灰黄色，唇基两侧角的角状突起短，其间距窄；唇基光滑，端缘略呈圆形突起或中央稍凹。腹部第1节和第2节背板被黄褐色毛，第3～5节背板被黑色毛；腹毛刷黄褐色。

雄性体长8～10mm，唇基及颜面有1束灰白色毛。

分布于北京、江苏、浙江、福建和四川等地。

2. 生物学、生态学及行为习性

下面以凹唇壁蜂为例，进行介绍。

1）凹唇壁蜂生活史

凹唇壁蜂1年1代，卵、幼虫、蛹及成虫各发育阶段均在蜂巢中完成，成虫在巢室中的茧内休眠越冬，于春季3月底前后出巢活动。起始活动时间因壁蜂种类及分布地区的不同而有差异，在相同地区，凹唇壁蜂和角额壁蜂起始活动较早，紫壁蜂和叉壁蜂稍晚。出巢后的雌蜂和雄蜂（雌雄比为1∶2）在巢箱附近交尾，雄蜂活动期约为20d。交尾后的雌蜂即开始采集花粉、花蜜、泥土或叶片筑巢。自然条件下，壁蜂多在石洞、墙壁、房屋及天牛蛀孔等缝隙筑巢；人工管理条件下，多选择人工制作的芦苇管或纸巢管。雌蜂采粉、筑巢活动时间一般持续30～45d。

室外自然调查和室内观察结果表明，凹唇壁蜂在陕西1年发生1代，以成虫在巢室内的茧中越冬。在自然条件下，越冬成虫最早于3月中旬前后出现，3月下旬至4月上旬大量出现。人工将越冬茧保存在0～4℃的冰箱中，成虫最晚可推迟到6月上旬出现。成虫出茧后1～2d在巢箱或越冬场所附近交尾。交尾后雌虫经过3～4d的吸蜜取食，然后开始筑巢。一个巢管由多个储粉室构成，每个储粉室中做1个花粉团，产1粒卵。壁蜂通过采集泥土制作隔壁，将相邻储粉室隔开。雄虫不做巢，不采粉，只吸食花蜜，活动期为10～20d；雌虫活动期为30～45d。卵期约为11d，幼虫期约为25d，多数幼虫5月下旬前后结茧，随后进入前蛹期，再经过蛹期，成虫最早于8月中旬羽化，羽化后的成虫在茧内滞育越冬，翌年春天才出巢活动。

2）凹唇壁蜂成虫活动规律

凹唇壁蜂独栖生活，但群集筑巢活动习性很强。在晴天气温12℃时，雌蜂在巢管中伺机待出，12.5℃时少数蜂开始出巢，13.5℃以上大量蜂出巢活动。阴天，气温达14℃时极少数蜂出巢，16℃时大量蜂出巢活动。成虫在18℃以上时，采粉采蜜、筑巢活动进入活跃状态。陕西礼泉1990～1994年气象资料表明，3月下旬平均温度只有13.5℃，在这一温度下壁蜂可正常活动。日活动时间与活动高峰：早晨7:00后，极少数蜂开始出巢，7:30后大量蜂出巢，19:40左右多数蜂停止出巢，极少数蜂仍继续活动。观察一个蜂箱所有营巢蜂一天内半小时出巢次数，日活动高峰为9:00～15:00。阴雨大风对成虫活动影响较大。在雨天，成虫躲藏于巢室内，雨停之后，只要气温高于14℃仍可出巢活动。风速达到3～4m/s时，成虫活动停止。成虫活动范围：成虫飞行距离可达500～700m，但随距离增大，回巢率降低。由于壁蜂回巢能力较差，在巢箱附近有大量开花的蜜源植物时，极少远离巢箱。通过调查不同距离果树的坐果率，壁蜂活动范围为60m。当巢箱附近没有开花的蜜源植物时，壁蜂飞行范围会扩大。如果开花前放蜂过早，成虫出茧后，附近没有开花蜜源植物，常常飞行到较远的地方寻找花粉花蜜，但由于归巢能力较差，常导致返巢蜂数下降。另外谢花后，常伴随营巢蜂数的急剧减少，可能与飞行距离远，迷失方向有关。

3. 生产养殖技术

1）蜂巢的制作

（1）制作巢管。巢管可用芦苇管或纸管。管长为15～17cm，内径为0.6～0.8cm。芦苇管要求一头带节，一头用砂纸磨平，不留毛刺。管口粗糙有毛刺的，壁蜂几乎不选择。纸管利用旧报纸或牛皮纸卷成，壁厚1mm左右，两端切平，一端用纸涂乳胶封底做管底，另一端敞口，并用广告色染成红色、绿色、橙色、白色、蓝色、黄色等不同颜色，以便壁蜂识别颜色和位置归巢。然后将不同颜色芦苇管或纸管按比例混合，每50支扎一捆。

（2）制作巢箱。巢箱用瓦楞纸叠制而成，其长为15～25cm，宽为15cm，高为25cm。巢箱除露出一面敞口外，其他5面用塑料薄膜包严实，以免雨水渗入。每个巢箱内装4～6捆巢管，分为两层，管口朝外，两层间和顶层各放一块硬纸板，以固定巢管。也可用砖砌成固定蜂巢。

2）种蜂来源

利用壁蜂授粉，种蜂的来源可以有两种方式：一种是引进，另一种是诱集。最简单最快的方式为前一种，从已有壁蜂的农户或者单位，通过购买的方式直接引进。引种时间，一般除花期外，其他时间均可，最适宜的时间为冬季，在这段时间，壁蜂处于休眠状态，便于种蜂携带和运输，也有利于做下一年的准备工作。

最初的种蜂来源也可通过在自然条件下设巢诱集得到。一般在果树栽培历史悠久的山地、沟壑或地形复杂的台塬果区，野生壁蜂种类和数量往往较多。在3月上旬前将制作好的空巢管（以芦苇管为好），挂在果园中或附近的房屋檐下明显的地方，以向东或向南为好，巢管可以装入侧面开口的木箱或纸箱内，也可直接悬挂在屋檐下。巢管数量以每处大约300根为宜。在同一个地方设置1~2处巢管比设巢多处更好，以确保高效率获得种蜂。除果园附近的房屋外，还可在墙壁、土坎、梯田壁等有洞穴的地方，设巢诱集，但要注意防潮和防止蚂蚁危害。

不同种类的壁蜂，筑巢所选择的巢管内径、长度，筑巢所用的材料，封口壁的光滑程度均有明显差异，5月中旬前后收回巢管后，仔细检查，往往会发现不少用泥土或者叶浆封口的巢管，其大部分为壁蜂所筑的巢，可妥善保存。5种壁蜂的营巢特征见表4-3。

表4-3　5种壁蜂的营巢特征

项目	凹唇壁蜂	角额壁蜂	叉壁蜂	紫壁蜂	壮壁蜂
封巢材料	泥土	泥土	泥土	叶浆	泥土
营巢管径范围/mm	60~75	60~68	80~96	55~65	60~69
封巢长度范围/cm	12.9~15.0	15.0~16.9	13.0~14.9	15.0~16.9	15.0~16.9
封巢口壁特征	壁粗糙、颗粒状，极少细致	壁细致、光滑，极少粗糙	壁极为粗糙，由大土粒组成	壁细致、较光滑，墨绿色	壁粗糙

对诱集的蜂种，做简单区分。如果要确认是哪种壁蜂，一般要等到9月后，将封口巢管剥开，取出其中的茧，再解剖茧，根据成虫形态特征来鉴别是哪一种壁蜂。无论是诱集还是引进的种蜂，关键就是要剔除天敌，主要是巢寄生蜂尖腹蜂，尖腹蜂的茧与壁蜂的茧形态上比较相似，但稍细且颜色偏黄。

3）巢箱的安置

放蜂前将巢箱设置在果园背风向阳处，巢前开阔无遮蔽，巢后设挡风障。巢箱用木架支撑，巢箱口朝南或东南方向，箱底距地面50~60cm为宜，箱顶再盖防雨板压紧。巢箱右前方1m处，在地面挖一个长40cm、宽30cm、深60cm的坑，坑内放些黏泥土，每晚加水1次拌和黏泥土，以便壁蜂产卵时采湿泥筑巢。刚开始放蜂的果园，每隔30~40m设1个蜂巢，待来年蜂量增多后，可40~50m设1个蜂巢。放蜂期间，一般不要移动蜂箱及巢管，以免影响壁蜂授粉繁殖。

种植蜜源植物。秋季在放蜂园蜂巢周围种植越冬油菜、薹菜等，也可在春季栽种抽薹结实的白菜、萝卜等，4月初开花，这样就能在苹果开花前为出巢的壁蜂提供充足的花粉和花蜜。

4）释放壁蜂

（1）放蜂时间。壁蜂活动时间短，出巢后，如果在较长时期内没有开花植物，壁蜂会远离巢箱而飞失。果树花期因果树种类、地区及气候等有较大的差异，为了使壁蜂充分发挥授粉能力，并提高种群增殖率，必须使壁蜂的筑巢最盛期与开花盛期一致，因此适期放蜂在生产上尤为重要。保存于冰箱等低温环境中的壁蜂，春季释放后，成虫出茧率与日平均温度呈正相关，温度高，出茧快。一般前5d出茧率可达80%以上。壁蜂的释放时间应根据树种和花期的不同而定。苹果树一般于中心花开放前2～3d释放。蜂茧放在田间后，壁蜂即能陆续咬破茧壳出巢，7d左右可以全部出茧。若壁蜂已经破茧，要在傍晚释放，以减少壁蜂的逸失。

（2）放蜂方法。壁蜂的释放方法有两种：一是单茧释放，即将越冬后的壁蜂茧装入巢管，每根巢管1个蜂茧；二是集体释放，将多个蜂茧平摊一层放在一个宽扁的小纸盒内，摆放在巢箱内的巢管上，盒四周戳多个直径0.7cm的孔洞，供蜂爬出。后一种方法壁蜂归巢率高。

（3）放蜂数量。初次放蜂果园每公顷放蜂1500～1800头，连续多年放蜂果园每公顷放1200～1300头即可。

5）种群增长率

清楚壁蜂在1年内增加多少，对于制定授粉计划、完成必要的授粉面积或者为农户提供蜂种等都是很重要的。壁蜂成虫生活历期短，种群的增长主要依赖于雌蜂在整个活动期内筑巢产卵的数量。花期长、花粉花蜜充足、花期天气以晴为主时，壁蜂筑巢产卵量多。例如，1992年在陕西礼泉栽培有李、桃、梨和苹果且夹杂有油菜的果园放蜂，种群增长10倍，雌蜂平均产卵量达到30粒。与此对应，在分别只有梨和苹果的两个果园放蜂，尽管品种多（有早熟、中熟和晚熟等4个品种），但花期也不过2周多，种群增长分别只有2倍和3～5倍，雌蜂平均产卵量分别为6粒和11粒。目前生产上，栽培多种果树的大果园较少，果品生产以农户为单位，单独经营管理，树种常常较单一，面积也较小，如果花期遇到雨天，往往对壁蜂群增长影响很大，种群年增长一般为2～5倍，雌蜂平均产卵量为6～15粒。

如果为果农提供蜂种，或者生产规模较大，选一个适合壁蜂繁殖的环境是很重要的，这样可以最大限度地发挥雌蜂的生殖潜力，从而每年繁殖更多的蜂种满足授粉需要。作为种蜂繁殖场，最好选山区或坡地，且至少有3种果树的果园。如果能在果园中种植少量油菜、萝卜等开花作物，则更有利于壁蜂种群的增殖。另外还要注意当地气象资料，如果春季雨水过多，即使其他条件再适合，也不适于做蜂种繁殖基地。

6）疾病虫害

壁蜂疾病虫害种类约有20种，其中危害严重并对壁蜂种群影响较大的主要有蚂蚁、尖腹蜂、短毛螨、蛛甲、皮蠹及真菌等。在果园放蜂期，蚂蚁危害最大，常钻进巢管内，取食花粉团，影响壁蜂筑巢，可以用蜂蜜、麦麸、豆饼加敌百虫等农药做成诱饵，诱杀蚂蚁。尖腹蜂为巢寄生蜂，由于其茧较细、颜色为棕黄色，冬季剥巢取茧时，可以将这些茧挑出，即使再仔细挑选，第 2 年仍然会有尖腹蜂，所以每年冬季都要筛选。对于短毛螨、蛛甲、皮蠹和真菌及其他不明因素，要注意旧巢的处理和更新，一般巢管重复使用最好不要超过 2 年，否则会由于寄生菌而死亡（死亡的时期为幼虫期、前蛹期和蛹期）和不明原因导致死亡（死亡时期为卵期和幼虫期）的数量会超过 50%。但只要注意更新巢管，就可以避免发生危害。

4. 蜂巢的回收与保存

果树花谢 10d 后，将巢管收回。把封口的巢管按每 50～100 支一捆，装入网袋，挂在通风、干燥、干净卫生的房屋中储藏，注意防鼠，以便幼蜂在茧内安全休眠，来年再用。这样周而复始形成一定规模，除自用外还可将剩余蜂销售，增加收入。翌年 1 月中下旬气温回升前，将芦苇管剖开，取出蜂茧，剔除寄生蜂茧和病残茧后，装入干净的罐头瓶中，每瓶放 500～1000 头，用纱布罩口，放入 0～4℃的冰箱或者温度低于 8℃的地窖、果库等处保存，以防止成虫过早来和满足不同的地区、不同果树花期授粉需要。

5. 壁蜂生态利用领域

壁蜂与家养的蜜蜂在传粉的方式、行为和传粉效率等方面均表现出极大的差异。壁蜂访花采粉时，用腹部腹面的腹毛刷采集携带花粉，访花时腹毛刷正位于雄蕊群上方，与柱头接触率在 90%以上，所以每次访花都确保了高效率的授粉。家养的中华蜜蜂和意大利蜜蜂，访花时，在花瓣上来回爬动，依靠后足胫节的花粉篮采集携带花粉，每次访花与柱头接触率只有 26%。另外，壁蜂访花速率为每分钟 10～15 朵，日访花数凹唇壁蜂为 4500 朵，角额壁蜂为 4050 朵；而蜜蜂每分钟访花 5～10 朵，日访花数只有 720 朵。可见，壁蜂更适于为苹果和梨等的果树授粉。由于壁蜂授粉效率高，一般每公顷有 1500～1800 只壁蜂就可满足授粉需要。

壁蜂早春开始活动的温度低，气温在 12℃以上时，即可正常出巢采粉活动，个体安全临界温度低。凹唇壁蜂在休眠期和早春活动期过冷却点分别为–26℃和–18℃。中华蜜蜂和意大利蜜蜂气温在 20～25℃时才有较活跃的采粉活动，个体安全临界温度分别只有 10℃和 13℃，所以壁蜂作为我国北方多种果树的授粉者，其具有更强的适应能力，尤其是杏、李和樱桃等的果树开花较早，气温往往偏低，家养蜜蜂不能出来活动，而利用壁蜂授粉，则不会因为气温低而耽误授粉。

壁蜂授粉范围小，虽然壁蜂的归巢能力为 500～700m，但其有效授粉范围只有 60m，在此范围内，授粉效果明显，因此可以说哪个果园放蜂哪个果园受益，尤其适于对目标区果树授粉，也特别适合目前我国农村以农户为单位进行果品生产和经营管理的生产格局。壁蜂由于适应能力强、访花效率高，其授粉效果明显好于人工授粉和蜜蜂授粉。经壁蜂授粉，苹果、梨、樱桃、李和杏等的果树坐果率可分别提高30%~60%、60%、74%、350%和270%，由于授粉充分，落果率明显降低，幼果生长膨大较快，另外还可提高果品品质。

1）国外利用壁蜂授粉概况

日本首先开始对壁蜂属的几种野生壁蜂进行人工驯化研究。从20世纪50年代起，日本学者前田泰生和北村泰三等对日本6种野生壁蜂的生物学、生态学及授粉力进行了20多年的研究，发现一种角额壁蜂，并将这种壁蜂发展成为苹果和李的商业性传粉昆虫。1978年，岛根大学与Bee Tel公司合作，研制成功了该蜂的机制管巢，实行蜂具和蜂种的商品化生产，出售供给果农应用。目前，该蜂种在日本东北部的青森、岩手、秋田、山形和福岛大面积应用，对苹果、梨、桃、李和樱桃等果树，均有良好的授粉效果。

美国及欧洲各国，为了满足果园种植业的不断发展及对果树商业授粉用蜂的需要，在20世纪70年代初期，从日本引进角额壁蜂为苹果授粉，效果很好。美国还对本国收集的壁蜂种类开展了授粉研究，选择较为优良的授粉壁蜂——蓝果园壁蜂，并对此蜂的生物学及人工繁殖技术进行了一系列的研究。

美国的授粉昆虫产业最为突出。据报道，在美国现有饲养的400多万群蜜蜂中，每年有超过100万群被农场主租用，为上百种农作物授粉。美国每年蜜蜂直接生产的蜂产品价值约1.4亿美元，而利用蜜蜂为农作物授粉，使农作物增产的价值达150亿美元以上，是蜂产品的100多倍。

苏联的波尔塔夫农业实验站，从1973年开始诱集并收集当地野生的红壁蜂，采取工业化方式进行繁殖，年繁殖量达到500多万头，能保证供应1500hm^{2}果园的授粉需要。从1986年开始实行蜂茧商品化。这种红壁蜂对几种甜樱桃、酸樱桃和苹果等的果树授粉坐果率比自然授粉高3.4~6.1倍。

2）国内壁蜂授粉概况

1987年，中国农业科学院生物防治研究所从日本引进角额壁蜂的蜂茧和蜂具，并收集了美国、日本的壁蜂有关研究资料，开始在我国北方果区对该蜂种的适应性、种群建立的可能性，以及该蜂的生物学及传粉效果，进行了较为详细的研究，开创了我国壁蜂研究的先河。在我国发现凹唇壁蜂、紫壁蜂、叉壁蜂和壮壁蜂4个壁蜂种类。研究人员对北方诱集的凹唇壁蜂和紫壁蜂进行了形态学、生物学、生态学及释放技术的系统研究。对各种壁蜂的传粉作用有了系统的认识；并不断改进壁蜂的释放技术，扩大了各种壁蜂的种群数量，实现了壁蜂为杏树、大樱桃树、桃树、梨树和苹果树授粉，还有一些研究单位取得了释放壁蜂为大白菜、甘蓝植株授粉，提高种子产量的成功经验。

多次在全国各地组织了应用壁蜂授粉技术培训班。北京、陕西、甘肃和辽宁等十几个省（市）开展了壁蜂授粉试验示范工作。山东烟台一些地区的果园和个体果农，自筹资金引进壁蜂，推广利用壁蜂授粉增产技术。

根据我国壁蜂授粉利用的发展情况，估测全国可利用的壁蜂数量已达 1000 万头以上，可为 8500～10 000hm² 的果园授粉。全国主要落叶果树的栽培面积估计在 135 万 hm² 左右，可见壁蜂授粉面积还很小，我国利用壁蜂为果树授粉尚处于起步阶段。

4.3　授粉昆虫生态利用展望

4.3.1　保护野生授粉昆虫

在化学农药、化肥过度使用的情况下，自然生态平衡被严重破坏，自然食物链关系被打断或破碎化，造成野生授粉昆虫资源因生存环境恶化而消亡。此外，化学农药还直接杀灭很多野生授粉昆虫。

2005 年的冬天，一位养了 40 多年蜜蜂的美国职业养蜂者遇到了一个奇怪的现象，在过冬时，他养的几亿只蜜蜂都消失了。现场调查发现，整个蜂巢的蜜蜂在冬天结束时就消失了，蜂巢里只剩下少数冻死的蜜蜂，这些蜂巢在冬天来临之前并没有任何疾病现象。空的蜂巢里还剩下很多蜂蜜和花粉，但是也没有其他蜜蜂来占为己有。这种现象叫作蜂群崩溃综合征（colony collapse disorder，CCD）。

这种现象不只发生在美国，世界上很多地方都有发生，所以 2011 年联合国发表了一篇报告，提醒全世界的人们必须要改变一些行为来拯救蜜蜂，因为它们对粮食生产非常重要，世界上 1/3 的高营养价值的农作物都需要蜜蜂授粉。

很多研究表明，CCD 现象与新烟碱类农药的使用密切相关。新烟碱类农药有 8 种不同的杀虫剂，其中一种为噻虫胺。美国从 2005 年开始大量使用噻虫胺，2005 年也是 CCD 现象开始的那一年。当时欧洲议会对欧盟国家蜜蜂消失的问题非常重视，他们召开了很多次会议之后，发表了一篇报告，认为新烟碱类农药的使用是造成近年来蜂巢减少的主要原因，所以必须重新评估这一类农药的安全性。根据这两个结论及预防原则的要求，欧盟决定从 2013 年 11 月开始两年内禁止使用 3 种最常用的新烟碱类农药。在这两年中欧洲议会资助了一个调查，即限制新烟碱类农药使用是否会带来一些改变。新烟碱类农药被禁止之后，只过了一年时间，这些蜜蜂死亡率达到 30%～40%的国家，其蜜蜂死亡率全部回归到 15%～20%，甚至更低的水平。这个损失率对一般的养蜂人来说是可以接受的。新烟碱类农药禁止之后，所有国家的蜜蜂损失率都回归到最低标准了，所以距离禁令发布只过了一年，欧盟就决定这 3 类农药永远被禁用。

4.3.2 在乡村振兴建设中重视授粉昆虫贡献

现代商业化农场的单一作物种植和大规模生产，使自然界的昆虫授粉系统遭到毁灭性破坏。随着生态文明建设的不断深入、生物多样性保护的不断推进，特别是在乡村振兴行动中，未来农业生产系统一定会改变现状，使自然界授粉昆虫得到充分保护和优化利用。

把授粉昆虫保护和养蜂业纳入现代农业发展规划之中，即把蜜蜂授粉增产增效功能融入现代农业的发展之中，授粉增产成为其重要组成部分，授粉增产技术应该成为"藏丰于技"内容的一部分，可称为蜜蜂授粉绿色增产技术体系。这样，在设计和布局现代农业发展时，就应该提前考虑授粉增产这一因素。同时，须重视蜜源植物（可以采集蜂蜜、蜂花粉等蜂产品的植物）基地的建设。

4.3.3 加大授粉昆虫人工繁育及产业化力度

作物授粉工作量巨大，随着劳动力成本的飙升，人工授粉技术必然受到严重制约。授粉昆虫生产技术一旦被突破，即可建立一支传粉大军，可以完成低成本、高效率、质量均一的授粉任务。

这一领域目前存在极为严峻的问题，即全球气候变暖正在打破昆虫孵化和春季植物开花期之间微妙的同步性。只要这种同步性误差达到几天或数周的时间，那么很多开花植物将会很难得到充分的昆虫传粉，开花过早或过晚的植物将无法结出果实，而与此同时传粉昆虫却将因为错过花期而陷入饥饿境地。相对花期而言，这些蜜蜂的孵化过早了。

设施农业作为一种人工可控程度极高的新型农业生产方式，在温度、湿度、光照、肥料和农药等的控制和应用方面有了极大的改进，实现了反季节栽培生产，但是同时限制了昆虫和风对花粉的传送，严重影响了温室作物产品的产量和质量。从20世纪40年代起，英国、荷兰、德国等欧洲国家对几种熊蜂先后开展了系统的研究，70年代熊蜂被广泛应用于温室番茄、瓜类等蔬菜作物授粉，产量均有明显的提高。他们一直认为熊蜂是温室作物的最佳传粉者，并形成了蜂种、蜂具的商品化和工业化生产。

伴随设施农业的推广发展，我国近年来已开始重视昆虫为农作物传粉的研究与利用，并获得了明显的经济效益，但潜力还远远没有得到充分发掘。我国在生产中应用的授粉昆虫主要是蜜蜂和熊蜂，授粉作物主要包括果树（苹果树、梨树和桃树）、蔬菜（保护地黄瓜和西红柿）等。

4.3.4 授粉昆虫产业评估

在所有授粉昆虫中，作用最大、应用最广的仍是蜜蜂类，包括家养蜜蜂及近千种野生蜜蜂。各种蜜蜂为棉花、瓜果和蔬菜等授粉后，一般增产30%左右；为苜蓿等豆科牧草授粉后种子产量可增加1~2倍。据报道，蜜蜂为农作物授粉增产的经济效益远超过蜂产品（蜂蜜、蜂王浆、蜂蜡等）价值总和的几十倍甚至上百倍。一些国家将蜜蜂为农作物授粉列为现代农业措施之一，在作物开花季节，以一定租金租用蜂群为农作物授粉已制度化。授粉昆虫的开发利用是许多昆虫企业经营的主项。目前在美国约有100种商业作物几乎完全依赖人工管理的蜂群传粉，养蜂人驯养并向大农场出租这些蜂群。蜜蜂的优势在于群体数目巨大，搜索距离更远，适于管理且运动能力超出大部分的其他昆虫。蜜蜂不挑剔，它们几乎可以为所有开花作物传粉。全世界的蜜蜂每年会创造2000亿美元的经济价值。

我国养蜂产业发展至今，养蜂数量和蜂产品产量已多年稳居世界首位。目前，我国有蜂群1442万群，蜂农30万户，其中至少1/3为转场（或特地）蜂农，饲养的主要是意大利蜜蜂；另外为不转场蜂农，饲养的主要是中华蜜蜂。我国的蜂产品产量占世界蜂产品总产量的1/4以上。2021年，我国蜂蜜产量为45万t，蜂蜜、蜂王浆、蜂花粉、蜂蜡、蜂胶等蜂产品总产值突破300亿元。

昆虫授粉的经济效益、社会效益和生态环境效益，目前在我国尚未引起足够的重视，对授粉效果的科学评价仍是一个薄弱环节，国际上至今也未形成一个完善的评价系统。在推进现代农业绿色发展的新形势下，十分有必要重新评估养蜂业的主导价值。目前，我国仅狭隘地将养蜂业的主要功能定位于提供蜂产品，作为社会经济活动的一种方式，而没有真正重视蜜蜂等对农林作物授粉增产的作用及维系生物多样化演化的作用。

目前，授粉昆虫产业评价标准主要包括授粉昆虫的数量、采集活动的时间、访花速率、结实率和概率等指标，综合评判可以在一定程度上反映授粉效果（祁海萍等，2010）。在生态文明建设、绿色发展的时代背景下，更应全面评估授粉昆虫的生态价值。

人类社会发展进入21世纪，随着资源发掘，生产条件改善（如农业设施的发展），人类种植的农林作物越来越多。只要是人工种植的作物，发生了病虫害基本依赖喷施化学农药加以控制，打药次数、数量的增多和范围的扩大，正是野生昆虫特别是野生授粉昆虫数量减少的主要原因。野生昆虫减少的第二个原因是，随着种植农林作物的增多，自然界中生物多样性减少，也减少了依赖生物多样性而生存的野生昆虫种类。人工养殖的蜜蜂不仅为人工种植的农林作物授粉，同时也会随着蜂农去往山林野地为野生杂草和树木授粉，从而提高了这些植物的生存和繁衍概率。

养蜂的生态作用，在大城市表现得更加明显，受制于土地面积，大城市特别是特大城市，如北京、上海、广州、深圳、香港等城市的农业价值不可能单纯以生产多少农作物来衡量，而更多考虑其生态价值。

4.3.5 授粉昆虫生态利用促进生物多样性

生物多样性是生物（动物、植物、微生物）与环境形成的生态复合体，以及与此相关的各种生态过程的总和，包括生态系统、物种和基因 3 个层次。生物多样性是人类赖以生存的条件，是经济社会可持续发展的基础，是生态安全和粮食安全的保障。

我国对生物多样性保护工作十分重视，2021 年 10 月，中共中央办公厅、国务院办公厅印发了《关于进一步加强生物多样性保护的意见》。党的二十大报告提出，提升生态系统多样性、稳定性、持续性。以国家重点生态功能区、生态保护红线、自然保护地等为重点，加快实施重要生态系统保护和修复重大工程。推进以国家公园为主体的自然保护地体系建设。

授粉昆虫所具有的超强飞翔能力，使其成为自然生态系统中极其活跃的成分，为自然界植物授粉提供强有力的支撑。例如，蜜蜂借助灵巧的翅膀，每天在许多花丛中来回飞动，在不同植物之间收集花粉。虽然大多数昆虫生活在固定的地方，但还有大约 200 种昆虫，每年都有迁徙的习惯，如蝗虫和蝴蝶。当一些昆虫迁徙时，它们是成群的，数量可以达到数百万甚至数十亿。最神奇的是这些昆虫能够长时间飞行，持续时间短则几个小时，长则几天，有时甚至长达几周。它们可以飞越高山、海洋和大陆。昆虫迁徙时，通常是同一种类的昆虫一起飞行，但往往有不同种类的昆虫混合在一起同时飞行，有时迁徙队伍中有多达 40 种不同种类的昆虫。昆虫这种跨越"大时空"的迁徙，为物种之间的交流提供了一条独特的途径。

1. 授粉昆虫与植物的互惠关系

在长期的协同进化过程中，授粉昆虫与植物之间建立了一种互惠关系。一方面，植物因授粉昆虫的活动而完成授粉过程，物种得以繁衍和进化；另一方面，植物的花粉和花蜜是授粉昆虫的重要食物来源，但蜜蜂已进化到不食花粉花蜜的程度。

互惠关系是授粉昆虫与植物之间的一种重要关系。然而，由于这种互惠关系的全貌至今未被充分揭示，所以，人们并没有完全认识到这种关系的重要性。

花粉和花蜜并不是植物的花提供给授粉昆虫的唯一回报物，有相当多的植物种类还会产生特殊的分泌物，如树脂、树胶、性诱物及其他产物。

2. 授粉昆虫与植物的协同进化

在博物学研究领域，人类早已观察到昆虫授粉与植物之间是一个协同进化的过程，而且该过程已进行了 2.25 亿年。早在类似于植物花成为食物来源之前的石炭纪，有翅昆虫就大量存在。即便是捕食性昆虫，也是在中生代之前出现的。早期的全变态昆虫在石炭纪后期、二叠纪、三叠纪就开始繁盛起来，由于幼虫适应隐蔽的食物场所，而这些场所又不可能被成虫占有和利用，因此，在历史上第一次出现许多成虫寻找不同于幼虫的食物来源。这些成虫是具颚类的，它们都是潜在的授粉者。

早期植物的花（只有 5mm 大小）比较小，具有复合花序，都必须由昆虫授粉。随着时间的推移，花逐渐变大，大约在 1.4 亿年前，花的横径增大到 10~12cm。很可能在鸟类及其他飞行动物出现以前，许多昆虫就具有授粉作用了。如果没有昆虫的存在，很难想象被子植物能够以如此快的速度爆发性地繁衍和扩散。原始的被子植物（如木兰科和睡莲科）在中生代后期就有化石记载，它们至今还是依靠昆虫授粉。在被子植物出现后，显花植物与授粉昆虫通过协同进化发展和形成了相互依存、相互促进的密切联系。显花植物的花具有色、香、味，有的花还有花蜜。授粉昆虫以花粉和花蜜为食。花的色、香、味引诱授粉昆虫趋近；授粉昆虫也以花的色、香、味作为食物的信号而趋近取食或采集花粉和花蜜；在取食或采集花粉和花蜜的同时，完成授粉过程。显花植物与授粉昆虫的特化程度是相当高的，这是协同进化的结果。

授粉昆虫的群居生活和社会性生活习性为增强自身的竞争力和获得大量食物提供了有利条件，这是种内个体之间的协同作用。然而，对于授粉来讲，更重要的是不同种昆虫之间的协同授粉作用。对西方蜜蜂和印度蜜蜂在草莓上的授粉情况进行研究发现，如果从授粉昆虫的数量和访花速率来看，西方蜜蜂的授粉效率高于印度蜜蜂；但当授粉昆虫较少时，西方蜜蜂对植株顶端的花有较好的授粉作用，而印度蜜蜂则对植株下部的花有较好的授粉作用，二者在对草莓的授粉过程中起到相互补偿的协同作用。

4.3.6 授粉昆虫生态利用的必要性

由于授粉昆虫自然栖息环境遭到人类工业化进程的严重破坏，规模化农业的发展和化学农药的大量使用，使授粉昆虫数量减少，造成许多植物（作物）授粉不足，再加上设施农业迅猛发展，在完全人为环境中隔绝了授粉昆虫与植物（作物）的直接接触，所有这些，都进一步说明了授粉昆虫生态利用的必要性。

1）授粉昆虫自然生境遭受严重破坏

生态系统中有传播花粉的媒介生物，有控制病虫害的天敌动物（昆虫），有分解枯枝落叶、加速土壤养分循环的微生物、环境生物等。生态系统中天然植被在很大程度上发挥重要的连通作用，是生物交流、停留、栖息和繁殖的重要场所，本身对农业有很大的好处。然而，典型的大规模单一物种工业化农业生产方式，往往使农业区成为生物多样性的障碍，因为动植物很难跨越太大的空间，在这样的空间它们找不到可以生存的天然植被和水源。从 20 世纪 80 年代开始，山区资源的开发使大量蜜源植物被乱砍滥伐，传粉生物赖以生存的基础受到破坏。近年来由于人口增长，土地面积不足，人们开荒造田，将大片的草地、荒地和沟坡变为粮田，授粉昆虫的自然生存环境受到破坏，昆虫数量急剧下降且各类变化怪异。作者近 10 年连续跟踪瓢虫发现，异色瓢虫数量年际变化极大，龟纹瓢虫越来越少。

2）大面积单一物种规模化农业发展导致授粉昆虫减少

在现代农业产业结构调整中，专业化和规模化的生产栽培方式，形成单一作物相，破坏了授粉昆虫（生物）自然栖息地环境及生存条件，规模化农业和产业化农业造成一定区域内授粉昆虫数量相对不足，不能满足作物授粉的需要。

3）长期大范围使用化学农药误杀授粉昆虫

我国是农业大国，也是农药使用大国。我国农药使用量由 20 世纪 80 年代的 4.65g/hm^2 增加到 2004 年的 24.2kg/hm^2，短短几十年，单位面积的农药使用量增长了近 5 倍；农药使用总量达到 23 万 t，其防治面积达 1533 万 hm^2，占总播种面积的 85%。农业生产中杀虫剂和杀菌剂等农药的大量使用，在有效防治病虫害的同时，对非靶标生物也产生了明显的不良影响，对生态系统的结构和功能产生严重的破坏。由于化学农药的大量使用，空气和水被污染，森林和湿地遭到破坏，因而授粉昆虫和鸟类的生存环境越来越恶劣，它们的数量在大量减少，农药已经成为野生授粉生物（昆虫）的最大杀手，田间、果园里的天然授粉昆虫大量被杀死，如蜜蜂因农药中毒大量死亡，导致许多作物、果树开花多，而坐果率和结实率低。结果，授粉生物（昆虫）总数减少，区域分布变窄，种间平衡被破坏。近年来，广东现存的授粉昆虫，种类和数量都有很大程度的减少，与广东荔枝生产密切相关的授粉昆虫数量也大幅减少。20 世纪 50 年代初期，在一株荔枝树上可以见到几十种昆虫，其中大部分对荔枝生产有益。目前很多荔枝园中，盲目使用化学农药防治害虫，已严重地破坏了昆虫的生态分布。因此，需要授粉的虫媒花作物对人为引入授粉昆虫的依赖性越来越大。若想提高作物的坐果率、产量和质量，除了使用传统植保（化学农药植保）技术保持昆虫生态平衡外，还必须引进授粉昆虫，以弥补授粉昆虫的不足。

4）设施农业条件隔绝了授粉昆虫与植物（作物）的关系

设施农业环境条件下，授粉昆虫与植物（作物）之间的联系被彻底隔绝，亟须人为配置授粉昆虫。设施农业生产是在完全人为操控的环境条件下进行的活动，温室（大棚）中几乎没有授粉昆虫，也没有风，作物授粉不能自然完成，因此，造成坐果率低、产量低、质量差的现象。例如，西葫芦、番茄等作物根本不能授粉受精，农民采用 2,4-D 水溶液等措施保花保果；但是畸形瓜的数量多，口感不好，人工涂抹激素费时且不均匀，在促进果实生产的同时，又造成化学激素污染。因此，为温室引入授粉昆虫，是十分必要的。

第 5 章
天敌昆虫的生态利用与展望

当前，在生态文明理念指导下，我国越来越重视人与自然的和谐发展、重视现代农业的绿色低碳高质量发展，对已经遭到破坏的自然生态系统和严重扭曲的农业生态系统进行重塑，对严重畸形的农业生产体系进行重构，以获得新的生态平衡，在现代农业生产中由生态化技术替代工业化技术是必然趋势。

天敌昆虫在自然生态系统中对所对应的"害虫"种群发挥着重要的抑制作用；天敌昆虫对农业生态系统中的害虫发挥着一定的抑制作用，但不足以遏制害虫群体的发生与危害。人工生产繁育并生态化释放应用天敌昆虫是农业绿色发展需求的核心技术之一。

5.1　天敌昆虫的跟随现象与区域性

5.1.1　生态食物链与天敌昆虫的跟随关系

生态系统中任何一种生物都具有自身的新陈代谢特性，它们必须从外界获得营养物质和能量，以供自身生长和生活的需要。根据取得营养物质和能量的不同形式，生物可以分为两类：一类是自养生物，另一类是异养生物。自养生物如绿色植物，它们能够利用太阳能把外界简单无机物转化成自身所需要的营养物质，它们是食物生产者。一切动物，包括害虫和天敌都是异养生物，它们没有自己制造食物的本领，必须从自养生物或其他异养生物获得营养物质和能量，它们是食物消费者。一切生物都要死亡，细菌、真菌会把死亡的尸体分解，是食物分解者。它们吸收利用一部分分解物，同时释放一些简单物质供食物生产者利用。食物生产者、食物消费者和食物分解者通过获得营养物质和能量产生联系，这种联系是连锁式的关系，即称之为食物链。植物、害虫和天敌形成的食物链是三环链。天敌还会有它的天敌，这样就形成了四环链。食物链通常是四环至六环。昆虫界有第 4 次性寄生和第 5 次性寄生，这样的食物链环节会多些，但较少见。食物链的各个环节也称为营养级。植物是第一营养级，取食植物的害虫是第二营养级，它的天敌是第三营养级，以此类推。

同一种植物会有许多种植食性昆虫，各种植食性昆虫又有其各自的天敌，这样就形成多条食物链。不同食物链通过共同的取食植物而联系起来，也可以通过共同的天敌而联系起来，这样就形成了一个网状结构关系，称食物网或生命网。异养生物在食物网中的级别位置和作用不是固定不变的，有的昆虫在某种情况下是植食性的，而在另一种情况下可能变为肉食性。有的昆虫在某一条食物链中是初寄生，而在另一条食物链中是次寄生。因此食物链中各个成分对于人类的利害关系不是一成不变的。

天敌依存于害虫，害虫受天敌制约。同时，害虫也依赖天敌，天敌也受害虫制约。在自然界中，任何一种生物的生死存亡，除了自然衰老死亡外，还有物理因素和生物因素，天敌就是某种有害生物的致死生物因素。在适宜的气候条件下，如果没有致死生物因素的抑制作用，那么，害虫将会大量繁殖，造成生存空间和食物来源严重恶化，对害虫自身生存不利。在这种情况出现之时或之前，由于天敌的作用而使害虫虫口密度降低，害虫的生活条件得到改善，这对害虫种的生存有利。因此，天敌与害虫存在相互依存的辩证关系。

自然界中，一个生态系统总是开放的状态。在开放的生态系统里，当猎物的种群数量甚少时，它总有办法躲避捕食者的搜捕猎杀，并不至于全部都被发现而被吃光。当捕食者因找不到食物被迫离开时，猎物又有机会出来自由生活、繁殖后代。在缺少捕食者的情况下，猎物又会迅速增加它的种群数量。

在自然界中，各种不同生物之间的关系错综复杂。猎物总有办法避过捕食者的追捕而不至于被"赶尽杀绝"。不同类群的生物，有不同的躲避策略。例如，蚜虫和介壳虫，它们固定在一处取食，在遇到敌害时不会逃跑，它们通过发生时间与数量的差异，能共存共荣。这种现象称为天敌的跟随现象。

所谓跟随，包含两个意义。第一，从发生时间来看，天敌侵入农田，是在害虫建立群落之后，犹如害虫之侵入农田，是在田里已经种了农作物之后一样。第二，就发生数量来看，在天敌与害虫发生联系的初期，天敌的种群数量很少。随着害虫种群数量的增加，天敌增长速度加快，害虫的种群数量大幅减少，随之天敌种群数量也减少。在天敌种群数量减少之后，害虫的虫口数量又有机会增长。由于这样的动态关系，害虫种群数量不至于无限制增长，也不至于无限制减少以至灭亡。跟随现象是害虫与天敌在长期进化过程中形成的相互适应性。它不但对害虫种的延续有利，而且也为下一代天敌提供食物虫源，这样天敌也能继续繁殖，对天敌种的延续也有利。

这种依据跟随关系而选择天敌昆虫的类型在寄生性天敌资源发掘中最为常用。

5.1.2 同域天敌与异域天敌的概念

在同一个生态系统中，以食物链关系而密切关联在一起的是害虫-天敌系统，这个系统中的天敌昆虫称为同域天敌；相应地，在不同生态系统中，并不存在直接关联的害虫-天敌系统，在这个系统之外的天敌昆虫，则称之为异域天敌。

在捕食性天敌昆虫资源的发掘中，除了同域环境的跟随类天敌之外，还可以发掘异域环境的非跟随类有效天敌昆虫资源。例如，黑广肩步甲原生于胶东半岛、辽东半岛的柞树林中，是柞蚕生产的一种害虫，经过多年研究，现在已经被移殖到新疆草原环境中，用于控制蝗虫和鳞翅目、鞘翅目的草原害虫，是异域环境非跟随关系天敌昆虫资源发掘利用的成功案例。

5.1.3 昆虫天敌与天敌昆虫

1. 昆虫天敌

昆虫在其生长发育过程中，常由于其他生物的捕食或寄生而死亡，这些生物统称为昆虫天敌，主要有昆虫致病微生物、天敌昆虫和食用动物3类。因此可以看出，昆虫天敌包含的范围广，其中天敌昆虫是可以捕食或寄生其他昆虫的昆虫类群。

1）昆虫致病微生物

（1）细菌。昆虫病原细菌已知90余种，分属于芽孢杆菌科、肠杆菌科、假单胞菌科等。细菌致病的昆虫外表特征主要是行动迟缓，食欲减退，死后身体软化和变黑，内脏常软化，带黏性，有臭味。研究和应用较多的是芽孢杆菌，如苏云金杆菌和日本金龟芽孢杆菌等。这两种杆菌均产生芽孢，前者还产生伴孢晶体，内含能使多种蛾类幼虫麻痹的 δ-内毒素等。这两种杆菌都是随食物进入昆虫中肠及血淋巴，迅速繁殖，破坏组织，引发败血症，地下害虫蛴螬（金龟甲类幼虫）感染日本金龟芽孢杆菌死亡前，体内形成有折射性的厚膜孢子，透过体壁呈乳白色，称为乳状病。

（2）真菌。昆虫病原真菌也称为虫生菌，种类繁多，已记载900余种，分属真菌界各亚门100多个属。其中主要的有接合菌亚门的虫生霉，子囊菌亚门的虫草菌，半知菌亚门白僵菌、绿僵菌、多毛孢、轮枝孢等属。昆虫病原真菌一般是通过体壁进入昆虫体腔，孢子在昆虫体表萌发，穿透体壁进入体腔，在原生质和血淋巴中产生菌丝，菌丝不断增殖，并产生有毒代谢物，使寄主昆虫死亡。其菌丝生长可占领虫体各个器官、组织，并穿透体壁，在体表再形成孢子，扩散侵入新的寄主昆虫。死虫的躯体往往僵硬，体表有白、绿、黄等不同色泽的霉状物。昆虫病原真菌寄主范围广泛，可浸染半翅目、同翅目、直翅目、鳞翅目和膜翅目等昆虫。目前生产上应用广泛的球孢白僵菌可防治玉米螟、松毛虫、水稻黑尾叶蝉等200多种害虫。

（3）病毒。我国已知昆虫和蜱螨类病毒200多种，常见的主要有核型多角体病毒（NPV）、质型多角体病毒（CPV）和颗粒体病毒（GV）。在自然界中，昆虫病毒主要通过带有病毒的食物，接触罹病昆虫、虫尸及昆虫排泄物传播。

核型多角体病毒的包含体呈多角体，并只在寄主细胞核内复制。多角体经幼虫取食进入中肠，经消化释放出病毒粒子，穿透肠壁细胞，侵染其他组织。例如，鳞翅目昆虫主要侵染血细胞、脂肪体细胞、气管底膜细胞、体壁细胞和中肠细胞；膜翅目昆虫则只感染幼虫中肠细胞。幼虫罹病后，食欲减退，反应迟钝，体色变灰，体壁肿胀，轻触即破。其主要寄主为鳞翅目幼虫，还寄生一些膜翅目、双翅目、脉翅目、毛翅目幼虫等昆虫。目前国内主要用于防治黏虫、棉铃虫、油桐尺蠖、茶毛虫等。

质型多角体病毒的包含体也是多角体，通常只感染幼虫中肠。在寄主细胞内复制，导致中肠溃烂。其主要寄生鳞翅目幼虫，防治马尾松毛虫等效果较好。

颗粒体病毒的包含体为椭圆形或卵圆形的小颗粒，可在寄主细胞核或细胞质内复制增殖。经口侵入，浸染脂肪体细胞、体壁细胞、气管底膜细胞和肠壁细胞，罹病幼虫早期症状不明显，后期体色变淡，腹面呈乳白色，体节肿胀，虫尸易液化，体液浑浊并含有大量颗粒体病毒。其主要感染鳞翅目幼虫，对寄主专化性强。防治菜青虫、小菜蛾等的效果较好。

（4）寄生性线虫。已知寄生于昆虫的病原线虫有数百种，主要是索线虫总科索线虫科和小杆总科的斯氏线虫科、异小杆线虫等。索线虫总科的线虫穿过昆虫体壁进入体内，发育到成熟前脱离寄主入土，寄主随即死亡；小杆总科线虫与细菌共生，线虫侵入寄主昆虫体内后，细菌排至寄主血体腔内，引发败血症而死，而线虫在寄主体内发育成熟，利用斯氏线虫防治桃小食心虫、棉铃虫、菜青虫等鳞翅目害虫，以及鞘翅目的黄曲条跳甲等幼虫效果较好。

此外，近年来，病原原生动物中的微孢子虫在生产上的应用也比较广泛，如蝗虫微孢子虫、玉米螟微孢子虫等。

2）捕食螨与蜘蛛

蛛形纲中的食虫动物隶属于蜘蛛目和蜱螨目，其中以狼蛛、球腹蛛、微蛛、跳蛛等类群在生物防治中的作用最大。例如，稻田中的草间小黑蛛、水狼蛛分别与稻飞虱的数量比达1：（4~5）、1：（18~9）时，稻飞虱的种群就很难发展。蜱螨目植绥螨科中的捕食螨作用最大。尼氏钝绥螨、德氏钝绥螨、东方钝绥螨等已被广泛应用。

3）食虫鸟类

食虫鸟类也很多，有些种类终生捕食昆虫，如啄木鸟、家燕等；有些在成鸟育雏期间捕啄昆虫供雏鸟食用，如麻雀等。有些食虫鸟类已被人工诱集或驯化利用，如粉红椋鸟、灰喜鹊等。

4）两栖动物——蛙类

两栖动物中的蛙类大都捕食昆虫，其中生活在稻田的泽蛙也是捕食昆虫的种类。

2. 天敌昆虫

天敌昆虫是指昆虫纲中以其他昆虫为食的昆虫种类，一般分为捕食性天敌昆虫和寄生性天敌昆虫。

（1）捕食性天敌昆虫，种类多，主要隶属于蜻蜓目、啮虫目、螳螂目、长翅目、半翅目、广翅目、脉翅目、蛇蛉目、鞘翅目、膜翅目、双翅目等。常见的有螳螂、蜻蜓、捕食蝽、草蛉、步行虫、瓢虫、食用虻、食蚜蝇等。这些捕食性天敌可大量捕食害虫，在自然控制中具有重要的作用。

（2）寄生性天敌昆虫，主要隶属于双翅目、膜翅目、鞘翅目、捻翅目等，其中以双翅目和膜翅目的寄生性天敌（如寄蝇、姬蜂、茧蜂、小蜂、细蜂等）在生物防治中的利用价值较大。

天敌昆虫的捕食性行为与寄生性行为，判别比较容易，只是对体外寄生的情形有时会与捕食性相混淆。寄生性与捕食性的检验标准之一是寄生性天敌昆虫在发育过程中仅寄生取食一个寄主个体，而捕食性天敌昆虫则须吃掉几个个体才能成熟。此外，两者的食性、习性、形态有时也存在诸多不同之处，如表 5-1 所示。

表 5-1　寄生性天敌昆虫与捕食性天敌昆虫的判别

项目	寄生性天敌昆虫	捕食性天敌昆虫
形态	1）体躯一般较寄主小 2）幼虫期因无须寻找食物，足和眼都退化，形态变异多	1）体躯一般较猎物大 2）除了捕捉及取食的特殊需要外，形态变异较小
食性	1）在1头寄主上，可育成1头或更多个体 2）成虫与幼虫食性不同，通常幼虫为肉食性 3）寄主体躯被破坏的过程一般较慢	1）每一捕虫期，均需多头猎物才能完成发育 2）成虫与幼虫同为捕食性，甚至捕食同一猎物 3）猎物体躯被破坏的过程较快
习性	1）与寄主关系十分密切，至少幼虫生长发育阶段在寄主体内或体外，不能脱离寄主而独立生活 2）成虫搜索寄主，主要目的就是为了产卵，一般不杀死寄主 3）限于一定的寄主范围，同时对寄主生活史和生活习性的适应性强	1）与猎物关系不很密切，往往吃过就离开，都在猎物体外活动 2）成虫、幼虫搜索猎物的目的就是为了取食 3）多为多食性种类，对单一种猎物的依赖性差

5.2　天敌昆虫的利用途径

在长期的传统天敌昆虫利用研究与实践过程中，一般将天敌昆虫的利用途径分为 3 种类型，即输引域外天敌昆虫、保护利用域内天敌和优势天敌昆虫种类的人工繁育释放。在推进生态植物保护学、嵌入式害虫生物防控的过程中，将天敌昆虫的利用途径分为2种类型，即输引域外天敌昆虫和人工生产繁育并释放应用天敌昆虫，而将保护利用域内天敌归入生态植物保护学的生态调控内容。

5.2.1 输引域外天敌昆虫

地球上的不同自然区域由于气候、土壤条件的地域性，既反映植物区域的地域性，也反映相关昆虫群落的地域性。在某些人为或特殊情况下，在特定区域带进了某种新昆虫，而这种昆虫的原区域有效天敌却未随之带入，如果当地的生态环境条件适宜，它就有可能迅速繁殖发展成为重要害虫，对于这类害虫采取从原发地输引天敌的办法加以控制，已经有许多成功的案例。对于一些本土的害虫，在当地缺乏有效的天敌防控时，采用从域外引进近缘种害虫的天敌或利用不同地区同种天敌的地理宗，也有过一些成功的案例。

这种从国外输引或从国内不同地区移殖害虫天敌的办法，目的在于丰富本地昆虫多样性、改变当地昆虫群落结构，使目标害虫与天敌种群的密度不平衡状态在输引天敌种群的干预下达到新的平衡状态。

不同国家之间引进天敌昆虫，历经100多年实践，国内外均积累了丰富的经验和教训。截至1969年，各国引进成功（完全成功或部分成功）的事例有225起以上。对美国先后引进的390种天敌昆虫进行计算分析发现，能建立群落的有95种，成功率为24.36%。夏威夷引进天敌昆虫约300种，能建立群落的有80种，成功率为26.67%。斐济引进的天敌昆虫有50%能建立群落。加拿大引进的天敌昆虫成功率只有21.15%。

引进天敌昆虫成功率在1/3之下的主要原因在于天敌昆虫引进存在严重盲目性，即对天敌昆虫所在地和引进地两者之间的生态环境差异性比较研究不足，一旦将天敌昆虫引进新的领域，有较多的种类因不适应生态环境而失败。此外，人们对于从域外引进天敌昆虫在理论上还存在一些争议，尚须在实践中加以检验，提高引进天敌昆虫的理论水平，进一步改进、提升天敌昆虫输引技术水平。

作者几十年的天敌昆虫研究应用实践表明，无论任何情况，都必须采取人为固定天敌昆虫的措施，即将天敌昆虫嵌入式融入农林生态系统，在系统中人工保育、增殖，丰富生物多样性，自繁自用，激发内生生物动力效应。

历史经验证明，天敌昆虫引进也有些问题值得注意：①找出一种值得引进的天敌昆虫，要花费较大的人力和较多的经费；②引进天敌昆虫的成功率不高（10%～30%）；③由于自然竞争，引进天敌昆虫往往引起本地天敌昆虫质量降低；④引进天敌昆虫可能成为某种放养的益虫的天敌，有碍于益虫生产。

引进天敌昆虫防治害虫成为生物防治的一个重要领域。这一措施的迅速发展是从引进澳洲瓢虫防治吹绵蚧开始的。19世纪初期，美国从外地引进了很多种植物，随着苗木、接穗及苗木的护根土的引进而引入了多种害虫，其中一些害虫适应当地条件而定殖下来，甚至暴发成灾，比原产地的危害更为严重。19世纪中叶，一些昆虫学家认为，引入害虫大量发生的原因主要是由于缺乏原产地的天敌，提出到原产地去寻找有效天敌昆虫引进防治的设想。吹绵蚧于1868年在美国加利福尼亚州门洛公园（Menlo Park）的金合欢苗圃中被首次发现，很快蔓延到附近的树木和柑橘上，特别严重的是蔓延到洛杉矶附近为害柑橘，1880年已遍及整个加利福尼亚州，成为柑橘的严重为害害虫。当证实了这种害虫原产于澳大利亚后，1888年自澳大利亚引进了澳洲瓢虫防治吹绵蚧，散放后定殖，获得了显著的防治效果。随后，澳洲瓢虫引进到亚洲、非洲、欧洲、拉丁美洲的许多国家和地区，在热带、亚热带地区定殖，都获得了长期控制吹绵蚧种群数量的明显效果。

引进澳洲瓢虫防治吹绵蚧的成功引起了昆虫学家对天敌昆虫引进工作的重视。美国于1903年开始建立专门引进天敌昆虫的养虫室，随后还在国外建立搜集天敌昆虫的专门机构。英国、加拿大也分别于1927、1928年建立了同样性质的生物防治机构。这些机构的相互协作及与其他国家和地区的密切联系，促进了天敌昆虫引进工作的发展。据1970年统计，英联邦生物控制研究所（Commonwealth Institute for Biological Control，CIBC）在各大洲设有23个站和分站，成为活动范围最广的研究和引进天敌昆虫的组织。这个机构除服务于英联邦各国外，还为其他国家和地区提供资料和需要的天敌昆虫。

1955年，欧洲、地中海沿岸、近东国家和地区成立了国际生物控制委员会（Commission Internationale de Lutte Biologique Contre les Ennemis de Plants，CILB），总部设在苏黎世，出版了《食虫者》（*Entomophaga*）季刊，1962年改称为国际生物防治组织（International Organization for Biological Control of Noxious Animals and Plants，IOBC），成为多个区域性组织的联系机构。

200多年来，天敌昆虫引进工作取得了很多成绩。据1976年统计，从防治的害虫对象来看，美国引进天敌昆虫防治害虫取得成绩的害虫对象达62种，其中消除危害的达13种，基本消除危害的达26种；加拿大引进天敌昆虫防治害虫取得成绩的害虫对象达19种，其中基本消除危害的达6种。在世界范围统计，引进天敌昆虫防治害虫取得一定成果的害虫对象达157种，其中引进天敌后消除危害的达31种，基本消除危害的达73种，减轻危害或部分减轻危害的达53种；在害虫防治对象中，以同翅目昆虫最多，引进后发挥控制作用的达66种，其中介壳虫类占51种；其他害虫防治对象依次为鳞翅目（33种）、鞘翅目（20种）、双翅目（11种）、直翅目（5种）等。从引进的天敌昆虫类群来看，引进后发挥控制作用的天敌昆虫达199种，其中引进后消除危害的达50种，接近消除危害的达9种，基本消除危害的达57种，减轻危害的达83种。在这些天敌昆虫中，茧蜂有45种，跳小蜂有27种，瓢虫有21种，寄蝇有19种，姬蜂有16种，姬小蜂有11种。除此之外，还有赤眼蜂、缨小蜂等。

1976年之后，各国引进天敌昆虫的工作还在积极进行之中。一些国家和地区引进的种类被相继发现已在当地定居，一些继续引进。根据庞雄飞（1991）的统计，美国和加拿大共记录引进瓢虫179种，26种定居于北美，发挥防治害虫的重要作用，其中16种是偶然引进的。从世界范围来看，瓢虫引入定居的种已达42种，其中一些种类引进很多国家和地区，解决或部分解决了目标害虫的防治问题。

1976年之后定居的瓢虫，有一些种类是我们比较熟悉的。例如，七星瓢虫，自然分布于古北区，向南扩展至广东北部、广西北部、云南，印度北部的山区，属于瓢虫中的常见种。1956~1971年引入美国东北部散放。1964年发现有定殖，在新分布区内，其分布范围继续扩展。1985年发现其分布于美国的康涅狄格州、特拉华州、佐治亚州、缅因州、纽约州、俄克拉何马州、宾夕法尼亚州，分布范围仍在继续扩展。

我国在引进天敌昆虫防治害虫领域也取得了很多成绩，20世纪70年代以前，获得了一些引进天敌昆虫防治害虫成功的案例。20世纪70~80年代，引进天敌昆虫的工作发展很快。据李丽英等（1992）统计，自国外引进的寄生蜂、捕食螨、昆虫病原线虫已超过122种。

澳洲瓢虫原产于澳大利亚，1890年引入夏威夷，1889~1958年引入57个国家和地区，已经在热带、亚热带的55个国家和地区定居，取得了防治吹绵蚧的良好效果。1987年，引入欧洲。我国台湾于1909年自美国加利福尼亚州和夏威夷第一次引进澳洲瓢虫，用于防治吹绵蚧，定殖后发挥控制吹绵蚧的作用。我国的另一引入途径，是于1955年通过苏联农业部植物检疫室引入广州，引进后于1957年开始散放，散放后的当年或翌年吹绵蚧的危害得到解决。引进澳洲瓢虫解决了华南地区的吹绵蚧危害问题。

孟氏隐唇瓢虫原产于澳大利亚东部，主要捕食绒蚧科和蜡蚧科介壳虫等。孟氏隐唇瓢虫是引进研究最多的瓢虫之一。1891年开始自澳大利亚引入美国加利福尼亚州，连续饲养散放20年。1892年记录在加利福尼亚州沿海地带定殖，1939年记录定殖于佛罗里达州，1980年发现定居于加利福尼亚州中部地区。美国还于1893年引入并定殖于夏威夷，对粉蚧的防治发挥一定的作用。该种也被引入欧洲各国。例如，1908年被引入意大利，1918年被引入法国，1924年被引入以色列，1928年被引入西班牙等。但在这些北温带及寒带地区，这种瓢虫在越冬期大量死亡，只能采用室内饲养、春夏之间散放的方法维持种群数量，未见定殖。在热带、亚热带地区定殖的可能性甚大。引进后定殖的还有1911~1913年被引入波多黎各防治垫囊绵蜡蚧和鳞粉蚧，1931年被引入智利，1938~1939年被引入毛里求斯防治菠萝白粉蚧，1954~1955年自夏威夷引入垫囊绿绵蚧等。定殖后对粉蚧和绵蚧均起到一定的控制作用。

孟氏隐唇瓢虫的引进也是我国引进天敌昆虫定殖成功的案例之一。1955年通过苏联农业部植物检疫试验室引入广州，1955～1964年在华南农学院（现华南农业大学）和中南昆虫研究所（现先后更名广东省昆虫研究所、广东省生物资源研究所）进行繁殖散放。当时散放防治对象害虫包括桔粉蚧、嗜桔粉蚧及其他粉蚧和蜡蚧，但未见定殖。1964年停止了繁殖和散放工作。

花角蚜小蜂被引进广东防治松突圆蚧也是引进天敌昆虫防治害虫的成功案例。松突圆蚧是20世纪80年代被发现侵入广东的松树害虫。这种害虫首先记录于台北阳明山，1982年之前在香港也有发现，1982年在澳门为害严重，1983年以后向内陆扩展，1983年危害面积达11.4万hm^2，1986年危害面积达31.3万hm^2，1987年达40万hm^2。这种新侵入的松树害虫给广东的松林带来严重威胁（潘务耀等，1987）。1986年开始从日本引入花角蚜小蜂，采用松突圆蚧密度比较大的小片林地繁育种蜂，再用蜂源地的种蜂枝条捆扎成2～3kg一把，以600m的间隔进行人工挂放或飞机撒放，进行大面积散放，结果95%的放蜂点一次散放成功，放蜂后1年内平均寄生率达40%以上，2年后松突圆蚧雌蚧密度控制在每针束1头以下，虫口下降80%～90%，起到了较好的控制作用（潘务耀等，1993）。

20世纪80年代至今，天敌昆虫的引进工作虽然一直在进行，但是，由于受化学农药冲击，该项工作的进展十分缓慢。

5.2.2 人工生产繁育并释放应用天敌昆虫

某种天敌昆虫是否具有人工生产繁育及释放应用的价值，需要做如下判断。首先，要明确这种天敌昆虫在原生地的生物学特性［寄主范围、生活周期（生活史）、各个虫态的历期、对温湿度条件的要求、繁殖能力等］，与引进地相关因素进行理论比较，判断引进成功的可能性、可行性。其次，要研判并实证明确这种天敌种类（群）能否适应当地的生态条件。最后，要明确人工繁育条件，特别要明确寄主的选择或活体饵料或人工饲料的配制和效能等。

作为较理想的寄主应具备以下条件：①这种寄主是天敌昆虫所喜欢甚或嗜好寄生或捕食的；②天敌通过寄主能够顺利完成全生命周期生长发育；③寄主所含的营养物质较为丰富；④寄主较易获得，成本较低；⑤寄主可以量产、周年保供；⑥易于饲养管理。

在人工生产繁育天敌昆虫时，应保证繁育天敌昆虫的后代（即商品性天敌昆虫）保持较高的活力，并能适应农田生态环境条件，以便发挥天敌昆虫的高效防控力。

人工生产繁育天敌昆虫，还应该尽可能采用现代工业化技术成果、智慧化技术、设施农业技术，最大限度地提高工厂化规模繁育水平（如提高机械化应用水平、替代人工操作等），提高效率和保证质量，保证及时、足量提供害虫生物防控所需的高质量针对性生物防治产品，克服不同批次之间存在质量差异的问题。

对天敌昆虫释放应用效果的评估研究，也要作为一个重要的内容。研究不同作物生态系统释放天敌昆虫或施用生防制剂以后，该种天敌昆虫在田间的种群消长情况和对害虫的持续防控效应，是生物防控区别于化学农药防治的根本点之一。

5.3 主要天敌昆虫类群（种类）生产繁育与释放应用技术

5.3.1 天敌昆虫资源

根据昆虫系统分类体系（刘玉升，2012a）将天敌昆虫主要类群列表如下（表5-2）。

表5-2 天敌昆虫主要类群

目别	科别	种类	成虫食性	幼虫（若虫）食性	利用状况	备注
蜻蜓目	所有科	全部种类	捕食性	捕食性	天敌、食用	产业化
螳螂目	所有科	全部种类	捕食性	捕食性	天敌、食用	产业化
半翅目	黾蝽科	海南巨黾蝽	捕食性	捕食性	未利用	研究中
	负子蝽科	桂花蝉属2种	捕食性	捕食性	食用	广东
	蝎蝽科	小螳蝎蝽	捕食性	捕食性	鉴赏	产业化
	猎蝽科	猎蝽20种	捕食性	捕食性	天敌	产业化
	姬蝽科	姬蝽10种	捕食性	捕食性	天敌	研究中
	花蝽科	小花蝽	捕食性	捕食性	天敌	产业化
	蝽科	蠋蝽	捕食性	捕食性	天敌	产业化
	益蝽亚科	益蝽类	捕食性	捕食性	天敌	研究中
	盲蝽科	捕食性盲蝽	捕食性	捕食性	天敌	研究中
广翅目	所有科	全部种类	捕食性	捕食性	天敌、食用	产业化
蛇蛉目	所有科	全部种类	捕食性	捕食性	天敌	产业化
脉翅目	草蛉科	全部种类	捕食性	捕食性	天敌	研究中
	蚁蛉科	全部种类	捕食性	捕食性	天敌	幼虫穴居
鞘翅目	虎甲科	全部种类	捕食性	捕食性	天敌	自然利用
	步甲科	谷婪步甲	兼食性	兼食性	天敌	产业化
		黑广肩步甲	捕食性	捕食性	天敌	产业化
		绿步甲	捕食性	捕食性	天敌	产业化
	龙虱科	金边龙虱	捕食性	捕食性	天敌	水生性
	水龟虫科	长须水龟虫	捕食性	捕食性	天敌	水生性
	萤科	窗胸萤	捕食性	捕食性	天敌、鉴赏	捕食蜗牛
	坚甲科	花绒寄甲	捕食性	捕食性	天敌	寄食天牛

续表

目别	科别	种类	成虫食性	幼虫（若虫）食性	利用状况	备注
鞘翅目	瓢甲科	七星瓢虫	捕食性	捕食性	天敌	产业化
		异色瓢虫	捕食性	捕食性	天敌	产业化
		龟纹瓢虫	捕食性	捕食性	天敌	产业化
		深点食螨瓢虫	捕食性	捕食性	天敌	螨类
		多异瓢虫	捕食性	捕食性	天敌	产业化
		六斑异瓢虫	捕食性	捕食性	天敌	产业化
	方头甲科	日本方头甲	捕食性	捕食性	天敌	产业化
双翅目	瘿蚊科	食蚜瘿蚊	捕食性	捕食性	天敌	产业化
	食虫虻科	全部种类	捕食性	捕食性	天敌	研究状态
	食蚜蝇科	全部种类	捕食性	捕食性	天敌	研究状态
膜翅目	小蜂科	全部种类	寻主活动	寄生性	天敌	研究状态
	金小蜂科	全部种类	寻主活动	寄生性	天敌	研究状态
	跳小蜂科	全部种类	寻主活动	寄生性	天敌	研究状态
	蚜小蜂科	全部种类	寻主活动	寄生性	天敌	研究状态
	姬小蜂科	全部种类	寻主活动	寄生性	天敌	研究状态
	赤眼蜂科	全部种类	寻主活动	寄生性	天敌	产业化
	瘿小蜂科	全部种类	寻主活动	寄生性	天敌	研究状态
	缘腹细蜂科	全部种类	寻主活动	寄生性	天敌	研究状态
	姬蜂科	全部种类	寻主活动	寄生性	天敌	研究状态
	茧蜂科	全部种类	寻主活动	寄生性	天敌	产业化
	蚜茧蜂科	全部种类	寻主活动	寄生性	天敌	产业化
	螯蜂科	全部种类	寄生性	寄生性	天敌	研究状态
	青蜂科	全部种类	寄生性	寄生性	天敌	研究状态
	土蜂科	全部种类	寄生性	寄生性	天敌	研究状态
	蛛蜂科	全部种类	寄生性	寄生性	天敌	寄生蜘蛛
	胡蜂科	全部种类	捕食性	捕食性	天敌	产业化
	蜾蠃蜂科	全部种类	捕食性	捕食性	天敌	研究状态

5.3.2 螳螂类

广腹螳螂（广斧螳）、中华大刀螂、南大刀螂、北大刀螂、欧洲螳螂、绿斑小螳螂等均是农林植物害虫的重要天敌昆虫。

1. 常见螳螂种类

常见螳螂种类有广腹螳螂、中华大刀螂、小刀螂、薄翅螳螂等。

常见螳螂成虫形态特征比较如表 5-3 所示。

表 5-3　常见螳螂成虫形态特征比较

虫名	广腹螳螂	中华大刀螂	小刀螂	薄翅螳螂
体长/mm	57~63	57~60	86~96	40~76
前胸背板特征	粗短，横沟处明显膨大，侧缘具细齿，前半部中纵沟两侧光滑，无小颗粒	长 23~28mm，宽 5~7mm，长宽比 4.3∶1，前半部中纵沟两侧有许多小颗粒，侧缘齿明显，后半中隆起线两侧颗粒不明显，侧缘齿列不明显	长 31~33mm，侧角宽 8~9mm，长宽比 3.8∶1	长 16~17mm，侧角宽 2.2~3.1mm，长宽比为 3.5∶1
翅	翅长明显超过腹端，胫脉中有一浅黄色斑，前后翅等长	后翅黑褐色，具透明斑纹	后翅有不规则横脉，基部有黑色大斑纹，末端稍长于前翅	后翅末端超过前翅
足	前足特化为捕捉足；中、后足为步行足	前足特化为捕捉足；中、后足为步行足	前足基节和腿节内面中央各有一大黑漆斑，腿节上黑斑嵌有白斑	前足基节内面有长形黑漆斑，腿节内侧有一枯黄圆斑

2. 常见螳螂卵鞘

1）形态特征

常见螳螂卵鞘形状比较如表 5-4 所示。

表 5-4　常见螳螂卵鞘形状比较

虫名	广腹螳螂	中华大刀螂	小刀螂	薄翅螳螂
形状、颜色	长圆形，深棕色，前后端大小相等	楔形，沙土色至暗沙土色	大型、圆柱形，沙土色	扁圆形，前端大、末端窄小
质地	质地紧密坚硬	表面粗糙，结构较松	表面粗糙，质地柔软	表面色浅
卵室	左右各有 8~19 层，中部每层有 8~9 个卵室，两端 3~4 个，近腹面卵室与腹面垂直	左右各有 8~16 层，每层 10~11 个卵室，两端 4~5 个，每层卵室排列成长圆形，卵室不与腹面垂直	卵室排列呈圆形，少数卵室与背腹面垂直	卵室排列扁圆形

2）桑螵蛸概况

中药桑螵蛸的原昆虫是螳螂科大刀螂、中华大刀螂、广腹螳螂、薄翅螳螂和小刀螂等。桑螵蛸就是这些昆虫在桑树枝条上产卵而形成的卵鞘。中药桑螵蛸因其卵鞘的形状等不同分为团螵蛸、长螵蛸和黑螵蛸 3 种。螳螂的种类较多，所产卵鞘的大小、形状、颜色和质地均有差异，但其一般都可作桑螵蛸入药。

3. 常见螳螂生物学、生态学及行为习性

几种常见螳螂在华北、华东地区均为 1 年 1 代，在长江以南少数地区 1 年 2 代。以卵在卵鞘中越冬。一般 5、6 月卵开始孵化。不同种类之间孵化期稍有差异。

雌若虫一般为7~8龄,雄若虫为6~7龄(同一种也可因环境影响或食物的多寡,而有增龄或减龄的现象)。8月上中旬开始出现成虫。成虫羽化后10余天开始交配。交配至第1次产卵平均历期:广腹螳螂为18d,中华大刀螂为23d。在室外,螳螂成虫一般在9月上中旬开始产卵,9月下旬开始死亡。个别成虫可活到10月底至11月初。

1)卵期

每年7月中旬,多数种类陆续进入成虫期。于8月下旬经雌雄交配,雌虫选择树木枝干或墙壁、篱笆、石块上、石缝中产卵。一只雌螳螂所产卵鞘的多少、卵鞘的大小及鞘内卵粒的多少,因不同种类而有差异,一般可产1~4个卵鞘。每完成一个卵鞘需2~4h,一个卵鞘内的卵粒40~300粒不等。初产的卵鞘为白色或乳白色,较柔软,经5~10h后变为土黄色或黄褐色,也有的变为黑褐色。产在桑枝上的则称为桑螵蛸。翌年6月初,越冬卵开始孵化,故有"仲夏螳螂生"的说法,一直延续到7月上旬。卵的孵化时间早晚,除与当年的温湿度有关外,还与产卵处所接受光照的强度和时间长短有关。

广腹螳螂的卵鞘多为长椭圆形,外表为革质,光滑,浅褐色,顶部被鳞片层紧密保护,这是卵能够成功越冬的保证。初产的卵鞘为绿褐色,随着时间变化颜色逐渐变深,最终变为紫褐色。翌年6月初,越冬卵开始孵化,一直延续到7月上旬。卵孵化时间多在清晨至上午,只有广腹螳螂在下午或夜间孵化。

广腹螳螂的平均孵化率是58.94%,恒温条件下,广腹螳螂卵块平均孵化期分别为56.22d(20℃)、30.71d(25℃)和26.37d(30℃),发育起始温度为12.65℃,有效积温429.77℃·d;中华大刀螂平均孵化率是91.71%,恒温条件下,中华大刀螂卵块平均孵化期分别为55.09d(20℃)、28.09d(25℃)和21.77d(30℃),发育起始温度为12.90℃,有效积温362.42℃·d。

2)若虫期

卵在鞘内经胚胎发育为若虫后,即借身体的蠕动和卵的胀力,上升至卵鞘的孵化孔,挣脱卵膜孵化出来,并借助第10腹板上分泌的胶质细丝,将卵壳及虫体粘连悬挂着,有时可拉成10余只的长串。不久后,早孵化的个体借微风荡漾,用足抓住周围物体,各奔东西,这种自然现象也是螳螂生活中避免互相残食、自我保护的一种本能。螳螂1~2龄若虫自相残食习性较强,在自然环境中,一般为10%~30%;在人工饲养条件下可高达70%~90%。这种自相残食现象可能与幼小若虫的耐饥饿力有关,因为1~2龄若虫在完全缺食情况下4~5d即死亡,后期若虫在缺食情况下也只能维持11~18d的生命期。若虫与成虫形状相似,只是若虫不同龄期的胸部背面有由小到大的翅芽,末龄完成后,才长出具有飞翔作用的两对翅。

螳螂的若虫龄期不一致,其龄期为7~8、6~7或8~9龄,蜕皮时间一般集中在早上 5:00～6:00。5 龄之前的若虫很活跃，而 6 龄后活动迟钝，具有向上习性，耐饥饿力较强，但成活率低。在缺食情况下会出现严重的自相残食现象，且龄期越高，自相残食现象越明显。

3）成虫期

每年 7～10 月为成虫的陆续发生期。成虫出现期雌雄有差异，一般雄性成虫成熟期较雌性成虫早 10 余天。成虫羽化时间多在早晨和上午，少数在下午。羽化为成虫后，经历 10～15d 就可进行交配，螳螂一生可交配多次，交配时间为 2～4h，交配前期是螳螂取食量的最高峰，在交配时常出现雌虫攻击雄虫并咬食雄虫头部的情况，但并不影响交配，这种现象被称为"妻食夫"。有人认为，雌吃雄是为雌性腹内卵子的早熟补充营养。在一般情况下，只要雄螳螂能把握时机与雌性迅速完成交配过程，也可幸免于难。从以上解释看，雌吃雄主要是围绕求婚、交配、营养三者的相互关系而产生的一种保持种群优势的自然行为，在这种行为过程中，由雌性担负着繁衍后代的主要责任。

雌虫一生可产 1～2 个卵鞘。产卵时先分泌一层黏着物，再产一层卵，产一卵鞘历时 2～3h。除薄翅螳螂产卵鞘于地面石块、土缝中以外，其他几种螳螂均产于树木枝条、墙壁、篱笆等处。

螳螂雄性成虫善于飞行，雌性成虫飞行能力很差或者没有飞行能力，对不同波长光的视觉敏感性不同。生殖方式有孤雌生殖和两性生殖两种，但孤雌生殖所产的卵不能孵化。

4. 螳螂活体的采集

药用螳螂为常见螳螂的干燥成虫。

在全年生长季节中，螳螂散生于各种有植物生长、昆虫发生的环境中。发现螳螂后，可以利用捕虫网进行捕捉采集，保存加工利用。

5. 螳螂生产养殖技术及应用

目前，已经开展大规模生产养殖并初步产业化的种类有广腹螳螂、大刀螂、中华大刀螂。

1）生产养殖设施、场地与器具

（1）场地选择。螳螂喜欢栖息在植物上，建棚的位置最好选择在通风向阳的地方，应有一定面积，便于建造适当规模的网棚。

（2）建棚。螳螂因有自相残食的习性，因此人工笼养有一定难度。室外用 12m×6m×2m 的大笼饲养，笼内移植栽种矮小树木和棉花等作物作为隔离物，并供螳螂栖息，减少接触机会，避免自相残食。同时喂以人工饲料。3 龄前饲喂糊状饲料，3 龄后饲喂糕状饲料。螳螂可以在以上人工饲养条件下完成生长发育并可产卵，但尚存在成本较高、人工饲料营养成分还不够完善等问题，以及3龄若虫出现体弱、滞育、死亡及成虫抱卵死亡、产卵鞘数和卵粒数较少等现象，有待进一步研究解决。

（3）饲养螳螂的器具。孵鞘内的卵开始孵化前（气温升至20℃前），应做好饲养前的准备工作。饲养螳螂的器具有：20孔铁纱制作的200cm×100cm×150cm的木笼数个；直径30cm、高50cm的铁皮框纱罩数个；选择防涝、通风的适宜地点种植或移栽矮小的多年生灌木树丛，作为螳螂栖息之地，也是防止互相残食的隔离物；直径35cm的花盆及盆栽植物数盆；放人工饲料的小盒和刀具；保存饲料的冰箱或冰盒。

2）始祖种源群体的建立

我国已知螳螂种类近百种，但能入药的仅有广腹螳螂、中华刀螂、枯叶大刀螂、薄翅刀螂和巨斧刀螂等少数品种。人工养殖时要选择个体大、产卵多、生长迅速、市场畅销的品种，如广腹螳螂、枯叶大刀螂和中华刀螂等。

初次养殖时种源可从自然界采集或从专业养殖场购买，以后留种繁殖即可。一般在9月至翌年2月均可开始采卵。卵鞘内的卵开始孵化前（气温升至20℃前），应做好饲养前的准备工作。将盛有种卵的容器集中放置在事先准备好的网棚内，要勤观察，若有小螳螂出鞘活动，要及时投喂饲料。

（1）采集。多种螳螂均以卵块在树枝、树干、草茎、墙壁或石块上过冬。一般在11月中旬即可开始采卵。采卵时要先观察，选择卵块大，表面保护层较厚，光泽性强，卵块外无破口、磨损和被寄生蛀孔的优质、健壮卵数块，连同卵块的粘连枝条的一段剪下，插入有少许水的罐头瓶中，用纱布包好，放置在无鼠、无蜚蠊等的空房中，室温以0~5℃为宜。翌年春季当室温升到15℃时，应及时观察。此时卵鞘较冬前稍有膨胀，表示鞘内的卵粒胚胎开始发育。如果需要分期孵化，便于饲养管理，应在室温10℃左右时，放于5~10℃的冰箱中保存。气温稳定在20℃时，是其孵化初期，应及时注意检查，将卵块移到饲养笼中。气温上升到20~25℃时，即进入孵化盛期。

（2）引种。在已经开展螳螂生产养殖的昆虫农场中，根据生产规模、投资规模和管理水平、市场空间确定引种的规模。

3）活体饲料与人工饲料

（1）活体饲料。螳螂属于捕食性昆虫，无论若虫期或成虫期，都喜欢捕捉活虫，特别是以运动中的小虫为食，尤其是3龄前的幼小若虫，如无活虫，很难饲养成功。因此，在螳螂卵块孵化前，应准备活虫饲料，主要有蚜虫和家蝇。蚜虫繁殖力极强，且易饲养。可预先在花盆或小型塑料阳畦中，种植十字花科植物，待出苗后，接种菜缢管蚜，让其繁殖待用。山东农业大学自1997年即开展捕食性昆虫饲料蚜虫的筛选、繁育工作，经过多年的比较评价，筛选出紫藤蚜作为饲养低龄螳螂的良好饵料。

（2）人工饲料。3龄后的螳螂若虫食量较大，只靠有限的活体饵料很难在人为控制下大量成活和完成交配产卵过程，因此，必须配制人工饲料，以补充活饲料的不足。对于螳螂人工养殖，在饲料充足时，交配和产卵的时间可适当提前。

配方1：先将250mL清水（无菌无毒的蒸馏水）倒入容器中，先取其中的少量水，将5g酵母片捣碎放入水中溶解，然后将50g鸡蛋黄、20g蜂蜜、20g蔗糖全部倒入量好的清水中，经过充分搅拌均匀后，放入锅中蒸沸，冷却后备用。

配方2：将100g鲜猪肝（其他动物肝也可）洗净切碎剁烂呈糊状，加入蔗糖50g，拌匀备用（此方应随用随配）。

配方3：水100mL，鲜猪肝40g，蚜虫粉20g，豆粉5g，蔗糖20g，琼脂20g，酵母片1g。

以上3种配方，在广大的农村地区可自制采用，但无论选用哪种配方，在选料和配制时，都要十分注意卫生，所用容器、加工刀具都应经消毒处理。配好的饲料经冷却后，可放入冰箱内短时间保存，按需取用。时间过长，螳螂也不喜取食。如果大量饲养，最好根据用量隔日配制一次。

除以上配方外，最好根据所处地区的环境、气候条件、原料来源及所饲养的螳螂种类，在上述配方的基础上，加减搭配。改进配方时必须注意饲料中的糖分、蛋白质、维生素、好味性天然饲料及水等的合理比例，以便引起螳螂的食欲，增加进食量。

（3）投喂季节性活体饵料。活体饵料除蚜虫和家蝇等外，还有其他季节性发生的昆虫（如棉铃虫、蝗虫、家蝇、玉米螟、菜粉蝶等），均可随见随采随用。

4）生产养殖环境调控

通过环境调控，模拟温湿度，增加光照时间，人为创建自然环境，可打破螳螂的休眠习性，进行人工反季节养殖，增加经济效益。

（1）光照。在室内一般用荧光灯管提供所需的照明。光周期对螳螂能产生一定的影响。一般来说，每天使用12h光照，高纬度的种类则需每天15h光照，螳螂才能较好地繁殖，减少白天的长度，同样也能刺激温带的螳螂种类，增加产卵量。螳螂是靠视觉来捕食昆虫的，因此，适度的光照对于捕食非常重要，也应该尽量避免阳光暴晒。

（2）湿度。理想的湿度一般为50%～70%。湿度对低龄若虫尤为重要：一是低龄若虫更易散失体内的水分，二是有助于若虫蜕皮。然而，过度潮湿容易引发很多疾病，尤其是在高温高湿的情况下，特别要注意饲养场所的通风透气。

（3）水分。在保持养殖场所适当湿度的同时，也需要给螳螂提供必需的水分，雄虫和若虫对环境的湿度更加敏感，建议采用蒸馏水。

5）螳螂天敌及病菌防控

螳螂的天敌及其为害特征见表 5-5。

表 5-5 螳螂天敌及其为害特征

螳螂天敌	为害期	为害途径	为害状和后果
远东蠊螨皮蠹	卵期	以幼虫在卵鞘内越冬	卵鞘被皮蠹蛀食或空壳卵鞘表面有一至多个圆形小孔，不能正常孵化
寄生蜂	卵期	寄生蜂产卵于卵期，适时孵化	卵鞘表面出现若干个小圆孔，不能正常孵化
蟋蟀	卵期	取食卵块	卵块被咬残缺
蚂蚁	低龄若虫或成虫	捕食若虫或成虫	被捕食者不能完成发育或繁殖
蜘蛛	若虫或成虫	捕食若虫或成虫	被捕食者不能完成发育或繁殖
寄生螨	若虫或成虫	寄生于卵鞘表面或螳螂体表	被寄生的卵鞘受损，被寄生的个体发育迟缓，生殖力下降，体色不正常
铁线虫	若虫或成虫	寄生于螳螂体内	被寄生者发育迟缓，生殖力下降，体色不正常
鼠	卵鞘	取食卵鞘	卵鞘受损
鸟	若虫或成虫	捕食若虫或成虫	被捕食者不能完成发育
真菌	卵鞘	吸收卵鞘营养	寄主表面布满寄生物，卵鞘受损

6. 螳螂的生态利用

螳螂为陆栖捕食性昆虫（肉食性），可捕食 40 余种农林害虫。凡是昆虫中的小型种类都可被螳螂捕食，尤以蝇、蚊、蝗、蚕斯若虫，蛾蝶类的卵、幼虫、裸露的蛹、成虫为其适宜的猎捕物，甚至蝉、飞蝗等大型昆虫也是它们的捕食对象。

近几年来，食用螳螂产业发展迅速，已经成为乡村振兴、产业振兴的特色经济发展项目。

5.3.3 蠋蝽

蠋蝽是半翅目蝽总科蝽科益蝽亚科蠋蝽属的一种捕食性天敌。

1. 形态特征

成虫：体色斑驳，椭圆形，臭腺沟有果斑，腹基无突起，抱器略呈三角形（郑乐怡，1981）。成虫体长 10～15mm，宽 5～7mm。体黄褐色或黑褐色，全身密布深色细刻点，不具光泽。头黄褐色，头部侧叶长于中叶，但在其前方不闭合；前胸背板侧角伸出短。复眼深褐色，单眼褐色。触角 5 节，褐色略带黄色，第 3、4 节黑色或部分黑色。侧接缘淡黄色，节缝黑色。足淡褐色，胫节和跗节略呈淡红色。

卵：圆桶状，鼓形。卵高 0.9～1.0mm，宽 0.6～0.7mm。侧面中央稍鼓起。上部 1/3 处及卵盖上有长短不等的深色突起，组成网状斑纹。卵盖周围有 11～17

根白色纤毛。初产卵粒为乳白色，透明，渐变为半黄色，后为橘红色，最后为黑褐色（高卓等，2009）。

若虫：若虫共5龄，各龄形态差异较大。

1龄若虫体长1.9～2.4mm，头宽0.5～0.6mm。体、头均橘黄色，复眼褐色，腹背隆起，足黑色。

2龄若虫体长3.8～4.0mm，头宽0.7～0.8mm。体黄褐色，触角5节，褐色，侧接缘略白色，节缝黑色。前胸背板到后胸背板中间是由小黑点连成的1条竖线，竖线两边浅黄色小点。腹部背面浅黄色，上面有许多黑点。小盾片有3条黑色纵带，中间条略呈半圆形，其余2条略长方形。

3龄若虫体长4.5～6.0mm，头宽0.9～1.0mm。体浅黄色，上面有许多小黑点。头部浅黄色，头上有4条竖线，中间2条稍长些，侧接缘略白色，节缝黑色。其余同2龄若虫。

4龄若虫体长7.0～8.0mm，头宽1.2～1.3mm，前胸背板到中胸背板中间有一条白线。侧接缘黄黑相间。其余同3龄若虫。

5龄若虫体长9.0～10.0mm，头宽1.4～1.5mm。体黄褐色，上有黑刻点。复眼褐色，触角褐色。足黄褐色，爪黄褐色。其余同4龄若虫。

1～5龄若虫体态变化过程如下：初孵若虫为橘黄色，复眼赤红色，孵化约10min后，头部、前胸背板各足的颜色由白变黑，腹部背面黄色，中央有4个大小不等的果斑，侧接缘的节具猪色斑点，4龄后可明显看到1对黑色翅芽。

2. 基础生物学

1）生活史

蠋蝽在北京等地区每年发生2～3代，以成虫越冬，越冬场所为杂草根部、石块下、土壤缝隙等处（徐崇华等，1981）。在山东、沧州每年发生2代，以第2代成虫越冬，翌年4月中旬开始出蛰，4月底交尾，5月上旬开始产卵，5月中旬出现第1代若虫，6月中旬出现第1代成虫，7月上旬第1代成虫交尾产卵，7月中旬出现第2代若虫，7月底出现第2代成虫（姜秀华等，2003）。一般于9月下旬至10月上旬陆续进入越冬状态（表5-6）。

表5-6 蠋蝽生活史

世代	月份						
	11月至翌年4月	5月	6月	7月	8月	9月	10月
越冬代	(+)(+)(+)			++++		(+)(+)(+)	(+)(+)(+)
第1代			ooooo				
第2代					++++		

资料来源：高卓 等，2011。

注：(+)代表越冬代成虫；+代表成虫；o代表卵。

蠋蝽世代重叠现象明显。在北京室内（27±2）℃，相对湿度为75%±5%，以柞蚕蛹饲养蠋蝽，产卵前期5~8d，若虫各龄期发育时间不同，具体发育时间详见表5-7。室内观察研究发现，成虫多次交尾，交尾时长最长达195min，最短时长为10~20min。成虫多在叶片、枝叶硬部产卵，十几粒或几十粒形成一个卵块。高卓等（2011）认为蠋蝽是进行体外消化，可以取食比自身体形宽大的猎物。雌性个体间产卵量差异较大，平均409粒/雌左右。

表5-7 蠋蝽发育历期

发育阶段	发育历期/d 最小值	最大值	平均值
卵	5	7	6.43±0.08
1龄	3	4	3.25±0.07
2龄	3	5	4.11±0.10
3龄	3	4	3.41±0.07
4龄	3	6	4.00±0.11
5龄	5	7	5.89±0.09
雄虫	33	60	44.18±1.08
雌虫	23	54	37.25±1.14

资料来源：Zou et al., 2012。

蠋蝽分布于我国北京、甘肃、贵州、河北、黑龙江、湖北、湖南、江苏、江西、吉林、辽宁、内蒙古、山西、山东、陕西、四川、新疆、云南、浙江及蒙古、朝鲜半岛等地。蠋蝽经常活动于榆树、杨树、枫杨混交林和棉田、大豆田等生态环境，是农林业一种重要的捕食性天敌昆虫。其可以捕食鳞翅目、鞘翅目、膜翅目及半翅目等多个目的昆虫（Zou et al., 2012），最为喜食叶甲科和刺蛾科的幼虫（高长启等，1993）。在棉田，由于Bt棉的种植，棉铃虫的种群被有效抑制，盲蝽象则由次要害虫上升为主要害虫。蠋蝽除了可以捕食棉铃虫外，还可以捕食三点苜蓿盲蝽和绿盲蝽。因此，应用转基因技术与释放天敌蠋蝽相结合控制棉花害虫，可以更有效地达到可持续防控的目的。此外，蠋蝽还可以取食马铃薯甲虫和美国白蛾，因此，应用本地天敌昆虫防控重大外来入侵害虫是切实可行的方法。综上所述，蠋蝽是农林业生物防治中的一种非常值得关注的天敌昆虫。

2）生物学特性

成虫善爬行，不喜飞翔，喜高温，惧寒湿，具趋光性、杂食性和假死性，越冬成虫有多次交尾习性，并且交尾时间较长，最长能持续1d，雄虫交尾后当天死亡，雌虫继续活动，一般能活动40d左右，产卵量约为300粒。第1代成虫喜欢在树冠中上部活动，第2代成虫多在树干部活动。主要越冬场所是向阳面的墙缝和砖瓦下。

若虫共有 5 龄。1 龄若虫具有群居性和植食性，刚孵化的若虫在卵壳附近群居，群居期为 2~4d，蜕第 1 次皮后，开始分散活动。2 龄以上若虫均以肉食性为主，捕食方法是将针状口器刺入寄主体内，吸食体液。其卵产于榆叶正面，呈单行或双行整齐排列。初产时，卵为白色，晶亮透明，渐变为浅黄色，即将孵化时为黑灰色，若虫顶盖而出。孵化期为 7~10d。

蠋蝽的分布范围很广，主要在树木上生活。在泰山区域，主要发生于具有大量核桃扁叶甲的枫杨树上，苹果树、海棠树、杨树、梨树等也都有分布。

3）行为习性

（1）越冬。蠋蝽和一般蝽科昆虫一样，以成虫在避风的枯枝落叶、土块、石缝中越冬。蠋蝽成虫在 11 月开始越冬，到翌年 3 月下旬开始活动。在最初一段时间内，不取食，只在中午温度高时出来活动，早、晚温度低时静止不动。冬季室内饲养试验表明，10 月中下旬，从野外采来将要越冬的成虫，放入 20~24℃的温箱中，人工饲养。在饲料充足的情况下，冬季生长发育正常。

（2）交尾、产卵。成虫羽化后 4~8d 开始交尾。交尾时雌雄排成"一"字形，每次交尾长达 3~14h，并且有边交尾边取食的习性。在交尾期间雄虫经常取食蜜水。雌性成虫有 1 次交尾多次产卵或多次交尾多次产卵的习性。卵多产于叶片和细枝条上，在养虫缸内则产于缸壁和铁网上，一般 1 次产卵 1 块，每块十几粒至几十粒，紧密排列成行。

（3）取食。蠋蝽的取食范围很广，可取食多种农林害虫。例如，鳞翅目大部分成虫、幼虫；鞘翅目金龟甲成虫，榆蓝叶甲成虫、幼虫，玉米象成虫、幼虫；膜翅目麦叶蜂成虫、幼虫；双翅目家蝇蛹、幼虫等。取食时将粗大的喙伸出，刺入虫体，甚至将虫举起，吸吮体液，非常凶猛，一次取食达几十分钟至一两个小时，若虫体未腐烂，下次还继续取食，至虫体干瘪。蠋蝽的食量随龄期的增加而增加。若虫蜕皮后身体颜色加深，便开始取食，到下次蜕皮前一段时间，食量达到最高峰。蠋蝽的捕食能力也随着龄期的增加而增强。一般 1 龄若虫不取食肉食，仅刺吸少量幼嫩的植物茎叶汁液或根本不取食，2 龄开始取食榆蓝金花虫幼虫、蚜虫等身体比较软的昆虫，到 3 龄以后才可取食体壁较硬的昆虫。

云南大学古生物研究院冯卓团队经过长期野外科考，在四川自贡距今约 2 亿年前的三叠纪晚期地层中，采集到了大量保存精美、物种丰富的植物化石。从这批化石中，找到了昆虫植内产卵的化石证据。

该团队通过比较解剖学研究，在一种银杏类叶化石内发现了大量昆虫卵化石。分析表明，这些虫卵与现生蜻蜓目昆虫卵最接近。从解剖学特征看，保存虫卵的植物叶片上表皮比下表皮角质层更厚，而角质层具有良好的隔热和防紫外线辐射的作用。此外，叶脉间柔软的叶肉组织也更利于昆虫插入产卵器并产卵。

研究者还发现，这些叶片中的虫卵被其他昆虫取食过卵液。推测可能是某种半翅目昆虫利用刺吸式口器刺穿卵壳、吸食卵液，并在卵壳上留下了直径 1～3μm 的取食孔，有些卵壳上甚至留下了多个取食孔。虫卵具有丰富的营养物质，但如何准确找到这些"潜藏"在叶片里的卵，需要昆虫具有特殊的嗅觉或视觉神经系统。

昆虫会在植物内产卵，这是它们的一种特殊生殖策略。昆虫使用特殊的产卵器将卵产到叶片或树皮等植物组织里，使虫卵得到保护，以提高后代存活率。昆虫的植内产卵代表了一种先进的生存方式，而取食卵液也是高效获取营养的策略。这两种行为都利于物种繁衍且在约 2 亿年前就出现了。

这些研究成果充分说明了螳蛉类昆虫是由刺吸植物（叶片）汁液、偶然获得虫卵营养而逐渐进化至今，成为捕食性昆虫。

（4）趋光性。螳蛉成虫趋光性不明显，初龄若虫有避光现象，喜欢隐藏在叶背或卷叶中。

（5）互残性。在饲养过程中如果食料不足或龄期差别太大，螳蛉个体间有自相残食或取食自己卵块的习性。

（6）群集性。螳蛉孵化后到第 1 次蜕皮前，聚集在卵块及其附近。2 龄后离开卵块，开始觅食，但仍然喜欢聚集在一起，一直到 3 龄后群聚在一起的现象才逐渐减退。成虫无群聚性。

（7）孤雌生殖：将刚羽化出的螳蛉成虫（雌）单独饲养，结果不经交尾的雌性成虫产卵 15 粒。卵的颜色与正常卵相同。

3. 生产繁育技术

1）螳蛉人工生产繁育工艺流程

螳蛉人工生产繁育工艺流程见图 5-1。

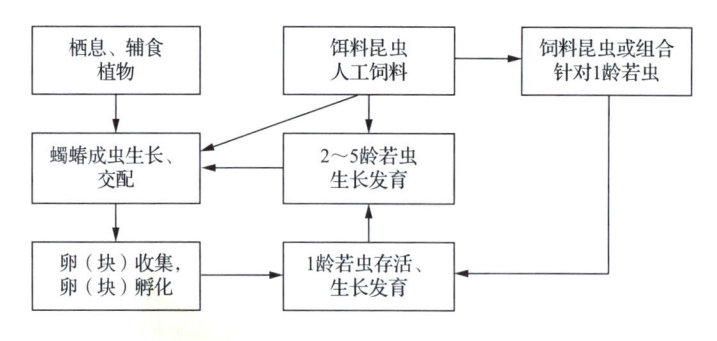

图 5-1　螳蛉人工生产繁育工艺流程图

2）生产设施与饲养器具

基本生产设施包括种源繁育室、日光温室塑料大棚、饵料昆虫培育室、人工饲料配制室和高压锅、灭菌锅等。

饲养器具可用广口瓶、罐头瓶、塑料瓶等。

3）始祖种源群体建立

始祖种源群体的建立包括两个方面：自然种质资源采集及种群维持与复壮。

（1）自然种质资源采集。蠋蝽的人工生产繁育，首先要采集足够数量的自然种源。种源蠋蝽的采集可以在春秋两季进行，即在秋季蠋蝽成虫进入越冬场所之后或在春季越冬代蠋蝽离开越冬场所之前，一般选择秋季的 11 月大雪铺地之前和春季的 4 月初田间化雪之后。采集地点一般选在蠋蝽发生地的落叶层下，以鱼鳞孔或者树根茎部落叶层下为主。采集到的成虫，暂时存放于保湿捕虫盒中，带回室内放入含有 10～15cm 厚湿沙的养虫盒内，然后在其上覆盖树叶，于 4～6℃ 冰箱中低温保藏 4～5 个月，其成活率仍达 90% 左右。也可将采集的蠋蝽成虫放在室外土坑中保藏。具体方法：在室外向阳避风处，挖一深度为 30～50cm 的土坑，坑的大小可根据储藏的蠋蝽数量而定。在挖好的土坑内，先填 10～15cm 潮湿的细沙，将蠋蝽放于其上，再覆盖些树叶，然后将坑面用纱网罩上以防止其他动物侵害。用此方法保存的蠋蝽 3～5 个月后其存活率保持在 90% 左右。保存后使其复苏时，先将越冬蠋蝽取出，在 15℃ 下慢慢复苏。1～2d 后移入养虫室内，保持 23～28℃，相对湿度 70%。

（2）种群维持与复壮。天敌昆虫长期在室内人为条件下饲养会出现种群退化现象，表现为个体变小、行动力下降、产卵量和生育率下降等，主要影响因素是近亲繁殖和环境条件"温水煮青蛙"的诱变效应。此外，饵料猎物单一，空气不流畅，光照不自然及空间限制群体内个体活动等也是造成种群退化的因素。因此，延缓或尽量防止天敌昆虫的种群退化是大量生产繁育天敌昆虫不可忽视的一个重要问题。对于不用常年进行种群维持的蠋蝽，室内大量繁育后临近秋季时，可将室内人工繁育种群移入网棚环境中，使其在自然条件下越冬，待翌年春季再将越冬种群移入室内进行生产繁育。对于常年在室内进行种群维持的蠋蝽，可以定期采集，自然界种群与室内人工种群进行杂交可促使室内人工种群复壮，同时将室内饲养的部分蠋蝽释放到限制性野外环境，以保证自然种群的数量。此外，可以交替饲喂两种以上的饵料猎物供给蠋蝽，以防止饲喂单一饵料猎物造成的营养单一，即通过扩大"营养谱"对种群进行复壮。清新流通的空气、适宜的光照条件及足够的活动空间都在种群维持与复壮中发挥一定的助推作用。

4）饵料猎物与辅食植物

蠋蝽 4 龄若虫取食苹果舟形毛虫。成虫取食桑蚕蛹、黄粉虫、大麦虫、白星花金龟、黑水虻等。

蠋蝽嗜食榆紫叶甲、核桃扁叶甲及松毛虫等。但是，室内很难长期、大量人工饲养这些昆虫，因此，需要寻找筛选其他简便易得且相对经济的饵料猎物。经过国内多位学者的试验证明，柞蚕蛹是室内大量生产繁育蠋蝽的一种优良饵料昆虫（高卓等，2011；徐崇华等，1981；Zou et al.，2012）。通过饲喂蠋蝽各种昆虫筛选蠋蝽的优良饵料昆虫，其中从成虫获得率上看，饲喂柞蚕蛹的成虫最高获得率为67%；其次为黄粉虫，38%；再次为柞蚕低龄幼虫，5%；黏虫，3.3%。在单雌产卵量方面，饲喂柞蚕蛹的最高，平均为299.1粒/雌；其次为黄粉虫，155.3粒/雌；再次为柞蚕低龄幼虫，54粒/雌；黏虫，36粒/雌。高卓等（2011）研究，取食柞蚕蛹的蠋蝽产卵量为300～500粒/雌，平均为409.5粒/雌，卵的孵化率在90%以上。不同温度对蠋蝽的繁殖、发育影响显著。在20℃时，若虫发育历期约42.3d；在30℃时，仅需29d。在20℃时，成虫寿命为43d；在30℃时，成虫寿命仅有28.4d。

在食物充足的条件下，蠋蝽也会刺吸植物的汁液，因此，在室内大量繁育蠋蝽时最好为其提供栖息植物，供其栖息、隔离和刺吸。喷施蔗糖水（5%及10%）、蜂蜜水（5%及10%）及杨树鲜叶水浸液对栖息植物进行改良。结果表明，喷雾5%蔗糖水和杨树鲜叶水浸液都可以起到与使用水培杨树枝叶一样好的效果，这3种处理的若虫存活率分别为68%、73%和73%。

通过研究不同宿主植物和饲养密度对蠋蝽生长发育和生殖力的影响来对室内大量繁育蠋蝽的工艺进行改良，结果表明，当饲喂柞蚕蛹但使用不同宿主植物时，用榆树饲养的蠋蝽若虫存活率最高，达82.09%；大豆饲养的蠋蝽若虫存活率为61.34%；山杨饲养的蠋蝽若虫存活率相对较低，为34.60%；无宿主植物的对照蠋蝽若虫存活率最低，仅为16.38%。对于若虫发育历期，3种宿主植物对若虫发育历期的影响无显著差异，但是无宿主植物的对照若虫发育历期延长。对于产卵量，宿主为榆树时蠋蝽产卵量最高，平均每头雌蝽产卵量可达330.89粒；以大豆为宿主时产卵量略少，为255.7/粒；以山杨为宿主时其产卵量仅为榆树条件下的68.11%，对照的产卵量最少，仅为榆树条件下饲养的29.21%。对于产卵前期，用榆树和山杨为宿主植物时，蠋蝽成虫产卵前期无明显差别，相差不足1d，而在对照条件下和用大豆饲养的蠋蝽，其产卵前期显著长于前两者。对于产卵期，榆树饲养的蠋蝽产卵期最大，可达17.97d；用山杨和大豆饲养时，蠋蝽的产卵期分别比前者短3.49d和6.88d；对照最低，仅为5.89d；以柞蚕蛹为饵料猎物对蠋蝽的产卵期影响较大。不同饲养密度对蠋蝽的产卵前期、产卵期和产卵量都有不同程度的影响，密度过高或过低都明显降低其生殖力。

5）生产繁育管理技术

（1）栖息、辅食植物的选择与利用。蠋蝽虽为肉食性天敌昆虫，以取食其他多种昆虫为主，但其也具有刺吸植物幼嫩组织的习性。高卓等（2009）认为，蠋蝽对植物的刺吸不会对植物组织造成危害。由于蠋蝽喜欢活跃于枫杨、榆树和杨树混交林，大豆田和棉田等地，因此，可以推论，枫杨嫩枝、榆树枝或杨树枝作为其栖息植物最好，但是，室内栽培榆树或杨树很难长期存活，而且占用空间很大。大豆苗室内种植成活率高，占用空间小，周期短，成本低，因此，使用大豆苗作为其栖息植物较为合适。作者团队筛选了红叶石楠、紫藤、白菜叶、甘蓝叶片作为栖息植物（组织），效果很好。栖息植物（组织）除了供蠋蝽刺吸，同时可以为其提供休息场所，更重要的是在群体繁育时提供躲避空间，发挥隔离效应，大大减少自残率。栖息植物（组织）也是蠋蝽产卵选择的主要载体。

（2）蠋蝽成虫的饲养。将羽化后经过一段时间生长发育、初表现交尾行为的成对成虫从群体中分离出来，单对放入笼中，养虫笼底部放入鲜活大豆芽苗，大豆芽苗修剪疏松不要过密，同时饲喂饵料昆虫（黄粉虫、柞蚕蛹等），并定期更换饵料食物。柞蚕蛹变软或变色后就开始腐烂，要立即清理更新。养虫笼上方可放置蒸馏水浸湿的脱脂棉供其取水，每天加水一次。作者团队采用普通矿泉水瓶进行单瓶饲养，每个瓶中放入 3 对成虫，放入大豆苗，每 2~3d 加一次水即可保证豆苗存活。

（3）蠋蝽卵（块）的收集。蠋蝽喜欢将卵产在较隐蔽的地方（如叶片背面），收集卵（块）时可将带卵（块）的叶片剪下，放于带有湿润滤纸的培养皿或矿泉水瓶中，每天喷一次蒸馏水保湿，喷湿即可，不可见水珠，更不能将卵（块）浸泡于水中，培养皿盖保持半盖状态，矿泉水瓶可不加盖。

如果卵（块）产于虫笼纱网、瓶壁或瓶盖上，收卵（块）时要尽量轻，尽可能不要将卵（块）弄散或者直接将成虫更换到新笼或新瓶中，让卵（块）保留在原笼或原瓶中发育，直至发育到 2 龄虫以上阶段再收集。

卵（块）初产时淡乳白色，随后卵发育成熟变为金黄色。群体饲养时，成虫有取食卵粒的现象，因此，每天最好都进行一次卵（块）的收集，以免成虫取食造成损失。

（4）1 龄若虫的饲养。初孵 1 龄若虫与其他各龄期若虫及成虫不同，1 龄若虫孵化后依附卵壳（块）聚集在一起不分散，持续 3~4d，只取食水即可发育到 2 龄阶段，因此，对于 1 龄若虫只提供足够的水分或少许蚜虫即可。将脱脂棉用蒸馏水泡湿，放入小容器（如塑料杯、小塑料盒、瓶盖等）中，将初孵的 1 龄若虫团放于湿润脱脂棉上，但不可使若虫浸泡于水中。防止 1 龄若虫逃逸十分重要。

（5）2~5 龄若虫的饲养。1 龄若虫 3~4d 后即蜕皮变为 2 龄若虫，之后即开始分散取食，逐渐发育至 5 龄，经 15~25d。

2~5 龄若虫均可捕食饵料猎物。对于易动的饵料猎物虫态（如鳞翅目幼虫、黄粉虫幼虫等），为了减少其对低龄蠋蝽若虫可能造成的伤害及保持其易于被取食的状态，可将饵料猎物用开水烫死后再提供给蠋蝽若虫取食；但是，饵料猎物不可烫杀时间过久，60~70℃热水烫杀 30~60s 即可。对于不易动的虫态（如各种蛹体），可直接提供给蠋蝽若虫取食。

养虫笼上或养虫瓶中可放置蒸馏水浸湿的脱脂棉供其取水，每天加水一次。

为了更新食物，可将饵料猎物或人工饲料放于养虫笼或养虫瓶瓶盖内。

要根据所饲养的蠋蝽数量和虫态计算饵料猎物或人工饲料的投放量，避免因食物不足而造成蠋蝽个体之间自相残食。在若虫期要全程提供栖息植物（组织）。5龄若虫发育成熟后即羽化为成虫。待5~10d之后，观察有交配行为的成虫，将之成对分离出来进行成虫期饲养。

每瓶可养雌性成虫3头、雄性成虫1头。瓶内放几片幼嫩植物枝叶以调节湿度，同时放入直径1.2cm、长3~4cm的产卵纸筒3~5个，瓶口蒙纱布用皮筋扎紧。以象鼻虫、造桥虫、蚕蛹等为食料，每天早晚各喂1次，将罐头瓶洗净，放入新鲜的苹果枝和蠋蝽喜食的害虫。苹果枝上保留3~4片叶子，下端用湿纱布包好，以保持枝叶新鲜，延长使用时间。瓶口盖上纱布，套上橡皮筋，防止成虫外逃。经常更换鲜叶和清洁饲养瓶，并注意取卵。若虫孵化后随即放入饲养瓶内，每瓶可养一二百头。若虫蜕皮前5h左右停止取食，蜕皮5h后开始取食，一天后食量开始增加。食量充足、体质强壮的若虫蜕皮快，否则蜕皮迟缓，甚至死亡。

每瓶按1∶1或（2~3）∶1的雌雄比例放入成虫，进行雌雄混合饲养。饲养室内要保持清洁卫生，要用开关门窗、挂窗帘、地面洒水等方法调节室内的温度和湿度，使室温保持在25~27℃，湿度保持50%~70%。瓶子要经常洗刷消毒，苹果枝和饵料昆虫每隔1~2d换一次。蠋蝽成虫喜欢在纱布上产卵，因此，要每天检查纱布一次，把同一天产的卵放在一起，以便对卵孵化后的若虫进行统一饲养。为避免若虫与成虫相互残食，每个瓶内的若虫数量最好不超过30头。若虫在蜕皮期间，喜群集潜伏，不吃不动。此时最好保持环境安静，停止给食，待蜕皮后体壳变硬时再给食。

在提供黄粉虫活体饵料昆虫时，应注意选择体长在1cm之下的低龄幼虫或蛹，不要提供体长大于1cm的健壮高龄幼虫，在蠋蝽刺吸取食时，这些高龄健壮的黄粉虫幼虫会反过来咬食蠋蝽，造成损失。

4. 田间释放应用技术

1）果园释放的方法步骤

（1）选择试验地和试验树。根据树木集中连片、冠小便于调查、树上害虫目标明确的原则，于2018年7月22日在山东枣庄山亭果园选择八年生的苹果园15亩做试验地（有树159棵），从中选出5株树做试验树。2019年8月17日在山东泗水山谷西果千亩桃园中部选择4株桃树作为试验树。

（2）根据树冠大小及害虫的预测数量、蠋蝽若虫龄期及其捕食量，确定释放蠋蝽的数量。

2）农田田间释放的方法步骤

2022年7月下旬，在山东东阿青源家庭农场，当玉米田和复合种植大豆田的玉米螟和点蜂缘蝽出现上升趋势时，查清虫口数量，按益虫：害虫为 1：（30～50）的比例在田间释放蠋蝽（2 龄若虫），对玉米螟和点蜂缘蝽有很好的控制作用。初孵若虫体质弱小，活动力差，食性单纯，因此不要释放卵（块）及 1 龄若虫，而以放 2 龄以上若虫较好。放虫时间应在傍晚进行。释放前在瓶内先放些硬质叶片，然后把带虫的叶片均匀放在作物的枝叶上即可。

5. 防控对象

蠋蝽能捕食多种害虫，对刺蛾、苹果瘤蛾、舟形毛虫、榆蓝金花虫、各种螟虫、叶甲除治效果好，对卷叶蛾等隐蔽性害虫效果较差。蠋蝽饲养容易，释放方便，通过试验数据分析，释放成本仅为化学农药防治的 20/100～50/100，并且用蠋蝽除治果树及林木害虫可以避免药物污染，提升产品品质。

5.3.4　黑广肩步甲

黑广肩步甲是一种重要的捕食性天敌昆虫，属鞘翅目肉食亚目步甲科。

黑广肩步甲主要分布于我国的山东、辽宁、河南、河北、湖北等省及日本、朝鲜、俄罗斯的西伯利亚。成虫对甜味、腥味有一定的趋性。有假死性，受惊后"假死"落地，随即迅速潜入草丛中。成虫一般在夜间取食，但在阴雨闷热天则昼夜捕食柞蚕。

黑广肩步甲发生量多，对柞蚕养殖为害较大，1～5 龄柞蚕均能被其捕食，以 2～3 龄柞蚕受害最重。成虫食蚕时，从柞蚕背部或体侧咬破吸食血液，并将脂肪食掉大半，有时只咬不食。该虫除食害柞蚕外，还捕食舟蛾、刺蛾、夜蛾等幼虫。

2008 年以来，山东农业大学与新疆农业大学、中国农业科学院植物保护研究所合作，将生产养殖原生于胶东半岛、辽东半岛柞树林中的黑广肩步甲，在草原释放，以控制蝗虫、鳞翅目害虫的试验获得成功。

1. 形态特征

黑广肩步甲一生历经成虫、卵、幼虫和蛹 4 个阶段，属完全变态昆虫。

成虫：体黑色有光泽。雄虫体长平均为（28.7±2.5）mm，体宽为（13.1±0.97）mm。雌虫体长平均为（29.2±2.3）mm，体宽为（14.0±0.98）mm。上颚发达。前胸背板横宽，两侧外缘成弧形。头近梯形，具横皱纹。上颚呈钳形，比较发达；上唇黑色，向前弯曲；下颚须和下唇须均呈黑色；触角丝状，由 11 环节组成。前胸背板较宽，两侧外缘呈弧形；鞘翅较宽，中间有纵沟 1 条，背面有细刻点及粗皱纹，有 15 条纵隆线，侧缘密布数列绿色发亮小刻点。雌、雄虫的主要区别是雄性前足第 1～3 跗节较雌性宽大，雌性个体一般比雄性大。

卵：长 4.7mm，宽 2.3mm，白色，椭圆形，稍弯曲，卵壳韧而软，孵化前半透明。

幼虫：老熟幼虫平均体长 36.3mm，体宽 8.3mm。体躯扁平，背面黑色，微显光泽。腹面灰色，有大小不同具毛的褐色斑纹。前胸长，后胸最短，腹部各节较短，长度几乎一致。胸及腹部（第 9 节除外）背面中间有一条纵沟。第 9 腹节背面褐色，其末端有黑色角突（尾毛）1 对。幼虫足较发达，每足端部具爪 2 个。

蛹：淡黄色，体躯稍弯曲，呈橄榄形，腹部背面及体侧有褐色刚毛。

2. 生物学、生态学及行为习性

1）年生活史

黑广肩步甲在山东烟台、辽宁凤城地区每年发生 1 代，以成虫在 10~20cm 的土层中越冬。翌年 5 月中下旬及 6 月间有少数成虫出土活动，7 月末 8 月上旬，大量出土活动并产卵于土中。卵于 8 月中下旬孵化，9 月中下旬化蛹，10 月上中旬羽化为成虫，在原土室内越冬，不再出土活动。

2）生态学及行为习性

黑广肩步甲成虫白天活动不频繁，日活动高峰于每天 17:00 至 23:00，于 21:00 时数量达到高峰，每 50m^2 约有 31 头。成虫在 16:00 开始活动，17:00~18:00 开始逐渐增多，19:00~21:00 时最盛，23:00 后开始逐渐减少，早晨少有出现，阴雨天的成虫数量较少，成虫一般躲在草丛中、烂树叶下面。

3. 黑广肩步甲生产养殖技术

1）生产养殖场地、设施与器具

（1）成虫饲养容器。使用 3 种容器饲养。第 1 种，饲养繁殖箱，长 350~430mm，宽 250~300mm，高 180~250mm，下垫土壤 40~50mm，集中饲养和繁殖。第 2 种，成虫饲养箱，长 280mm，宽 180mm，高 180mm，下垫苔藓或者木屑，厚度 30~50mm，只用于成虫饲养。第 3 种，产卵箱，长 280mm，宽 180mm，高 180mm，下垫土壤 40~50mm，只用于产卵（选出一些待产卵的雌虫，放入此箱内产卵）。

饲养繁殖箱（第 1 种容器）内放置一个塑料杯，直径 50mm，深度 30mm（可避免食物面包虫或大麦虫逃逸），埋入土壤内，杯口略高于土层，用于添加动物性食物，箱内另放置一个小片泡沫板，长 60mm，宽 50mm，板上放植物性食物（这样可避免食物沾上土壤）。饲养繁殖箱内还放置木块和树皮各一至两块，供成虫隐蔽其下。

成虫饲养箱（第 2 种容器）用于成虫饲养，保持或者恢复成虫的活力，用于产卵（箱内放置木屑、苔藓而不是土壤，是为了不让雌虫在该环境下产卵，以便筛选出待产卵雌虫，放入产卵箱内）。

产卵箱（第 3 种容器）内不添加食物。

另备圆形的饲养盒，用于饲养单头新羽化的成虫，直径110mm，高90mm，垫两层纸巾或者10mm厚的苔藓，喷适量水以保持湿度。

（2）幼虫饲育容器。在圆形饲养盒内饲养，直径110mm，高90mm，下垫两层纸巾，喷水以保持湿度。

（3）生产养殖器具的内环境。成虫放在容器内饲养，不需要垫土。为了便于清洁，可以用纸巾，或者苔藓，也有利于保湿。垫铺3~5层板栗或柞树叶片，垫铺一层板栗、花生等的果壳更好。

2）始祖种源群体的建立

（1）黑广肩步甲的自然种质资源采集。黑广肩步甲成虫多数潜入柞树下部杂草、碎石下，部分隐蔽在柞桩枝叶茂密处。有些个体在土壤中挖洞，喜欢藏在潮湿的落叶、树皮、苔藓下面，具有假死性。黑广肩步甲在夜间出来捕食其他各类昆虫、蜘蛛等。

采用巴氏罐诱捕原理，用诱饵配合陷阱诱捕黑广肩步甲，方法简单易行，可以在较短时期内开展大面积诱捕工作，捕获大量黑广肩步甲活体供进一步饲养研究。巴氏容器为一次性塑料水杯（高9cm，口径7.5cm）和塑料盆。引诱剂用糖、醋、乙醇和水，按2∶1∶1∶20的比例配成混合液。每块标准样地约为1亩，每一个引诱点设3个杯子，每个诱点间隔约1m，每块样地设150个诱杯。每个诱杯内倒入200mL引诱剂，一般7~10d观察记录一次。巴氏罐最长有效诱虫期为14d，最短为2d（至少间隔一夜），随时添加引诱剂和补充破损的诱杯。诱捕容器可以采用随处可见的各种废弃但无破损的可乐瓶、食品罐、塑料桶、塑料盆等。可以利用灯光进行联合诱捕。

（2）黑广肩步甲始祖种源的群体培育。黑广肩步甲的自然种质资源采集回室内以后，需要及时进行整理，淘汰身体残缺、活动力弱、携带病虫的个体，然后集中进行饲养，在成虫期选择自由交配的成对个体，挑选后单独进行饲养观察，建立纯种品系。在室内完成生物学过程观察，建立生活史档案，获得生命表分析数据。

3）黑广肩步甲的饲料

（1）活体饲料。黑广肩步甲食量大、食性极杂，可以捕食的活体饲料昆虫种类繁多，常见的家蚕、柞蚕、蓖麻蚕、黄粉虫、黑粉虫、大麦虫、玉米螟、桃蛀螟、中华真地鳖、白星花金龟等均可用作活体饲料。成虫在人工饲养过程中，可以喂食淡水鱼和虾，特别是在要产卵的阶段，高蛋白食物有助于产卵。

（2）人工饲料。各种肉类、鸡蛋、血块等均可作为黑广肩步甲的饲料原料。

（3）植物类饲料。成虫也可取食香蕉、苹果等高糖分低水分的食物。也会取食掉落地面的水果等含有高糖分的食物。

4）饲养方式

（1）单头或单对饲养。将黑广肩步甲单头或挑选自然配对的成对个体单独放置在小型容器中进行饲养，由大量的小型容器组成较大的生产规模。

（2）小群体饲养，即将10~50头的小群体放置在同一个容器中饲养，一般容器规格要求为长 280mm、宽 180mm、高 180mm，由此类容器组成较大的生产规模。

（3）大群体牧养，即在室外选择平坦、向阳、土层厚实的地块，栽种板栗、黄杨和金叶女贞灌木，行间间隔人工生草，并设置苔藓区，进行 100~500 头群体的放牧式生产养殖。

5）生产过程中各虫态的管理

（1）产卵管理。成虫可以在黏土中产卵，需要保持一定湿度，土壤尽量含有少量的腐殖质，这样卵才不易霉变。产卵后，不需要挖出卵，移出成虫即可。通常卵在一周左右孵化。受精卵会由透明转变为乳白色。

卵历期 8~10d，孵化温度以 24℃左右为宜，环境温度要相对稳定。隔日喷洒适量水，保持空气相对湿度在 80%左右。孵化的幼虫会爬到土层表面，要及时挑出，单头饲养，以免幼虫自相残食或取食未孵化的卵。

（2）幼虫管理。幼虫偏爱取食蜗牛，也有些种类取食蚯蚓和鳞翅目幼虫，人工饲养过程中，可以用黄粉虫低龄幼虫和淡水虾替代。幼虫饲养环境也与成虫相仿。

幼虫在饲养盒内饲养，饲养盒加盖，盒内铺垫纸巾或苔藓片块，每日喷水保持湿度，纸巾表面要粗糙些，以利于幼虫活动。纸巾每日更换，保持饲养环境的清洁。幼虫每日投食一次，食物量要充足，保证饲养盒内常有食物。食物个体较大时（如黄粉虫高龄幼虫），要截断饲喂，便于幼虫取食。温控箱内温度保持在 22~24℃。

（3）蛹期管理。末龄幼虫停止取食 2~3d 后，放入土壤中，化蛹。土壤环境类似产卵环境。幼虫会钻入土中做蛹室，因此土不能太松散。

老熟幼虫停止取食两天后，将其放入化蛹盒内，盒直径 110mm，高 90mm，盒内土层厚度为 60~70mm，土壤事先经过筛选灭菌，去掉过大的颗粒，然后加水达到 20%左右，压实后，在中心处钻一个直径 10mm、深 30~40mm 的洞，幼虫会自行钻入洞中，挖掘蛹室，进入预蛹期。

在预蛹期和蛹期要避免翻动、触摸等人为干扰，以防蛹体损伤死亡，并保持土壤良好的透气性和适宜湿度。蛹为离蛹，历期 7~10d。

（4）成虫管理。化蛹后，通常一周内羽化，成虫越冬。新羽化的成虫身体为乳白色，触角棕黄色，上颚、足胫节和跗节黑色。后翅伸展，1h 后折叠回鞘翅内；5~6h 后身体逐渐变黑。新羽化的成虫在蛹室内停留 14d 左右（野外如果温度过低,则直接在蛹室内越冬),然后向上挖破土层,钻出土壤觅食。

为保证成虫的营养,要提供充足的植物性饲料,尤其是含糖分高的食物,可以用来维持成虫的活力;要提供充足的动物性饲料,以满足繁殖所需要的营养。饲养温度需要日均温在22℃以上。

成虫单独饲养时要及时配对以保证雌虫体内的卵受精,但集中饲养的(如40~50头成虫一起)则不需要特别配对(一般已自然交配)。产卵行为发生在交配后24h内。

将待产卵的雌虫放入产卵箱内采卵。雌虫在产卵前,会将产卵瓣伸出,尝试插入土壤中。采卵一般需要5~6h,将产完卵的雌虫及时移出,避免成虫活动损伤卵。每个成虫一般产7~10枚卵,散产,每卵室仅1枚卵。

4. 黑广肩步甲商品虫的质量检查

人工生产繁殖黑广肩步甲获得的成虫产品,其质量的好坏与田间释放应用效果存在直接关系。因此,一定要在田间释放应用前后进行抽样检查。每批次生产繁殖出来的商品虫,随机捕捉10~20头,统计其食谱、捕食量、身体完整性、活动力、色泽度等指标。此外,还要考察其对极端环境的适应能力、雌虫的产卵量、寿命等指标。

5. 黑广肩步甲的生态利用

黑广肩步甲主要应用于害虫生物防控领域。自1995年以来,将采自烟台昆嵛山的自然虫源,经过多代繁育扩繁,释放于泰山中天门及泰安市徂徕山汶河景区,目前已经在林区形成了稳定的种群,发挥长期的生物防控效应。在新疆草原释放黑广肩步甲以控制蝗虫和鳞翅目害虫,取得成功。

5.3.5 七星瓢虫

七星瓢虫是瓢虫科瓢虫属昆虫。七星瓢虫广泛分布于北美洲、欧洲、亚洲。在我国分布于东北、华北、华中、西北、华东和西南地区。

七星瓢虫一生经过成虫、卵、幼虫和蛹4个不同发育阶段,为全变态昆虫。

1. 形态特征

成虫:体长5.2~6.5mm,宽4.0~5.6mm;身体卵圆形,背部拱起,呈水瓢状;头黑色、复眼黑色,内侧凹入处各有一淡黄色点;触角褐色;口器黑色;上额外侧为黄色;前胸背板黑,前上角各有1个较大的近方形的淡黄斑;小盾片黑色。本种典型特征为:鞘翅红色或橙黄色,翅鞘体面共有7个圆形黑斑,左右两侧各有3个圆形黑斑,左右翅鞘接合处前方尚有1个更大的黑斑,这7个显著的黑斑是其名所得的主要依据。小盾片两侧各有 1 个三角形白斑；体腹及足黑色。

七星瓢虫雌雄形态、斑纹相同，雌虫常较雄虫大些。鉴别特征为：雄虫腹部末端有一小的横的凹陷；而雌虫则平坦而光滑，无此凹陷。

卵（块）：卵粒梭形，卵粒排列紧密而整齐，成卵块。

幼虫：共蜕皮 3 次，有 4 个龄期。初孵幼虫（1 龄）身体很小，只有 2～3mm，孵化后的 1 龄幼虫先聚集在原卵块的残壳上，经 8～12h 之后，开始分散取食。约两天后，蜕皮变为 2 龄幼虫，此时体长增大一倍多，腹部第 1 节背面两侧出现两个黄色肉瘤，3 龄幼虫除体长加长外，腹部第 1、4 两节的背面两侧各有一对黄色肉瘤，但第 4 节的肉瘤不很明显（放大镜下可见），到 4 龄时，这两对肉瘤都非常明显。其余各节短刺皆为黑色。当幼虫老熟时，体形变粗，最后以尾端固着在植株等附着物上，准备化蛹。

蛹：体长 7mm，宽 5mm。体黄色。前胸背板前缘有 4 个黑点，中央 2 个呈三角形，前胸背板后缘中央有 2 个黑点，两侧角有 2 个黑斑。中胸背板有 2 个黑斑。腹部第 2～6 节背面左右有 4 个黑斑。腹末带有末龄幼虫的黑色蜕皮。

2. 生物学、生态学及行为习性

七星瓢虫在全国各地发生的世代数不同，总体趋势是由北往南发生世代数增加。在山东 1 年发生 4 代，在河南安阳地区 1 年发生 6～8 代。

七星瓢虫在各地均以成虫越冬，多选择较干燥、温暖的枯枝落叶下、杂草基部近地面的土块下、土缝中、树皮裂缝处潜伏。蛰伏越冬后，若遇温度回暖，又爬出越冬场所活动。在山东泰安每年惊蛰（3 月 5～6 日）前后出蛰活动，最早的发现日为 3 月 3 日。出蛰后的七星瓢虫多数在有荠菜、茵陈、夏至草等杂草发生的地面活动，气温逐渐升高后转移到苗木、林木和作物之间活动，特别是在早春发生蚜虫的作物与开花果木上。

七星瓢虫是迁飞性昆虫，成虫和幼虫的觅食行为属于广域搜索与区域集中搜索行为的转换。七星瓢虫主要以蚜虫为食，有时还取食小土粒、真菌孢子和一些小型昆虫，秋天还常常取食植物的花粉。

七星瓢虫各虫态的发育历期主要受食物和温度的影响。在适宜的食物条件下，温度不同，发育速率也不相同。幼虫期在 15℃ 条件下，长达 44.1d，而在 24～26℃ 时只有 8～9.4d。高于 30℃ 时发育速率又逐渐降低，33℃ 时幼虫期又延长到 16.2d。温度不适宜时发育缓慢。除直接受温度影响外，发育速率与取食速率低也有关系。一头 4 龄幼虫在 25℃ 左右时，每天取食一百多头蚜虫；在 15℃ 时，仅取食十几头。

七星瓢虫在不同季节的活动场所不一样。冬天，七星瓢虫在小麦和油菜的根茎间越冬，也有的在向阳的土块、土缝中过冬。春天，一旦气温升到 10℃ 以上，越冬的七星瓢虫就苏醒过来，开始活动，在麦类和油菜植株上能找到它。夏天，随着气温升高和食物增多，七星瓢虫大量繁殖，凡是有蚜虫和蚧虫寄生的植物，如棉花、柳树、槐树、榆树、豆类等植株上，都能找到七星瓢虫，有时甚至出现大批七星瓢虫聚集的景象。秋天，田间七星瓢虫的数量减少，它常在玉米、萝卜和白菜等处产卵，这时早晚的气温较低，七星瓢虫往往隐蔽起来，不易被发现，须在上午 7 时以后至太阳下山之前采集。

七星瓢虫的下颚须是其主要的触觉和嗅觉器官。七星瓢虫经常在发生蚜虫的寄主植物上爬动、搜索，当下颚须触到蚜虫时，能迅速地用上颚咬住蚜虫吞食。如果蚜虫没有被下颚须触及，即使蚜虫就在它的眼前，也不能被发现。七星瓢虫成虫和幼虫口器结构不同，捕食方法也有差别。成虫取食时，通常将蚜虫咬住，经过口器的简单咀嚼后，将蚜虫躯体、附肢等完全吞下。高龄（3、4 龄）幼虫取食基本上与成虫一样；但初龄（1、2 龄）幼虫因口器小，吞食力差，取食时常在蚜虫体上先咬破一个孔洞，然后吸食蚜虫体液，最后留下蚜体残壳。一头七星瓢虫的成虫，平均一天吃棉蚜 100~120 头、菜蚜 147 头、桃粉蚜 59 头。幼虫食蚜量随龄期增大而增加，七星瓢虫幼虫对烟蚜的平均日取食量为 1 龄 10.7 头、2 龄 33.7 头、3 龄 60.5 头、4 龄 124.5 头、成虫 130.8 头。

七星瓢虫成虫具有取食自己所产的卵（块）及其他雌虫卵（块）的习性；幼虫具有互相捕食的习性。特别是在食物不足的情况下，七星瓢虫成虫甚至取食刚刚产下的卵（块）；即使有充足的蚜虫，它们也喜欢吃卵（块）。同一卵（块）孵出的个体，常吃掉尚未孵化的卵粒。大龄幼虫常吃掉低龄幼虫。处于固定状态的蛹也常被成虫和大龄幼虫吃掉。

七星瓢虫可以敏感避敌，只要有天敌来扰或受到外界突然的刺激，它就表现出假死性。经过短暂的时间，受到刺激的神经系统恢复正常，它又清醒过来，开始爬行。如果用手去捏它，它就会在 6 条足上的各关节中间渗出一种黄色汁液，这些汁液散发出来的辣臭味具有驱敌的效果。

七星瓢虫成虫初羽化时，体色浅淡、体躯柔软，待体躯和翅鞘硬化后，便开始活动取食，3~4d 后即交尾。七星瓢虫有多次交尾习性，但经一次交尾，雌虫所产的卵就都能孵化。秋季越冬代成虫交尾后，虽活动取食，但卵巢并不发育，翌春活动取食后才开始产卵。非越冬代成虫交尾 3~5d 后，便开始产卵。产卵开始以后，几天内就达到高峰，产卵盛期持续一个月左右。在盛期的 33d 里，产下全部卵粒的 95%以上。在产卵盛期，一头雌虫一天可产几个卵块。七星瓢虫因取食的蚜虫种类不同，产卵量大小也不同。

七星瓢虫成虫寿命在不同世代差别很大。越冬代成虫寿命一般都较长，可达 8~10 个月，非越冬代成虫一般可活 2~3 个月。

七星瓢虫成虫通常将卵成块地产在茎叶或土块上。卵粒梭形，竖立，整齐地排列成卵块。每个卵块一般含卵 30~50 粒，最多可达百余粒，少的则仅有几粒。

单雌一生可产卵 567～4475 粒，平均每天产卵 78.4 粒，最多可达 197 粒。刚产下的卵淡黄色，后逐渐变为杏黄色，接近孵化时的卵粒变为黑褐色。七星瓢虫卵期长短与温度有关系，在 16～17℃时，卵期 8d；在 24～26℃时，卵期仅 2～3d。

七星瓢虫的生殖滞育突出地表现在两个方面。①种群中产卵雌虫所占的比例，简称为产卵率，无滞育时达 100%；越冬后蚜虫充足时便是如此。其第 2 代则因有生殖滞育，产卵率下降。②成虫羽化后产卵前期延长的程度，这主要是由卵巢发育缓慢或暂时停顿造成的。显示这种差异的是雌虫。雄虫在滞育期间的行为、趋性和生殖附腺分泌活动虽与生殖期有所不同，但仍可交尾，睾丸中有成熟精子。雌虫滞育时卵巢管停止于原卵区阶段，滤泡不进行发育。这时咽侧体及其细胞体积均小，无合成保幼激素的活性。体内积累较多的营养物质，脂肪体虽很发达，但不合成卵黄原蛋白。

3. 七星瓢虫生产繁育技术

对七星瓢虫的利用，20 世纪 70 年代在黄河流域下游的山东棉花、小麦和玉米产区就已开始采用"助迁法"防控棉花和小麦蚜虫；90 年代开展人工繁殖研究，并应用于农业生产。2023 年实现了嵌入式应用方式，在冬季草莓采摘大棚、果园中取得成功。

1）生产设施、器具

常规设施农业都可以满足七星瓢虫生产养殖的条件，只是需要在内部空间再次进行小空间分隔。需要不同规格的小型饲养网笼、各种塑料瓶改进的饲养器，还要有不同规格的花盆、植物栽培池、喷水设备、滴灌设备等。

2）始祖种源群体的建立

（1）自然资源的采集。早春田间采集的越冬代七星瓢虫，因其发育阶段不同，一般采回饲养 1～7d 后即开始产卵。瓢虫产卵没有固定的时间，产卵地点也没有严格的选择性，在盒壁及植物上都可产卵，为了集卵方便，可以剪裁一长 22cm、宽 5cm 的薄纸，卷成纸筒，衬在纸盒内或玻璃器内，使其尽量紧贴在纸盒内壁，这样卵多产在衬纸上。采卵时，可将衬纸取出，将有卵粒部位的纸剪下，放在另外的空纸盒中，然后再用纸片补好衬纸，仍放在盒内再用。取卵时应仔细检查盒内植物上有无卵粒，特别在气候干燥时，植物常常干缩，卵粒常隐藏其中，如果发现卵粒，应将带有卵粒的部位剪下。如果用瓶养，瓢虫卵产在瓶壁上，取卵时可用毛笔蘸少许清水，将卵湿润，经数秒后，再用毛笔尖轻轻将卵拨下，放在涂有少许稀糨糊的纸上，只要卵粒保持完整，仍然正常孵化。但这样取卵，很难保证全部卵粒完整无损，且操作费时，因此在大规模饲养瓢虫时，仍以纸盒为宜。

越冬的七星瓢虫不食不动，只要找到，捕捉很方便，用手就能捉住。其他季节的七星瓢虫善爬能飞，可以利用它的假死习性，用塑料袋迅速套住栖息着七星瓢虫的枝条，抖动一下，七星瓢虫立即掉落在袋里，接着，把枝条抽出，扎紧口袋，就可以带回实验室。

瓢虫成虫有取食卵粒的习性，产卵后，应及时将卵粒取走。每日取卵的时间，可结合两次喂食同时进行，边换饲料、边取卵。产卵高峰期，每日取卵3次最佳。

（2）引种。可以从已经建立了七星瓢虫群体的专业科研院所、大专院校研究室及专业企业引种，建立自己的种源群体。

3）活体饵料及人工饲料

（1）活体饵料培育七星瓢虫，首先要解决饵料蚜虫的问题。可以季节性地到野外采集天然饵料蚜虫，但这种方法费工多，有时还不易采到，不能稳定供应，所以必须人工培养大量蚜虫，以满足七星瓢虫的食用需求。可用蚕豆苗人工培养蚜虫。当盆栽的蚕豆苗长出 3~4cm 高时，把野外采自豆科植物国槐、刺槐上的少量蚜虫放在豆苗上，在室温 20~30℃、相对湿度 60%~70%的条件下培养 10~15d，蚜虫就能大量繁殖，这时就可用蚜虫做七星瓢虫的饲料。

作者团队历经 30 年，确定了天敌瓢虫周年繁育的饵料蚜虫供应系统。春季有酸模-酸模蚜、月季-月季长管蚜，夏季有紫藤-紫藤蚜、蚕豆-豌豆修尾蚜，冬季有扁柏-扁柏大蚜、羽衣甘蓝-桃蚜。此外，还有 2 个辅助系统，彻底解决了周年饵料蚜虫供给难题，保证了瓢虫生产应用。

（2）20 世纪 90 年代以来，武汉大学生命科学学院利用人工寄主卵卡繁殖赤眼蜂获得的大量赤眼蜂幼虫和蛹，作为饲养异色瓢虫和龟纹瓢虫的代饲料。连续用人造卵赤眼蜂幼虫和蛹饲养 5 代以上，均繁殖传代良好，初步证明饲养多种捕食性瓢虫是可行的。

4）生产养殖管理

（1）卵（块）的保存。从饲养盒中取出卵（块）以后堆放在一起，很容易彼此摩擦，影响孵化率。七星瓢虫的卵在 20℃时，只需 5~6d 即可孵化。25℃时只需 3d 即可孵化。如果长时间堆放在一起，不仅降低孵化率，而且幼虫孵化以后，也不便于收集饲养。因此，每次取出卵粒以后，应及时进行处理。可通过制取卵卡解决以上问题。

七星瓢虫的产卵期可长达 20~30d，产卵的高峰期亦有 7~10d，因此，必须立即对收集的卵（块）进行低温保存，以防止逐日孵化、不便于集中使用。加之自然气候的变化或人工饲养瓢虫的条件改变，都会造成瓢虫的产卵高峰期、卵的孵化期与田间蚜虫发生的时间不相配合，也常需要对卵做低温保存。保存的时间长短与温度高低都有一定的限度。在 0℃时保存 3d，其孵化率仍能达到 70%以上，超过 3d，孵化率大为降低。在 4℃时，可保存 7d，孵化率在 70%以上。在 11~13℃时，卵可保存 20d，其孵化率仍然达到 80%左右。实验表明，七星瓢虫发育起点温度为 10℃左右，低于这个温度，瓢虫卵虽可短时间保存，但其成活率不高。如保存在发育起点温度之上，保存天数较长，孵化率亦高。因此，卵的保存温度以10～12℃为宜。

(2) 卵的孵化。卵的孵化要求一定的温湿度。在发育起点温度以上，卵虽然可以孵化，但其最适宜的温度是20～25℃，相对湿度为70%～80%。因此在卵需要孵化时，应由贮存处取回，放于室温中进行。一般在棉蚜开始迁飞棉田时，日平均温度皆在15℃左右，均能满足卵的孵化温度条件。孵化的另一个关键条件就是湿度。如果湿度在80%以上，小幼虫很容易由卵壳内孵出；但在干燥低湿的条件下，小幼虫常在卵口处挣扎，不易脱出，严重时，甚至不孵化。因此大量的卵需要孵化时，应创造高湿条件。孵化时可在孵化室内地面放置盛水的水盆、挂湿布等，增加室内湿度；亦可同时在盛放卵卡的容器内放湿棉球，容器顶部再覆盖以湿布，增加卵卡周围水分的蒸发条件。经过这样处理以后，卵的孵化较快，孵出后小幼虫生命力较强。

卵孵化时，应加强检查与管理，每日至少检查4次，发现幼虫孵出后，应及时取出。在卵的孵化高峰时，应每隔3～4h检查一次，并且要日夜有人看管。

(3) 蛹期管理。将蛹或成虫放入成虫饲养笼内，每笼放雌虫500～750头，并搭配1/4的雄虫。成虫喂人工饲料或蚜虫，每天喂饲料和加水。新羽化的成虫，经过几天的取食，逐步达到性成熟后交尾产卵。产卵时间多在19:00～21:00。卵产在笼顶和内侧的纸上，收卵时，将笼内的纸取出，换上新鲜的纸。每天收卵1～2次，同时换饲料和水。收卵时先准备一批空饲养笼，笼底打开，顶面向光，然后将有虫的笼底面纱布拆开，笼底对准笼底，成虫马上向有光的方向集中，进入新的笼内。

饲养成虫时，如果食料不足，就不产卵。成虫在黑暗条件下活跃，晚上可适当增加光照，减少成虫活动，避免相互碰伤。

4. 七星瓢虫的生态利用

七星瓢虫的生产养殖为田间生态化释放应用奠定了生态农资基础，可实施生态化技术防控蚜虫和蚧虫等害虫。早春在各种植物上发生最严重的蚜虫，以桃树蚜（桃蚜、桃瘤蚜、桃粉蚜）和小麦蚜虫最具有代表性。以麦长管蚜、麦二叉蚜、禾谷缢管蚜、麦蚜防控为例，其每年发生20～30代，以无翅雌性成蚜或若蚜在小麦根际或四周土缝中越冬，也有大量个体在山区、荒地、河沟等非农生态环境的禾本科杂草根茎部越冬。春季返青后，气温高于6℃开始繁殖；低于15℃，繁殖率不高；气温高于16℃时，在麦苗孕穗期这些蚜虫转移至穗部，虫口数量迅速上升，直至灌浆期和乳熟期蚜量达高峰；气温高于22℃时，即产生大量有翅蚜，迁飞到阴凉地带越夏。麦长管蚜喜光照，较耐氮素肥料和潮湿，多分布于植株上部、叶片正面；特嗜穗部，小麦抽穗后，蚜量急剧上升，并大多集中于穗部为害；

成、若蚜易受震动坠落逃散。麦二叉蚜喜干旱、惧光照，不喜氮素肥料；多分布于植株下部和叶片背面，最喜幼嫩组织或生长衰弱、黄化的叶片；成、若蚜受振动时伪死而坠落；小麦灌浆后多迁出麦田。禾谷缢管蚜喜湿畏光，嗜食茎秆、叶、鞘，故多分布在植株下部的叶鞘、叶背，甚至根、茎部分，其成、若蚜较不易受惊动。5月中旬，小麦抽穗、扬花时，麦蚜繁殖极为迅速，至乳熟期达到高峰，对小麦为害最严重。

在小麦拔节期及孕穗期，即4月上中旬，当有蚜株率达15%及平均每株有蚜虫10头左右就要人工释放天敌瓢虫（七星瓢虫或异色瓢虫）。

七星瓢虫人工释放生态化防控麦蚜技术要点如下。①在七星瓢虫的成虫、卵、幼虫和蛹4个虫态中，成虫和不同龄期的幼虫为捕食利用阶段。要通过科普或使用说明书的形式，让应用者准确区别瓢虫各个虫态及其与害虫（蚜虫）的区别，在社会生产实践调查中发现，很多农民只认识瓢虫成虫，把其作为天敌，而把瓢虫其他虫态误作了害虫。释放天敌瓢虫防控蚜虫不仅是人工释放瓢虫成虫的一项技术，同时也是一项科普活动。②掌握利用天敌瓢虫防控麦蚜的最佳时机为拔节期至孕穗期，即4月上中旬、气温15℃以下。③进行麦蚜种类及发生数量调查，分析发生趋势，确定天敌瓢虫释放数量。调查百株蚜率、有蚜麦株单株平均蚜量，根据播种量、亩总株数估测总蚜量。然后以瓢虫幼虫单日捕蚜量100头确定天敌瓢虫幼虫或近孵化卵（褐色卵）的数量（切记不要认为释放瓢虫就是释放成虫）。④在释放天敌瓢虫（幼虫或卵）之后的1d、3d、5d、7d调查麦蚜种群数量动态，同时调查天敌瓢虫的发生情况。⑤持续观察天敌瓢虫在麦田的发生动态，在田间发现天敌瓢虫蛹随即采收（即释放后的回采），作为人工生产繁育的种源基础。

5.3.6 异色瓢虫

异色瓢虫属鞘翅目瓢虫科。斑纹变化极大。成虫、幼虫以蚜虫、木虱和飞虱等为食。除香港以外的全国各地均有分布。

异色瓢虫一生历经成虫、卵、幼虫和蛹4个虫态，为全变态类型。

1. 形态特征

成虫：体长5.4～8.0mm，宽3.8～5.2mm。体周缘卵圆形，突肩形拱起。背面的色泽及斑纹变异甚大。头部橙红色或橙黄色至黑色。前胸背板浅色，有1个"M"形黑斑，向深色型变异时该斑黑色部分扩展相连以至中部全为黑色，仅两侧浅色；向浅色型变异时该斑黑色部分缩小留下4个或2个黑点。小盾片橙黄色至黑色。鞘翅上各有9个黑斑，向深色型变异时斑点相连成网状斑，或鞘翅黑色而各有6个、4个、2个或1个浅色斑，甚至全为黑色；向浅色型变异时鞘翅上的黑点部分消失至全部消失，甚至全为橙黄色。腹面的色泽也常有变异。本种典型特征为鞘翅背面近末端 4/5 处有 1 个明显的横棱脊凸，左右翅鞘对称，翅鞘合拢时连接为一体。雄虫第 5 腹板后缘弧形内凹，第 6 腹板后缘半圆形内凹；雌虫第 5 腹板外突，第 6 腹板中部有纵脊，后缘弧形突出。

卵：纺锤形，橙黄色或黄色，长 2.1mm，宽 0.5mm，卵粒排列整齐。

幼虫：灰黑色，共 4 龄，蜕皮 3 次。幼虫长香蕉形，6 条足明显，常常有骨化的片和刺，第 1 腹节、第 4 腹节和第 5 腹节的背突为橙黄色。腹部背面两侧，每节生有 6 个分枝的枝刺，第 1、第 4 两节的背面两侧，各有一对橘红色枝刺，其中第 1 节的两个枝刺基部相连，形成 1 个橘红色大斑。

蛹：老熟幼虫尾部黏着在叶背或枝干上蜕皮化蛹。长约 6mm，宽约 4mm，橘黄色，大小也与成虫相似。

2. 生物学、生态学及行为习性

1）生活史

在不同地区我国异色瓢虫每年发生代数差异较大。北方地区 1 年 2~4 代：黑龙江 1 年发生 2 代，辽宁 1 年 3 代，山西每年 4 代。江西 1 年可发生 8 代，以成虫越冬。室内 24℃时每代历期为 31.37d，雌性寿命为 86.9d，雄性寿命为 90.25d，每雌平均产卵约 751 粒。异色瓢虫全世代发育起点温度为 8.21℃，有效积温为 353.46℃·d。各虫期生存最有利的温度为 21℃，对产卵最有利的温度为 29℃。

2）行为习性

异色瓢虫可捕食多种蚜虫、蚧虫、木虱、螨类、某些鳞翅目和鞘翅目昆虫的卵、低龄幼虫和蛹等。各龄幼虫及成虫日平均取食桃蚜量：1 龄幼虫取食 10~30 头，2 龄幼虫取食 30~50 头，3 龄幼虫取食 50~150 头，4 龄幼虫取食 100~200 头，成虫取食 100~200 头。异色瓢虫在密度过大或食物不足时常自相残食。

3. 生产养殖技术

1）生产场地、设施与器具

（1）饲养室条件。温度 18~30℃，14L∶10D，湿度为 60%~80%，光源为自然光或白炽灯。

（2）饲养工具。可以选择透明塑料养虫杯（底直径 3.5cm，顶直径 5cm，杯高 5cm），也可用废弃的矿泉水瓶来制作，另需养虫笼、果枝剪、壁纸刀、打孔针、橡皮筋、镊子、毛笔等工具。

（3）人工饲养瓢虫的基本设施。人工饲养瓢虫的基本设施主要包括饲养成虫的玻璃缸、养虫盒或纱笼、饲喂槽等，以及越冬储藏室或地下室或地窖等。

2）始祖种源群体的建立

（1）在瓢虫的迁飞期，气候温暖时在合适的地点设置招引箱，收集虫种，或在瓢虫迁飞聚集在背风向阳的山洞越冬时，采集虫种；也可在春季当年越冬的瓢虫复苏但未外飞扩散时采集和繁殖。所获虫种应保藏在适宜温度下或贮藏在地窖中。作者团队根据异色瓢虫聚集越冬习性，构建人工诱集场所，已实现异色瓢虫规模化人工诱集，低成本获得大量自然种源，不仅为异色瓢虫工厂化繁育车间提供杂交种源，也为异色瓢虫的提前扩繁奠定了种源基础。

（2）引种。在已经建立了种源群体的科研机构、高等院校研究室或专业企业，引入适量的种源，建立符合自身需求的初始种源群体规模。

3）活体饵料蚜虫

为了获得异色瓢虫生产养殖所需的活体饵料蚜虫，经过作者团队多年研究，建立了5个饵料蚜虫周年繁育体系，制定了周年操作技术规范，以满足全年不同季节的生产养殖需求。

4）生产繁育管理

（1）成虫饲养。在养虫杯内放入10头瓢虫成虫（雌雄比例1:1），每天投放带有新鲜蚜虫的植物枝条或叶片，并清理虫砂和残枝。待异色瓢虫产卵时，及时将带有瓢虫卵的叶片取出，养虫杯上附着瓢虫卵时更换养虫杯。

（2）卵卡制作及存放。将同一天产的卵块用糨糊粘贴在硬纸片上，制成卵卡，并统计数量。

（3）幼虫饲养。将日期相同的卵卡取出，放在饲养杯中，当卵粒变黑时，表明小幼虫即将孵出，应立即投放蚜虫。不同龄期的幼虫分开饲养，并保持足够饲料，随时清理容器，取出枯叶和死虫，保持容器洁净。

（4）瓢虫的保存。在12℃，成虫可保存3个月，卵可保存10d。

5）瓢虫的质量检测

瓢虫卵的质量检测：观察虫卵颗粒饱满，颜色正常。

瓢虫成虫的质量检测：大小正常，外形正常，无缺翅，无畸形。

6）瓢虫的包装、运输和贮存

制作5cm×5cm×7cm的纸盒，将卵卡或成虫分装在纸盒中。一般每盒可装500～1000粒卵，50只成虫。运输时间不宜超过2d，短距离可在常温条件下，不受热，不暴晒，避免紫外线照射。

4. 生态利用与产业发展

1）生态利用

可防控多种蚜虫、蚧虫、木虱、蛾类的卵及小幼虫等。

（1）防治对象。以桃蚜为防控对象。

（2）应用范围。桃园桃蚜春季1～3代。

（3）最佳防控时间及释放方法。桃树萌芽期、花蕾期，全株均匀喷波美3°～5°

石硫合剂，作为压低虫口基数的基础。在 4 月上旬，蚜虫为害初期（花后期）悬挂异色瓢虫卵卡、释放各龄幼虫。

（4）释放数量。通过生产养殖，获得足够数量的瓢虫后，即可根据需要，选择合适的虫态（卵、幼虫、成虫）适时、适地释放，以捕食防控对象。

释放异色瓢虫 2～3 龄幼虫，一般瓢蚜比在 1∶200 以上。每公顷 3000～4000 头 2～3 龄幼虫可控制蚜虫。悬挂异色瓢虫卵卡，瓢蚜比应达到 1∶（10～20）。

（5）释放方法。将异色瓢虫卵卡悬挂、释放幼虫在有蚜虫为害的植株上。

（6）效果调查。检查蚜虫虫口减退率和发生率，以此评估防控效果。宜在释放异色瓢虫幼虫 3～5d 后各检查 1 次，应在悬挂卵卡 5～15d 分别检查 3 次。通过调查桃树受害株数（受害率）和每株平均蚜群数及每蚜群平均蚜虫数，计算虫口减退率及发生率。

$$虫口减退率（\%）=\frac{防治前活虫数-防治后活虫数}{防治前活虫数}\times 100\%$$

$$发生率（‰）=\frac{有蚜面积}{寄主总面积}\times 1000‰$$

异色瓢虫的各龄幼虫和成虫均可以捕食各种作物上的有害蚜虫，虽然不同蚜虫之间存在取食的差异性，但均可以达到理想的防控效果。

（7）注意事项。幼虫的释放一般以 8:00 之前为宜，因为此时虫体处于不活跃状态。桃园气温较低且处于由低升高的状态，光线较暗，比较稳定，对幼虫的刺激较小。对释放前的幼虫进行 24～48h 的饥饿处理，可提高瓢虫幼虫的快速捕食能力。最好在释放前，对桃园进行灌水和浅耕。

2）天敌瓢虫产业发展

20 世纪 50 年代初期以来，我国在利用瓢虫防治农林害虫方面做了大量工作。异色瓢虫是其中最重要的代表种类，是我国天敌昆虫产业化最成熟、最成功的种类之一，其各个虫态均可作为昆虫产品，也是目前在生产上应用最广泛的种类。

5.3.7 龟纹瓢虫

龟纹瓢虫属鞘翅目瓢虫科，取食蚜虫、粉虱、叶蝉等害虫；分布于全国各地。以成虫越冬，早春特别多，属高温型天敌瓢虫，群集性强。

1. 形态特征

成虫：体长圆形，体长 3.4～4.5mm，体宽 2.5～3.2mm。雄虫唇基黄色；雌虫唇基具三角形黑斑，有时黑斑扩大，以至头部全为黑色。复眼黑色，触角、口器黄褐色。前胸背板中央有一黑色大斑，基部与后缘相连，有时黑斑扩展，几乎占据整个前胸背板，仅前缘和侧缘为黄色。小盾片和鞘缝黑色，鞘翅上有黑色斑点、花纹，或几乎全为黑色；或鞘翅上无黑斑，全为黄色。足黄褐色，腹部腹板中部黑色，边缘黄褐色。

翅鞘斑纹变化极大，标准型翅鞘上的黑色斑呈龟纹状；无纹型翅鞘除接缝处有黑线外，全为单纯橙色；另外尚有四黑斑型、前二黑斑型、后二黑斑型等不同的变化。

卵：纺锤形，大小为 1.0×0.5mm。初产时乳白色，近孵化时变为灰黑色。

幼虫：初孵幼虫浅灰褐色，前胸浅灰白色。老熟幼虫体长 6.8～7.8mm，浅灰黑色，前胸背板前缘和侧缘灰白色，中后胸中部有灰白色或橙黄色斑，侧下刺瘤灰白或橙黄色。

蛹：黄白色至灰黑色。前胸背板后缘中央有 2 个黑斑，有的个体黑斑外侧有 1 个黑点。后胸背部及腹部第 2～5 节背面各有 2 个黑斑。

2. 生物学、生态学及行为习性

1）生活史

我国南北纬度跨度大，龟纹瓢虫发生代数差异较大，且世代重叠严重。北方 1 年发生 4～5 代，南方 1 年发生 7～8 代，除了冬季外均可发现成虫，但在早春特别多。以成虫越冬，翌年 3 月初开始活动取食、繁殖。4～5 月越冬代成虫产卵，第 1 代成虫于 6 月中旬发生，第 2 代成虫于 7 月中旬发生，第 3 代成虫于 8 月下旬发生，第 4 代成虫于 10 月上旬发生，并陆续进入越冬状态，为翌年的越冬代成虫。夏季卵期 3d，幼虫期平均 7d，蛹期 3.5d。

2）行为习性

龟纹瓢虫成虫和幼虫可捕食各种农作物、蔬菜、果树及林木上的多种蚜虫、叶蝉、飞虱、某些鳞翅目和半翅目昆虫的卵、低龄幼虫（若虫）及棉红蜘蛛、木虱成虫和黑松松干蚧、湿地松粉蚧等多种害虫，但最喜捕食蚜虫。常见于农田杂草及果园树丛。耐高温是其显著特点，7 月下旬后受高温和蚜虫自然减量的影响，其他瓢虫数量骤降，而龟纹瓢虫因耐高温，喜高湿，在棉花、芋头、豆类等作物田数量占绝对优势（90%以上）。7、8 月在棉田捕食伏蚜、棉铃虫和其他害虫的卵及低龄幼虫、若虫。7～9 月也是果园内的重要天敌，在苹果园取食蚜虫、叶蝉、飞虱等害虫。

龟纹瓢虫具有较强的耐饥饿能力和自相残食习性，成虫具有较强的趋光性。成虫羽化后 4～7d 开始产卵，每雌可产卵 200～300 粒。各龄幼虫和成虫平均日食棉蚜量：1 龄幼虫取食 17.6 头，2 龄幼虫取食 24.8 头，3 龄幼虫取食 36.3 头，4 龄幼虫取食 44.6 头，成虫取食 72.4 头。适温范围为 20～30℃，19℃以下和 31℃以上不利于其生存繁殖。

3. 人工生产繁育技术

1）生产饲养场地、设施与器具

（1）饲养室条件。温度为 18～30℃，14L：10D，湿度为 60%～80%，光源为自然光或白炽灯。

（2）饲养工具。可以选择透明塑料养虫杯（底直径 3.5cm，顶直径 5.0cm，杯高 5cm），也可用废弃的矿泉水瓶来制作，另需养虫笼、果枝剪、壁纸刀、打孔针、橡皮筋、镊子、毛笔等工具。

（3）人工饲养瓢虫的基本设施。人工饲养瓢虫的基本设施主要包括饲养成虫的玻璃缸、养虫盒或纱笼、饲喂槽等，以及越冬储藏室或地下室或地窖等。

2）始祖种源群体的建立

（1）自然种源的采集。在龟纹瓢虫自然发生的各种环境中，采集各个虫态，在室内进行培育、筛选，建立始祖种源群体。筛选个体要求肢体健全、色泽鲜亮、行动敏捷、捕食强烈等。

保存越冬种源群体。将人工周年生产繁育的群体，于 10 月初分装于塑料矿泉水瓶中，每瓶中放入 100 只，集中饲养。至 11 月初，将越冬龟纹瓢虫瓶装，然后放置于泡沫箱中，最后放入 50～100cm 深的窖穴中集中贮放，自然越冬。根据需要，随时取出一定数量回暖、恢复活动，备用。

（2）引种。在已经建立了种源群体的科研单位、高等院校研究室或专业企业，根据自身需求引入适量的初始种源群体，建立自己的种源群体。

3）饵料昆虫培育

龟纹瓢虫的饵料昆虫可选蚜虫和粉虱。

（1）饵料蚜虫的选择与培养。目前已经构建了成熟的紫藤-紫藤蚜饵料蚜虫主系统和蚕豆-豌豆修尾蚜饵料蚜虫辅助系统，能够完成全年足量饵料蚜虫的生产保障。

（2）饵料粉虱的培育。针对粉虱类害虫的生物防控，培育偏好粉虱的龟纹瓢虫群体，以饵料蚜虫系统为基础保障，研制了多寄主连续性三重繁育粉虱系统，为龟纹瓢虫提供饵料粉虱。

选择适宜的粉虱寄主植物，如番茄、黄瓜、烟草、棉花、薄叶甘蓝、萝卜苗、向日葵、龙葵等。

培育各种植物幼苗，待长成 4 片真叶后，接入粉虱。在植株上粉虱虫态（成虫、卵、幼虫、蛹）俱全时，可以将龟纹瓢虫饵料粉虱连同植物叶片一起剪除利用或整盒全株利用。

龙葵、萝卜苗、薄叶甘蓝对粉虱类有很强的吸引性，但由于其叶片较薄，不足以保证粉虱完成生活史，因此，用这些植物培育粉虱，既达到了获得大量粉虱卵及将 1～2 龄若虫作为龟纹瓢虫饵料的目的，又可避免粉虱发育到成虫飞逸而造成扩散。

4）生产繁育管理

（1）幼虫饲养方法。将相同时期的卵卡取出，放入培养皿或饲养杯、饲养瓶中，当卵粒变黑时，表明胚胎发育已经完成，小幼虫即将孵出，应立即投放蚜虫。不同龄期的幼虫分开饲养，随着龄期增大，饲养瓶中的龟纹瓢虫数量逐渐减少，由 100 只渐次过渡到 60 只、40 只、20 只。在幼虫饲养过程中，保持足够数量的饵料蚜虫，达到理论捕食量的 120%。随时清理容器，取出枯叶和死虫，保持容器洁净和干燥。

（2）化蛹管理。在老熟幼虫取食量明显减少、身体缩短变粗、体色变暗、体壁增厚时，将其转移到装有化蛹诱集器的饲养瓶中。化蛹诱集器为内径 0.5～1.0cm 的纸筒。

（3）成虫饲养。在养虫瓶中放入 20 头龟纹瓢虫成虫（雌雄比为 1∶1），每日投放带新鲜蚜虫或粉虱的植物枝条或叶片，并清理虫粪和残枝叶等杂物。在成虫开始产卵后，每日更换养虫瓶，将成虫移入新瓶中饲养，检查并记录原瓶中的卵量。

（4）制作卵卡及存放。将同一天产生的卵块用胶水或糨糊粘贴在硬纸片上，制成卵卡，并统计数量，记入生产档案。

5）龟纹瓢虫的保存

在塑料矿泉水瓶中，12℃时，成虫可保存 3 个月，卵可保存 10d。

6）龟纹瓢虫的质量检测

龟纹瓢虫卵的质量检测：观察虫卵颗粒饱满，颜色正常、均匀一致。

龟纹瓢虫成虫的质量检测：大小正常，外形正常，无缺翅，无畸形。

7）龟纹瓢虫的包装、运输

包装：制作 5cm×5cm×7cm 的纸盒，将卵卡或成虫分装在纸盒中。一般每盒可装 500～1000 粒卵，50～100 只成虫。

运输：运输时间不宜超过 3d。短距离可在常温条件下，不受热、不暴晒，避免紫外线照射。

4. 生态化应用

1）防控对象

龟纹瓢虫主要用于防控蚜虫、粉虱类害虫，也可控制叶蝉、红蜘蛛等。龟纹瓢虫是一种组合性释放效果较好的种类，在以防治蚜虫为主、兼治粉虱的情况下，可与异色瓢虫组合释放；在以防治红蜘蛛为主、兼治粉虱、蚜虫的情况下，可与深点食螨瓢虫、日本方头甲组合释放。

2）释放最佳时间及释放方法

在蚜虫为害初期，将龟纹瓢虫卵卡、成虫包装盒悬挂或释放在有蚜虫为害的植株上。

5. 防效评估

1）检查内容

检查虫口减退率和成灾率，以此表示防控效果。

2）检查时间

在释放成虫 3～5d 后检查一次，10～15d 检查第 2 次，1 个月检查第 3 次；悬挂卵卡，则分别在 10～15d、30d、35～40d 分别检查 1 次，分析防控效果。

3）检查方法

调查植物受害株（受害株率）、每株平均蚜簇数及每蚜簇平均蚜虫数。

4）计算公式

虫口减退率及成灾率计算方法如下：

$$虫口减退率（\%）=\frac{防控前活虫数-防控后活虫数}{防控前活虫数}\times 100\%$$

$$成灾率（‰）=\frac{成灾面积}{寄主总面积}\times 1000‰$$

5.3.8 深点食螨瓢虫

深点食螨瓢虫属鞘翅目瓢虫科小毛瓢虫亚科；分布于湖北、浙江、四川、福建、河北、山东、黑龙江、辽宁、新疆、北京、河南、贵州、广东等地。深点食螨瓢虫是食螨瓢虫中的优势种，具有分布广、食量大、繁殖周期短等特点，是叶螨的重要天敌，对叶螨的扩散与危害具有很好的控制作用，可捕食多种叶螨。

1. 形态特征

成虫：雌虫体长 2.00～2.60mm，宽 1.10～1.50mm。卵圆形，中部最宽。体黑色，口器、触角黄褐色，有时唇基亦为黄褐色。步行足腿节基部黑褐色，末端或端部褐黄色；胫节及跗节褐黄色。后基线呈宽弧形，完整，后缘达腹部1/2。头、头胸背板、鞘翅及腹面具刻点，全身密生白毛。腹部能见 6 节，以第 1 节最长。第 6 腹板后缘弧形外突。

雄虫第 6 腹板凹入。生殖器阳基细长，其侧叶及侧叶末端的毛突全长接近于中叶的长度，中叶细长而末端尖锐。从侧面看，自基部开始，渐次向内弯而端部稍外弯，弯管细长，自1/2 处开始细丝状。

卵：长椭圆形。长约 0.45mm，宽约 0.21mm。初产时为淡黄白色，后变为黄色，孵化前变黑色。

幼虫：共4龄，各龄期主要特征如下。1龄幼虫：初孵黄白色。体长1.61mm，宽0.47mm。头长0.18mm，宽0.25mm。胸部背中线两侧各有1深色斑点；腹部第1~8节各有毛疣6个，其上生1根刚毛。2龄幼虫：体长2.29mm，宽0.72mm。头长0.29mm，宽0.34mm。3龄幼虫：体长2.60mm，宽0.81mm。头长0.30mm，宽0.37mm。4龄幼虫：体长3mm，宽0.95mm。头长0.31mm，宽0.43mm。

蛹：离蛹，卵圆形。长3.48mm，宽1mm。刚化蛹时为橘黄色，几小时后变黑，化蛹时间愈长颜色愈暗。体密生长刚毛，腹部第1节背面有2个较大毛疣，第2~6节背面各有4个毛疣，各毛疣上有4~5根刚毛。

2. 基础生物学

1）年生活史

深点食螨瓢虫在辽宁于9月下旬开始越冬，翌年5月下旬，当温度上升到12℃以上时开始活动，6月中下旬结束越冬，全年发生4~5代。在山东、河南、湖南地区1年发生4~6代，以成虫在树皮裂缝、墙缝、土块缝隙和枯枝落叶下越冬，翌年3月下旬至4月上旬开始活动，在板栗、梨、苹果、杂草上繁殖1代，后迁至春玉米田繁殖2~3代，7月迁入棉田。在棉田内繁殖2代。9月以后迁至越冬场逐渐进入越冬状态，有世代重叠的现象。

2）各虫态历期

深点食螨瓢虫从卵发育到成虫羽化需20~26d，其中卵期3.5~5.5d。1龄幼虫期2~3d，2龄幼虫期1.5~2d，3龄幼虫期2d，4龄幼虫期2~3d，5龄幼虫期3d，蛹期6~8d，成虫期28~49d，越冬代成虫期长达200d左右。

3）发育起点温度和有效积温

根据测定，深点食螨瓢虫各个不同发育阶段的发育起点温度和有效积温分别是：卵期15.46℃和58.06℃·d；幼虫期10.14℃和138.59℃·d；蛹期7.85℃和65.69℃·d；成虫期6.70℃和719.30℃·d；全世代11.06℃和829.21℃·d。

4）生活习性

深点食螨瓢虫的雌虫和雄虫均有多次交配习性。产卵前期一般3~5d，产卵期在22d左右，产卵量100粒左右；越冬代成虫产卵期可达90~160d，产卵量在500~700粒。卵散产在棉叶螨周围或棉叶螨网上。幼虫孵化后就在原处经15min左右后就开始取食。沈妙青等（1991）报道，雌虫产卵量多少与食物、温度等因素有关。25℃是产卵的最适温度，产卵期最长可达191d，产卵量平均211粒，多者可达338粒。

深点食螨瓢虫栖息的植物多达120余种，是各类叶螨的天敌，可捕食的螨类有桔全爪螨、柑橘始叶螨、山楂红蜘蛛、苹果蜘蛛、棉红蜘蛛、榆全爪螨等。深点食螨瓢虫的成虫和幼虫均可捕食各个发育阶段的棉叶螨。1 龄幼虫以捕食叶螨的卵为主；2～4 龄幼虫和成虫以捕食棉叶螨的若螨和成螨为主。当棉叶螨发生量大时，瓢虫的成虫往往不把叶螨食尽就又寻找其他螨类取食。一头成虫日平均捕食成螨 15 头、卵及幼螨 21 头（粒），各龄幼虫日平均捕食量为 25 头（粒），4 龄幼虫日食量可达 30 头以上。在 15～32℃，深点食螨瓢虫的日捕食量随温度的升高而增加，在下午达到最大。

3. 生产繁育技术

1）生产场地、设施及器具

（1）建设普通饲养室（主要用于繁育种源）。种源室温度为 18～30℃，14L∶10D，光源为自然光或白炽灯，湿度为 60%～80%。

（2）饲养工具。可以选择透明塑料养虫杯（底直径 3.5cm，顶直径 5.0cm，杯高 5.0cm），也可用废弃的矿泉水瓶制作饲养瓶。另需养虫笼、玻璃缸、纱笼、壁纸刀、打孔针、橡皮筋、镊子、毛笔、铅笔、果枝剪等工具。

2）始祖种源群体的建立

（1）在深点食螨瓢虫自然发生区或越冬场所进行人工捕捉。捕捉时可以利用其假死习性，下面用倒置雨伞承接，用手抖动或用小棍等轻敲深点食螨瓢虫聚集的叶片，深点食螨瓢虫就会伪死落入雨伞中，然后用毛笔转移至试管中，或者其他容器，并用橡胶塞或 60 目的纱网封住器具口。

（2）进行人工诱集。预先种植花生等生长速度快、叶螨喜爱且适宜盆栽的寄主植物，繁育高密度分布的叶螨。在深点食螨瓢虫自然发生盛期，将盆栽植物放置于深点食螨瓢虫发生区，进行诱集，隔天后用 60 目纱网罩住盆栽植物，一起带到繁育基地进行扩繁。

3）深点食螨瓢虫连续三室繁育技术

深点食螨瓢虫连续三室繁育技术包括 3 个技术环节：清洁嫩苗培育、饵料叶螨培育和深点食螨瓢虫接种繁育。

（1）清洁嫩苗培育。在室内用粗砂和水培育豇豆苗、花生苗。

（2）饵料叶螨培育。接种自然发生的叶螨，连续饲养朱砂叶螨、截形叶螨和二斑叶螨，形成高密度群体，作为饵料螨类备用。

（3）深点食螨瓢虫接种繁育。在第二室中选择苗壮、叶多、饵料叶螨密度大的盆栽株移入第三室，接种深点食螨瓢虫，高密度繁育深点食螨瓢虫各个虫态。根据释放应用的需求，挑选适合虫态备用。

4）生产繁育管理

将野外采集到的深点食螨瓢虫在解剖镜下鉴别雌雄后，分别置于透明玻璃瓶中，然后将深点食螨瓢虫雌雄配对，每对单独饲养（用保鲜膜封口并用解剖针扎数个小孔透气，用在寄主植物上繁育的二斑叶螨饲喂深点食螨瓢虫，离体寄主植物茎叶基部用蘸水脱脂棉保湿）。

深点食螨瓢虫在不同寄主植物上的产卵量存在显著性差异。将深点食螨瓢虫的产卵历期划分为 8 个时段，每个时段为 4d，比较不同时间段内的产卵量。结果发现，13～16d 的深点食螨瓢虫在各寄主植物上的产卵量均为最大值，且不同寄主植物上的产卵量差异显著：花生 31.40 粒，豇豆 28.10 粒，玉米 24.50 粒，辣椒 18.70 粒，茄子 15.30 粒。每雌平均产卵量差异显著，由高到低依次为花生 112.60 粒、豇豆 103.80 粒、玉米 85.20 粒、辣椒 68.20 粒、茄子 53.40 粒。

4. 生态利用

深点食螨瓢虫现阶段主要应用于保护地蔬菜及花生等经济作物上叶螨的生物防治，后期逐渐推广到大田、农作物的叶螨生物防治上。

5.3.9 六斑异瓢虫

六斑异瓢虫属鞘翅目瓢虫科。斑纹多变，多达 20 余种，以往分为两个种，另一订名为奇变瓢虫，经杂交及形态学研究确认为同一种。在采集过程中，在同一棵枫杨树上可找到不同斑纹的六斑异瓢虫成虫个体。

该昆虫分布于我国的山东（泰山）、吉林、内蒙古、甘肃、陕西、北京、河北、河南、湖北、四川、台湾、福建、贵州、云南、西藏。日本、印度、尼泊尔、缅甸、俄罗斯、朝鲜等国家也有分布。

六斑异瓢虫一生历经成虫、卵、幼虫和蛹 4 个阶段，为全变态类昆虫。

1. 形态特征

成虫：体圆而大，是常见的最大瓢虫种类，体长 9.5～10.5mm，宽 8.4～9.0mm。底色漆黑，翅鞘上布满各种橙色的不规则斑纹，在头部两侧有 2 个半圆形白斑。体背无毛。头黑色。前胸背板黑色，两侧具白色或浅黄色大斑。小盾片黑色。鞘翅具红黑两色，斑纹有 20 多种变形。鞘翅的外缘和鞘缝黑色，鞘翅的中后部有 1 条黑色的横带，或者横带分裂成两个部分；此外，在翅鞘的基部及近端部各有 1 个黑斑，常分别与翅中的横斑和翅端或翅基相连，有时端斑不明显；有些个体鞘翅全为黑色。

2. 生物学、生态学及行为习性

成虫、幼虫栖息于多种阔叶树，在山东泰山上只发现其栖息、活动于枫杨树，其上有大量核桃扁叶甲，有时在其他植物（如竹林、松树等）上也可发现。1 年发生 1 代，成虫及幼虫取食多种叶甲（如赤杨时甲、漆树叶甲和核桃扁叶甲等）

的卵和幼虫，有时成虫也取食叶甲成虫的腹部。当缺乏叶甲时，可捕食蚜虫。在日本，这种瓢虫叫龟甲瓢虫，台湾有时称大龟纹瓢虫，如此命名源于这种瓢虫的外形与一些龟比较相像。

六斑异瓢虫无毒，虽然有部分个体会分泌红黄色液体，但是这种液体的主要作用只是利用难闻的气息来吓退敌人，保护自己，这种气味尤其对鸟类非常有效，而对于人体是没有任何害处的。这种红黄色液体基本上都是从它的足关节缝隙中分泌的。

温度对六斑异瓢虫的生长发育有影响。分别在15℃、20℃、25℃和28℃条件下，对六斑异瓢虫各发育阶段的发育历期、发育速率、发育起点温度、有效积温、存活率及幼虫体长进行了研究，结果表明，六斑异瓢虫在15～28℃，发育历期均随温度的升高显著缩短，发育速率随温度的升高而加快，采用线性回归模型对六斑异瓢虫各发育阶段的发育速率进行模拟分析，模型拟合度较高，P 值均小于0.05，达到显著水平。温度对1～3龄幼虫体长无显著性差异；4龄时，15℃下的4龄幼虫体长只有11.48mm，显著短于其他温度。温度对六斑异瓢虫的存活有一定影响，随着温度的升高，总存活率呈下降趋势，28℃时最低，只有54.53%。综合各指标，适宜六斑异瓢虫生长的环境温度为15～20℃，六斑异瓢虫卵、1龄幼虫、2龄幼虫、3龄幼虫、4龄幼虫、蛹和总历期的发育起点温度分别为9.84℃、10.42℃、11.67℃、10.21℃、9.91℃、10.51℃、10.37℃，有效积温分别为54.49℃·d、26.77℃·d、19.32℃·d、27.35℃·d、54.73℃·d、73.37℃·d、269.77℃·d。

室内测定六斑异瓢虫幼虫及成虫对榆紫叶甲卵的捕食作用，结果表明，各龄幼虫及成虫的捕食量随榆紫叶甲卵密度的增加而增加，当榆紫叶甲卵增加到一定数量时，捕食量趋于稳定；六斑异瓢虫1～4龄幼虫及成虫对榆紫叶甲卵的日最大捕食量分别为3.92粒、16.86粒、68.26粒、198.61粒和292.40粒。经χ^2检验，其理论值与观察值差异不显著。在相同猎物密度下，六斑异瓢虫成虫随着密度增大，平均捕食量和捕食作用率下降，而分摊竞争强度增加。捕食作用率E与六斑异瓢虫成虫密度P的关系为$E=192.5965P-0.2411$。

3. 人工生产繁育技术

1）生产饲养场地、设施与器具

（1）饲养室条件。温度为18～30℃，14L：10D，湿度为60%～80%，光源为自然光或白炽灯。

（2）饲养工具。可以选择透明塑料养虫杯（底直径3.5cm，顶直径5.0cm，杯高5.0cm），也可用废弃的矿泉水瓶来制作，另需养虫笼、果枝剪、壁纸刀、打孔针、橡皮筋、镊子、毛笔等工具。

（3）人工饲养瓢虫的基本设施。人工饲养瓢虫的基本设施主要包括饲养成虫的玻璃缸、养虫盒或纱笼、饲喂槽等,以及越冬储藏室或地下室或地窖等。

2)始祖种源群体的建立

(1)自然种源的采集。在六斑异瓢虫自然发生的各种环境中采集各个虫态,在室内进行培育、筛选,建立始祖种源群体。筛选个体要求肢体健全、色泽鲜亮、行动敏捷、捕食强烈等。

越冬种源群体的保存。将人工周年生产繁育的群体,于10月初分装于塑料矿泉水瓶中,每瓶放入100只,集中饲养。至11月初,将六斑异瓢虫瓶装,然后放置于泡沫箱中,最后放入50~100cm深的窖穴中集中,自然越冬。根据需要,随时取出一定数量回暖、恢复活动,备用。

(2)引种。六斑异瓢虫是一种优良的天敌昆虫,但由于其生活史较长,成虫、幼虫取食对象不同,取食量大,对其系统研究较少,基本发生规律尚不清楚。目前,还没有大规模生产繁育成功的专业机构或生产单位,因此,尚无引种、扩大生产的可行性。

3)饵料昆虫培育

六斑异瓢虫的饵料昆虫分为饵料蚜虫和饵料叶甲两大类别。

(1)饵料蚜虫的培育。关于六斑异瓢虫生产繁育的饵料蚜虫系统已经十分成熟,基本包括饵料蚜虫周年生产繁育主系统、饵料蚜虫周年生产繁育辅系统、季节性自然发生蚜虫的采集应用。

(2)饵料叶甲的培育。目前,建立人工培育系统的饵料叶甲种类有核桃扁叶甲、酸模叶甲、十三斑角胫叶甲、葡萄十星叶甲4种。

核桃扁叶甲的寄主植物为枫杨,专食性;酸模叶甲的寄主植物为酸模,专食性;十三斑角胫叶甲的寄主植物为药用瓜蒌,专食性;葡萄十星叶甲的寄主植物为葡萄、野葡萄、爬山虎,寡食性。

4)生产繁育管理

(1)幼虫饲养。将相同时期的卵粒或卵块取出,放入培养皿或饲养杯、饲养瓶中,当紫红色的卵粒变黑时,表明胚胎发育已经完成,小幼虫即将孵出,应立即投放蚜虫。不同龄期的幼虫分开饲养,随着龄期增大,饲养瓶中的数量逐渐减少,由100只渐次过渡到60只、40只、20只。在幼虫饲养过程中,要保持足够数量的饵料蚜虫,达到理论捕食量的120%。随时清理容器,取出枯叶和死虫,保持容器洁净和干燥。

(2)化蛹管理。在老熟幼虫取食量明显减少、身体缩短变粗、体色变暗、体壁增厚时,将其转移到装有化蛹诱集器的饲养瓶中。化蛹诱集器为内径0.5~1.0cm的纸筒。

(3)成虫饲养。在养虫瓶中放入10头六斑异瓢虫成虫(雌雄比为1:1),每日投放带新鲜蚜虫或叶甲的植物枝条或叶片,并清理虫粪和残枝叶等杂物。在成虫开始产卵后，每日更换养虫瓶，将成虫移入新瓶中饲养，检查并记录原瓶中的卵量，记入生产档案。

5）六斑异瓢虫的保存

在塑料矿泉水瓶中，12℃时，成虫可保存 3 个月，卵可保存 30d。

6）六斑异瓢虫的质量检测

六斑异瓢虫卵的质量检测：观察虫卵颗粒饱满，颜色正常、鲜亮、均匀一致。

六斑异瓢虫成虫的质量检测：体色艳丽、有光泽、具反光性；大小正常，体长平均 1.0cm；外形正常，无翻翅，无缺翅，无畸形。

4. 生态利用

1）防控对象

六斑异瓢虫主要用于防控蚜虫、叶甲类、叶蜂类害虫等。

2）释放最佳时间及使用方法

在蚜虫为害初期，以生产中发现蚜虫、叶甲类害虫为准，将六斑异瓢虫卵块在室内孵化，发育至 2 龄幼虫，然后释放。将成虫包装盒悬挂或释放在有蚜虫或叶甲类为害的植株上。

释放出去的六斑异瓢虫 2 龄幼虫会快速生长发育，到了 3 龄幼虫，特征明显，待老熟后或蛹期采回，室内饲养繁育。

由于六斑异瓢虫个体较大，色彩艳丽，十分显眼，容易观察，所以释放和回采都方便操作，是一种验证天敌瓢虫释放与回采辩证关系的优良实验对象。

5.3.10 花绒寄甲

花绒寄甲属鞘翅目寄甲科，是迄今发现的寄生天牛类害虫最主要的寄生性天敌昆虫。花绒寄甲在我国分布北起吉林的梅河口，南至广东的深圳，西从宁夏中宁，广泛分布在广东、江苏、安徽、河北、河南、山西、山东、宁夏、陕西、北京、吉林、辽宁等地。

1. 形态特征

成虫：体长 3.2～11.0mm，宽 1.1～4.1mm；深褐色或铁锈色；体壁坚硬。头大部分藏入前胸背板下；复眼黑色，卵圆形。触角短小，11 节，端部几节膨大呈扁球形。雌雄从外表很难辨认。

卵：乳白色，近孵化时黄褐色，长 0.8～1.0mm，宽 0.2mm，中央稍弯曲。

幼虫：初孵幼虫为蛃型幼虫，头、胸和腹部分区明显，胸足 3 对，腹部 10 节。2 龄幼虫至老熟幼虫为蛆型幼虫，头部很小，缩入胸内，胸部和腹部分区不明显，胸足退化。

蛹和茧：茧长卵形，长 2.1~12.1mm，宽 2.1~4.9mm；灰白色至深褐色，丝质。蛹为裸蛹，蛹体黄白色。

2. 生物学、生态学特性

花绒寄甲可寄生松墨天牛、光肩星天牛、锈色粒肩天牛、云斑天牛等蛀干害虫。花绒寄甲的初孵幼虫体小，胸足发达，到处爬动，寻找寄主。找到寄主后，蜕皮第 2 龄幼虫开始在天牛幼虫的体节间将头部插入寄主体壁内取食，营寄生生活。花绒寄甲的成虫能捕食天牛的幼虫、预蛹和蛹。在有食物的条件下，花绒寄甲成虫寿命为 105~368d，平均寿命为 200.5d。

3. 人工生产繁育技术

1) 设施与器具

塑料盒、纱网、饲料盒、镊子、勺子、牛皮纸片、载玻片、水瓶、产卵木块、消毒酒精、试管盒、"M"形纸片、棉塞、勾线笔、消毒水（配方保密）、黑色橡胶板、卫生纸、小号镊子。

2) 始祖种源群体的建立

（1）自然种源的采集。在各种天牛发生严重的地区受害树木上，先观察天牛为害新鲜程度、为害严重性，再进行细致的花绒寄甲采集工作。随着各地释放应用花绒寄甲的时间加长、面积扩大，花绒寄甲自然种群和人工种群定殖数量越来越大，进行种源采集工作也越来越容易。

（2）商品虫挑选，留种，培育，建立新种群。目前，我国已有多家单位开展花绒寄甲基础研究，生产繁育和释放应用研究，很多单位也开展了大规模生产及产品贮备工作。可以从这些单位购买产品作为初始种源。

3) 饵料昆虫

（1）自然采集各种自然发生的天牛幼虫。

（2）人工生产繁育曲牙锯天牛，全年可以获得不同龄期的幼虫作为活体饵料。选择土壤肥厚、向阳背风、地势平坦、水源方便的地块，栽培多种结缕草，以中华结缕草为主，形成地毯式草皮，接种曲牙锯天牛孕卵雌虫。每年 7~9 月罩网防逃。

（3）将黄粉虫蛹、大麦虫蛹作为替代饵料，进行花绒寄甲的培育。

4) 生产繁育管理

（1）生产工艺流程。花绒寄甲生产流程图见图 5-2。

（2）幼虫接虫。将已经孵化的花绒寄甲幼虫轻轻从卵卡上抖落在黑色橡胶板上，用勾线笔蘸取消毒水后晾至半干，然后轻轻蘸取 8 头花绒寄甲幼虫，接在寄主的腹部第 3、4 节上。用小镊子夹住接好虫的寄主放入试管盒的塑料试管中，接着放入"M"形纸片，塞好棉塞。接好一盒后，用记号笔标示日期和操作人员姓名。然后放入培养室，温度为（24±2）℃，湿度为50%。

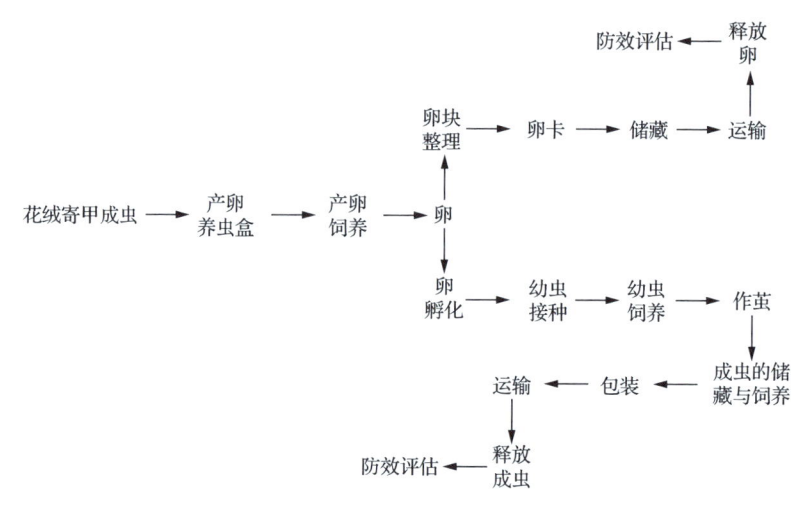

图 5-2　花绒寄甲生产流程图

花绒寄甲幼虫寄生 1 周左右后会化蛹，然后经过 30d 的蛹期，成虫羽化。成虫羽化后会啃食蛹壳，吃完蛹壳后，需要将花绒寄甲成虫从塑料试管中倒出。从塑料试管中倒出成虫后，可以冷藏或者正常继代饲养。

（3）成虫饲养。在干净的塑料盒中铺好纱网，用小勺挖取一勺饲料放入饲料盒中，放在塑料盒的一角，然后将装有已经产卵的花绒寄甲的塑料盒打开，检查供水试管内的水量，如果水量低于试管高度的 1/2，则将试管的海绵塞打开，用水瓶注水至试管高度的 1/2，然后将注好水的试管放入新塑料盒内与饲料盒同一边的另一角。如果供水试管外表脏污，则另换一组新的供水试管。

揭开产卵木块的皮筋，轻轻取下玻璃片和卵片，把粘连在一起的 3 个卵片轻轻撕开，放入卵片盒。如果玻璃片和产卵木块上也有卵块，用小毛笔蘸水将卵块轻轻取下。观察产卵木块中的幼虫是否变黑，如果变黑，就另放入一条新虫。如果没有变黑，则不用换。放好新虫之后，取大、中、小 3 片卵卡纸，按大、中、小次序先后盖在木块刻槽里的虫子上方，然后用盖玻片压好，再用皮筋固定好，放入塑料盒的另一端。把供花绒寄甲休息的纸片移到新塑料盒里，然后将花绒寄甲也轻轻移入（一般产卵期每盒放虫 60 头，雌雄比 1∶1），将盖子盖好。

4. 花绒寄甲的产品标准

花绒寄甲产品有两种形态（卵和成虫）。卵卡规格为每盒 80 粒新鲜卵粒，卵期 1～3d，孵化率 90%以上。成虫规格为每管或每盒 30 头，雌雄比 1∶1，虫体活力强，健壮。体长 3.2～11.0mm，宽 1.1～4.1mm。

5. 花绒寄甲的包装和运输

花绒寄甲包装于纸盒或者指形管（用棉花塞口，保证透气）中，运输环境须保证低温（不超过 25℃）。

6. 生态利用

1）防治对象

花绒寄甲主要防治松墨天牛、光肩星天牛、锈色粒肩天牛、云斑天牛。

2）释放时期

释放之前，应提前调查林间天牛幼虫发生情况。一般在每年的 4～7 月上旬天牛的大龄幼虫期和 7 月下旬至 9 月天牛的低龄幼虫期释放花绒寄甲比较好。在天牛的大龄幼虫期应增加 50%的花绒寄甲卵或成虫的释放量。

3）花绒寄甲释放量

释放前，应提前调查虫害率。①当松墨天牛、光肩星天牛的危害株率在 50%以下时，每 15～20 棵树上释放 1 盒成虫或每棵树释放 1 盒卵卡。②当松墨天牛、光肩星天牛的危害株率在 50%以上时，每 5～10 棵树上释放 1 盒成虫或每个虫孔释放 1 盒卵卡。

4）释放方法

释放成虫时，片林可采取点状释放，以释放点为半径，面积内每 15～20 棵树放 1 盒成虫。如果逐棵释放，每棵释放 1 盒卵卡。用大头钉将装有花绒寄甲成虫或卵的纸盒钉于树高 2m 以上的天牛排粪孔旁即可。

7. 防效评估

1）检查内容

检查虫口减退率和成灾率，以此来表示防治效果。

2）检查时间

释放后 2 个月和第 2 年相同时间各检查一次。

3）检查方法

释放后 2 个月在释放地进行防治效果检查，剖查所有标记坑道，记载其中害虫、天敌数量，害虫、天敌的虫态，计算新侵入坑道的有虫株率、有花绒寄甲株率；同时剖查对照地，采集同样的数据进行比较。

第 2 年相同时间，进行第 2 次防治效果检查，在释放花绒寄甲的试验林内没有发现天牛的新侵入孔，则表明该林区的天牛已得到了控制。

连续监测释放区害虫和天敌的种群数量以检验防治效果，观察花绒寄甲是否在这些林区安全越冬和定居定殖。

4）计算公式

虫口减退率及成灾率计算方法如下：

$$虫口减退率（\%）=\frac{防控前活虫数-防控后活虫数}{防控前活虫数}\times100\%$$

$$成灾率（‰）=\frac{成灾面积}{寄主总面积}\times1000‰$$

5）注意事项

禁止雨天释放；释放花绒寄甲的片区杜绝使用化学农药；可以和天牛幼虫的其他天敌昆虫（如管氏肿腿蜂、绿僵菌等）组合释放。

5.3.11 赤眼蜂科

赤眼蜂科约包含 7 属 40 种，均为卵寄生性，分别以鳞翅目、同翅目、鞘翅目、膜翅目、双翅目、脉翅目、蜻蜓目、缨翅目、直翅目、广翅目等昆虫的卵为寄主，是应用于害虫生物防治最为成功的案例之一。

1. 形态特征

赤眼蜂科种类体长 0.5~1.0mm，最小的仅有 0.17mm。触角短，柄节较长，与梗节成肘状弯曲，鞭节在各属之间差异甚大，均不超过 7 节；常有 1~2 个环节、1~2 个索节和由 1~5 节组成的棒节。澳洲赤眼蜂触角结构是区别各属的重要形态特征之一。大多数属的雌雄触角相似，少数如赤眼蜂属等，雌雄触角构造有别，表现出性二型特征。前翅边缘有缘毛，翅面上有纤毛，不少属的翅面上纤毛排成若干毛列。体粗短，腹部与胸部相连处宽阔。产卵器不长。常不伸出或稍伸出于腹部末端。被寄生的寄主卵壳后期呈黑褐色。

2. 生物学、生态学及行为习性

成虫产卵于寄主卵内，幼虫取食卵黄，化蛹，并引起寄主死亡。成虫羽化后咬破寄主卵壳，外出自由生活。寡索赤眼蜂属的一些种寄生褐飞虱、白背飞虱、灰飞虱等水稻害虫的卵；赤眼蜂属褐腰赤眼蜂寄生黑尾叶蝉的卵。赤眼蜂属绝大多数寄生鳞翅目昆虫的卵，其中不少种为重要天敌；少数寄生双翅目、脉翅目和鞘翅目昆虫的卵。

1）年发生代数

据室外挂卵卡调查，南京 4 月上旬开始有赤眼蜂产卵活动，至 11 月上旬停止。经室内饲养观察，自 4 月中旬至 11 月中旬，可完成 16 代。实际 4 月上旬至下旬还能发育完成 1 代。因此认为 1 年可发生 17 代。

2)生态学及行为习性

赤眼蜂在自然界除了寄生玉米螟的卵外,还寄生高粱条螟、棉铃虫、梨小食心玉、凤蝶等的卵,室内人工接种寄主有米蛾、地老虎、黏虫、松毛虫、蓖麻蚕卵等,柞蚕卵不能育出成蜂。其产卵趋势、产卵历期随成虫寿命长短而异。在25℃室内饲养,每日喂以蜜糖水,寿命最长11d,最短3d,平均寿命7.7d。羽化后第1天产卵55.2%,第2天产卵33.3%,第3天产卵9.1%,第4天产卵2.0%,第5天产卵0.4%,第6天后不再产卵。一般雄蜂先羽化,用大粒卵繁殖时往往雌蜂先出羽化孔。同一粒松毛虫卵寄生的,其羽化历期可持续4~6d。接种时间长短不同,羽化时间也有差异,田间成蜂活动状况受温度和风速影响。当气温22℃时,风力5~6级,只能爬行,而不肯飞翔,且常常停息。当气温23℃时,风力4级左右,爬行较快,且喜飞翔。当气温24~26℃时,风力小于4级,爬行迅速,飞翔活跃。在强烈阳光照射下,成虫喜在玉米叶背面活动,这与玉米螟的卵常产在叶背的习性相符。在室内温度20℃和无风的情况下,成虫爬行迅速,且有部分飞翔。

温度是气象因子中影响发育速度最显著的因素。玉米螟赤眼蜂的卵、幼虫、蛹各虫态对温度的要求是不同的。卵在5℃时完成阶段发育需17d,10℃只需8d;幼虫在5℃时需20d,10℃时只需8d,但只能发育到预蛹,此后即停止发育而死亡;在11℃时才能完成各个阶段的发育,34.8℃时也不能发育羽化。

赤眼蜂以老熟幼虫在寄主卵内越冬。在黄淮海地区,第3代玉米螟产卵是赤眼蜂发生作用的时期,卵初期即可被寄生50%左右,卵高峰后被寄生率可达90%~100%。

3. 生产繁育技术

我国自20世纪50年代开始在广东系统研究利用赤眼蜂防治蔗螟,60年代开始应用于生产,70年代北方应用赤眼蜂防治玉米螟,规模从小到大,逐步发展。为解决赤眼蜂生产繁育技术,全国各地纷纷研究改进赤眼蜂生产技术,1973年农业部提出了机械化人工控制大规模繁殖赤眼蜂的研究,确定柞蚕卵、蓖麻蚕卵繁蜂任务由广东省农业科学院植物保护研究所和吉林省农业科学院植物保护研究所承担,米蛾卵繁蜂任务由山西省农业科学院植物保护研究所承担。通过近5年的努力,创造出一套机械化大量、简便、快速的繁蜂方法。在全国各地科研单位和生物防治站的努力下,目前赤眼蜂工厂化生产繁育技术已发展为大房间快速繁蜂法、散卵繁蜂法和蜂箱繁蜂法等多种技术方法。赤眼蜂成为寄生性天敌昆虫生产最为成功的案例。

1)繁蜂室的建立和人工大量繁蜂的基本设备

(1)准备生产繁蜂房屋、蜂箱及用品。按照生产繁蜂供6600hm^{2}田地防治害虫用设计，所需生产车间及蜂箱如下。

办公室 1 间，接待室 2 间，会议室 3 间，每间 20m²。蜂种质量检查室 1 间，面积为 20m²。繁育寄主化蛾室 3 间，每间 20m²，供挂柞蚕茧或蓖麻蚕茧，每间每次可挂 250kg 茧，可收 25kg 柞蚕卵，在不同时间依次分 3 批从冷库取出挂茧。如果挂蓖麻蚕茧，还要多设 1 间成虫羽化交尾产卵室。以上房间要有通风设备，冬天具备加温设施，保持蚕蛹发育温度为 18～25℃。生产繁蜂室 3 间，每间 20m²，分别用作大房间繁蜂室（接蜂室）、蜂产卵室、种蜂发育室。繁蜂室要保持通风，冬天可加温，夏天可降温，使室内温度保持在 23～25℃。赤眼蜂种蜂锻炼室（或百叶箱）1 间，面积为 20m²，可多层放置，供种蜂变温锻炼用。种蜂繁育箱 50 个，用于种蜂繁育。

此外，还需要各种规格试管各 200 只以上，并按照需要准备好繁蜂用纸、白乳胶、糖蜜、镊子、扩大镜、昆虫针等物品。

（2）大量繁殖赤眼蜂需用的机械。大量繁蜂多用柞蚕蛾腹卵，因柞蚕剖腹取卵时蛾体鳞片、内脏杂物多，用人工挤卵工作量大，可采用以下两种洗卵干卵机械。

① 剖腹洗卵机。该机械由广东省农业科学院植物保护研究所和广州市生物防治站研制。第一部分为剖腹洗卵机体。机体总长 1000mm，高 800mm，宽 440mm，箱内主轴上安装有月形钢刀 21 把，3 行排列，每行 7 把。马达型号为 JO32-4 型，电机功率为 0.8kW，变速为 200r/min。第二部分为水槽及水盘。盛卵水盆为正方形（边长 560mm），洗卵机中有 1 条 2cm 口径水管，用于把卵及蛾粉碎物送入盘内，水管通过盘中 27cm 深处。盆底有一圆径 3.8cm 出水口，蚕蛾体的碎物、鳞片及内脏杂物先从盘面飘走，盘底卵流入水槽中，水槽长 3000mm，宽 2000mm，槽内 1000mm 处有一闸，闸上 8cm 处有一通水孔，口径长 11cm，宽 4cm，末端有一排水闸，水闸上有一孔径为 3.8cm 的出水口，将卵和水流入一尼龙网袋中，便于集中收集干净的柞蚕卵。第三部分是离心机。可用市售的洗衣机离心干燥部分，把附着在卵表面上的水分甩干，便可粘卵繁蜂。该机械剖蛾洗卵每小时可出柞蚕卵 60kg，比人工操作效率快 10 倍以上，可用于一个供 0.66 万～1.33 万 hm² 繁蜂放蜂用的工厂。

② 小型剖腹洗卵机。1995 年，刘志诚、刘建峰等又研制出日产繁殖供 666hm² 放蜂用的小型剖腹洗卵机，即在 1 台用于搅拌鸡蛋液的机械上，在鸡蛋液圆筒内打蛋铁条上焊接几条搅拌用粗铁杆，每 20min 可洗 5kg 柞蚕剖腹卵，每小时可洗出 15kg 柞蚕剖腹卵，水盘和水槽设计同上，长度较短。

2）赤眼蜂始祖种源群体的建立

（1）赤眼蜂种源的自然采集。自然界发生的赤眼蜂种类很多，可达 20～30 种，但在单一农业生态系统中只发现 2～3 个优势种。例如，在甘蔗田的蔗螟卵中可以发现稻螟赤眼蜂和玉米螟赤眼蜂，但是发生频次高、对蔗螟卵寄生率可达

60%～80%的种类是螟黄赤眼蜂，因此螟黄赤眼蜂才是寄生蔗螟卵的优势种，也应该是防控蔗螟卵应用的生产繁育对象。

采集赤眼蜂种源时，应掌握以下两个要点。

① 直接采集被寄生的害虫卵，获得赤眼蜂。被赤眼蜂寄生的害虫卵，一般到寄生的中后期卵壳变为漆黑、具金属光泽，而未被赤眼蜂寄生的昆虫卵则无此特征。

② 选择害虫卵自然寄生率最高的时期作为种源采集期。在害虫卵自然寄生率最高的时期最容易采集优势蜂种。把观察到的被寄生的害虫卵，连同卵（卵块）附近约3cm长、2cm宽的着卵鲜叶片一并剪取，放入1.8cm～2.0cm口径的指形管中，用白纸、报纸和橡皮胶圈封扎瓶口，放置于25℃左右的条件下保存。保持适宜的湿度，湿度过高则叶片及卵会霉变，湿度过低则植物组织会失水卷缩破坏卵（卵块）的状态，影响赤眼蜂的羽化，故要每天进行细致观察，发现羽化的赤眼蜂在瓶内壁爬行时，可在瓶内壁加入1条细如发丝的棉花纤维糖蜜条，让蜂吸食，以延长蜂的寿命。每粒或每块卵单独放入1个瓶中，标签注明采集害虫卵的种类、采集日期、时间、地点和寄主植物，以及气候条件、采集人等信息。

（2）赤眼蜂优势种的选育。针对某种目标害虫的防治，最好要在该种害虫卵内筛选出赤眼蜂的优势蜂种，这是同域天敌、跟随关系选择的经典模式。这需要长期、系统的资源调查研究工作基础。例如，为了防治甘蔗田中的蔗螟，要连续在2～3年的1～2个月去田间采回寄生在蔗螟卵内的赤眼蜂，放置在指形管中保持蜂的羽化，筛选其寄主蔗螟卵内全年发生期最长、占各种赤眼蜂数量比例最大的蜂种。

（3）赤眼蜂的纯化。把在指形管内羽化的同种、同类型的赤眼蜂集中在一个试管中，接入寄主卵进行繁育。用米蛾卵等小卵接蜂，直接粘卵繁殖即可。例如，用柞蚕卵或蓖麻蚕卵等大型虫卵繁殖，则最好用剖腹卵，较容易被采回的赤眼蜂寄生；也可以通过人工生产繁育原寄生体昆虫——蔗螟卵进行纯化繁育，建立始祖种源群体。种蜂要求体型健壮、色泽鲜亮，淘汰弱蜂和病蜂。

（4）赤眼蜂种源群体的扩大繁殖。采集种蜂的季节一般选为秋季，到翌年早春繁殖出足够数量的种蜂要经历一段较长的时间，即实现提前量的储备需要一个时间段。应根据翌年的应用释放面积，制定需要种蜂的计划。在南方，田间放蜂时间在每年的3～4月，北方则在6～7月。在大量生产繁殖的前一个月，要培养出足够数量的种源群体，通常以种蜂1：（8～10）倍扩大繁殖出第一次所需的赤眼蜂。多年来，我国在赤眼蜂种蜂扩大繁育方面有了很好的技术储备。秋冬季节一般寄主卵较少，可以将从田间采回的蜂种，先接种在米蛾卵上，然后转繁于柞蚕卵中，连续繁育4～5代，以取得足够数量的种蜂。南方9月在蔗田采回蜂种，先在米蛾卵或蓖麻蚕卵内繁育2代后，再转入人工卵中扩繁3～4代，然后再转到柞蚕卵中去，种蜂的生活力会有较大的提高。

（5）种蜂的保存和复壮。种蜂的保存目前多用冰箱和冷库，一般在冬季自然低温时，种蜂可以保存90d左右，但在夏秋季自然温度较高时，以保存30d左右为宜。种蜂羽化率可以达到80%～90%。冷藏保存一定要注意种蜂发育阶段，一般在接蜂后发育至中幼虫期与老熟幼虫期之间，把蜂卡用包装纸包好，放置于3～5℃的低温冷库中。如果自然界温度为25～30℃，则最好先把蜂卡放入10～13℃的温库中存半天或1d，再放入3～5℃的低温冷库中，以免温度骤降而增加蜂幼虫的死亡率。

赤眼蜂种源的保存，一般以冷藏时间越短越好。一般而言，冷藏时间越长，越易出现种蜂羽化不整齐、羽化率下降现象，因此，种蜂尽可能不进行冷藏。如果必须经过冷藏，应在取出后人工繁育1～2代。种蜂寄生卵要保持新鲜状态，接蜂时间不能太长，要大蜂量、短时间接蜂，控制复寄生数，使种蜂羽化整齐强壮。在有条件时，应结合田间释放应用，实现一定数量的自然蜂种保存，即在原产地域或释放区，人为创造一个微型自然保护区。

3）应用大卵（柞蚕卵、蓖麻蚕卵）生产繁蜂技术

以柞蚕卵、蓖麻蚕卵为主的大卵主要可以生产繁育松毛虫赤眼蜂、螟黄赤眼蜂等，这些种是生产上应用最广的蜂种。从20世纪50～90年代，全国在大量生产繁殖赤眼蜂过程中，创造了很多高效的生产技术，具体有木箱繁蜂技术、大房间快速繁蜂技术、散卵繁蜂技术、链排式大房间繁蜂技术、轴式繁蜂技术、双轮轴式繁蜂技术等10余种技术体系。现选取其中3种10年来全国逐步统一推广的技术予以介绍。

（1）木箱繁蜂技术。此技术是在20世纪50年代由刘志诚、刘建峰等研制，目前还应用在螟黄赤眼蜂的种蜂繁殖和大量生产繁育中。

繁蜂木箱规格：木箱为长方形，长30cm、高23cm、宽10cm，两面开通，框中通部分镶上薄玻璃，框四边紧压处贴密封条，保持四周紧密，保证蜂体不能从空隙中飞出来。

据试验证明，制作蜂箱的木料最好选用杨木或松木，不可选用杉木或樟木，因这类木材的异味容易造成赤眼蜂大量死亡。

技术过程：取白色纸（长39cm、宽26cm），每张粘贴柞蚕卵20g，约繁育10万头赤眼蜂。

先把蜂种放入蜂箱中，当种源成虫有20%左右羽化时，把已洗净、晾干的柞蚕卵用白乳胶涂抹呈"回"字形，贴上约20g柞蚕卵，待胶水干燥后，即可作为接蜂用卵基。接蜂时把蜂箱两边的盖打开，然后迅速放上卵卡，盖严蜂箱，80%的蚕卵上有蜂1～2头产卵，1～2h后按上下左右翻转蜂箱，过2～3h后再翻转1次，使赤眼蜂分布均匀。蜂量与蚕卵的比例均匀达到2∶1时，把种蜂卡收取到新

蜂箱，以免过度寄生，蜂量够时接入新的卵卡。也可以取下两边的卵卡，迅速接入两种新的卵卡，然后把取下的卵卡卵面相对折起四边的纸边，放入黑房让其继续产卵，10h 后打开，扫走种蜂。第 2 次接蜂时间可长一些，12~18h，中间也要间隔 3~5h 翻转蜂箱 1 次，如仍有蜂羽化，可进行第 3 次接蜂。一般接蜂次数控制在 2~3 次，可扩繁 5~8 倍。蜂箱繁蜂一定要注意繁蜂室通风透气，湿度控制在 70%~90%，湿度过高很容易造成细菌污染，接蜂时要多次翻转蜂箱，以免造成局部过度寄生现象的发生。

（2）大房间快速繁蜂技术。随着赤眼蜂的大面积释放应用，1973 年于浙江研制成一种大量、快速的大房间繁蜂法。

繁蜂室的设置。建造或改造 1 间 10m^2 或者 30m^2 中间分隔的房间，将所有门窗封遮，保持室内处于黑暗状态。在与门相对的墙面上安装 4 只日光灯，上面的两只为 30W，下面的两只为 40W。在距灯 60~80cm 处安装一个木方框，框的规格可以根据房间大小予以调整，框面上钉装 80~100 筛目的尼龙纱网，制作成一个接蜂屏幕。在距离尼龙纱网屏约 2cm 处，等距离拉 4 条细铁丝，用于悬挂新鲜的卵卡，卵卡纸长约 25cm、宽 18cm，可贴挂 3 行新鲜柞蚕卵，卵卡长 14cm、宽 2.5cm，卵卡用微型捏夹夹实一边悬挂，卵面朝向屏幕，每横排约可挂 10 张卵卡，直行挂 4 行。在距离接蜂屏幕 20cm 处，放 1 张和接蜂面屏幕等长的木架，用于放置刚刚羽化的种蜂卡。

在接蜂室内还要放置繁蜂产卵用的木架。此繁蜂架可设 5~6 层，每层可排列 10 张蜂卡，叠放 20 张蜂卡。

技术过程。繁蜂室保持恒温 25℃、相对湿度 80%左右，当室内种蜂架上的种蜂羽化 20%左右时，开启室内灯光，观察有种蜂羽化飞向并着落在接蜂屏幕上时，立即挂上新鲜卵卡，卵面朝向屏幕，根据屏幕上着落种蜂的数量，确定悬挂卵卡的数量，种蜂大量羽化时，可接满屏幕。在屏幕外仔细观察，对于已经有种蜂产卵的卵卡，70%~80%蜂卵比达到 2：1 时，即可取下该张卵卡，将 2 张鲜卵卡复合在一起，马上放入黑暗状态的繁蜂室内，让种蜂在卵上产卵。产卵过程保持 24h 左右，即可以取出，扫除附在卵面上的残余种蜂，并将完成接蜂的卵卡送往发育室进行发育培养。

大房间快速繁蜂技术比木箱繁蜂技术速度快、效率高、节省人工，赤眼蜂飞向屏幕的行为也可以作为一种种蜂筛选的方法。1 个 10m^2 的繁蜂室，可日产赤眼蜂 1 亿头以上，可供 667hm^2 田块放蜂用。如果放蜂面积较大，可根据需求量相应地多设几个大房间繁蜂室。种蜂可以多代繁殖。由于赤眼蜂释放在较大的房间，因此，种蜂和寄生卵的准备要十分充分，在种蜂羽化高峰时保证新鲜寄主卵连续接蜂，同时房间内要保持空气清新。

（3）散卵繁蜂技术。散卵繁蜂技术更加节省人工、提高效率、节约时间、节省物料和生产空间，一次接蜂量大，繁殖倍数高，因而在全国范围内得到迅速推广。该技术的主要特点是使被寄生的卵与未被寄生的卵混合均匀，从而使供给田间的蜂卡质量均一。由于接蜂不须大的活动和飞翔即可把卵掺入寄主卵内，是一种培养"懒惰蜂"的技术方法，但是这种形式会削弱赤眼蜂的生活能力，不宜久用。应用该技术一定要严格把好繁殖种蜂的质量关，避免蜂种未经选育、刚羽化便连续在黑暗条件下扩繁，引起种蜂退化。因此，用选育种蜂的方法扩繁到一定数量的种源后，在放蜂前的 1~2 代，用散卵繁蜂技术扩繁后马上送到田间释放为好。

散卵繁蜂的工具多为木框，大小可根据放蜂需求量而定。木框以一般人能拿起搬动为准。黑龙江省友谊农场使用的木框为 60cm×60cm×2cm，把柞蚕卵均匀铺于框底约一层半至二层厚，没框装入 12 000 粒卵为宜；广东省农业科学院植物保护研究所散卵繁蜂使用的木框规格为 80cm×50cm×4.5cm，每次繁蜂放入一层半鲜卵，每个木框装入鲜卵 1kg。框的规格要保持一致，易于互相叠放，并且在叠放时互相遮黑，可连续 20~30 个木框叠放在一起，以利于空间的立体利用。放置木框的生产车间要保证全遮黑、不露光，以接蜂后全房间漆黑、让种蜂在木框黑暗环境中安静产卵最好。

技术过程。一是以散粒已寄生卵接新鲜寄主卵，接蜂比例是 1 粒已寄生卵接入 20~30 粒新鲜的柞蚕卵。接蜂前，先把种蜂装入纱布袋内，待 20%的种蜂羽化后，均匀撒入装有鲜卵的木框中，放入黑暗的房间中，24h 后接蜂完成。二是将寄生卵制成卵卡，把卵卡剪切成拇指大小的碎块，装入瓶中或木箱内，种蜂羽化 20%左右时，先把鲜卵平铺于木框上，然后把羽化的卵均匀铺于鲜卵上，再把成蜂拍打到卵面，遮黑让蜂均匀地在鲜卵上产卵，3~5h 观测蜂量，当蜂卵比为（1.5~2.0）：1 时，把卵卡收入瓶内或蜂箱中，待有蜂羽化后进行接蜂。接蜂时间一般保持 24h。以散寄生卵接散新鲜卵，接蜂较简单快速，但接蜂后要清除已羽化的卵壳，比较困难，同时接蜂羽化质量不高时鲜卵浪费较大。用贴好的寄生卵卡接鲜卵，接蜂时工作量较大，但清除已羽化的卵壳比较容易，同时接蜂时根据羽化蜂量调节接入新鲜卵量，可保证繁蜂质量和数量，两种方法各有优缺点。三是以成蜂接新鲜卵。这种方法被黑龙江友谊农场采用。把种蜂盒放在繁蜂室内，繁蜂室墙的一边装上光源，在光源前安装 2~4m² 的大屏幕，种蜂放在 60cm×60cm×2cm 的木框上，种蜂大量羽化飞向屏幕，喷布少量 10%的稀释糖蜜水，让成蜂取食后，用细长鸡毛将其扫在装入了新鲜卵的木框（60cm×60cm×2cm）中，使成蜂均匀散在卵面上，蜂卵比在（1.5~2.0）：1 时，马上放入黑暗房间中让种蜂产卵 24h。这种方法主要是扫蜂工作量大，将种蜂扫在木框上使其均匀分布的操作难度大。

用散卵繁蜂，室内最好保持恒温 25℃、相对湿度 80%左右，繁蜂室全遮黑，而每一叠木框最好分别用黑布遮黑，通过两层遮光使赤眼蜂在黑暗环境中安静产卵。此外，散卵繁蜂的寄主卵发育到变黑时（赤眼蜂的初蛹期），可把寄生卵倒入清水中，已寄生的卵粒相对密度（比重）小，易浮于水面，未寄生的卵粒会沉入水底，可随即把浮于水面的寄生卵捞出来吹干，继续发育，未寄生的卵粒和其他卵可用这种方法分开，如未寄生卵尚未坏死，可再接一次蜂。

以上3种技术，以第2种技术普适性最强，各地可以根据实际需求加以选用。

4）应用小卵（米蛾卵）生产繁蜂技术

米蛾卵可繁殖一些用大卵（柞蚕卵、蓖麻蚕卵）不能繁殖的赤眼蜂，如玉米螟赤眼蜂、广赤眼蜂等。米蛾是一种仓库害虫，作为饲养原料不受季节限制，对冬季保存蜂种亦有较大作用。但是，要通过饲养米蛾取得充足的卵量繁蜂，比用大卵难得多。

中国农业科学院生物防治研究所和山西省农业科学院植物保护研究所对米蛾的人工饲养、收蛾、收卵、制作卵卡和繁蜂等做了一系列研究，并研制出一套相关机械和器具，对节省人力、提高工作效率，具有重要作用。

采用米蛾卵生产繁殖赤眼蜂的技术步骤如下。

（1）处理米蛾卵。米蛾收卵后，在3~5d接蜂，如不把米蛾卵的胚胎杀死，未寄生的卵会很快孵化出幼虫，米蛾幼虫食性很杂，很快会把已寄生的卵吃掉。因此，繁蜂前一定要把米蛾卵放在白色磁盘上，用30W紫外灯照射。把卵放在距离灯照射范围50cm内，照射时间为15~20min，对于米蛾胚胎的杀死率达到95%以上。

（2）粘卵繁蜂。将白乳胶涂抹在白纸上，乳胶要涂得很薄，把杀死胚胎后的卵均匀散落在纸上，把剩余的卵抖落，晾干后即可接蜂。

（3）接蜂。已被寄生的米蛾卵平均每粒只羽化1只蜂，因此，接蜂时可按1头雌蜂与10粒米蛾新鲜卵的比例，接蜂时间保持6~8h，然后取出另换接新鲜卵。接蜂工具可用口径10.8cm、高12cm的圆筒形玻璃管，亦可用上述大卵中的繁蜂木框接蜂。每克米蛾鲜卵约有27 000粒，可先称量好卵量，再决定接蜂量。

已接蜂的米蛾卵，当蜂体发育至米蛾卵变黑时，每天要检查1次未寄生卵的米蛾卵是否已经死亡，如果发现有个别米蛾幼虫，亦应用毛笔扫除干净，只要留下1条米蛾幼虫，便会有一大片已寄生的米蛾卵被吃掉而遭受损失。

5）赤眼蜂人工繁蜂的质量体系

为使人工生产繁殖的赤眼蜂在田间发挥生物防治作用，首先要保证人工繁蜂的对象是该种害虫的优势蜂种。

（1）质量保证要点。

① 要在当地采集防治该种害虫的优势蜂种作为始祖种源。选错蜂种和种型，会导致失败。从外地引进的蜂种，一定要经过田间试验，证明不但对当代该种害虫有效，而且还要在田间具有延续作用。

② 人工繁蜂时要控制好寄主卵内的重寄生数。以柞蚕卵为例，一般每卵羽化

60~80头蜂是正常的。如果每卵可羽化100~130头蜂,则羽化的蜂体较小而弱,寿命短,繁殖能力差。如果柞蚕卵多,接入成蜂少,则每卵寄生蜂羽化数只有30余头,由于营养过剩,蜂体大,蜂体腹部也大,羽化肥蜂多,则只会爬行,难以飞翔。因此,繁蜂时一定要掌握好雌蜂与接入鲜卵的比例。根据多年的研究和各地实践经验,赤眼蜂繁殖的种蜂和寄生卵适宜比例如表5-8所示。

表5-8 赤眼蜂繁殖的种蜂和寄生卵适宜比例

寄主卵种类	接蜂蜂卵比（种蜂∶寄生卵）	每粒寄生卵出蜂头数	每克卵的粒数
蓖麻蚕卵	（3~4）∶1	60~80	100~110
松毛虫卵	（1~2）∶1	20~25	600
米蛾卵	1∶2	15~20	700

从表5-8可以看出,要控制寄主卵内重寄生数,一定要在接蜂时掌握好种蜂和寄生卵的比例。在温度25℃时,接蜂时间以6~8h为宜。

③ 做好寄生卵和种蜂羽化时间安排。要做到蜂卵相遇适时,以保证繁蜂质量。尽可能在寄生卵柞蚕卵刚羽化后马上剖腹洗卵,为种蜂准备好鲜卵;种蜂羽化也要跟上,要用刚刚羽化的种蜂。鲜蜂配鲜卵,繁殖出来的赤眼蜂生活能力才能更好更强。

④ 对种蜂进行适当的变温锻炼。在种蜂羽化时,尽可能保持适宜的温度(25℃),相对湿度为80%,使成蜂在最好的环境条件中产卵寄生。但寄生后,为了保证赤眼蜂产品的田间防虫效果,要使幼虫到蛹期在变温条件下加以锻炼。在恒温25℃条件下繁殖2~3代与在变温条件下繁殖比较,经变温锻炼的赤眼蜂产品在田间适应性强,寄生能力好,而恒温繁殖时间长的赤眼蜂产品,成蜂到田间因环境变动很容易死亡。

⑤ 尽可能为人工繁殖的赤眼蜂成虫补充营养,如喂给蜂蜜水等,可以延长成虫寿命和增加产卵量。

(2) 赤眼蜂工厂化生产的产品质量检查。人工生产繁殖获得的赤眼蜂产品,其质量的好坏和田间释放应用效果存在直接关系。因此,一定要在放蜂前后进行抽样检查。对每批次生产繁殖出来的商品蜂,随机在50张蜂卡上剪取长宽为5cm的卵卡,统计其总卵粒数、寄生卵粒数,计算卵粒寄生率。随机取50粒卵,每粒放入一指形管,封好口,待蜂羽化后,检查单卵出蜂数、雌雄比、成蜂寿命、畸形蜂率等指标。在留下观察的卵卡中,待蜂羽化后随机检查500~1000粒,观察其卵粒羽化率。

按照中国柞蚕卵繁育松毛虫赤眼蜂技术操作过程办法,把蜂卡分为以下几个等级。

① 一级蜂卡。卵粒寄生率为80%～90%，卵粒羽化率为60%，单卵出蜂数为80～100头，雌雄比为75∶25，无翅弱蜂和畸形蜂率为15%～20%。

② 二级蜂卡。卵粒寄生率为70%～80%，卵粒羽化率低于50%，卵卡明显变霉，脱粒超过30%，干瘪，蜂体有明显病变，或单卵出蜂数在100头之内，或单卵出蜂数在10头以下，畸形蜂率超出30%。这种蜂卡应严格控制，不得出厂或折价处理，以保证质量和信誉。

田间释放应用效果的复查也是检验赤眼蜂质量的有效指标。在各个放蜂点释放赤眼蜂产品后7d左右，再在田间随机取回50块蜂卡，检查卵粒寄生率和卵粒羽化率，以了解蜂卡在田间经受气候变化后的实际卵粒羽化率情况，结合释放控制效果调查，综合分析赤眼蜂产品质量。

6) 赤眼蜂生产繁育计划的制订

要按需、按时、保证质量地生产繁育赤眼蜂，首先要制订完善的生产繁育计划。

（1）北方松毛虫赤眼蜂生产繁育及释放计划。黑龙江友谊农场生物防治站全年计划放蜂3次，生产繁育及放蜂面积为2.67万～3.33万 hm^2，以每头柞蚕雌蛾收卵200粒为计算基础，以1∶20倍散卵繁蜂，卵粒寄生率75%，1万粒卵为150mL，每公顷散卵接种盘装卵1200mL，则计划用卵4000头。

第1次，2月26～27日，加温暖卵；3月2～3日，繁殖出50万头种蜂。依次，3月12～13日，暖卵，扩繁成500万头蜂；3月24～25日，暖卵，扩繁成5000万头蜂；4月9～10日，暖卵，扩繁成5亿头蜂；4月26～27日，暖卵，扩繁成50亿头蜂。6月16～18日，第1次释放蜂。

生产繁蜂的技术参数如下。

① 柞蚕蛹。发育起点温度为9℃，每天固定温度为20℃，日积温11℃，20d羽化成虫；25～28℃时，15～16d羽化出成虫，羽化期达到8～10d。

② 松毛虫赤眼蜂种源。平均温度为20℃时，15.6d出蜂；25～26℃时，11d出蜂，3天内羽化完毕。

③ 螟黄赤眼蜂种源。平均温度为20℃时，15～17d出蜂；25～27℃时，10d出蜂，3d内羽化完毕。

④ 柞蚕卵。每头雌蛾可收腹卵200～220粒，4月之前可收柞蚕卵6～7kg，5月可收5kg左右，每克柞蚕卵为100粒左右。平均每粒柞蚕卵可羽化雌蜂50头。对松毛虫赤眼蜂，每1～2头雌蜂可接1粒新鲜柞蚕卵；对螟黄赤眼蜂，每2～3头雌蜂可接1粒新鲜柞蚕卵。

⑤ 蓖麻蚕。每雌可产卵330粒，每克卵约565粒。

⑥ 米蛾。每雌可产卵200粒左右，每克卵25 000～27 000粒。

（2）南方螟黄赤眼蜂生产繁育及释放计划。广东顺德乐从生物防治站防治蔗螟（条螟、二点螟、黄螟等），其世代重叠严重，每年需要放蜂 6 次。

生产繁蜂的技术参数如下。

① 每 50kg 柞蚕茧可收 5kg 卵。温度为 20～25℃时，茧羽化历期 20d；25～28℃时，则缩短为 16d。

② 螟黄赤眼蜂在 20～25℃条件下，历期 10d。

③ 每张蜂卡可黏附柞蚕卵 20g，羽化出雌蜂 10 万头。

④ 每张蜂卡扩大繁殖以 8 倍计，散卵繁蜂以 10 倍计。

⑤ 每张蜂卡以出蜂 8 万～10 万头计，可放蜂面积按 6667m² 计。

5.3.12 烟蚜茧蜂

烟蚜茧蜂是膜翅目姬蜂总科蚜茧蜂科的一种蚜虫的体内寄生蜂。其寄主范围较窄，可寄生桃蚜（烟蚜）、萝卜蚜、麦二叉蚜、麦长管蚜、棉蚜等。

目前，世界已开展蚜茧蜂应用研究涉及的斯氏蚜茧蜂、缢管蚜茧蜂、无网长管蚜茧蜂、烟蚜茧蜂、粗脊蚜茧蜂、广蚜茧蜂、莱蚜茧蜂、法蚜外茧蜂、翼蚜外茧蜂、榆三叉蚜茧蜂等类群中，烟蚜茧蜂的繁殖力强、世代周期短、自然寄生率高、适应性强、易于人工生产繁育、成本低等优点使之成为蚜茧蜂科中利用价值很高的天敌昆虫之一（赵万源等，1980；忻亦芬，1986；毕章宝和季正端，1996）。近年来，烟蚜茧蜂受到国内外高度关注，其规模化生产繁育与应用也得到了广泛开展，并在实际应用中取得了极好的防控效果。

烟蚜茧蜂和菜蚜茧蜂是我国的常见种，北京、河南、河北、湖南、湖北、山东、山西、江苏、浙江、台湾、福建、云南、广东、新疆等地均有报道。

1. 形态特征

雌蜂头横形，大于胸翅基片处的宽度；上颊比复眼横径略短；脸较窄，是头宽的 1/2.5；颊长是复眼径纵的 1/5。幕骨指数 0.4。3 单眼呈锐角至直角三角形排列。复眼大，卵圆，具明显稀短毛。触角 16～18 节，多为 17 节，第 1、2 鞭节等长，长是宽的 3.0～3.5 倍，端部节微加粗。盾纵沟在上升部明显；沿盾片边缘与盾纵沟有较长细毛。并胸腹节具较窄小的中央小室。翅痣长是宽的 4.0～4.5 倍，约与痣后脉等长，径脉第 1、2 段略等长。腹柄节长是气门瘤处宽的 3.5 倍，具微弱的中纵脊；前侧区有成排纵细脊纹 5～10 条。产卵器鞘较粗短。体多呈黄褐色和橘黄色，少数为暗褐色。头暗褐色、脸、唇基、口器、颊、上颊下部，触角前 3 节半面黄或黄褐色。胸一般二色，背面暗褐，侧、腹面黄褐，少数标本全胸呈暗黄色。腹褐色；腹柄节、第 2 节背片中纵部与端部横补片、第 2、3 缝与足呈黄色。体长 1.9～2.6mm，触角长 1.6～2.0mm。雄蜂触角 19～20 节，少数 18 节、21 节；体长 0.8～2.6mm。色泽较雌蜂暗。僵蚜多呈黄至黄褐色，个别为浅褐色。

2. 基础生物学

1）生活史

烟蚜茧蜂作为桃蚜（烟蚜）的一种优势寄生性天敌，在沈阳1年发生11～12代，北京16～19代，河北保定室内20多代，福建室内20多代。在辽宁沈阳及河北自然条件下，主要以老熟幼虫在寄主体内越冬；在河北保定温室和大棚内，可终年繁殖且无越冬和滞育现象（忻亦芬，1986；毕章宝和季正端，1994）。福建闽南冬烟区和闽西春烟区，全年可见产卵寄生活动，而在云南玉溪地区终年不滞育。

2）生长发育特点

（1）卵的孵化。烟蚜茧蜂的胚胎发育与温度存在明显关系，在25～27℃的条件下，一般1～2d孵化，幼虫利用尾片将卵膜刺破，再利用其上颚将残余卵膜咬破后从卵壳内爬出，初孵幼虫全体透明，数小时后变为乳白色半透明。

（2）幼虫的发育。温度为25～27℃时，烟蚜茧蜂的幼虫期为4～5d，1～3龄幼虫中后肠不相通，4龄幼虫中肠黑褐色，中后肠已相通，肛门开启。将蚜虫内脏取食完毕后利用其锋利上颚刮食蚜体内壁，吮吸触角内含物，而后先在蚜虫腹面咬一小孔，吐丝将蚜体躯壳黏于底物上，并开始织茧。幼虫织茧完毕后，身体剧烈伸缩并将体内蛹便排出，体色由乳白色变为黄色后进入预蛹期。

（3）蛹的发育。预蛹体液剧烈流通，此时复眼点和单眼点开始出现并逐渐变大、突出。翅芽、足芽、口器逐渐增大，1～2d后开始蜕皮化蛹，化蛹前预蛹除一层未蜕去的皮外，其他均似蛹壳，蜕下的皮壳附于腹部末端，呈疤痕状。蛹体初期通体浅色，复眼橙红色，头部白色透明，胸腹部橙黄色，胸腹部交界处橙色，生殖器无色透明。头部变色最早，待头部变为黄色后，复眼由橙红色逐渐变为黑褐色，整个头部的颜色也随之变为灰褐色。同时，中胸背板及中胸小盾片也成为灰色，腹部各节背板出现灰色带，随后头部及中胸颜色进一步加深，由灰黑色变为黑色，腹部灰色带颜色加深，翅、触角、足跗节末端也逐渐成为深色。临近羽化时，颜色稳定不再加深。

（4）成虫的羽化。蛹一直静止到临近羽化。25℃条件下，从排蛹便到羽化需3～4d。全天可羽化，但以白天羽化为多。李学荣等（1999）对烟蚜茧蜂羽化情况的观察研究表明，烟蚜茧蜂成虫8～16h羽化数量最多，占全天羽化总数的61.7%；其中，上午雄蜂羽化数多于雌蜂，而下午雌蜂羽化数多于雄蜂。羽化时，借助触角、足及腹部扭动，将蛹皮推向腹部及足末端，几小时后翅展开，翅脉硬化，开始在寄主两腹管间咬出一圆形孔洞，并从其中脱出。雌蜂羽化前卵巢内已有部分成熟卵，但数量少，平均为16.7粒，羽化后成熟卵不断增加，至羽化后第4天可超过169.9粒（赵万源等，1980）。

3）自然繁殖习性

烟蚜茧蜂多为两性生殖，未经交配的雌蜂只生殖雄性后代个体。

烟蚜茧蜂在交配开始时，雄蜂首先追逐雌蜂，雄蜂爬上雌蜂体后，雌蜂仍不断爬行，雄蜂用两触角交替快速撞击雌蜂触角，两翅竖立于体背上方频频振动。开始交配后，雌蜂多静止不动，雄蜂触角有节奏地上下摆动。交配完毕后，雄蜂离去，雌蜂静止片刻，开始缓慢爬行并寻找寄主产卵。交配时间可持续几秒甚至一分钟。雄蜂可多次交配而雌蜂只交配一次。一般交配后雌蜂即丧失分泌性外激素的能力，未经交配已行孤雌生殖的雌蜂多不再进行交配，少数仍可交配。李学荣等（1999）对烟蚜茧蜂生殖方式的观察研究结果表明，烟蚜茧蜂成虫交配受温度影响很大，10℃时只有25%发生交配，30℃高温时交配率为30%，而在15～25℃时交配率在95%以上。无论是否供给饵料蚜虫，未交配的雄蜂寿命均稍长于交配者。

4）取食食性

食物与水是决定烟蚜茧蜂寿命长短的因素。如果没有食物，成虫只能短暂生存；若羽化后数小时仍得不到水，成虫很快死亡。在自然界中，水及蚜虫分泌的蜜露可能是成蜂的主要食物源，在实验室中以蜂蜜花蜜、果汁液为食物。室内饲养观察，成虫寿命受食物和温度等因素影响较明显。夏季室内温度约24℃，不供给任何食物，成虫一般活2～3d，喂蜂蜜液的可活7～8d，最长11d。冬季低温约4℃，成虫寿命比夏天长，平均13.6d，而温度超过30℃时，成虫寿命平均为117d，最长3d。一般雌蜂比雄蜂的寿命长，未交配的比交配过的长（赵万源等，1980）。在温度为20℃，光周期14L：10D，相对湿度为70%～90%的条件下以不同食物饲喂烟蚜茧蜂成虫，其寿命长短有显著差异。其中以20%蜂蜜水饲喂成虫寿命最长，雌蜂达10.3d。桃蚜捣碎液、葡萄糖、蔗糖液、萝卜叶捣碎叶也可延长其寿命。但喂以水与对照相比没有差异，均为4d左右（李学荣等，1999）。

5）烟蚜茧蜂的滞育

研究报道烟蚜茧蜂在沈阳以老熟幼虫越冬，越冬场所主要为窖藏白菜和萝卜（忻亦芬，1986）。毕章宝和季正端（1994）的研究表明，在河北地区烟蚜茧蜂在田间能以老熟幼虫滞育越冬，滞育期约为120d。李学荣等（1999）就不同生长季节沈阳地区的烟蚜茧蜂自然种群滞育率的调查结果表明，在10月下旬采自十字花科蔬菜的僵蚜滞育率高达70%以上；烟蚜茧蜂除少量个体死亡外，在10月下旬以后所形成僵蚜的绝大部分进入滞育越冬状态，其滞育状态主要是蛹。烟蚜茧蜂冰点下低温-10℃处理5d，对非滞育蜂与越冬滞育蜂生命力的影响研究表明，生长季非滞育蜂死亡率极高，除9月为93.5%外，其余均高达97.0%以上，而10月僵蚜死亡率仅为41.8%。可见，滞育的烟蚜茧蜂更具有抵抗低温冻害的能力。对烟蚜茧蜂滞育解除后生物学的研究结果表明，滞育蜂较非滞育蜂羽化率高，羽化整齐度大；在同种食物条件下，滞育解除后的成虫寿命较长；滞育与非滞育蜂均随着寄主密度增大而寄生率降低，但在较高寄主密度下，滞育成虫寄生率较非滞育成虫提高近10%。

3. 生产繁育技术

1）生产场所

养虫实验室、温室、大棚、网室、陆地植物栽培区。

2）始祖种源群体的建立

（1）烟蚜茧蜂种蜂的获得。可以从田间采集烟蚜茧蜂僵蚜，带回室内羽化后进行扩大繁育，用于后期烟蚜茧蜂的大规模繁育。将羽化后24h内的烟蚜茧蜂按雌雄比1∶1进行集体交配，然后按100∶1的比例转接到繁育有烟蚜的烟株上进行扩繁，建立稳定的种群。

（2）从已有商品化生产的种源基地引进，建立群体。

3）饵料蚜虫的繁育

（1）原生寄主植物洁净壮苗培育。由于烟蚜茧蜂主要寄生于烟蚜，因此，一般选择烟蚜作为烟蚜茧蜂的饵料蚜虫，而获得大量高质量的烟蚜的基础是首先培育烟蚜原生寄主植物洁净壮苗。

目前，烟蚜原生寄主已多达285种，在我国南方地区，烟蚜主要以烟草和油菜为寄主植物，此外，也以十字花科蔬菜、茄子、瓜类及杂草等为寄主（张广学，1990；吴兴富，2007）。忻亦芬（1986）、李学荣等（1999）以萝卜苗为寄主植物饲喂烟蚜也取得了较好的繁蜂效果。对烟蚜茧蜂规模化繁育中烟蚜越冬寄主的研究结果表明，油菜、白萝卜、红萝卜均可作为烟蚜的理想越冬寄主植物。冬季繁蜂可用羽衣甘蓝（黄白色品种）-桃蚜系统。

寄主植物的培育是大规模生产繁育烟蚜茧蜂的首要环节，因此，该环节是繁蜂全流程的基础。王树会和魏佳宁（2006）报道了烟苗的培育流程。首先在漂浮育苗盘中播种烟草种子，育苗盘为长方形泡沫板，长70cm×宽35cm，上有10行20列共计200个小穴室。将育苗盘置于漂浮育苗室内一个长2.2m、宽1m、深0.4m的育苗池内，水和培养液按体积比1∶1000配制，育苗室温度控制在22~28℃，光照周期为14L∶10D。20d后间苗，保持每个穴室一株壮苗，继续生长15d后，苗高达到7cm左右，6片真叶时，将其移栽至直径25cm的大花盆中，供扩繁和繁育越冬烟蚜及烟蚜茧蜂；另一部分移栽至7.5cm的小花盆中，进行烟蚜和烟蚜茧蜂的大量繁育。

目前，已有的研究报道多以类似的育苗技术进行烟苗的大量培育（魏佳宁等，2001；李明福等，2006）。综合现有的相关研究，在原生寄主植物-饵料蚜虫培育体系中，选择烟草、蔬菜、小麦的较多，但对木本或藤本多年生植物筛选较少。

作者团队多年来致力于建立木本或藤本植物-饵料蚜虫体系，目前已运行了月季-月季长管蚜/紫藤-紫藤蚜体系及酸模-酸模蚜体系等10余套饵料蚜虫繁育体系，取得了良好的效果。

（2）饵料烟蚜繁育。烟蚜，就是桃蚜，属蚜科瘤蚜属。全代最低发育起点温度为4.68℃，若蚜为5.15℃，成蚜为3.67℃，有效积温为142.86℃·d，其中若蚜、成蚜分别为121.95℃·d、22.32℃·d。全代最高发育温度为28.47℃、27.17℃。在26℃时，平均生殖率最高，为34.56头/雌，而在32℃时最低为13.71头/雌（秦西云和李正跃，2006）。在20～30℃条件下，烟蚜只需6～7d即可发育完成1代。这为确定烟蚜饲养的适宜环境条件提供了理论依据。

烟蚜扩繁主要以烟苗为寄主植物，也有的用萝卜苗进行大量扩繁。以烟苗繁育烟蚜，要控制繁蚜室内的温湿度条件，注意通风、防止蚜霉菌等，保证烟蚜正常生长发育。一般将饲养温度控制在20～30℃，以25℃最为适宜；湿度小于75%。若在室外大规模饲养，则以自然光照条件为佳；室内繁蜂时人工补光，保持光照为长日照（14L∶10D）（龙宪军和卢钊，2012；王树会和魏佳宁，2006；魏佳宁等，2001；吴兴富等，2000；李明福等，2006）。

烟蚜的接种可以采用多种方法，如种蚜扩散法、单蚜接种法、叶片转接法等。在种蚜数量大时，可以将繁育大量种蚜的盆栽烟株转移至繁蚜室内，任其自行扩散繁殖，此为种蚜扩散法。该方法比较省时省力，但需要足够的种蚜数量。单蚜接种时应选择个体发育良好、体型较大、未被寄生的无翅蚜，用毛笔将烟蚜转移到清洁烟苗中下部叶片背面上任其固定。此方法一般在种蚜数量少时，将附生有烟蚜的烟叶剪摘下后，放在无蚜烟株叶片上，大规模地接种烟蚜，在规模化生产中较适用。

此外，还应注意接蚜时期和接蚜量问题。在烟株接蚜时选择的烟株较小，可能会导致繁出的烟蚜个体小。叶片转接法扩散效率高。烟株可以长出9～13片真叶，在移栽后25～30d时，即可接种蚜虫。接蚜量的大小，可根据实际需要，制订相应的方案，放蜂次数多时，可适当加大接蚜量，每株接种30头左右；当放蜂次数少时，则减少接蚜量，一般控制在10头/株左右。

4）接种并繁育烟蚜茧蜂

待烟蚜达到一定数量后，可进行烟蚜茧蜂的接种及繁育。烟蚜茧蜂在不同温度下发育历期不同，一般随温度上升而逐渐缩短，恒温25℃条件下，其完成1代需要11.74d。由卵发育至僵蚜需要7.90d，从僵蚜至成蜂羽化仅需3.89d。烟蚜茧蜂从卵发育至僵蚜的发育始点温度为5.68℃，所需的有效积温为157.00℃·d；由僵蚜至成蜂羽化的发育起点温度为8.20℃。有效积温为63.93℃·d；完成1个世代的发育起点温度为6.68℃，有效积温为218.65℃·d（李玉艳，2011）。繁蜂温度控制在 20~25℃，一般 12d 左右烟蚜茧蜂即可完成 1 代。

接蜂量一般按蜂（♀）蚜比 1：（100~200），在实际操作过程中，可根据具体情况酌情降低或提高比例，以配合生产繁育的需要。接蜂方法分为两种：一种是直接将即将羽化的僵蚜集中采集后，置于繁蜂室内，待成蜂羽化后即可自行寻找烟蚜寄主；另一种为直接将羽化后的成蜂收集后，放飞到繁蜂室内。僵蚜接蜂法较易实施，只须采集僵蚜后转接即可，但单个收集僵蚜比较费时费力，且容易在采集桃僵蚜时损伤烟蚜茧蜂蛹。采集成蜂法较困难，在采集过程中还可能对成蜂造成损伤，携带运输也不方便，影响繁蜂效果。

5）烟蚜蜂产品包装与储运技术

一般而言，近距离的产品运输与包装，方法较为简单，若是直接将带有僵蚜的盆栽植株放置于田间，可直接将其装车运输至目的地。若采用悬挂僵蚜法，可以将带有僵蚜的老叶片采下后，集中运输至目的地，10 片为一组挂于竹竿上，且每 2 片背面相对，下面向外，防止雨淋或暴晒。将其以点状或随机插于田间，任烟蚜茧蜂羽化后自行寻找寄主扩散（王树会和魏佳宁，2006）。如果释放成蜂，可用低温储藏盒装箱后及时送达目的地。

长距离的产品运输，应以低温冷藏车为运输工具，若是常温运输，烟蚜茧蜂则很可能在运输途中羽化而造成损失。僵蚜体内的烟蚜茧蜂幼虫或蛹在低温下发育缓慢，可延缓其羽化时间。烟蚜茧蜂在温度 25℃、光照 14h 条件下，从形成僵蚜到羽化约需 4d（李玉艳，2011）。研究表明，25℃下僵化 1~5d 的僵蚜，置于 5℃冰箱中保存，以蚜虫僵化 3d 的僵蚜冷藏效果最好，冷藏时间以 15~20d 短期冷藏为佳；而僵化 1~2d 的僵蚜冷藏效果略差，僵化 4~5d 的僵蚜冷藏效果最差。因此，在实际运输过程中，或将低温冷藏车温控制在 5℃左右，选择僵化 3d 的僵蚜进行运输，其冷藏时间完全可以满足应用需要。

4. 生态化释放应用

陈家骅等（1990）研究了烟蚜茧蜂散放技术，认为应在田间烟蚜处于点片发生时放蜂或释放僵蚜，云南玉溪烟区的试验结果，以蜂蚜比 1：200 释放成蜂，烟蚜被寄生率达 90%，比对照区提高 2~3.5 倍，而施药区的被寄生率只有 4.6%。

（1）释放时间。针对田间烟蚜种群数量不均匀分布、烟田不集中连片等特点，放蜂时应重点选择烟蚜集中发生的小面积烟田或烟株进行点片放蜂相结合的方法。一是释放烟蚜茧蜂成蜂，将要羽化的僵蚜，装入玻璃瓶内，每瓶 500 头左右，置于 25℃条件下羽化，用纱布将瓶口扎上，发现出蜂时向瓶内放入少量蘸有 15%蜂蜜水的脱脂棉，3d 后可带到田间释放成蜂。释放烟蚜茧蜂成蜂的时间应选择在中午 12:00 前进行，12:00 之后烟株叶表面覆盖的腺毛分泌物增多，不利于烟蚜茧蜂飞行和寄生烟蚜。温度过高也不利于烟蚜成蜂成活。二是从挂僵蚜叶开始，逐渐向上部收集，将载有僵蚜的叶片 10 片一组悬挂。

（2）放蜂次数及注意事项。通常烟蚜茧蜂在寄生烟蚜后，烟蚜产仔量会下降，平均寿命也相应缩短。羽化并交配过后会下降，平均寿命也相应缩短。羽化并交配过的烟蚜茧蜂在前 5d 内产卵寄生烟蚜，其后代的雌雄比大于 1。在雌蜂与烟蚜比为 1∶100 的情况下，烟蚜茧蜂对 2、3 龄烟蚜有较强的选择性。烟蚜茧蜂喜欢在烟株中下部叶片活动，下部叶片上的僵蚜数量显著高于中上部和顶部（周子方等，2011）。在初始蚜量较低的情况下，采用逐次（3 次以上）放蜂的方法散放烟蚜茧蜂防控烟蚜，可有效控制烟蚜种群增长。

大田放蜂时，应根据烟蚜的发生规律，采用少量多次的方法放蜂，可减少烟蚜茧蜂的释放量，降低成本。

烟田生态系统杜绝化学农药的使用，可减少烟田生态破坏，减少环境污染，逐步排除化学农药残留，大大提升烟叶质量，逐步实现绿色烟叶、有机烟叶生产。

5.3.13　茶翅蝽沟卵蜂

茶翅蝽又称梨蝽象，属半翅目蝽科，是我国北方梨园、苹果园等果园中的重要害虫，其成虫、若虫均可叮食危害，主要危害梨果类果树的果实，造成果实畸形，严重影响果实的品质和质量。除危害梨、桃、苹果、樱桃等果树外，还危害泡桐、桑、国槐、榆等多种园林绿化树种。该害虫在国内外分布较广，尤其是在我国北方地区（如北京、河北、山东、河南等地）的广大梨园危害较重，给果品生产造成很大损失。近年来，该害虫传入美国，成为果树和大豆的重要害虫。

目前对茶翅蝽的研究主要是在其发生、危害及化学防治等方面。由于茶翅蝽迁移性强、寄主多、越冬场所多样，因此，常规的化学防治效果差，所造成果品的农药残留影响人们的身体健康。

1. 形态特征

雌蜂具有膝状触角，11 节，第 5 节后呈黑色，其余各节为黄棕色。雄蜂棒状触角，12 节，黄棕色，末端几节不同程度地变深褐色。该蜂的后头脊、中胸盾片上的盾纵沟明显。

2. 生物学特性

该蜂在北京地区 1 年可发生 10 多代，以成蜂越冬。4 月开始活动。雄蜂先行羽化，1 粒寄生卵内出蜂 1 头，刚羽化的雌蜂即可交配、产卵寄生，每雌平均怀卵量为 40.6 粒。具孤雌生殖现象，未交尾雌蜂行产雄孤雌生殖。成蜂雌雄比为 5.45∶1。不同日龄的寄主卵均能被雌蜂寄生，但寄生成功率不同，越新鲜的寄主卵越有利于寄生成功。该蜂的发育历期、寿命与温度密切相关。经测试，30℃时发育历期最短，为（7.3±0.17）d。全代发育起点温度和有效积温分别为12.2℃和132.5℃·d。在25℃下，完成1代的发育历期为（10.5±0.06）d，据此推算，该蜂全年可发生10多代。茶翅蝽1年发生2代，而该种寄生蜂1年可以发生10多代，其种群数量大是其控制茶翅蝽数量的最主要优点。室温下补充20%蜂蜜水的雌蜂平均寿命为（43.93±2.72）d，雄蜂平均寿命为（33.29±2.52）d，明显比没有补充营养的长。茶翅蝽沟卵蜂成虫在林间有两个发生高峰期，分别在6月中下旬和7月下旬至8月上旬。

茶翅蝽沟卵蜂的卵期、幼虫期均不耐低温，蛹期在11℃下可以进行短期的冷藏。成蜂耐低温，但雌雄性对低温的耐受性不同，同一温度下贮存相同时间，雌蜂的存活率要比雄蜂高得多。经过测试，11℃是适宜冷藏的温度，雌蜂的存活率在第19周仍可达到90%；雄蜂的存活率在第7周降到50%以下，第10周全部死亡。在7℃下雌蜂贮存到第17周，存活率也能达到50%以上；而雄蜂的存活率在第4周即降到50%以下，第8周全部死亡。在4℃下雌蜂存活率到第3周降到50%以下，第5周全部死亡；雄蜂的寿命不超过3周。茶翅蝽沟卵蜂寄生茶翅蝽卵的数量随茶翅蝽卵密度的增加而增加，而当茶翅蝽卵的数量增加到一定水平时，沟卵蜂寄生量趋向稳定，计算公式为

$$Na=N/（0.6485+0.01343\times N）$$

式中，Na为被捕食的猎物数量；N为猎物密度。理论最大寄生量为74.45粒。

3. 茶翅蝽天敌昆虫资源

1）茶翅蝽天敌种类

茶翅蝽卵期、成虫期天敌共有9种，6种为寄生性，3种为捕食性。其中卵期天敌有7种，寄生蜂有6种：茶翅蝽沟卵蜂（新种）、沟卵蜂、角槽黑卵蜂、蝽卵金小蜂、平腹小蜂、蝽卵跳小蜂；捕食性天敌1种：小花蝽。若虫、成虫期天敌两种：蠋蝽、三突花蛛。优势天敌是茶翅蝽沟卵蜂，茶翅蝽卵中的自然寄生率为20%~70%，平均为50%。

2）两种主要寄生蜂对寄主卵的竞争行为

在室温（25±1）℃下，研究了茶翅蝽卵期的两种主要寄生蜂——茶翅蝽沟卵蜂和平腹小蜂对寄主卵的竞争行为。发现这两种卵期天敌均能寄生已被另一种蜂寄生的卵。若寄主卵首先被茶翅蝽沟卵蜂寄生，并发育0~4d后再供平腹小蜂寄生，最后育出的绝大多数为平腹小蜂（占97.43%）；若寄主首先被茶翅蝽沟卵蜂寄生，并发育6d以后的寄生卵再供平腹小蜂寄生，则最后出蜂多为茶翅蝽沟卵蜂（占92.31%）。若寄主卵首先被平腹小蜂寄生，0~1d供茶翅蝽沟卵蜂寄生，出蜂以茶翅蝽沟卵蜂为主；发育2d以上再供茶翅蝽沟卵蜂寄生，出蜂多为平腹小蜂。说明这两种天敌之间存在着较为激烈的种间竞争现象。

4. 茶翅蝽沟卵蜂人工繁育技术

1）自然寄生

室内试验发现，茶翅蝽沟卵蜂可寄生麻皮蝽、菜蝽、珀蝽、斑须蝽和蠋蝽卵，这几种蝽象卵均能满足茶翅蝽沟卵蜂生长发育的营养需要，正常羽化出蜂，而菜蝽和珀蝽卵比其他几种蝽象更适合茶翅蝽沟卵蜂的繁殖。这些蝽象卵均可作为繁育沟卵蜂的寄主。

2）替代寄主

人工繁殖茶翅蝽沟卵蜂的替代寄主，用茶翅蝽卵的丙酮浸提液和茶翅蝽雌虫分泌物处理柞蚕卵，其对茶翅蝽沟卵蜂有较强的引诱作用，雌蜂刺探率较高，将被刺探的柞蚕卵置于适宜条件下发育，未见沟卵蜂羽化，原因有待于进一步研究。

5.3.14 管氏肿腿蜂

管氏肿腿蜂属膜翅目肿腿蜂科，是天牛等多种蛀干害虫的重要寄生性天敌，对控制天牛危害具有重要作用。

肿腿蜂类广泛分布于热带至寒温带，一些种类由于人类活动传播到世界各地，在欧洲、北非、中亚、印度、北美、日本和夏威夷群岛等地都有分布。

管氏肿腿蜂在我国主要分布在山东、河北、河南、陕西、山西、广东、湖南、江苏等地，随着人工繁殖技术的成熟，该蜂在山东、内蒙古、吉林、辽宁、甘肃、安徽、北京、贵州、湖北、浙江、江苏、广东、青海等地被广泛用于森林、园林、经济作物和药用植物等的钻蛀性害虫防治，尤其是在我国树种单一、生态系统脆弱的干旱和半干旱区，蛀干害虫易于成灾，管氏肿腿蜂已成为防治各种天牛的一条行之有效的途径。

1. 形态特征

成虫：雌蜂体长 3~4mm，分无翅和有翅两型。头、中胸、腹部及腿节膨大部分为黑色，后胸为深黄褐色；触角、胫节末端及跗节为黄褐色；头扁平，长椭圆形，前口式；触角13节，基部两节及末节较长；前胸比头部稍长，后胸逐渐收狭；前足腿节膨大呈纺锤形，足胫节末端有2个大刺；跗节5节，第5节较长，末端有2爪。有翅型前、中、后胸均为黑色，翅比腹部短1/3，前翅亚前缘室与中室等长，无肘室，径室及翅痣中室后方翅脉与基脉重叠，前缘室虽关闭但其顶端下面有一开口，这些特征是肿腿蜂属所具有的特征。雄蜂体长 2~3mm，亦分有翅和无翅两型，但 97.2%的雄蜂为有翅型。体色黑，腹部长椭圆形，腹末钝圆，有翅型的翅与腹末等长或伸出腹末之外。

卵：乳白色，透明，长卵形，长 0.3mm 左右，宽 0.1mm 左右。

幼虫：黄白色，体长3～4mm，头尾部细尖。

蛹：离蛹，蛹初期为乳白色，羽化前为黑褐色，外结白茧，长4～4.5mm。

2. 生物学、生态学及行为习性

管氏肿腿蜂1年的发生代数随其种类及所在地区的气候不同而异。在河北、山东1年发生5代，在广东北部山区1年发生5～6代，在广州1年可完成7～8代。管氏肿腿蜂以受精雌虫在天牛虫道内群居越冬，翌年4月上中旬出蛰活动，寻找寄主。其钻蛀能力极强，能穿过充满虫粪的虫道寻找到寄主。雌蜂爬行迅速，1min可爬行0.5m左右。

管氏肿腿蜂为体外寄生蜂，其寄生活动可分为5个步骤：①麻痹寄主；②取食发育；③清理寄主周围环境；④产卵；⑤育幼。

管氏肿腿蜂用尾刺蜇刺寄主注入蜂毒，将寄主麻痹后，拖到隐蔽场所，然后守卫警戒。管氏肿腿蜂通过取食寄主体液补充营养，为产卵作准备。有些小型昆虫，在管氏肿腿蜂蜇刺取食过程中就已死亡；而一些体型过大的寄主，不能被其麻痹产卵。

管氏肿腿蜂的产卵量在几粒至几十粒不等。在青杨天牛幼虫上一次最多能产卵76粒，若寄主营养足够，其都能正常发育成子代蜂。一头雌蜂一生能产卵29～290粒，平均136粒。管氏肿腿蜂产卵后，能将掉离寄主的卵或幼虫移到寄主体表，搬开发霉有病的寄主体，将老熟幼虫从寄主残体处移至干净的地方集中吐丝作茧化蛹，始终守护后代。一头雌蜂一生最多能寄生5头青杨天牛幼虫，可繁子代蜂247头。育出的子代蜂若超过100头，则25%为雄蜂。雄蜂羽化早于雌蜂1～2d，常咬破蜂茧与茧内雌蜂交尾。雌蜂寿命长于雄蜂，野外自然发生的越冬代雌蜂可存活210d左右。当年各代在找到寄主的条件下能存活60～90d，否则20d左右即死亡。雄蜂寿命一般为6～9d。雌蜂在2～5℃下平均寿命为283d，可较长期冷藏，仍不失去生命力。

管氏肿腿蜂的发育与温度密切相关。15℃以下时雌蜂不能产卵；23.1℃时完成1个世代需53～62d；25.9℃时需29～30d；28～30℃时需21～24d。卵、幼虫、蛹的发育起点温度分别为11.85℃、14.69℃、12.58℃；有效积温分别为46.69℃·d、73.21℃·d、359.27℃·d。该蜂对湿度的适应范围较广，在相对湿度为40%～90%的条件下均能正常发育，但相对湿度大于80%时茧易发黄。管氏肿腿蜂的成虫和蛹均能经受-24℃的低温，能在海拔1200～1450m的地区越冬；但在海拔1700m以上时，因冬季气温低，管氏肿腿蜂不能越冬。

3. 生产繁育技术

1) 生产场地、设施与器具

营建寄主林，配套办公室、自然繁蜂用房、试验室、设备繁蜂用房、接蜂用房、养虫用房等场所。配备小指形管、棉花、毛笔、温湿度表、恒温箱、灭菌灯等。

2) 始祖种源群体的建立

(1) 自然种源的采集、筛选、培育。利用其自然寄主饵料在林间诱集或伐剖天牛为害严重的树株，寻找被寄生个体，收集初始种质资源。

(2) 商品虫的筛选、留种、培育。

3) 寄主饵料

(1) 自然种类。管氏肿腿蜂寄生的害虫种类很多，初步统计有鞘翅目、鳞翅目、膜翅目 3 目 22 科 50 余种昆虫，其中天牛类寄主占 20 余种。主要害虫有双条杉天牛、松墨天牛、青杨天牛、星天牛、光肩星天牛、桃红颈天牛、咖啡虎天牛、中华锯花天牛、菊天牛、玫瑰多带天牛、梨眼天牛、桑天牛、杉棕天牛、柏肤小蠹、梳角窃蠹、二齿茎长蠹、杨干象、杨黄星象、六星吉丁虫、白杨透翅蛾、杨大透翅蛾、梨小食心虫等。

(2) 替代饵料昆虫。目前，黄粉虫、大麦虫、曲牙锯天牛的人工生产繁育技术已经成熟，可以作为管氏肿腿蜂的繁育替代寄主。

4) 生产管理

(1) 种蜂的选择。人工繁蜂时蜂种要选择个体大、健壮、活泼的无翅雌蜂。根据河北张家口市森防站多年的繁蜂经验，种蜂应选出蜂数量正常、整齐，而且个体性状优良的雌蜂作为种蜂，切忌将分级后选出的出蜂量少而不齐的等外品用作种蜂，以免加速蜂种的退化。

(2) 繁殖的最适温湿度。室内人工繁殖管氏肿腿蜂的适温范围为 22~28℃，以 26℃最佳，相对湿度保持在 60%~80%为宜，在此温湿度范围内，接蜂成功率高，产卵量较大。从应用生物学的理论上讲，可进行管氏肿腿蜂的低温驯化，以便繁出的蜂更适于野外生存和繁殖。

(3) 成虫及茧蛹的贮存。管氏肿腿蜂的成虫与茧蛹均可冷藏保存，但以成虫为好。冷藏的温度以 3~10℃较宜，茧蛹冷藏 2 个月、成虫冷藏 3 个月对存活率无明显影响，但超过 3 个月，蜂的死亡率提高，用作繁蜂生产子代蜂时其出蜂率和雌雄比有所下降。

(4) 蜂种复壮。关于蜂种复壮的问题报道很少。管氏肿腿蜂人工繁育多个世代后，子代蜂野外寄生能力明显下降，为维持其寄生能力，每年都应进行蜂种复壮。复壮方法主要有以下 3 种：一是在室外选取寄主天牛危害的树木，进行放蜂，1~2 个月后，在林中收集蜂种；二是从不同试管内选取强壮蜂作为种蜂，增加接蜂比例，进行群体繁蜂，减少近亲繁殖，提高了野外寄生能力；三是用不同产地的管氏肿腿蜂进行交尾，可提高子代蜂的寄生率。

4. 生态利用

管氏肿腿蜂是鞘翅目、鳞翅目等多种害虫的体外寄生蜂，多以林木、果树蛀干害虫的幼虫和蛹为寄主，其寄主有 22 科 50 余种。目前规模化繁蜂生产中所用的寄主，主要是青杨天牛和松墨天牛的幼虫，其他寄主种类并没有在繁蜂生产中推广应用。

影响人工放蜂防治效果的因素很多，主要有放蜂时间、放蜂量、虫蜂比、放蜂方法等。放蜂时的气候条件与防治效果关系密切，以晴天少风为宜，林间温度以 22～28℃最适，放蜂时间宜在 9:00～11:00 和 15:00～18:00。放蜂时间因防治对象不同而异，应该选择防治对象处于反抗能力最弱，而且能为蜂产卵发育提供足够营养的阶段。放蜂量视害虫危害情况而定，放蜂前应详细调查害虫的虫口密度，根据调查结果确定放蜂量。虫蜂比视害虫体型大小而异，中小型天牛以虫蜂比（1：2）～（1：3）为宜，大型天牛以虫蜂比（1：7）～（1：9）为宜。古树名木因具有较高的社会经济价值，放蜂量应适当加大，放蜂时还应把可能损失的数目估计在内。放蜂方法依林分类型和受害程度不同而异，可采用每株放蜂法、隔株放蜂法和隔行放蜂法。放蜂时拔出棉塞将指形管置于主干下部，也可将指形管套挂于树枝上。

1）在林业害虫防治中的应用

生产中应用管氏肿腿蜂进行防治的害虫有青杨天牛、松墨天牛、双条杉天牛、粗鞘双条杉天牛、光肩星天牛、栗山天牛、云斑天牛、星天牛等。对小型天牛效果好，对大型天牛的防治，如果掌握适当的放蜂时间和放蜂量，也可收到良好效果。

2）在其他害虫防治上的应用

管氏肿腿蜂还可对药用植物、经济作物、木材建筑物等害虫进行有效防治。在山东临沂释放该蜂，防治金银花上混合发生的咖啡虎天牛和中华锯花天牛，寄生率分别为 71.4%和 70.4%；在山东平阴用该蜂对玫瑰多带天牛进行防治，有虫株率从 35.2%下降至 17.1%，天牛死亡率为 52.8%。甘肃利用管氏肿腿蜂防治梨眼天牛，防治效果为 39.32%～60.8%；在北京、天津及河北，利用管氏肿腿蜂防治为害柿树苗的二齿茎长蠹，害虫死亡率为 36.8%～71.8%；在浙江临安利用该蜂对危害山核桃的眼斑钩蛾进行防治，寄生率为 15.7%。在甘肃和青海日月山，房木受梳角窃蠹侵害严重，经管氏肿腿蜂防治，梳角窃蠹幼虫和蛹的死亡率为 91.12%和 60%。综上所述，管氏肿腿蜂及其近缘种在生产实践上具有广阔的应用前景，是非常有价值的天敌昆虫。随着人们环境保护意识的提高，生物防治将在病虫害防治中逐渐占据主导地位，对管氏肿腿蜂的研究也将更加深入。

5.3.15 周氏啮小蜂

周氏啮小蜂是姬小蜂科啮小蜂属的一种优势寄生蜂，寄生率高、繁殖力强，对美国白蛾等鳞翅目有害生物高效寄生，能将产卵器刺入美国白蛾等害虫蛹内，并在蛹内发育成长，利用寄生昆虫蛹中的全部营养。

除了美国白蛾，在自然界中还可寄生多种鳞翅目食叶害虫（如榆毒蛾、柳毒蛾、杨扇舟蛾、杨小舟蛾、大袋蛾、国槐尺蠖），能保持较高的种群数量。

1. 形态特征

成虫：雌雄成虫存在比较明显的区别。

雌成虫：体长 1.1～1.5mm。红褐色稍带光泽，头部、前胸及腹部色深，尤其是头部及前胸几乎成黑褐色，并胸腹节、腹柄节及腹部第 1 节色淡；触角各节褐黄色；上颚、单眼褐红色；胸部侧板、腹板浅红褐色带黄色；3 对足、下颚、下唇复合体均为污黄色；翅透明，翅脉色同触角。头部正面观宽高比为 24：19，触角窝中部位于复眼下缘的连线上；触角 11 节，梗节与鞭节的长度之和与头宽（背观）相等；触角洼下缘下延达唇基基部，脸部在唇基基部处隆起最高。唇基基部两侧角各具 1 小陷孔。两侧单眼间距是侧单眼到中单眼距离的 2 倍。颚眼距明显小于口宽（5：10）。前胸背板除后缘有 1 排鬃毛外，其他部分也生有较密的黑色短毛，贴伏。中胸背片中叶上散生着约 30 根刚毛；两侧叶上的刚毛也较密，但三角片上无毛。中胸小盾片上的浅而细的网状刻纹明显较密且小，似乎形成 1 纵线。中胸小盾片略呈八边形，长宽近相等，但两后侧角明显向外延伸，显得小盾片后部较宽；小盾片在前面 1 对鬃毛着生处的宽度与两后侧角处的宽度比为 9：10.5；小盾片上的 2 对长鬃毛紧靠两侧着生。前翅长为宽的 2 倍，基室正面在端部的中部生有毛 2 根；基室外方区域内的纤毛比翅面其他区域的纤毛稍稀；基脉上有毛，肘脉及亚肘脉上在基室长度的 1/2 前后开始生有 1 排整齐的纤毛；缘脉上的鬃明显比痣脉上的长；亚缘脉与缘脉及痣脉的长度比为 12：19：5。腹柄背观长度为并胸腹节长度的 1/2。腹部圆形，长宽相等，背面常有浅的塌陷，背观腹部宽度比胸部明显为大（28：21）。腹部长度比胸部略小（28：30）。腹部在第 2 节后缘及第 3 节前缘处最宽，向前向后逐渐变狭；第 7 节最小，圆锥形位于腹末；位于腹末的尾须鬃很明显，每个尾须上的 3 根鬃毛中，有 1 根特别长，长度是其他 2 根的 2 倍。

雄成虫：体长 1.4mm 左右，近黑色略带光泽，并胸腹节色较淡，腹柄节、腹部第 1 节基部为淡黄褐色，触角及两分裂的唇基片黄褐色，足除基节色同触角外，其余各节均为污黄色。头部正面观宽显著大于高（宽高比为 22：14），在一些骨化程度很弱的个体标本中，连中单眼也陷入颜面中部的塌陷中；在两触角窝之间脸部的倒"V"形缺口两侧各着生相向生长的刚毛 5 根；两唇基裂片外侧、颜面端部与上颚前端部形成的半圆形凹入部分的缘部分有很密的刷状毛。上颚内方端部密生白色短毛，上颚外方稍凹陷，表面密布颗粒状突起。胸部中胸小盾片上的前 1 对鬃毛着生位置在中部稍前一点；后盾片在中部稍比其前方的中胸盾片沟后区长（2.5∶2），此沟后区两侧前方的 2/3 部分为一系列短纵脊，中部及两侧 1/3 的后缘部为不规则的密的纵脊；并前胸腹节上的气门比雌性略小，着生于该节长度的 1/2 处，与并胸腹节前缘的距离稍大于气门直径；气门前方有 1 凹陷。前中后足胫节上的距均与第一跗等长。腹部背观卵圆形，背面及腹面均生有密毛。

2. 生物学、生态学及行为习性

1）年生活史

周氏啮小蜂在 1 年发生 7 代，以老熟幼虫在寄主蛹内越冬。翌年 5 月上旬越冬代成蜂开始羽化，寻找寄主寄生。6 月上旬第 1 代成蜂羽化，平均发育历期 31.6d。各代发育历期随气温高低而不同，最短的 1 代在 7 月下旬至 8 月中旬，因而历期仅有 17.6d。发育历期最长的 1 代是 9 月上旬至 10 月下旬，约 41.8d。越冬代则长达 7 个月。在室内人为培养，随温度不同，卵发育到成蜂羽化的历期不同。

2）生态学及行为习性

周氏啮小蜂群集，寄生于寄主蛹中，其卵、幼虫、蛹及产卵前期均在寄主蛹内度过。成蜂在寄主蛹中羽化后，先进行交配（只交配 1 次），随后咬一羽化孔爬出，其余的成蜂个体均从该孔羽化而出。刚羽化的成蜂当天即可产卵寄生。一头美国白蛾蛹可出蜂 124～365 头，雌雄比为（44～96）∶1。成蜂飞行能力较强，能很快找到寄主产卵寄生。白蛾周氏啮小蜂的这些特性，决定了它具有利用价值，因而在美国白蛾生物防治中有着十分广阔的利用前景。

周氏啮小蜂从卵产入寄主蛹中至成蜂羽化、咬破寄主蛹壳出来，这一时期的有效积温和发育起点温度分别是 365.12℃·d 和 6.14℃。这对指导人工繁殖周氏啮小蜂时控制温度有着重要作用。人工繁殖时可用当天羽化出来的雌蜂接蜂，或羽化后 1～2d 的雌蜂接蜂。接蜂后，雌蜂异常活跃，迅速爬到寄主体上，伸出产卵器，试探着刺入寄主蛹中，然后产卵。

周氏啮小蜂在自然界中可以寄生多种鳞翅目食叶害虫，这些食叶害虫的蛹期相互衔接。因此，当利用周氏啮小蜂防治美国白蛾时，在 2 代美国白蛾蛹之间，小蜂可以在这些寄主上寄生，因而可以在自然界保持较高的种群数量，在下一代美国白蛾蛹期间，又可转而寄生美国白蛾，达到持续控制美国白蛾的效果。

3. 生产繁育技术

1）生产场地、设施与器具

（1）生产场地选择。繁育基地要选择四周空旷、通风良好、不潮湿的地方。

房屋结构包括繁育间、操作间、蜂种培养间及仓库。推荐建设或使用平房，如此繁育阶段操作方便，生产效率相对较高。繁育间和蜂种培养间主要以摆放繁育架和繁育箱为主，摆放原则是工作人员行走、操作方便，繁育架之间要留出1~1.2m的空间，以便于操作。制冷设备要安装在房间的中间位置。操作间位置要在繁育间和蜂种培养间中间，在利于操作的位置分别摆放操作桌和仪器设备。

（2）生产设施与器具。基本设施包括繁蜂室、接蜂室、出蜂室、操作室、缓冲室、冷藏室、实验室等；仪器设备包括繁蜂箱、繁蜂架、人工气候箱、超净工作台、电子天平、显微镜、空调等；常用耗材包括羽化瓶、试管、裁纸刀、镊子、剪刀、小毛笔、脱脂棉、手套、隔离衣、口罩、酒精等。

繁育箱定做标准：40cm×38cm×16cm（箱底和盖各8cm），上下口扣上后密封严密平整、四周无明显漏洞的为合格繁育箱。可根据繁育间面积大小，合理定做可水平方向放置3~5个繁育箱的繁育架，长度分别为1.3m、1.7m、2.1m，每个繁育架高度为2.2m，共分7层，层与层之间距离为30cm。繁育架材质要结实。

2）始祖种源群体建立

（1）自然种源的采集。在自然界采集周氏啮小蜂，首选美国白蛾多年发生严重的地区。

（2）商品虫的筛选、留种、培育。

3）寄主饵料

繁蜂寄主的筛选决定了周氏啮小蜂的繁殖数量。繁蜂寄主以柞蚕蛹为最佳，因此，可采用柞蚕蛹作为人工繁育的寄主。

4）接蜂方法

将挑好的裸蛹均匀地放入繁蜂箱中，个体大小相对一致，摆放整齐，使顶板一致朝上，一字排开，方便观察寄生情况。待排满一层后在暗光条件下接蜂，将塑料透明广口瓶内羽化的蜂种均匀地敲入繁蜂箱内。接蜂量为1头柞蚕蛹接80~90头蜂，接蜂温度控制在23℃左右，相对湿度保持在60%~70%。

5）温湿度控制

周氏啮小蜂主要在鳞翅目食叶害虫的老熟幼虫期对其进行防治，因此室内繁蜂的温湿度应根据鳞翅目食叶害虫的发育情况决定。温度主要影响繁育的时间，如果温度升高，则繁育时间缩短；如果温度降低，则繁育时间延长。湿度主要影响繁蜂的质量，如果湿度过大，极易引起寄主腐烂、变质；如果湿度过低，则影响小蜂的发育。因此，在繁蜂时应严格控制温湿度，一般以温度23℃左右、湿度60%~70%为宜。

4. 生态释放应用技术

1）投放时机

美国白蛾老熟幼虫期和化蛹初期为最佳放蜂期。放蜂应选择气温25℃以上、晴朗、风力小于 3 级的天气，在 10:00～16:00 进行。

2）投放方式

把即将羽化出蜂的柞蚕茧用皮筋套挂或直接挂在树枝上，或用大头针钉在树干上，让周氏啮小蜂自然羽化飞出。为防止其他动物侵害，可用树叶覆盖。

3）投放数量

一个防治区内总放蜂量根据美国白蛾的数量和放蜂方式决定。接种式放蜂虫比以 1∶1 为宜，淹没式放蜂虫比以 3∶1 为宜。

一般来讲，放置 4、5 个孕育啮小蜂的蚕茧壳，即可消灭 1 亩杨树林的美国白蛾等害虫，每个蚕茧内可拥有 5000 头左右的啮小蜂。以此推算，24 亿头啮小蜂可保护约 14 万亩白杨林免遭病虫危害。

4）投放次数

在重点防治区应进行淹没式放蜂防治，再连续进行接种式放蜂防治。在预防区应采取连续接种式放蜂防治。1 个世代应释放 2 次蜂，第 1 次应在美国白蛾老熟幼虫期，第 2 次宜在第 1 次放蜂后 7～10d（即美国白蛾化蛹初期）进行。也可将周氏啮小蜂发育期不同的蜂蛹混合，一次性放蜂。

5. 生态利用

周氏啮小蜂是最先发现于美国白蛾蛹内的内寄生天敌昆虫。自 20 世纪中期以后，美国白蛾在我国危害日趋增大，且传统防治方法效果越来越差。1998 年我国启动美国白蛾治理工程，生物防治成为突破口。该项目从生物控制的角度出发，系统地调查了美国白蛾寄生性天敌，从其卵、幼虫和蛹中饲养出了多种天敌。经过筛选，发现了一种寄生率高、出蜂量大、能有效控制美国白蛾的蛹寄生蜂——白蛾周氏啮小蜂。这种小蜂可以找到在各种隐蔽场所化蛹的美国白蛾，产卵寄生。该项研究成果保护生态环境，不杀伤天敌，是防治美国白蛾的先进技术。

周氏啮小蜂寄生率高、易繁殖、出蜂量大，而且人工繁育技术简便，容易操作，适合大规模人工繁育。人工繁殖释放周氏啮小蜂，手段安全、低残留，发展前景十分广阔。

5.3.16　丽蚜小蜂

丽蚜小蜂属膜翅目蚜小蜂科恩蚜小蜂属，是温室白粉虱、烟粉虱的寄生性天敌，也是世界上商品化应用较早的天敌昆虫。

在 20 世纪 20 年代，英国科学家对丽蚜小蜂进行了研究和应用，并在应用丽蚜小蜂防治温室白粉虱的探索中取得了显著效果（赵建周，1990）。随后，加拿大、澳大利亚、新西兰等国家先后引进丽蚜小蜂，使丽蚜小蜂控制粉虱成为当时的研究焦点。到 80 年代，丽蚜小蜂的生物学特性，控害潜能、商品化生产技术和应用等研究已经初步成熟,在防治温室白粉虱方面取得了一定的成就(程洪坤,1989)。

全世界已有20多个国家开展了丽蚜小蜂的研究和应用,英国、美国、荷兰等国家已实现了商品化批量生产,可全年为农户提供产品。这些国家大多采用烟草作为温室白粉虱的寄主植物,再用温室白粉虱繁育丽蚜小蜂。丽蚜小蜂寄生产卵后,在粉虱若虫体内逐渐发育至蛹期,被寄生的蛹后期表现为深黑色。将黑蛹收集起来并制成蛹卡,然后释放于田间。

我国于1978年从英国引进丽蚜小蜂,在中国农业科学院生物防治研究所和蔬菜花卉研究所进行了生物学特性、批量生产及应用的深入研究,并取得了实用性效果(程洪坤,1989;魏淑贤等,1989;朱国仁等,1993)。

1. 形态特征

成虫:体长0.6mm,淡黄色,雌蜂头、胸及腹柄节背板暗褐或黑色,腹部、触角及足黄色,前后足基节基部暗色。翅透明,翅面覆盖白蜡粉,停息时双翅在体上合成屋脊状,翅端半圆状遮住整个腹部,翅脉简单,沿翅外缘有一排小颗粒。复眼深褐色,具细毛,触角细长,8节,近等长。雄蜂头部黄褐色,腹部黑色,明显区别于雌蜂。

卵:乳白色,半透明,长136μm,侧面观长椭圆形,基部有卵柄,柄长0.02mm,一端较圆,另一端较尖,从叶背的气孔插入植物组织中。

若虫:1龄若虫体长约为0.29mm,长椭圆形;2龄若虫体长约为0.37mm;3龄若虫体长约为0.51mm,淡绿色或黄绿色,足和触角退化,紧贴在叶片上营固着生活;4龄若虫又称伪蛹,体长0.7~0.8mm,椭圆形,初期体扁平,逐渐加厚呈蛋糕状(侧面观),中央略高,黄褐色,体背有长短不齐的蜡丝,体侧有刺。

蛹:老熟若虫粗壮,长1.06mm,宽0.26mm。头胸宽,尾尖,不弯曲。当长出足、翅等附肢后即进入蛹期。蛹发育到羽化前一天,头部呈棕色,复眼和3个单眼为棕红色,胸部黑色,雌性腹部黄色,雄性黑色。

2. 基础生物学

丽蚜小蜂对不同的寄主植物有明显的选择性。例如,在番茄、菜豆、烟草、棉花、黄瓜5种寄主植物中,丽蚜小蜂在番茄上的寄生率最高(84%),在黄瓜上的寄生率最低(26.9%)。不同寄主植物对丽蚜小蜂的生长发育、成虫寿命和产卵量均有较大影响,寄主植物间差异显著,但对其存活率影响不大(徐维红等,2003)。

丽蚜小蜂单雌产卵100余粒,多为单寄生、内寄生,每天有8~10个卵成熟。

丽蚜小蜂是一种孤雌生殖的性寄生蜂,其成虫非常活泼,在粉虱发生处,可在所有空间范围内任意地寻找寄主,扩散半径在百米以上。远距离吸引丽蚜小蜂的物质与寄主植物和挥发性化合物有关,近距离吸引丽蚜小蜂的物质主要是粉虱分泌的蜜露和 3、4 龄粉虱若虫。丽蚜小蜂幼虫在粉虱若虫体内取食粉虱体液及组织，以此完成幼虫及蛹的发育。寄生幼虫 8d 后粉虱若虫（蛹）的体色变黑，小蜂幼虫继续发育 10d 左右，成虫即可在粉虱蛹体背裂处咬孔钻出。在温度 26℃、相对湿度 90%、光照 13h/d 时较适于丽蚜小蜂的生长发育和繁殖。

丽蚜小蜂发育历期受温度影响较大，在 15～30℃ 和 12L∶12D 光照环境下，丽蚜小蜂从产卵到寄主变褐，再从褐色伪蛹到成蜂破壳而出的发育历期均随着温度的升高而显著缩短。丽蚜小蜂总发育在 15℃ 下为 55.5d，在 20℃ 下为 20.2d，25℃ 下为 14.5d，30℃ 下仅需 12.9d。发育历期还受寄主龄期的影响，寄生 2 龄粉虱若虫、3 龄粉虱若虫和伪蛹初期，小蜂的发育历期为 10.1d、7.7d 和 7.6d。龄期越大，发育越快（徐维红等，2003）。

3. 生产繁育技术

1）生产场地与设施

生产上常用改良型连续三室繁蜂法来生产丽蚜小蜂，三室分别为清洁壮苗培育室，粉虱繁育室，接蜂室与小蜂、粉虱分离室，并配套相应的温室和繁育器具。

需要有温室、网棚和养虫室等基本条件。①温室：普通玻璃温室，钢结构骨架，温室用铝合金型材。温室四周密闭，内部分隔成多个小区，各区间严格密封、隔离。所有开窗、湿帘、风机对外开口处均设隔虫网，网孔直径小于 0.2mm。各区分隔门上方设风幕机。温室屋顶采用双层 PC 板覆盖，立面可采用中空玻璃或双层 PC 板。钢结构做热镀锌处理。苗床边框为铝合金，苗床网做热镀锌处理。②设施条件：控温降温采用湿帘风扇组合和空调，加温依靠圆翼式暖气和空调。补光温室专用钠灯。肥水滴灌，并配备水处理系统净化滴灌用水。应用自动控制系统。

2）始祖种源群体的建立

（1）自然种源的采集、分类、驯化、培育。我国于 1978 年从英国引进丽蚜小蜂，至今已有 40 余年的研究应用历史，全国各地，特别是蔬菜生产保护地，已积存大量虫源，可以采用盆栽蔬菜烟粉虱或温室白粉虱诱集丽蚜小蜂虫源。

（2）商品虫的选择、留种、培育，建立种源群体。

3）饵料寄主培育

丽蚜小蜂至少寄生 8 属 15 种粉虱，均可以预先繁育粉虱用作丽蚜小蜂繁育的饵料寄主。

（1）培育洁净的寄主植物。将四季豆浸泡发芽后栽入盆中，罩上养虫笼，待苗长到 7～8 叶时，即可接粉虱成虫，通常 20～25℃，培育洁净的寄主植物约需 25d 左右。

（2）繁育龄期整齐的粉虱若虫。将羽化 1～2d 的粉虱成虫按每盆 100～200

头均匀接入养虫笼内清洁的植株上，24h 后用熏蒸剂熏蒸 14h，消灭全部粉虱成虫。待粉虱若虫发育到 2 龄时，即可将贮存在低温下的寄生黑蛹取出，置于恒温室（27℃）中加温，在粉虱 3 龄末期，即可接蜂。通常在 20～25℃的温室中，繁育粉虱至 3 龄约需 17d。

4) 接蜂生产繁育

抽查叶背粉虱若虫数量后，可按蜂：粉虱若虫为 1：100 的比例，将寄生黑蛹接入笼内，注意使成蜂羽化期与粉虱若虫适宜龄期相吻合。在 20～25℃温度下，接蜂后 8～9d，被寄生粉虱的蛹体即可变为黑色，当大部分粉虱为深黑色时即可将其置于低温（12～13℃）环境下贮藏。

5) 丽蚜小蜂收集与贮存黑蛹的方法

把从接蜂间运入的烟苗按顺序排放在壮苗培育室，加强肥水管理，力争丽蚜小蜂收获时叶片不干枯。当丽蚜小蜂的蛹变为褐色后，将叶片采摘下来。置于丽蚜小蜂收集架上，把烟叶展平，晾干备用。将黑蛹叶片剪下置于纸上，待叶片稍干后放入盒内，置于低温下贮存。通常，在 10℃时可贮存 41～50d，其羽化率为 30%；在 12～13℃时，贮存 36～43d，羽化率为 50%～60%；在 13℃贮存 20d，再置于 22℃中，羽化率为 68%。贮存时一层叶片中间夹一层吸水纸。贮存初期要勤换纸，以免叶片湿度过大而霉烂。在放蜂前 2d 将黑蛹取出，在恒温室中加温，检查其羽化率。

4. 生态利用技术

丽蚜小蜂的生态化应用，以培育健壮蜂体为基础，还必须进行发生量的危害程度调查分析，了解近期（3～5d）气候变化特点，掌握粉虱类的发生规律，确定温室适宜的放蜂量、放蜂时机、放蜂间隔及放蜂次数，才能收到预期的效果。

1) 遮虫网的设置

早春时，应在释放丽蚜小蜂的温室大棚的通风口处，设置 40～50 目的遮虫网，以避免外界的粉虱飞入温室内，同时可防止丽蚜小蜂从通风口飞出温室，发挥双向遮挡作用。

2) 丽蚜小蜂的释放时期及释放量

根据温室白粉虱的发生数量确定丽蚜小蜂的释放时期及释放量。应在温室粉虱发生初期、密度较低时使用丽蚜小蜂进行防治。通过田间观察调查，当每株粉虱成虫 5～10 头时或温室内的悬挂黄板上发现有粉虱成虫时，即可释放丽蚜小蜂，采取低量释放：每次每 667m^2 释放 2000 头。丽蚜小蜂雌蜂偏爱在 3～4 龄若虫和预蛹体内产卵。当调查到叶片有 2～3 龄若虫时，即可释放丽蚜小蜂，释放比例控制在益害比为 1：（30～50），每隔 7～10d 释放 1 次，释放量随着若虫数量的增加而增加，一般为每次每 667m^2 释放 5000～10 000 头，连续释放 3～4 次为宜。如果能使丽蚜小蜂在温室内建立一定种群则效果更佳。

3) 调节温湿度

丽蚜小蜂发育适温较高，发育适温为25～27℃，温室白粉虱的发育适温相对较低，发育适温为22～25℃，超过40℃时活动减退。因此，为促进丽蚜小蜂发育，提高其寄生效果，在北方日光温室一般加大提温保温措施，白天最低室温保持在17℃以上。在释放时间上，要求不甚严格。在应用中，除了调节温度外，还可选用耐低温的丽蚜小蜂品种，其释放时间更为灵活。湿度是影响丽蚜小蜂生长的重要因素之一，与成虫的寿命和产卵，以及丽蚜小蜂的活动密切相关。当植株表面有积水或相对湿度大于80%时，一般成虫寿命缩短50%以上，产卵能力下降80%以上。因此，在温室番茄浇水、病虫害防治时，可采取膜下滴灌、热力烟雾机施药法防治，并注意通风降湿等。

4) 系统化技术体系构建

应用丽蚜小蜂防治温室白粉虱，一定要在温室白粉虱发生初期或基数较小时进行释放才能发挥其作用，同时由于环境影响其控制效果，所以与一些配套措施组合应用是必要的。①尽量在无粉虱的温室育苗，如果发现粉虱要及时彻底除治，培育"无虫苗"。②定殖前，要彻底清除生产温室和大棚内前茬作物的残株、杂草，并进行熏蒸消毒，同时生产过程中清除的枝杈和枯黄老叶要及时携带出室外处理，实施源头治理。③在温室作物种植一周后，伏击式释放一批丽蚜小蜂。将蜂卡挂在植株中上部的枝条上即可，丽蚜小蜂羽化后自行寻找粉虱类害虫，并寄生其若虫，发挥预防作用。④避免混栽，特别是黄瓜和番茄混栽会加重虫害，同时温室、大棚附近避免栽植黄瓜、番茄、茄子、菜豆等粉虱发生严重的蔬菜。提倡种植白粉虱不喜食的十字花科蔬菜，以减少虫源。⑤在温室的周边种植一些耐白粉虱危害的作物，让其感染白粉虱，释放丽蚜小蜂，这些耐粉虱作物上出现黑蛹后，羽化出来的丽蚜小蜂成虫就会主动寻找主栽作物上的粉虱幼虫，将其寄生杀灭。⑥黄板诱杀粉虱成虫。温室白粉虱的成虫对黄色有强烈的趋性。在发现温室白粉虱成虫后，在植株上方5～15cm区域内悬挂黄板，可达到最好的防治效果。在温室粉虱发生的初期及时悬挂黄板，既可以对粉虱成虫的数量起到控制作用，又可以对温室白粉虱发生数量起到监测作用，为适时释放天敌丽蚜小蜂提供理论依据。

5.3.17 食蚜瘿蚊

食蚜瘿蚊属双翅目瘿蚊科，是蚜虫的捕食性天敌。

早在1847年，意大利籍双翅目分类学家尤达尼（Rondani）第一次对食蚜瘿蚊进行描述，之后许多昆虫学家分别对瘿蚊科30多种捕食蚜虫进行了描述，1929年巴尔内斯（Barnes）对捕食蚜虫的瘿蚊共37个种名和10个属名进行了系统整理。

20 世纪 70 年代初，联邦德国、苏联等国家分别对食蚜瘿蚊进行了大量研究；80 年代中期，芬兰（萧刚柔，1990）、加拿大的大量扩繁和温室应用技术获得成功，率先实现了商品化生产。其后，荷兰、美国和苏联等国家也实现了商品化生产。

我国对食蚜瘿蚊的应用研究起步较晚，1979 年湖北农业科学院在棉田观察到一种食蚜性瘿蚊，并对其田间发生作了简要记述。1984 年中国农业科学院生物防治研究所从加拿大引进食蚜瘿蚊（程洪坤等，1988）。

1. 形态特征

雌虫体长 1.40～1.80mm，棕褐色，全身密被黄色长毛，头和喙黄色，触角黄褐色，复眼黑色，无单眼。前后胸很小，中胸发达，棕褐色。足细长，其余部分淡黄褐色。雌虫腹部呈椭圆形。雄虫腹部比雌虫小，末端两侧有向上弯曲的抱握器 1 对，其上着生黄褐色几丁质化的长钩。

2. 生物学

食蚜瘿蚊一生历经卵、幼虫、蛹、成虫 4 个阶段，属于完全变态类昆虫。

卵的孵化高峰期一般在上午 10:00，初孵幼虫不喜欢活动，随后便开始在附近捕食初生若蚜，长大后捕食成蚜，以口钩钩住蚜虫的腹部或足等处，吸取体液。初龄幼虫取食量小，随着虫龄增大，取食量随之增加，但老熟幼虫一般取食量很小。当老熟幼虫准备化蛹时，通常从植株上"弹跳"落地，短距离爬行后钻入土层中结茧，2～4d 后开始在潮湿松软的基质中化蛹。食蚜瘿蚊集中于晚上羽化，以 19:00～22:00 羽化量最多。成虫爬行迅速，飞翔迁移扩散能力强。羽化后当夜即可交尾，次日傍晚开始产卵，散产，也有几粒或几十粒产在一起的情况。蚜虫充足时，成虫产卵量明显增加；蚜虫量小时几乎不产卵。在 22℃人工气候箱中，以豌豆修尾蚜为食料，每雌一生可产卵 88 粒，平均产卵量为 59 粒。张洁等（2008）在 19℃、22℃、25℃、28℃、31℃和湿度 80%的组合条件下，测定了食蚜瘿蚊的发育历期，结果表明，温度对食蚜瘿蚊生长发育有较大影响，在 19～28℃，食蚜瘿蚊各虫态的发育历期随温度升高而略为延长。不同温度下，食蚜瘿蚊的 5d 化蛹率和总羽化率差别较大，但在 25℃下最高，分别为 88%和 94%；而 22℃时的化蛹率和羽化率与 25℃时较为接近，分别为 84%和 90%，差异不显著，由此可知食蚜瘿蚊最适生长发育温度为 22～25℃。

3. 生产繁育技术

1）生产场地、设施

生产繁育食蚜瘿蚊要求具备一般农业生产用设施（如玻璃温室、日光温室、大棚、网棚）及具有一定面积的田地。

2）始祖种源群体的建立

（1）在自然环境条件下，广泛采集，带回室内饲养，筛选，培育始祖种群。

（2）可购买商品化种源，逐渐扩大种群数量。

3）寄主植物——饵料蚜虫体系的建立

利用大麦为寄主植物，繁育禾谷缢管蚜。

（1）培育大麦清洁壮苗。种植大麦的容器为横截面梯形的长塑料盒，在苗盒内装土，播种，第5天开始检查，苗高2~3cm时，把苗盒搬至蚜虫繁育车间接种饵料蚜虫。该车间要求环境清洁、密闭，以便培育无病虫的大麦清洁壮苗，温度保持在20~30℃，相对湿度保持在70%~85%，光照充足，定期浇水，防止土壤干燥。大麦清洁壮苗的培育过程归纳为芽苗青绿饲料技术体系。

（2）接种与繁育饵料蚜虫。在清洁壮苗的苗盘上，架置铁丝网，将采集到的附有蚜虫的大麦叶放置在丝网上，待蚜虫转移到清洁壮苗上之后，清除老叶。蚜虫密度达到20~30头/叶时，将苗盘搬入食蚜瘿蚊生产繁育室接种瘿蚊，温度保持在22~30℃，相对湿度保持在60%~80%。

4）食蚜瘿蚊的接种繁育与收集

（1）食蚜瘿蚊接种繁育。在食蚜瘿蚊生产室，按蚊蚜比1∶80的比例释放瘿蚊成虫，雌虫与雄虫交配后在有蚜虫（群体）的大麦叶片上产卵，孵化出的幼虫随即捕食蚜虫，到第7天左右发育为老熟幼虫。育蚊室温度保持在21~28℃，相对湿度保持在80%~90%。秋冬季早晚还须补光以满足10h的光照时间。

（2）食蚜瘿蚊的收集。将发育到老熟幼虫的盆栽大麦倒置于盛有清水的水盘上面，老熟幼虫会自动弹跳到水中。翌日将幼虫收集起来并除去蚜虫尸体等杂质。

（3）储存技术。将收集到的食蚜瘿蚊老熟幼虫装入盛有蛭石或苔藓的小塑料盒内，保持蛭石潮湿，当天老熟幼虫就在蛭石里化蛹。在恒温箱中10℃条件下可以保存1个月。

（4）成品包装。食蚜瘿蚊在装有蛭石的保鲜塑料盒（直径10.5cm，高6.7cm）内化蛹。蛭石内用滴管滴适量的水，保持环境湿润。包装盒的盖上打4个小孔，其下盖一层纱网（60目），既防止包装盒内湿度过大，又防止食蚜瘿蚊羽化后逃逸。

4. 生态利用技术

食蚜瘿蚊既可应用于设施作物，又可应用于大田作物，与天敌瓢虫、蚜茧蜂、蚜霉菌等配合，可有效防止蚜虫的发生与危害。

（1）释放数量。释放之前做好虫情调查，准确掌握蚜虫的发生动态及数量，根据虫情确定释放数量，一般益害比为1∶（30~40），每盒500~600头，每棚设5~6个释放点。

（2）释放虫态。将包装盒盖子打开，释放刚羽化的成虫到田间蚜虫密度大的地方,这样既可保证初羽化的食蚜瘿蚊有充足的食物,又能发挥良好的控害作用。

5.3.18 丽蝇蛹金小蜂

丽蝇蛹金小蜂属于昆虫纲膜翅目金小蜂科蝇蛹金小蜂属,是一种重要的特异性蛹外寄生蜂,可以寄生多种双翅目蝇类(如家蝇、麻蝇、丝光绿蝇、黑尾黑麻蝇、棕尾别麻蝇及巨尾阿丽蝇等),具有较大的生物防治潜力和前景。

1. 形态特征

丽蝇蛹金小蜂1个世代历经成虫、卵、幼虫和蛹4个虫态。丽蝇蛹金小蜂个体微小(长2~3mm),雌蜂羽化交配后即可产卵,其卵主要产在寄主蛹壳内蝇蛹的表面。丽蝇蛹金小蜂的性别决定机制为单-双倍体性别决定模式,即受精的二倍体卵发育为雌蜂,而未受精的单倍体卵发育为雄蜂。丽蝇蛹金小蜂雌蜂、雄蜂成虫在形态上存在较大的差异,易于区分。一般来说,雌蜂体长2.0~2.7mm;头、胸和并胸腹节为墨绿色,柄后腹为黑褐色;触角为黄色或棕黄色,柄节为褐色;足基节与虫体同色,腿节几乎全为褐色,其余均为棕黄色;翅较长,可以覆盖整个腹部;产卵器明显。雄蜂体长1.8~2.3mm;头、胸及并胸腹节为突起的网状刻点,体色翠绿,柄后腹褐色,触角浅黄,后足基节与虫体同色,其余各节大部分为浅黄色;翅短,长度不及腹末,即不能完全覆盖整个腹部,阳茎外露。

2. 生活史

丽蝇蛹金小蜂属于完全变态发育的膜翅目昆虫,发育历期短,完成1个世代在15℃时为(43.5±2.4)d;在20℃时为(22.5±1.1)d;在25℃时为(14.5±1.7)d;在30℃时为(11.3±0.9)d。在25℃条件下,由卵发育至成虫羽化约需14d,雌蜂产卵36h后,卵开始孵化,经3个龄期后化蛹,末龄幼虫在第6~7d停止摄取食物并开始排便,蛹期发育需要约3d。幼虫化蛹后,丽蝇蛹金小蜂经过白蛹、黑白蛹和黑蛹3个阶段后羽化为成虫,然后成虫在寄主蝇蛹表面打开一个小洞,再从寄主蝇蛹内钻出,经过取食后继续发育达到性成熟后即可在新的寄主蝇蛹上产卵,之后进入下一个世代。丽蝇蛹金小蜂对寄主蝇蛹的选择具有一定的专一性,通常在家蝇科、丽蝇科及麻蝇科昆虫上寄生,选择寄生的时间也是在寄主蝇蛹的某些阶段进行。

3. 人工繁育技术

由于世代周期短、种群数量大、增长快、易于实验操作和饲养、丰富多样化的生物学特征等,丽蝇蛹金小蜂被广泛用于生态学、遗传学、行为学、发育和进化等研究。

1）始祖种源群体的建立

（1）自然采集。利用家蝇蛹在自然界中诱集丽蝇蛹金小蜂，在自然环境中放置3~4d后，取回室内，室温羽化获得丽蝇蛹金小蜂。

（2）引种。在已经建立种源群体的科研单位引种，自行筛选、培育、建群。

2）饲养场地、设施及器具

丽蝇蛹金小蜂在光照培养箱内，饲养环境条件为：16L∶8D，光期28℃，湿度60%；暗期25℃，湿度50%。将丽蝇蛹金小蜂饲养于300mL塑料杯中，杯底加入沾有10%蜂蜜的棉花团并定时更换，根据出蜂量每日向杯中添加适当数量的新鲜家蝇蛹，挑出家蝇蛹的空壳，以确保丽蝇蛹金小蜂饲养环境的清洁。

3）饲料家蝇蛹培育技术

家蝇的饲养条件与丽蝇蛹金小蜂的饲养条件相同，将其在（25±1）℃、16L∶8D、相对湿度60%±5%的光照培养箱中长期饲养。供家蝇产卵的麦麸须在灭菌后用适量无菌水湿润后置于养虫笼（25cm×25cm×45cm）中，同时在养虫笼中放入糖与奶粉的混合物以供家蝇成虫取食。每周更换家蝇的饲料和水，2~3d更换一次麦麸。家蝇幼虫于700mL塑料盒中饲养，待其化蛹后将新鲜蝇蛹挑出并用于丽蝇蛹金小蜂寄生（段入心，2020）。另外使用低温处理家蝇蛹可以用于扩大繁殖丽蝇蛹金小蜂，在4℃低温保存15d之内最适宜。

4. 释放方法

寄生蜂的释放一般分为两种类型：一种是直接释放寄生蜂成虫，但这种方法一般受光线、风向、气候等的影响比较大，释放量相当大才能达到预期效果；另一种是释放被寄生的寄主，特别适合释放被寄生的蛹或卵，只要把被寄生的蛹或卵放于目标寄主的栖息地附近即可，释放过程简单，效果较好，但释放过程也会受天气、病原菌或其他生物因素的影响。

分别采用纱网、培养皿、广口瓶和散放4种释放丽蝇蛹金小蜂的方法，分别于晴天、阴天和雨天3种气候条件下，释放寄生后不同时间的棕尾别麻蝇蛹，观察丽蝇蛹金小蜂的羽化率、蝇蛹的失踪率等指标。结果发现纱网释放是最好的释放方法，释放时的天气最好选择在晴天或阴天。结果发现以寄生后4~10d的棕尾别麻蝇蛹为佳，在蝇蛹寄生后时间越长，丽蝇蛹金小蜂的羽化率越高。

5.4 天敌昆虫生态利用原则与技术体系

5.4.1 天敌昆虫生态利用原则

由于天敌昆虫本身即为生态系统中的组分之一，天敌昆虫的释放应用首先要服从生态化原则。

1. 安全性原则

天敌昆虫的利用，要优先考虑生物安全。天敌昆虫应用的生物安全性主要包括两个方面。一是对生态环境的安全。不能因为释放天敌昆虫对当地生态环境造成破坏。二是对生物的安全。生物包括人、动物（畜禽）、有益昆虫、有益植物和有益微生物。在对生态环境的安全方面，如在人工繁育天敌昆虫时，必须杜绝在防治害虫的同时，又造成另一种污染，这种次生性或衍生性污染或许比使用化学农药具有更大的危害。在使用天敌昆虫防控害虫时，还要考虑它是否会对生物食物链中的某一关键因子发挥作用，以免本地生态系统生物食物链遭到破坏，使当地生态系统崩溃。在对生物的安全方面，特别是防治杂草的天敌昆虫，在释放应用前必须对其进行广泛的取食和寄主选择性试验，确保该天敌不会取食其他植物，甚至成为危害其他植物的害虫。

2. 针对性高效天敌昆虫优先利用的原则

任何一种害虫都有一种或若干种天敌昆虫，但其抑制害虫的能力、作用时间、连续控制力等均存在差别，其中，某种天敌昆虫的针对性、持续控制力更强，是防控该害虫的主导控制因子。因此，人工繁育和释放利用该种天敌昆虫以防控害虫将最有可能成功。由于各地自然和人为因素的差别，同种害虫在各地的主导天敌因子或有不同，在释放时也要特别注意。

3. 人工繁育释放和自然保护相结合的原则

淹没式释放大量天敌昆虫，可迅速提升生态系统中的天敌种类及数量，控制农林害虫种群增长。然而，考虑生产成本、产品供给能力，在数亿万亩的农田中，大面积应用天敌昆虫存在很多困难。在生产实践中，保护天敌昆虫显然是更经济有效的途径；另外，对一些天敌昆虫（如草蛉类、食蚜蝇类天敌昆虫）的自然诱集、保护利用更利于人工生产繁育与释放应用。

保护利用天敌昆虫的措施包括创造天敌昆虫生存和繁殖的条件、为天敌昆虫提供栖息和营巢的场所、改善小气候环境、保护越冬及越夏等，注意协调病虫害潜伏场所或携带载体清除（源头治理）、物理防控、化学农药施用之间的关系。

近年来，随着生态系统生物多样性及生态编辑（复合种植等）技术的发展，欧美等发达国家围绕天敌昆虫的保育与控害，针对金小蜂、蚜小蜂、姬小蜂、赤眼蜂、瓢虫草蛉、捕食螨等优良天敌昆虫类群，进行了天敌昆虫与生境的相容性、庇护植物及蜜源植物等对天敌昆虫的促生机理、保育因子对天敌昆虫的习性及行为塑造、天敌昆虫繁殖性调控因子及其效应分析、发育调控及滞育后生物学特征、复杂生境下天敌昆虫控害效应及机理等研究，取得了显著的研究成果，促进了天敌昆虫保育与控害理论体系的空前发展，个别研究方向成为国际昆虫学科的研究热点。

目前，我国天敌昆虫的应用面积比较小，连同天敌昆虫保育的面积在内，约占耕地面积的2%。原因如下：①天敌昆虫产业化水平较低；②天敌昆虫保育机理不明、关键因子不清；③对天敌昆虫的科普力度太小。因此，围绕天敌昆虫的保育与利用，充分利用天敌昆虫在农林生态系统中保育及控害的特征，探索天敌昆虫与营养、生境、生物多样性间的反馈、协同与相互作用，提升对天敌昆虫保护和利用的水平，可促进我国天敌昆虫的保护及应用，提升对农业有害生物的防控效果。

5.4.2 天敌昆虫生态利用策略

为了获得理想的效果，对不同的害虫、不同的天敌昆虫、不同的害虫种群密度、不同的释放时机、不同的保护作物，对天敌昆虫的生态利用要采取不同的策略。

1. 伏击式释放策略

伏击式释放策略就是在害虫初发生或种群数量快速增长之前释放应用天敌昆虫，达到"先发制人"的效果。例如，对桃园桃蚜的生物防控，采用天敌瓢虫（如七星瓢虫、异色瓢虫）实施伏击式释放的时机为3月底至4月上旬（春分至清明节之间），将桃蚜控制在干母、干雌及第3代之前。由于春季气温较低且倒春寒，瓢虫（幼虫）活动力差，所以早春释放瓢虫（幼虫）宜在上午10时以后。其他季节，由于温度升高、光线变强，瓢虫（幼虫）活跃，所以宜在上午8时之前释放，瓢虫（幼虫）活动性弱，便于操作。

2. 淹没式释放策略

淹没式释放策略就是充分发挥天敌昆虫的人工生产繁育优势，可以获取低成本、大数量的天敌昆虫。在释放时，采用天敌昆虫与害虫超大比例释放，取得压倒式优势，彻底遏制害虫种群数量上升的趋势。淹没式释放需要考虑释放成本及生态逸散效应。

3. 组合式释放策略

组合式释放策略就是将两种或两种以上天敌昆虫组合在一起，构成天敌昆虫"功能团"进行释放，不同天敌昆虫之间相互协作，共同制敌，提高生防效力。例如，利用瓢虫和蚜茧蜂组合防控桃园桃蚜，利用龟纹瓢虫和丽蚜小蜂组合防控设施蔬菜粉虱类害虫等。天敌昆虫与病原微生物制剂（生物农药）组合使用也是生物防控的未来发展趋势。例如，黑广肩步甲与绿僵菌组合防控蝗虫，异色瓢虫与蚜霉菌组合防控蚜虫。

4. 嵌入式释放策略

嵌入式释放策略就是根据生物多样性原理，构建人为生物多样性，将天敌昆虫嵌入一个人工生态系统中，嵌入式释放策略使天敌昆虫融入人工生态系统中，使其发挥长久、持续、自动调节的"内生生物动力"作用。例如，在设施环境中，移入盆栽紫藤-紫藤蚜系统，调节天敌瓢虫，使其持续动态防控黄瓜、西红柿、豆类等上的蚜虫。在温室中移入龙葵盆栽苗株，吸引粉虱并培育龟纹瓢虫、大草蛉等天敌昆虫，可以持续动态防控粉虱类害虫。

在嵌入式天敌昆虫释放策略中，应建立一个具有缓冲功能的"桥饵系统"，即在人工建立的天敌昆虫种群压制了害虫种群以后，天敌昆虫就会出现阶段性食物短缺问题，从而影响天敌昆虫种群的持续保持和后续的防控作用。此时，应该建立一个提供饵料昆虫的过渡性系统，以便保证天敌昆虫保持一定的种群数量，实现可持续防控效应。这个过渡性饵料系统就被称为"桥饵系统"。

5.4.3 天敌昆虫生态利用技术体系

在天敌昆虫生态利用策略指导下，可采用不同的天敌昆虫生态利用技术体系。

1. 天敌昆虫的单种释放

在自然界中，无论是捕食性天敌昆虫，还是寄生性天敌昆虫，都有针对性或嗜好性的猎物对象。以天敌昆虫生产繁育为基础，进行针对性单种释放，可有效防控目标害虫。

2. 天敌昆虫"功能团"的释放

在天敌昆虫产品综合应用方面，应优化相关的单一产品技术，开展有机的链接与组合，针对防控对象多样性进行技术数量匹配和针对生态环境特殊性进行技术投入量平衡，克服单一技术作用互抑和功能重叠等消极影响，极大地发挥组装技术大于单一技术的系统优势。

3. 天敌昆虫与昆虫病原物菌剂结合

天敌昆虫可以与昆虫病原物菌剂结合使用，达到相互增效的目的。例如，在桃园桃蚜生物防控中，天敌瓢虫与蚜霉菌结合使用，天敌瓢虫可以咬伤蚜虫造成伤口或残体，为蚜霉菌的浸染及流行创造条件。

4. 生态调控中的天敌昆虫应用

天敌昆虫与抗性品种、复合种植等相协调；生物多样性调控中的生物搭配，包括与伴生植物选择、蜜源植物培植等技术组合，均可实现长效、可持续的生防效果。

5.4.4 本地天敌昆虫保护与生态调控

自然界中发生的天敌昆虫，有些种类适于人工生产繁育，再释放应用。有些种类，虽然自然发生数量较大，但并不适于人工生产繁育，且难以产品化、商品化，这些种类可以通过实施保护措施纳入生态调控领域之中，发挥生物防控作用。

保护本土天敌昆虫，其目的在于提高天敌昆虫对害虫种群的制约作用，将害虫种群控制在经济允许损失水平之下。可以在田间创造有利于天敌昆虫生存、生长发育和繁殖的环境，以便内生性增加农田生态系统天敌昆虫种群数量。

1. 直接保护天敌

由于气候恶劣、食料不足、栖息场所不良或与农事操作不协调等原因，可能引起天敌昆虫种群密度下降。我们可以在适当的时期采用适当的措施对天敌昆虫加以保护，使之免受不良因素的影响，从而能顺利增殖而拥有较多的数量。

这种方法虽然比较简单易行，但使用前要先了解当地主要天敌资源、生物学和生态学，这样保护措施才具有生物学支撑。

2. 将本土天敌保护纳入生态调控系统

在农业生态系统中，通过物种个体之间的组合实现保护天敌昆虫的目标，也可以称之为生态编辑技术。

（1）在果园周围种植防护林带，由于防护林带的阻隔减弱了风速，有利于小型天敌昆虫的活动。果园生草（自然留草或人工种草），为天敌昆虫提供栖息、运动、寻偶、避敌等多种有利条件，对内生性增殖天敌昆虫极为有利。

（2）作物间作、套种、轮作是我国特有的延续几千年的农业精耕细作措施，对天敌昆虫的保护具有良好的作用。

3. 陪植功能植物

许多寄生性天敌在成虫期需要补充营养，田间开花植物可提供寄生蜂或寄生蝇以花蜜，使之寿命延长、性器官成熟、繁殖力提高。在棉区适当陪植蜜源植物，可以提高寄生鳞翅目害虫的多种姬蜂、茧蜂和寄蝇的种群密度。在某些金龟子发生区域分期播种蜜源植物，可以吸引捕食金龟子的土蜂前来采蜜并捕猎，对防治金龟子具有良好的效果。

4. 天敌昆虫的助迁

我国古代劳动人民在灌木林中采集黄猄蚁放养于柑橘园内防治害虫，最早记载于公元 304 年嵇含所著《南方草木状》一书中。这是世界上"以虫治虫"的最早记载，也是天敌昆虫产业化的最早案例。

此后，在唐、宋、明、清各代古籍中均有应用黄猄蚁的记载。至今广东、福建仍然用之防治柑橘害虫。几内亚、所罗门群岛等地还用黄猄蚁防治椰子、杧果、可可等热带作物的害虫。

1988 年前后，在河南及其他棉区利用七星瓢虫防治棉蚜，其中一种方法就是从麦田采集七星瓢虫的幼虫移放到棉田中。麦田内麦蚜发生较早，七星瓢虫首先迁入麦田发生繁殖；棉蚜发生较迟，因而有可能自麦田将七星瓢虫移入棉田防治棉蚜。七星瓢虫的助迁可在棉麦间作制中自然实现。

5. 天敌昆虫的移殖

在一种天敌昆虫分布的边缘，往往由于一些条件未能满足其生存的要求，因而限制其分布。例如，一些起源于我国南方的昆虫，其分布区的北限往往与冬季低温联系在一起。在分布区的外缘，并不是每年冬季的低温都足以导致这些昆虫的大量死亡，但一些特别低温的年份可以限制其分布。在这种情况下引入天敌，也可在北限的外缘生存较长的时间，发挥抑制害虫的作用。

例如，1953 年首次将浙江永嘉大红瓢虫移殖到湖北枝城，当年在 0.067hm² 柑橘园内的吹绵蚧基本被消灭。1954 年四川泸州从湖北枝城移入一批大红瓢虫，1955 年严重危害 800 多株柑橘树的吹绵蚧几乎全部被吃光。1955 年后，四川各地柑橘产区陆续移入大红瓢虫防治吹绵蚧，取得良好效果。这些地区都属于大红瓢虫分布区北限的外缘，在特别寒冷的年份可以引起其大量死亡，次年或若干年后亦难以恢复。因而在严寒的年份，在越冬期间对其进行人工保护是十分必要的。四川、湖北在解决保护其越冬问题上取得了很多经验。湖北枝城在果园内挖一地窖，地窖顶部用覆盖物隐蔽，以避风雨，地窖内部可维持在 7~10℃，在这样的环境条件下越冬成虫的存活率可明显提高。四川也曾使用地窖、铁纱笼或普通房屋作为大红瓢虫的越冬场所，亦可提高越冬成虫的存活率。此外，在越冬期间食料不足时，可补充人工饲料。在保护越冬大红瓢虫的基础上，移殖其于分布区北限的外缘，也能发挥其防治吹绵蚧的作用。

6. 投放天敌饵料

有些天敌昆虫，在越冬休眠结束后，由于田间害虫稀少而缺乏食物，种群死亡率大，这也是害虫-天敌跟随关系形成的重要原因之一。可以通过人为补充寄主或饵料饲料，促进天敌种群增殖。早期将一批松毛虫卵放入松林作补充寄主，松毛虫黑卵蜂种群可以增殖 20~50 倍，在第 2 次提供补充寄主时，可使松毛虫黑卵蜂种群增殖 500~600 倍。

目前，随着环保昆虫产业的兴起，黄粉虫、大麦虫、中华真地鳖、美洲大蠊、黑水虻、白星花金龟、蟋蟀（碎屑虫）规模化生产已经成熟，可以大量、低成本、周年提供商品性饵料，为天敌昆虫补充饵料提供了极为有利的条件。例如，冬季在果园中心位置挖设地窖或长槽沟，深度保持 40cm 以上，里面铺填杂草、树叶，将各种环保昆虫混合放入其中，再间隔一定时间，将白水煮鸡蛋捏碎撒入其中，可培育果园蜘蛛，产生内生性生防昆虫。

在害虫防治时，适当地有意保留少量害虫，也是基于这种观点，企图将害虫"一扫而光""治早治小治了"的观点则与此背道而驰。南方稻田中常见的稻螟蛉和沼蝇，它们的卵常是赤眼蜂的自然补充寄主。如果采用化学防治措施把这类害虫一并消灭，则将影响赤眼蜂的种群密度，反而招致鳞翅目害虫的为害。

5.5　天敌昆虫生态化控害效应评价方法

1. 罩笼和屏障法

罩笼和屏障法常用于评价大田天敌昆虫的控害效果。其所依据的原理是：如果将某小生境（叶片、枝条、植株或小区）内的天敌排除，则其中的害虫因天敌捕食或寄生造成的死亡率将显著小于对照（未排除天敌）。如果该测定持续时间较长，该害虫密度将迅速增大，达到很高水平。

多种排除天敌昆虫的物理屏障法如下：①使用不同网目的纱网罩笼，罩住 1 片植株、1 株植物、1 根枝条、1 片叶、1 朵花或 1 个果实；②用薄膜遮挡样区部分方向的天敌，阻止其进入；③完全罩住测试生境，也可以部分罩住测试环境（有选择地允许某些天敌进入）；④有选择地允许某些天敌进入，可用不同网目大小的多层纱网罩住植株，以达到评价某些天敌昆虫的目的。例如，为评价麦二叉蚜的捕食性和寄生性天敌的控制作用，用两种不同网目大小的纱网罩笼，小网目罩笼可以阻挡寄生蜂和小型捕食者，大网目罩笼可阻挡大型捕食者，从而分别评价这两类天敌的控制作用；为评价稻田褐飞虱卵寄生蜂——稻虱缨小蜂和赤眼蜂的控制作用，首先在室内筛选该寄生蜂可通过但其他天敌不能通过的网目，以此制作纱网罩笼放置在稻田中，通过阻挡其他天敌进入罩笼而只允许稻虱缨小蜂和赤眼蜂进入，从而评价该寄生蜂的控制作用。

在运用罩笼和屏障法比较罩笼内、外害虫数量（密度）时，须注意罩笼与对照的差异，否则可能导致错误的结论。

2. 物理去除法

比较人工徒手或用某种工具不断从处理区移除捕食性天敌昆虫与未进行人为干预的对照的害虫密度，从而评价天敌昆虫的防控效果。徒手可以收集和移走大型、不善于活动的捕食性天敌昆虫，而用虫管可以采集微小型不活动的天敌昆虫。该方法具有不改变处理区小气候的优点，也存在一些缺点：①须用大量人工；

②人工处理天敌昆虫前存在被捕食和寄生的可能性；③揭示害虫与天敌昆虫数量动态关系的信息不足。

3. 人为添加法

1）天敌昆虫添加法

通过人为添加天敌昆虫设立处理样区，与未进行人为干预的对照样区进行害虫密度比较，评价天敌昆虫的控制作用。天敌昆虫添加法常用于评价地面行走的捕食性天敌昆虫（如黑广肩步甲、绿步甲等）。在处理样区边界设置一个只能进入不能出去的"关卡"，可达到添加天敌昆虫的目的。该方法曾被用于评价甘蓝根蛆的捕食性甲虫和蚕豆蚜的捕食性天敌昆虫。

2）防控目标害虫添加法

可通过增加害虫的不活动虫态（如卵或蛹）设置处理样区，观察天敌的捕食或寄生程度。抽样检查捕食者与害虫的数量，结合捕食者的取食率，可估计捕食程度。运用该方法时须注意在野外放置害虫时，尽可能符合其自然分布特点（密度、位置、分布等）。

4. 直接观察法

直接观察捕食通常是确定捕食率、辨别捕食者及其猎物的最有用的方法，具有无须改变环境因素、可随时添加猎物或捕食者、简单、直观、易操作等优点。所需要的是耐心毅力和时间，但运用录像设备可极大地提高效率。

5.6　天敌昆虫生态利用展望

当前，在生态文明理念指导下，重视人与自然的和谐发展，对已经遭到破坏的生态关系正在重塑新的生态平衡。现代农业发展具有绿色、低碳、高质量的大趋势，因而在农林有害生物防控领域，需要逐渐构建以生物防治技术为主体的生态植保体系。通过生态植保技术体系的构建和天敌昆虫应用的强化，逐步重塑农业生态系统，重构农业生产体系，实现生态服务于生产，生产服从生态学原理。

5.6.1　天敌昆虫生态利用须克服化学农药的弊端

对于害虫的防治，人类经历了一个漫长的过程，在这个过程中人类不断修正自己的行为。1962 年，美国海洋生物学家蕾切尔·卡逊在其著作《寂静的春天》（*Silent Spring*）一书中，揭示农药的过度滥用将对生态环境和生物链造成无法弥补的破坏，导致原本万物复苏、到处鸟语花香的春天变得寂静无声，终于引发了抗议滴滴涕的环保风暴。环保运动经过 10 年抗争，美国环境保护署终于在 1972 年对滴滴涕下了禁令。由此《寂静的春天》的出版成为反思农药负面效应和环保的里程碑。

目前农作物上 500 多种害虫及螨类、150 多种病原菌及 180 多种杂草生物型对药剂产生抗药性。小菜蛾、甜菜夜蛾、红蜘蛛、跳甲等世代多、繁殖速度快，对常规农药已表现较强的抗性，对有机磷类、氨基甲酸酯类、菊酯类农药的抗性都比较强。造成病虫害抗药性发展迅速的原因，除了药剂本身因素外，还有气候因素和作物品种、生育期等因素。但更重要的原因是，农药使用存在不合理现象，盲目用药、多种农药乱用现象比较普遍，这造成病虫害抗药性发展迅速。农业害虫抗药性越来越强，不仅与农民用药不规范有关，也与厂家主导推广的产品有很大关系。国内大多数企业生产农药仿制品，缺乏创新，同质化严重。

化学农药的滥用，误杀了大量天敌昆虫和生态环境昆虫，严重影响了生物多样性，破坏了生态平衡。天敌昆虫生态利用可以提升农业生态系统昆虫联通性，构建人为生物多样性。

5.6.2 突破天敌昆虫生产繁育模式

目前，制约我国天敌昆虫生产繁育发展的主要因素，可以归结于生产繁育模式的限制。

1. 捕食性天敌昆虫生产繁育模式

捕食性天敌昆虫生产繁育模式主要是寄主植物—饵料昆虫—捕食性天敌，这种模式需要大量的空间、时间、人力、物力，而且这种 3 级生产模式，其技术环节过多、生产链过长，任何一个环节上的限制，都会导致捕食性天敌产品产量有限，生产周期过长，成本过高，难以满足生产所需。

2. 寄生性天敌昆虫生产繁育模式

对寄生性天敌昆虫的生产繁育已有成功的实例。赤眼蜂、平腹小蜂、周氏啮小蜂等是直接将寄生性天敌昆虫接入繁育载体（柞蚕卵等）中，利用寄生性天敌昆虫多胚生殖的特性，获得大量寄生性天敌昆虫产品。

目前，仅有少数几种寄生性天敌昆虫实现顺利生产繁育，绝大多数寄生性天敌昆虫（如管氏肿腿蜂、花绒寄甲、蠐象卵寄生蜂等）尚未找到适合的繁育载体昆虫。

3. 人工饲料模式

为了快速、大量、短周期生产繁育各种天敌昆虫，国内外很多机构将天敌昆虫人工饲料作为突破口，试图通过合成适宜的人工饲料，达到规模化生产繁育天敌昆虫的目的，且得到发育进度整齐的天敌昆虫产品。

人工饲料是与天然食料或天然饲料相对应的一种通称。经过加工配制的任何昆虫饲料都可称为人工饲料。人工饲料包括合成饲料、半合成饲料和用动物或昆虫器官或组织加工而成的天然饲料。自 1908 年波格丹诺夫（Bogdanow）首次以牛肉汁、淀粉等配制黑颊丽蝇人工饲料之后，昆虫人工饲料的研究逐步发展起来。到目前为止，利用人工饲料饲养的昆虫超过 1400 种，涉及直翅目、等翅目、半翅目、同翅目、鞘翅目、鳞翅目、膜翅目、双翅目、脉翅目等昆虫。昆虫人工饲料的开发与利用已经成为昆虫学领域的热点研究内容之一。

捕食性天敌昆虫，根据其食谱范围的宽窄可以分为广食性和寡食性，广食性天敌昆虫的饲料配方较寡食性天敌昆虫的饲料配方容易研究。尽管不同昆虫种间对个别营养物质的营养需求存在差异，但几乎所有昆虫的营养需求相似，包括蛋白质、糖类、脂类、维生素、无机盐和水分等（杨庆爽等，1979）。在设计天敌昆虫人工饲料配方时，要充分参考已饲养成功的相近种类配方，然后不断实践调整，或是参照猎物的化学组成设计配方，以减少盲目组合营养成分而造成的各种浪费。在人工饲料的研制中，要求人工饲料不仅具备特定的营养成分，还在数量方面保持生理代谢所需要的比例，即在不同阶段保持营养平衡（方杰等，2003）。昆虫最佳营养平衡因发育状态不同而有差异，因此，各个时期所用的昆虫人工饲料原料配方也存在差别。

在捕食性天敌昆虫人工饲料研制领域，捕食性瓢虫人工饲料的研制最具有代表性。

捕食性瓢虫的化学饲料研究进展缓慢，效果不明显，这是因为捕食性昆虫的食物往往含有被食昆虫和寄主植物，难以用简单的化学成分来替代。此外，捕食性昆虫的捕食行为也可能对其食料的要求更加复杂。因此，这个领域在短期内难以取得突破。研究瓢虫的营养需求和代谢途径，测定某些特定成分的化合物对瓢虫取食和生长发育的影响，将有助于更好地了解捕食性瓢虫的食料，并为未来研究提供有价值的参考。

以脊椎动物器官、组织为主要原料的捕食性瓢虫饲料配方效果也不理想，不是今后的研究方向。富含蛋白质、脂肪、糖类及维生素的脊椎动物组织人工饲料中，研究较深入的是以猪肝为主的基础饲料。宋慧英等（1988）以鲜猪肝、蜂蜜及蔗糖配制成 6 种人工饲料饲养龟纹瓢虫。

结果表明，用鲜猪肝∶蜂蜜（质量比 5∶1）和鲜猪肝∶蜂蜜∶蔗糖（质量比 5∶1∶1）两种配方饲料饲养龟纹瓢虫成虫、幼虫效果最好。高文呈等（1979）以猪肝-蔗糖为基础，添加不同其他成分的人工饲料饲养异色瓢虫成虫，其寿命可达 80d，雌虫产卵量为 343.8 粒。但以猪肝-蔗糖为基础的饲料是流体状，易结块、变质和黏死饲养的幼虫，因此在实际操作中难以应用于规模化饲养。陈志辉等（1989）以鲜猪肝匀浆液∶蜂蜜∶蔗糖 5∶1∶1 混合的代饲料为基础，研究饲料中水分含量取食刺激因素对七星瓢虫饲喂效果的影响。试验结果表明，添加 0.1%橄榄油和保幼激素类似物 ZR512 的人工饲料，产卵率达到 96.7%，如果在此基础上分别添加 1%的玉米油或豆油，能促进雌虫产卵量的进一步增加。黄金水等（2007）对松突圆蚧的主要天敌红点唇瓢虫人工饲料进行了初步研究，以鲜猪肝：酵母粉：维生素 C 粉末：蜂蜜（质量比 100：10：1：20）为主要配方的人工饲料，基本满足红点唇瓢虫成虫的营养需要，前期存活率可达 60%，但平均雌虫产卵量较低。若混合适量的松突圆蚧进入饲料，则可以较好地延长成虫的寿命和产卵量，饲养效果较好。

国外以牛肝、牛肉为基础成分的饲料配方经过多年尝试，许多科学家认为可应用于捕食性天敌，对捕食性螨类的饲喂效果更为突出。在脊椎动物中选料配制天敌昆虫人工饲料研究过程中，东西方研究者显然受到营养"拟人化"和材料"易得"因素的影响，东方学者多选择猪肝，西方学者多选择牛肝。由于昆虫是无脊椎动物，而且其食物对象均为无脊椎动物（其他昆虫），因此，应选择无脊椎动物（其他昆虫）作为天敌昆虫人工饲料配方原料，并对其进行深入系统的研究。针对捕食性瓢虫，含有昆虫成分的人工饲料研究涉及意大利蜜蜂雄蜂蛹，赤眼蜂蛹，家蝇蛆和黄粉虫，米蛾、麦蛾、地中海粉斑螟等仓储害虫为基本组成的人工饲料配方。

1）意大利蜜蜂雄蜂蛹

对以意大利蜜蜂雄蜂蛹或幼虫为主要成分的人工饲料研究表明，意大利蜜蜂雄蜂蛹与蚜虫体内的无机盐组分相似，与家蚕蛹差异显著；雄蜂蛹粗蛋白质的氨基酸组成比例与蚜虫相似。虽然意大利蜜蜂雄蜂蛹可以满足七星瓢虫、异色瓢虫、龟纹瓢虫等幼虫或成虫的营养需求，但是与生殖相关的卵黄原蛋白、产卵量、孵化率、产卵前期等都相应下降（孙毅和万方浩，1999；程英等，2006）。究其原因，可能是意大利蜜蜂蛹（♂）与蚜虫体内的无机盐组分相似，且蛋白质的氨基酸组成比例也与蚜虫体内相似（沈志成等，1992），因此，可以用作瓢虫的补充饲料。韩瑞兴等（1979）以雄蜂蛹粉：蔗糖（5：1）配制的粉剂饲养异色瓢虫群体，饲养化蛹率为 20%～33.3%，个体单养化蛹率为 50%～60%，幼虫期较喂养蚜虫的个体有所延长。高文呈等（1979）以意大利蜜蜂雄蜂幼虫或蛹粉：啤酒酵母粉：麦乳精：葡萄糖：胆固醇（4：3：1.5：1.5：0.1）配制的粉剂饲养异色瓢虫，幼虫成活率为 35%。王良衍（1986）用鲜蜜蜂雄蜂（幼虫）或猪肝：蜂蜜：啤酒酵母：维生素 C：尼泊金（5：1：0.5：0.05：0.005）饲养异色瓢虫，成虫获得率和产卵率分别为 80.3%和 82.8%；饲养幼虫成蛹率为 54%～70%。沈志成等（1992）报道用雄蜂蛹粉饲养龟纹瓢虫和异色瓢虫会延迟其卵黄蛋白的形成，认为雄蜂蛹粉完全能够满足生殖对营养的需要，生殖不良原因可能是内分泌失调而非营养缺陷。在雄蜂蛹粉中添加保幼激素类似物 ZR512，可以促进龟纹瓢虫和异色瓢虫取食蛹粉，提高成虫产卵率。但在实际应用中，鲜雄蜂蛹易腐烂变质，且易黏着幼虫；经高温干燥制备成粉剂，损失养分，饲养效果差；经冰冻真空干燥做成粉剂，虽不损失养分，但仍对取食有一定的影响。

2）赤眼蜂蛹

夏邦颖（1979）研究了柞蚕卵壳的结构与松毛虫赤眼蜂的寄生关系，为其大规模应用提供了理论依据。包建中（1980）认为柞蚕蛹血淋巴含量不低于15%时，赤眼蜂才能完成整个生育期的发育。曹爱华和张良武（1994）用人工卵赤眼蜂蛹饲养四斑月瓢虫、龟纹瓢虫、七星瓢虫、龟纹瓢虫，其发育历期和产雌产卵量接近取食棉蚜的效果，而七星瓢虫的幼虫则不太喜食。孙毅等（2001）报道人工卵赤眼蜂蛹基本上能满足七星瓢虫幼虫的生长发育，但成虫产卵前期比取食蚜虫的对照有所延长，产卵率和卵孵化率低于蚜虫对照。如果在成虫产卵前期添加取食刺激剂（0.01%橄榄油+5%蔗糖溶液均匀分布）或适当添加蚜虫，可显著提高其生殖力。郭建英和万方浩（2001）以柞蚕卵赤眼蜂蛹饲养异色瓢虫，其成虫获得率为81.3%，与桃蚜饲养的成虫获得率差异不显著，但发育历期和蛹期均较以桃蚜作为饲料显著延长且成虫不产卵，仅用赤眼蜂蛹饲养龟纹瓢虫，成虫不能产卵。侯茂林等（2000）用人工卵赤眼蜂蛹饲养中华草蛉幼虫，与米蛾卵的饲养效果相似。郭建英和万方浩（2001）尝试以柞蚕卵赤眼蜂蛹饲养小花蝽，饲养效果与用蚜虫和白粉虱饵料差异不显著，但对其连代饲养的效果还须进一步研究。

利用赤眼蜂蛹人工饲料养殖瓢虫的相关研究结果很不一致。总体上可以看出，各类瓢虫对赤眼蜂人工饲料的喜好程度不同，虽然可以满足幼虫的生长发育，但是会对蛹的发育或者成虫的生殖相关特性造成一定的影响，可以通过在成虫期添加取食刺激剂或成虫产卵前期改喂蚜虫加以解决。建议在蚜虫供应不足时，在瓢虫幼虫期可以适当地将之作为补充饲料（曹爱华和张良武，1994；孙毅等，2001；郭建英和万方浩，2001）。

自国家"九五"规划以来，寄生性天敌赤眼蜂的规模化、商品化生产，为以赤眼蜂为主要成分的捕食性天敌昆虫的人工代饲料的研发提供了新途径。又因其价格低廉、制备简单、易于贮藏与运输等优点受到了人们的重视。

3）家蝇蛆和黄粉虫

自20世纪80~90年代以来，家蝇蛆和黄粉虫在资源昆虫产业化中应用越来越广泛。家蝇蛆和黄粉虫均以畜禽粪便、生活垃圾（湿垃圾）及小麦面粉加工副产品——麦麸为主要饲料原料。饲养成本低，可形成产业化规模。以家蝇蛆和黄粉虫作为昆虫饲料的相关报道也逐渐增多（乔秀荣等，2004）。李连枝等（2011）发明了一种异色瓢虫的人工饲料，由以下质量比的原料组成：白菜汁25份，研磨成酱状的烤香肠8份，研磨成酱状的黄粉虫8份，氨基酸0.5份，蜂蜜4份。本发明原料来源丰富，可以完全替代蚜虫，满足异色瓢虫的食用要求。王利娜等

（2008）以家蝇蛆老熟幼虫和黄粉虫蛹为基本成分研究了龟纹瓢虫幼虫的人工饲料，对这两种基本成分进行不同方式的加工，分别获得匀浆液、全脂粉、脱脂粉、微波粉和冷冻干燥粉。分别以5种蛋白质与其他营养成分配制人工饲料饲喂龟纹瓢虫幼虫至化蛹，综合评价幼虫存活率、幼虫发育历期、羽化率、蛹历期、成虫体重等生物学指标，发现不论家蝇蛆还是黄粉虫蛹，均以脱脂粉配方的饲喂效果最优。运用Lg（34）正交试验设计分别对家蝇蛆与黄粉虫脱脂蛹粉的配方主成分及水平进行筛选，得到两组优化配方：（ADⅠ）脱脂蛆粉0.5g、酵母抽提物0.25g、蔗糖0.3g、橄榄油0.01g、蜂蜜0.2g、蒸馏水3.75g；（ADⅡ）脱脂黄粉虫蛹粉0.5g、酵母抽提物0.35g、蔗糖0.3g、橄榄油0.02g、蜂蜜0.2g、蒸馏水3.65g。饲养验证表明，脱脂蛆粉配方与脱脂黄粉虫蛹粉配方均符合实际，其成虫获得率分别达到86.11%与75%，以脱脂蛆粉配方的饲喂效果更佳。

4）米蛾、麦蛾、地中海粉斑螟等仓储害虫

我国学者探索以米蛾卵繁殖玉米螟赤眼蜂、甘蓝夜蛾赤眼蜂等寄生蜂，均取得较好的效果。米蛾卵除用于寄生性天敌的繁殖外，还用来饲养多种常见的捕食性天敌。用米蛾卵饲养中华草蛉、大草蛉和丽草蛉幼虫，三者的羽化率都高于85%。李丽英等（1988）以米蛾幼虫饲养叉角厉蝽，效果优于以纯柞蚕蛹血淋巴饲养。高文呈（1987）用米蛾卵饲养黑叉胸花蝽，连续饲养5代范围内，生活力无明显变化。周伟儒等（1986）用米蛾成虫卵饲养黄色花蝽，成虫获得率达90.9%。广东省昆虫研究所用米蛾卵饲养捕虱管蓟马，其可顺利完成个体发育并产卵繁殖。周伟儒和王韧（1989）用米蛾卵、米蛾成虫不加水饲养东亚小花蝽，若虫无法存活，加水后存活率可达63%以上，但要求米蛾卵必须新鲜。郭建英和万方浩（2001）报道，用米蛾卵饲养龟纹瓢虫和异色瓢虫，其在低龄幼虫期全部死亡，饲养效果不佳。

与我国相比，国外对麦蛾卵的研究应用比较多。以麦蛾卵饲养繁殖红通草蛉、淡翅小花蝽、红肩瓢虫、异色瓢虫，都取得不错的饲养效果；但用麦蛾卵饲养草蛉时，大草蛉和丽草蛉发育不正常，仅中华草蛉幼虫能正常发育结茧。

20世纪70年代起，欧美国家用地中海粉斑螟成功地饲养了小花蝽，并已实现了商品化生产。我国用米蛾卵饲养草蛉和瓢虫，与地中海粉螟的饲养效果基本一致（蔡长荣等，1985）；但地中海粉螟的价格比较昂贵，在规格化生产中成本较高，难以在实际中实用。

在寄生性天敌昆虫中，如稻虫彩寄蝇、螟利索寄蝇、伞裙追寄蝇、邻野蝇、贪食亚麻蝇、埃氏麻蝇、奇氏麻蝇、卷蛾黑瘤姬蜂、康氏黑茧姬蜂、具瘤爱寄蜂、广埃姬蜂、蝶蛹金小蜂、黑青金小蜂、短管赤眼蜂、加州赤眼蜂、松毛虫赤眼蜂、稻螟赤眼蜂均可用人工饲料进行体外培育。在本领域，我国处于领先地位。

用脊椎动物器官和组织作为昆虫人工饲料原料，效果均不理想。即使含昆虫成分的人工原料，如果与原寄生体昆虫系统关系较远，效果也不好。天敌昆虫食性较严格，如天敌昆虫分为食蚜、食螨、食蚧类群，即使食物瓢虫对不同蚜虫也存在明显的选择性。

5.6.3 完善嵌入式天敌昆虫与"桥饵系统"技术

嵌入式天敌昆虫系统，就是将天敌昆虫直接嵌入农业生态系统，或者在农业生态系统中加入天敌昆虫元素，重塑农业生态系统，重构农业生态生产体系。嵌入式天敌昆虫系统彻底改变了天敌昆虫外域输入、本土保护、人工生产繁育释放的模式，将其完全融汇于统一的系统性嵌入式天敌系统，统一、协调了天敌昆虫人工生产繁育释放、本土天敌保护、外域输入生态调控的综合效应。具体操作方法：在农业生态系统中，构建天敌昆虫生产繁育单元，使二者融为一体，不论是外域输入的种类，还是本土保护的种类，都在这个系统中进行研究、观察、生产繁育。嵌入式天敌昆虫系统直接服务于农业生态系统中生物多样性的人为构建，实现自繁自用，激发内生生物动力。通过嵌入式天敌昆虫系统释放应用天敌昆虫，达到彻底控制害虫的目标，这时天敌昆虫就会没有食物。为了确保天敌昆虫的持续存在，需要一个食物过渡的技术环节，"桥饵系统"就是实现天敌昆虫过渡的活体饵料昆虫培育技术。例如，利用天敌瓢虫防控蚜虫，当目标有害蚜虫被完全控制以后，就需要人为设置"桥饵蚜虫"，即利用月季-月季长管蚜、紫藤-紫藤蚜作为"桥饵"，引诱、集中、保护、维持天敌瓢虫群体，在有害蚜虫又出现的时候，将"桥饵系统"中的天敌瓢虫再驱赶出去发挥生物防控的作用。

嵌入式天敌昆虫系统对天敌昆虫的掌握具有主动性、可控性、随时性、全程性，不受气候条件和季节的影响，而孤立的生态调控技术则十分被动、极易失控，不能随时随地、周年实施，严重受制于气候条件的变化和季节变换。

5.6.4 天敌昆虫产业化

生物防治昆虫产品的生产及产业化是生态植物保护学的重要内容之一。

1. 国内外天敌昆虫产业现状

1）国外现状

国外天敌昆虫扩繁、商品化生产的成就极其显著。规模较大的天敌昆虫生产公司已发展到80余家，其中欧洲26家，北美洲10家，大洋洲、拉丁美洲、亚洲各有5家。已经商品化生产的天敌昆虫有130余种，主要种类为赤眼蜂、丽蚜小蜂、草蛉、瓢虫、中华螳螂、小花蝽、捕食螨等。

国外天敌公司一般规模不大，但数量多，分布广。大多针对所处地域的主要靶标害虫，有选择地生产几种天敌昆虫。此类公司不需要复杂的器具和过多投入，生产工艺多为作坊水平，但注重产品包装和流通。另外，还可以与有关大专院校和科研单位合作，利用其实验室条件及人才的优势等委托繁殖。

2）国内现状

我国天敌昆虫资源十分丰富，具有强有力的开发应用基础。到目前为止，我国已成功饲养赤眼蜂、平腹小蜂、草蛉、七星瓢虫、丽蚜小蜂、食蚜瘿蚊、小花蝽、智利小植绥螨、西方盲走螨、侧沟茧蜂等捕食性或寄生性天敌昆虫，对本地优势种天敌昆虫（赤眼蜂、草蛉、瓢虫、捕食螨等）的规模化饲养已有一定的基础，但真正投入大规模工厂化生产的仅有赤眼蜂和平腹小蜂。总体上讲生产规模较小，产品单一，设备陈旧，受季节性影响，销售渠道未理顺，技术服务滞后。特别是由于我国在天敌治虫产业化方面实际投入较少，与国外发达国家相比，我国天敌昆虫生产及应用的技术手段和天敌种类的多样性差距还较大。

目前我国的天敌昆虫产业化还处在起步阶段，真正的专业生物防治技术服务公司寥寥无几，而且业务较难开展，效益不佳。天敌昆虫的生产和推广应用工作大多依附有关大专院校、科研单位和技术推广部门，虽然如赤眼蜂等天敌能够进行工厂化生产，但在推广应用中还不能完全实现商品化。

比较大的天敌昆虫生产单位主要位于我国东北，由于玉米成片大规模种植，形成了赤眼蜂防治玉米螟的巨大市场，另外也由于此地区是赤眼蜂繁殖寄主（柞蚕卵）的产地，所以我国最大的赤眼蜂生产厂家聚集于此。以上厂家有平均每年繁殖 200 亿头赤眼蜂的生产能力，但近年来延续传统的繁殖技术，缺乏创新能力。

北京市农林科学院侧重于人造卵和自然卵赤眼蜂的繁殖及其他多种寄生性和捕食性天敌昆虫的繁殖及应用研究，注重天敌昆虫种质资源的收集、保存、筛选，并应用优良天敌昆虫品系防治特定地区及生态田间的靶标害虫；进行天敌昆虫的大量繁殖及技术创新，建立松毛虫赤眼蜂、螟黄赤眼蜂、瓢虫、草蛉、平腹小蜂、丽蚜小蜂的工厂化生产工艺流程并建立了生产线，改进了产品包装技术，能够全年规模化生产多种天敌昆虫产品；研发了具有自主知识产权的工艺、设备和技术，如研制了切卵机、洗卵机、汰卵机等生产设备及规模化生产流程。探索以生物防治为主的生态控制技术集成，可以给使用者提供技术服务；但目前不能大规模地生产应用，远未达到产业化的程度。

北京市西山林场林业生防站也致力于天敌昆虫的产业化，已建立 800 多 m^2 的天敌昆虫生产车间，周氏啮小蜂、管氏肿腿蜂等林业害虫的天敌昆虫已经进行批量的工厂化生产；但推广面积较小，商业化收益较小。

以黄粉虫为活体饵料的捕食性步甲、蚁狮的生产养殖，目前已经实现捕食性步甲、蚁狮、萤火虫、瓢虫、螳螂等多种天敌的工厂化生产。至 2023 年年末，已经建设嵌入式天敌昆虫系统基地 5 个，分别位于青岛市胶州、莱西，临沂市蒙阴，菏泽市曹县，济南市章丘。

2. 国内外天敌昆虫产品及流通现状

1）国外现状

国外天敌昆虫商品种类齐全，几乎主要害虫均有相对应的产品供应，而且产品还包括一些配套技术、工具和辅导资料等。生产者注意产品的宣传推介，利用各种形式详尽介绍。流通渠道畅通，销售方式灵活多样，除直销、代理等传统方式外，还可以网上购买和函购，国外天敌昆虫商品参考价格见表5-9。

表5-9　国外天敌昆虫商品参考价格

序号	种类	包装规格	价格	靶标害虫及应用技术	备注
1	赤眼蜂	卵卡	32.99美元/10卡（50 000头）	螟虫类	
2	瓢虫	园艺用包装	10.85美元/1 500头瓢虫	蚜虫、粉虱、红蜘蛛	国内已有，项目性质
		园艺用大包装	4 500头瓢虫：14.95美元		
		1英亩装	约9 000头瓢虫：18.95美元		
		1～2英亩装	约18 000头瓢虫：28.65美元		
		2～5英亩装	约36 000头瓢虫：42.95美元		
		5～10英亩装	约80 000头瓢虫：79.85美元		
3	草蛉	在卵期装在盛有稻壳的容器内	27.99美元/1 000头	蚜虫	国内无
		1 000头卵装	14.95美元		
		2 000头卵装	17.50美元		
		5 000头卵装	28.95美元		
		10 000头卵装	42.50美元		
		15 000头卵装	46.50美元		
		20 000头卵装	64.95美元		
		园艺用特殊包装：1 500头瓢虫成虫、1 000头草蛉卵和1个捕食螨卵卡	19.95美元		
		园艺完全专业包装：1 500头瓢虫、5万头线虫、1 000头草蛉卵和3个螳螂卵卡	36.85美元		

续表

序号	种类	包装规格	价格	靶标害虫及应用技术	备注
4	食蚜瘿蚊	250 头蛹	28.95 美元	蚜虫	国内已有，烟草系统
		1 000 头蛹	42.95 美元		
		2 000 头蛹	69.00 美元		
5	蚜茧蜂	500 只寄生茧	32.95 美元		国内无
		1 000 只寄生茧	58.25 美元		
		5 000 只寄生茧	198.00 美元		
6	小花蝽	500 只成虫	59.50 美元	粉虱	国内已有，科研性质
		1 000 只成虫	98.95 美元		
		2 000 只成虫	185.00 美元		
7	丽蚜小蜂	1 000 只寄生蛹	19.95 美元		国内已有，产品化
		1 500 只寄生蛹	29.95 美元		
		2 000 只寄生蛹	32.95 美元		
		3 000 只寄生蛹	38.95 美元		
		7 500 只寄生蛹	79.50 美元		

2）国内现状

国内天敌昆虫产品尚未进入农业生产资料的流通领域，没有经销商或代理商。目前此类产品不能获得有关部门的登记，仅靠少数技术人员通过试验示范进行有限的推广应用，产品流通不畅是影响天敌昆虫产业发展的重要因素。国内天敌昆虫产品参考价格见表 5-10。

表 5-10　国内天敌昆虫产品参考价格

序号	种类	包装规格	价格	靶标害虫及应用技术	备注
1	松毛虫赤眼蜂	寄生卵卵卡	1.00 元/万头	松毛虫、玉米螟、棉铃虫、苹果卷叶蛾、杨树舟蛾等鳞翅目害虫	项目化、产业化
2	螟黄赤眼蜂	寄生卵卵卡	2.00 元/万头	棉铃虫、甘蔗螟、菜青虫、甜菜叶蛾、水稻螟虫等鳞翅目害虫	
3	平腹小蜂	寄生卵卵卡	0.003 元/头	荔枝椿象、松毛虫等	
4	丽蚜小蜂	寄生卵卵卡	0.08 元/头	温室白粉虱、烟粉虱等	产业化、公益化
5	瓢虫	各种规格纸盒包装	0.15 元/头	蚜虫、粉虱、介壳虫、蓟马等	
6	草蛉	各种规格纸盒包装	0.15 元/头	蚜虫、粉蚧	仅研究
7	蚁狮	各种规格纸盒包装	0.25 元/头	蚜虫、各种鳞翅目低龄幼虫	
8	管氏肿腿蜂	蜂管	0.10 元/100 头·管	天牛类害虫	项目化、产业化
9	周氏啮小蜂	寄生卵卵卡	0.08 元/头	美国白蛾蛹	
10	蝽象卵黑小蜂	寄生卵卵卡	0.08 元/头	斑须蝽等蝽象卵	仅研究
11	螳螂	卵鞘	2.0 元/只	各种害虫	

续表

序号	种类	包装规格	价格	靶标害虫及应用技术	备注
12	黑广肩步甲	成虫、蛹	5.0元/只	地下害虫各种害虫	产业化、公益性
13	日本方头甲	成虫、蛹	2.0元/只	介壳虫、红蜘蛛	仅研究

5.7 天敌昆虫生态利用在生态植保技术体系中的地位

5.7.1 生态植保技术体系

生态植保的内涵是以生态文明理念为指导，以农业生态系统为管理对象，采用生物质资源全物质循环利用技术，消除病虫害的携带载体或潜伏场所，消灭病虫源，实施源头治理；提升监测预警与预测预报水平，实施"预见性"植保；广泛使用物理技术措施，压低病虫发生基数；构建最简生物多样性，强化嵌入式生物防治，使其成为主体技术；综合运用生物与生物之间相生相克、生物与环境之间共生共荣的生态关系，人为操纵调节，实施生态调控，促进可持续治理，实现农业绿色、低碳、高质量发展的目标。

5.7.2 天敌昆虫在生态植保技术体系中的地位

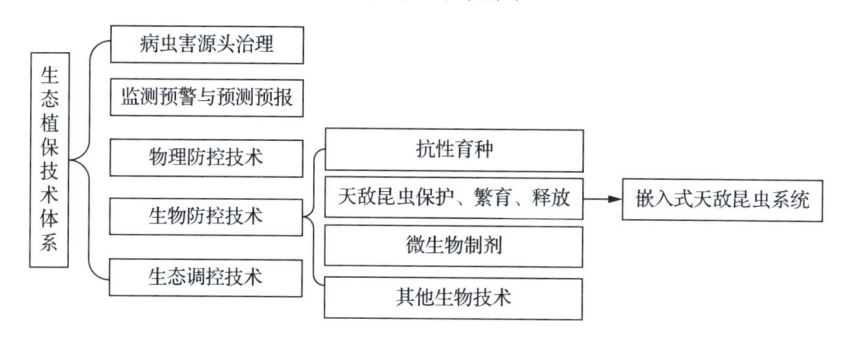

天敌昆虫在生态植保技术体系中的地位见图5-3。

图5-3 天敌昆虫在生态植保技术体系中的地位

由图5-3可见，天敌昆虫利用是生物防控技术的组成部分，而生物防控技术又是生态植保技术体系的五大组成部分之一。天敌昆虫生态利用的未来方向就是构建并运行嵌入式害虫天敌系统。

第 6 章

环保昆虫的生态利用与展望

6.1 环境昆虫与环保昆虫

昆虫是自然界的重要成员，昆虫多样性是生物多样性最有代表性的成分之一，昆虫食性复杂，具有多元生态功能，传统昆虫学对环境昆虫的研究与利用十分匮乏。

环境昆虫是指在自然界中转化、清除植物腐殖质、动物排泄物及尸体，以及自然菌物残体的腐食性昆虫。4亿年前出现于陆地的昆虫祖先，最先就是以朽木、腐殖质为食物，后逐渐转移到菌类、动物的尸体或排泄物上，最后才把食物范围扩展到植物活体，甚至动物体上。一些蛀食枯木的昆虫可清理枯桩、朽木，保护森林环境，属于森林生态系统的一个重要环节。其他一些腐食性昆虫（如埋葬虫、叩头虫等）也起着清洁环境的作用。许多地下生活的腐食性昆虫可以改造土壤结构。如果没有环境昆虫、环境微生物及其他各种环境生物，那么地球上的植物、动物和微生物排泄物、代谢物及残体早已堆积如山，挤占人类的生存空间，让人类没有立足之地。环境昆虫主要是对有机废弃物具有转化处理、净化功能的腐食性昆虫，如黄粉虫、黑粉虫、大麦虫、白星花金龟、白条花金龟、中华真地鳖、美洲大蠊、家蝇、黑水虻、皮蠹、埋葬甲、神农蜣螂等。环境昆虫是大自然的清洁工，被誉为"天然环境卫士"。其中著名的种类有蜣螂、白星花金龟、双叉犀金龟和黑水虻，理论估计总种类约为20万种。

环保昆虫是指以环境昆虫资源为基础，经过人为筛选建立始祖种源群体，构建规模化、标准化、系统化生产养殖技术体系，应用于有机废弃物资源转化，以硬核技术实现农业资源"无限量"循环利用，变废为宝。目前得到广泛应用的种类有黄粉虫、白星花金龟、黑水虻、家蝇、麻蝇、中华真地鳖、美洲大蠊等20余种，仅占环境昆虫资源数量的万分之一。

环保昆虫与环境微生物、蚯蚓等环境生物联合构建多级环保生物系统技术，综合发挥各种生物的优势，将会对有机化合物产生强大的分解能力。

许多环境微生物"以污染物为食"，例如，碳水化合物类污染物、蛋白质类污染物和脂肪类污染物都能被各种微生物分解，成为它们生长的能量。利用微生物解决环境污染有巨大发展潜力，越来越多的人开始专注开发环保用微生物菌剂。以活的有益微生物为主要指标，用于农业生产和治理土壤污染的制剂越来越得到重视。

6.2 环保昆虫的应用

充分利用环保昆虫的杂食性、腐食性特点，将环保昆虫作为有机废弃物的转化处理技术，一方面可以最大限度地降低成本，另一方面可以获得大量成本低廉的昆虫源蛋白质、脂肪和虫砂。农业有机废弃物资源是农业生产过程中的"暗物质"，针对其开发利用的黑色农业战略就是充分利用环保昆虫转化有机废弃物战略，必将为现代生态循环农业做出巨大的贡献。

利用环保昆虫过腹转化处理有机废弃物，获得无脊椎昆虫蛋白质和虫砂基生物有机肥，已经得到成功发展，并在国内外的一些畜牧场和养鸡场建立了技术规程和生产线。

我国蜣螂被澳大利亚引进培养，用以清除辽阔牧场上的牛粪。蜣螂常将牛粪便滚动制成球状，然后将卵产在由牛粪团滚成的粪球中，并将其转移到安全、适宜的地方掩埋于土层下。这样可使幼虫在孵化时，有现成的食物供应。大多数蜣螂营粪食性，以动物粪便为食，有"自然界清道夫"的称号。

山东农业工程学院资源昆虫产业创新研究院推动黄粉虫、白星花金龟、黑水虻等环保昆虫产业化。黄粉虫在蔬菜尾菜转化处理、建立蔬菜产区生态循环农业模式方面成效显著。新疆农业大学研究结果表明，白星花金龟对发酵 25d 的棉秆和根茬混合物料有较好的转化力，每增长 1 单位的虫体，可以取食 27.47 倍的饲料，产出 23.88 倍的虫砂。每公顷棉田废弃物可以产出 3000kg 虫砂和 120kg 的干虫。黑水虻基地转化餐厨废弃物畜禽粪便等湿垃圾，每天 5 亿条幼虫工作，仅 1d 就可以转化 50t 湿垃圾。从卵中孵出来的幼虫，经历 7~10d 的暴食期，其间它会吃掉相当于自身体重 200 倍的湿垃圾。

6.3 环保昆虫的类群

昆虫纲中具有自然转化有机废弃物生态功能的类群很多。主要环保昆虫类群如表 6-1 所示。

表 6-1 主要环保昆虫类群

目别	科别	种类	成虫食性	幼虫（若虫）食性	利用状况	备注
弹尾目	所有科	全部种类	腐食性	腐食性	自然	自然
原尾目	所有科	全部种类	腐食性	腐食性	自然	自然
双尾目	所有科	全部种类	腐食性	腐食性	自然	自然
蜚蠊目	地鳖蠊科	中华真地鳖	杂食性	杂食性	环保	产业化
蜚蠊目	蜚蠊科	美洲大蠊	杂食性	杂食性	环保	产业化
鞘翅目	埋葬甲科	全部种类	腐食性	杂食性	自然	自然
鞘翅目	锹甲科	全部种类	腐食性	腐食性	鉴赏	产业化
鞘翅目	蜣螂科	神农蜣螂	粪食性	粪食性	环保	产业化
鞘翅目	粪蜣科	粪蜣	粪食性	粪食性	环保	自然
鞘翅目	拟步甲科	黄粉虫	腐食性	腐食性	环保	产业化
鞘翅目	拟步甲科	黑粉虫	腐食性	腐食性	环保	产业化
鞘翅目	拟步甲科	大麦虫	腐食性	腐食性	环保	产业化
鞘翅目	拟步甲科	洋虫	腐食性	腐食性	环保	产业化
双翅目	大蚊科	大多数种类	腐食性	腐食性	自然	自然
双翅目	摇蚊科	全部种类	腐食性	腐食性	自然	幼虫水生
双翅目	毛蠓科	大多数种类	腐食性或粪食性	腐食性或粪食性	自然	自然
双翅目	水虻科	大多数种类	腐食性	腐食性	环保	产业化
双翅目	果蝇科	全部种类	腐食性	腐食性	科研	产业化
双翅目	蝇科	家蝇	腐食性或粪食性	腐食性或粪食性	环保	产业化
双翅目	丽蝇科	大头金蝇	腐食性或粪食性	腐食性或粪食性	环保	产业化
双翅目	麻蝇科	全部种类	腐食性	腐食性（腐肉性）	环保	产业化
直翅目	蟋蟀科	华北蝼蛄、东方蝼蛄	碎屑性	碎屑性	湿垃圾	研究中
直翅目	斑翅蝗科	东亚飞蝗	草食性	草食性	生态	产业化

6.4 主要环保昆虫的生态利用

6.4.1 中华真地鳖

中华真地鳖是地鳖蠊科真地鳖属的种类，主要分布于北京、河北、山东、山西、陕西、甘肃、内蒙古、辽宁、新疆、江苏、上海、安徽、湖北、湖南、四川、贵州、青海等地。

此种类在山区分布十分普遍，在植被茂密、落叶层厚的山麓环境的石下松土中极易采到，在城市绿化带腐殖质多的区段常常有个体自行爬到人行道上。

1. 形态特征

中华真地鳖为不完全变态类型，历经成虫、卵、若虫3个阶段。

雌成虫：体呈卵圆形，扁平。体长30~35mm，宽约20mm。胸腹部背板微隆起，紫黑色稍有光泽，腹面深棕色有光泽。头部较小，隐于前胸腹面。触角丝状。复眼发达，呈肾形，环绕于触角基部，单眼2枚，位于复眼之间上方。前胸背板似三角形，密被细短毛，中央有规则的细小花纹。中、后胸背板宽短，翅退化。足胫节多刺，前足胫节特短，末端具8根端刺，另有一刺单独位于下缘中部（中刺）。腹部9节，第1腹节很狭，第8、9节缩入第7节内。肛上板扁平，横向近长方形，后缘平直，中央有小切口。腹末有尾须1对。

雄成虫：体淡褐色，无光泽，略小于雌虫。前胸背板宽大，前缘略呈弓形，颜色较深，仅前缘处具黄色镶边。具2对翅，翅远长于腹端，淡褐色，密布褐色不规则小斑。腹末有尾须及腹刺各1对。

卵鞘及卵：棕褐色，形似豆荚。大小10mm×15mm，表面有数条纵纹，卵鞘一侧较薄，锯齿状。初产时呈紫红色，略透明。每个卵鞘内有卵3~26粒不等，一般为11~16粒，双行交错排列。

若虫：初孵若虫体外包裹着透明的卵膜，乳白色，挣脱卵膜后即能敏捷爬行。随龄期增长，颜色变深。老龄若虫为紫黑色，形似雌成虫。

2. 生物学、生态学及行为习性

1）生活史及历期

中华真地鳖在自然条件下，从卵到若虫、成虫，直至死亡，雄虫约需1.5年，雌虫需3~3.5年。在长江流域以南各省，其每年4月上中旬气温回升至9~12℃时，即陆续开始出土活动，5月中旬至10月中旬为活动高峰期；11月中下旬气温下降至15℃以下时，即不甚活动，气温再降至10℃以下时，便逐渐潜入土层深处，停止活动，进入休眠状态。在黄河流域以北，其每年5~6月才开始活动，7~8月为活动盛期，9月下旬开始陆续进入冬眠阶段。除雄性成虫冬前死亡外，其他各虫态都能度过冬季。

冬眠后的老熟雄性若虫，开始活动觅食后不久，便蜕去最后1次皮，变为有翅型成虫。雌虫蜕皮变为成虫后第三天开始交尾，约经15d开始产卵。1头雄虫可与6~7头雌虫交尾，雌虫交尾一次可终生产卵。成虫所产卵块会附着于母体一段时间，所产卵鞘先挂在两块产卵瓣间，一般3~6d后才脱下，这段时间称为拖卵期。在拖卵期内附属腺分泌物逐步硬化成保护鞘。在气温高的7、8月，需7d左右产一个卵鞘，其他月份则要10d以上。雌成虫一生平均产卵鞘30个左右，当产10只卵鞘时，体重平均2.5g，大的可达3.5g。产完15~20个卵鞘，虫体开始消瘦，光泽逐渐衰退，食量逐渐减少，虫足残缺，入土较浅，卵鞘亦扁瘦畸形，直至衰老死亡，因此雌成虫的产卵旺盛期仅 3～5 个月。未经交配的雌虫也能产下鞘袋状卵块，但颜色较浅，体壁较薄，不能孵化，约 15d 后即干瘪。全产卵期为 5 月中旬至 10 月上旬，6～9 月为产卵盛期。气温在 25℃时，卵期为 45d 左右；气温高达 30～35℃时，卵期缩短到 30d 左右。6 月下旬至 7 月中下旬为卵的陆续孵化阶段。正常情况下，凡 8 月中旬前产的卵，当年 10 月下旬前都能孵化；8 月下旬至冬眠前产的卵块，即成为越冬卵，但卵鞘明显比夏季产的卵鞘要厚，颜色也深，这些越冬卵要到翌年 6 月下旬后才能孵化，但越冬卵死亡率可高达 10%～15%。雄虫寿命较短，40～60d，个别的在 100d 以上。雄成虫平均体重为每只 0.5g。

在正常情况下，中华真地鳖雄虫一生蜕皮 7～9 次，分为 8～10 龄；雌虫一生蜕皮 9～11 次，分为 10～12 龄。无论雄性或雌性在遇到不适宜的气候或环境，以及食料不足时，都有增加蜕皮次数的现象，因而龄期不稳定。

初从卵鞘中孵化出来的若虫，一般情况下要经过 8～13d 后蜕去第一次皮，以后每隔 20～28d 蜕皮一次。每次蜕皮的间隔时间与食物的成分及是否充足有关。雄性的若虫期需经 280～320d 才羽化为成虫，雌虫的若虫期则长达 500 天左右，因此一批雄成虫只能与比它早 4～6 个月孵化发育而来的雌成虫进行交尾。

2）生态学及行为习性

中华真地鳖成虫或若虫均喜欢生活于阴暗、潮湿、腐殖质丰富、稍偏碱性的疏松土壤中。因其有较强的避光性，多夜晚出来活动、觅食或交配，白天仍回到原来的浅土中潜伏，但在隐蔽或黑暗环境中，白天也活动。在古建筑或村舍附近生活或栖息的，多见于老旧房屋墙沿下，寺庙周围的砖、石缝隙中；在室内生活的多见于土地面的厨房、灶锅台四周及锅碗橱下。村舍附近的鸡舍、牛栏、马圈，猪栏内的食槽下，场院柴草堆下，食品加工作坊、碾米厂、榨油坊等都是它们喜欢的生活场所。在野外生活的多见于荫蔽林区、湖泊、河流沿岸的枯枝落叶下的腐土层中，石块下的松土内。中华真地鳖成虫潜土深度在 15cm 以内，一般为 6～9cm，温度高时，甚或更浅。中华真地鳖在 15～35℃可生长活动，25～35℃为最适温度，低于 0℃和超过 38℃则大量死亡。该虫适宜的相对湿度为 50%～80%，70%～80%最为适宜。活动处土壤含水量以 20%为宜，过干、过湿均不利于其生长活动。

中华真地鳖为杂食性，食料非常广泛，包括室内及田间的多种蔬菜叶片、根、茎、花；棉花、向日葵、芝麻、蚕豆、花生、南瓜、丝瓜、葫芦等农作物的幼苗及嫩果；乔灌木中的白杨、喜树、桑、无花果、桐树、榆树等的嫩叶及枯萎叶片；野草中的奶子草、兔儿草、车前子及储粮中的米、面、干鲜食品，厨房中的残渣剩饭等。此外，有饭后遗弃的猪、牛、羊、鸡、鸭、鱼碎骨残渣；室外或田间的蟋蟀、蝼蛄、蚯蚓、青蛙、蛇、鼠等小型动物的未腐烂尸体等；也取食家禽、家畜及野生动物的干燥粪便。

3. 野生自然资源的人工采集

采集合适的虫体作为种源，是进行人工养殖的前提，但是要想靠采集得到相当数量的虫体，尤其是符合入药规格的虫体，几乎是不可能的。

采集中华真地鳖，应根据它们的生活习性制订采集方案。若在室内，则应在土质松软的墙脚，掉落墙皮的砖缝，古旧失修的房舍积土中，或在农村的猪栏、牛棚、简易磨坊等处采集。如果在野外，则应到多枯枝落叶或石块下松软的土中去采集，有时在砖石下就可见到藏匿的虫体。

关于采集时间，由于我国地域广大，各地差异很大。在北方地区，应在5月中旬至10月上中旬采集较为合适；在南方地区，以4月中旬至11月上旬采集为宜。一般来说，当日平均气温达到10℃以上时，中华真地鳖便开始外出活动；在低于10℃时，中华真地鳖进入土中冬眠。

采集中华真地鳖的方法和工具多种多样，应根据采集地点和环境采用灵活多变的办法。采集时首先要对选择好的环境进行细致的观察，以发现它们活动的踪迹，如地面表层土上有没有虫体爬行时留下的足印（中华真地鳖往往腹部拖在地上爬行，故在两排足印中间有较宽的拖痕）；再看看有没有遗留下的粪便或吃剩下的饲料。若找到中华真地鳖存在的踪迹，就可以对周围环境中可能的藏身之处进行寻找，对找到的各龄虫体及卵鞘都要采集。

还可以根据中华真地鳖的活动规律，在它经常活动的区域内埋设诱捕器具，器内放置食物，引诱中华真地鳖前来觅食。选用大口的罐头玻璃瓶、大口的玻璃容器、瓷罐及塑料桶等，要求容器深一些、内壁光滑，虫体不易爬出。将其埋在该虫经常出没的地方，容器上的口应与地面平或稍高一些。器内放入炒出香味的米糠、豆饼屑、豆面等做诱饵。埋好的容器上可用瓦片或石片遮住容器口，但要留出空隙，以便虫体爬进去。中华真地鳖夜晚外出活动时，闻到香味便会前来觅食而落入器中，因容器内壁光滑，其无法爬出。每日清晨，对诱捕器进行检查，发现虫体便可取出。诱捕器仍可再用，并根据情况对器内诱饵进行添换。取虫时不必用镊子去夹取，最好是用手直接轻取，以免虫体致伤或损坏其肢体等。

4. 人工生产养殖技术

1）生产养殖场地、设施与器具

（1）生产养殖场地、设施。养殖设施分为格式饲养坑、半地下饲养池等简易方式。

立体格池式模式是目前推广的主要方式。用内加钢筋的水泥预制板作底，板厚3cm。一般设计6~8层，每层8个格池。层间距均为40cm或50cm，分为左右两排，中间留宽0.8m的过道。每格池面积均为$1m^2$，池深20cm或30cm。四壁用水泥抹光滑，并在外侧上、下、左、右镶入4cm宽的塑料板或厚塑料薄膜，以防虫子逃逸。还要注意留好通风窗，门口砌40cm高的挡虫槛。有屋脊的瓦房或有木梁结构的平顶房，要用保温材料吊顶；冬季门、通风窗处要挂挡棉帘、草帘，以利于冬季保温。新建饲养房一般要求长约10.5m，宽约3.1m，高约3m。

（2）养殖器具。

ⅰ 分离筛。中华真地鳖需要分龄分池饲养，采收卵鞘等，应备不同目的筛子。筛子一般应备有5种。①2目筛：筛取收集成虫。②4目筛：筛取7～8龄老龄若虫时使用。③6目筛：筛取卵鞘，筛下虫粪时使用。也可筛下一般小若虫。④12目筛：用于分离1～2龄若虫时使用。⑤18目筛：用来筛取刚孵化的若虫，筛下粉螨时使用。

ⅱ 饲料盘。饲料盘可用0.3cm左右厚的三合板、纤维板或塑料板、厚塑料薄膜制作，四周钉上木条，木条高度为0.8cm左右，坡度为45°，以防饲料滚出。

饲料盘按大小可分为3种。①大饲料盘：30cm×18cm，供老龄若虫和成虫使用。②中饲料盘：20cm×18cm，供中龄若虫使用。③小饲料盘：15cm×8cm，供3～4龄若虫使用。

在每平方米饲养面积的成虫和老龄若虫池中宜放大饲料盘4个，中龄若虫池中宜放中饲料盘6个，3～4龄幼虫的池中宜放小饲料盘8个。放置时要分布均匀。

除以上用品外，另有喷雾器、温湿两用计等。

2）始祖种源群体的建立

（1）野生资源的采集留种。在药材野生原料采集中，选择个体较大、体形匀称、体色光亮、肢体健全的个体，单独存放，单独饲养，繁育群体作为种源。这种途径需要一个积累的过程。

（2）从专业养殖场引进。为了快速实现大规模饲养中华真地鳖，可采用购进种虫（成虫或卵鞘）的方法，一般以购进卵鞘为主要方式。在购入种虫时，应去有多年养殖经验的专业养殖场购买。选择虫体时，应选个体完整，活泼健壮，体表有光泽的雌、雄成虫个体；若选购的是卵鞘，则应选个大饱满，卵鞘色正光滑，在光下查看时，卵鞘内卵粒清晰充盈者。

（3）建立种源种群的注意事项。

ⅰ 保留优势种。采集留种和引种的目的，是养殖出符合药材规格的大量虫体，并获得较高的经济效益。故在采集留种时，不应见虫就捉，要择优采集，这样既可采到能够作为种源的优势种，又维护了生态系统的平衡。引种则更要引进优良品种。因为虫种的优良与否，直接影响虫体的个体发育是否良好正常，繁殖能力的好坏强弱又直接关系到后代的品质优劣。

在选留优势种时，应从孵化出的第一批若虫做起，挑选其中体型大、活泼健壮、色泽光亮的若虫作为种虫，进行饲养，才能达到虫体适应性强、生长发育迅速、产卵率高的饲养目的。

ⅱ 建立种源档案。不论是从野外采集，还是引种来的中华真地鳖，都要建立详细的种源档案。其内容为虫体的来源、采集或购入日期、当日气候情况等。若是在野外采集的，还应写清楚采集地点、海拔、土质情况、环境特点、采集时间、当时的气象因素等，以便在饲养过程中参考使用。

3）饲料原料、配方及其配制

中华真地鳖属杂食性昆虫，但也有喜食与厌食某些食物的现象，选择饲养食物时应考虑所喂食物对中华真地鳖有一定的诱食作用，促进大量取食，有助于消化吸收，使其生长发育得更好。还应注意所喂食物的新鲜度与品质，一定要选用新鲜、无毒、没有霉变的可口食物。

中华真地鳖饲料可以分为以下几类。

（1）天然饲料。天然饲料指的是可以从自然界中获得的新鲜植物种类，如米糠、麦麸、豆腐渣及炒熟的杂粉等。中华真地鳖也喜食青菜叶、瓜果皮瓤等。如果喂其青菜叶应选未喷过农药的，以防虫体中毒死亡。因为中华真地鳖是杂食性的，也可以喂些动物性饲料，如人们吃剩下的鸡、鸭、鱼、肉等下脚料。

在气温高的夏秋季，每天清晨可喂些新鲜的青菜叶，以调节中华真地鳖体内水分的平衡。在成虫期尤其是繁殖期内，应加喂含蛋白质成分较高的动物性饲料。

（2）人工合成饲料。人工合成饲料是一种人为混合的含有多种营养物质的饲料。它可以促进虫体正常发育，达到饲养的目的。配制人工合成饲料时，最好制成固态品，以适应中华真地鳖咀嚼式口器的需要。但在饲喂固体饲料时，还要考虑设置饮水器的问题，以便中华真地鳖饮用。饮水器不宜过大，水量也不宜过多、过深，以免若虫饮水时落入被淹死。

人工合成饲料的配制应就地取材，下面列举几种配方。

配方一：玉米粉 10kg，豆饼 2kg，骨粉 1kg，鱼粉 1kg，麦麸 5kg，菜叶粉适量。

用时加适量的水搅拌均匀，达到手攥成团，手松开落地后即可散开为宜，这种饲料应随配随用，不便久留，以免变质。

配方二：小麦麸 50 份，奶粉 45 份，干面包酵母 5 份，琼脂 2.5g，蔗糖 3.5g，干菜叶粉 10g，抗坏血酸 0.5g。

经水煮溶解后的琼脂冷却到 40℃时，加入麦麸、奶粉、酵母、蔗糖，最后放入抗坏血酸搅拌均匀，将要凝固时制块烘干（温度不能过高），喂养时将料块压成豆粒大小块状，投放于供食玻皿中。由于食料是干粉状，应再给饮水。

配方三：水 125mL，琼脂 3.5g，纤维素 2.7g，葡萄糖 5.475g，啤酒酵母 2.188g，无维生素干酪素 5.475g，胆固醇 0.219g，玉米粉 3.6g。

配制时将上列原料倒入三角瓶中，高压消毒杀菌 25min 后，用棉塞堵口。使用时将配好的饲料置于培养皿中，放入饲养瓶内，移入幼龄若虫，可促使其发育生长，待吃尽时更换饲料，一直喂到第二次蜕皮后，便可用粗饲料饲养。

夏秋高温季节，每天要加喂 1～2 次青饲料，以早晨投放、保持新鲜为好。为增加营养，南瓜花和丝瓜花不可缺少。

一日间的喂食次数应在低温月份隔天喂 1 次，在高温月份每天喂 1～2 次。喂食量的多少与饲养坑、池中的虫口密度相适应。每次喂食后应观察饲料余、缺情况，既要让虫吃饱，又要避免不必要的浪费及残料过剩招来寄生虫和植食螨类。

中华真地鳖蜕皮前后食量减少应少喂，蜕皮期间停止取食则不喂。当发现饲养土表面有许多虫皮，或体色较浅的个体多时，说明大部分虫子已蜕完皮，亟须大量食料，要及时恢复正常喂食。冬眠期可不喂食，但气候突然变暖，发现有虫出土活动时，应适量撒点精饲料供其取食。

4）生产养殖条件

影响中华真地鳖生长发育的各种环境因素，除了食物外，还有土壤条件、气温、湿度、光照等。

（1）土壤条件。中华真地鳖是一种土栖昆虫，对土壤条件有很高的要求。在中华真地鳖的整个生命发育过程中，其各虫态绝大部分时间都离不开土壤。

土壤是一种包括固体、液体和气体的复杂组合物，土壤对赖以生存的中华真地鳖是至关重要的。土壤在自然界阳光的照射下，表层土壤的温度会升高；而日落后土壤中积存的热量便大量散发，温度会下降，故表层土壤的温度变化较气温大，但土层越深，温度变化就越小。在 1m 深处的地下，昼夜温差几乎没有变化。当然在一年中，因为四季的存在，土壤中的温度也会随之发生变化，但更深的地下，如 8～10m 深处，就不会受到什么影响。另外土质不同、土壤温度的大小、土壤中有机物含量的多少、土壤结构的稀密程度、地表植被的覆盖率都对土壤的温度产生一定的影响。

土壤湿度也是土壤条件的重要因素。土壤湿度主要指土壤中的含水量和土壤颗粒间所含空气的湿度。土壤水分的来源主要依赖降水，土壤中水分的多少还与土壤结构对水分的渗透能力大小有关。雨水充足的年份，空气湿度就大，土壤中所含的水分也就多。在一般情况下，除表土层外，土壤中的空气湿度总可以达到饱和状态。所以，在自然环境中生活的中华真地鳖，很少因为土壤湿度过低而死亡。

土质不同，水的保有量也不同。一般说来，砂土的含水量为 10%～20%，壤土为 15%～18%，黏土为 18%～20%。据此，饲养者应根据中华真地鳖的实际需要，选择适于虫体生长发育的合适的土壤。

中华真地鳖喜欢生活在碱性土壤中。因此，饲养中华真地鳖时，要经常测试土壤的酸碱度，使其保持在 pH 8～15。饲养虫体所使用的土壤，会因使用时间的长短、土壤温湿度的变化、所喂食料的种类与数量、虫体排泄物的堆积等因素而使酸碱度发生改变。

由于中华真地鳖是昼伏夜出性昆虫，日间潜入土中栖息，且喜在土中或土表觅食，因此，土壤是这类昆虫的小生活环境。土壤的质量及内含物质的搭配，直接关系中华真地鳖的成活及生长发育。各地在选用饲养土时，应根据其具体情况加以调剂，如菜园土、垃圾土、沟泥、灶脚土、砂黏混合土，同时掺入适量（20%～30%）发酵过的鸡粪、猪粪、马粪、焦泥灰或砻糠灰。不论选用哪种土，配好后应质地疏松，营养丰富，干湿度适中，手攥能成团，松手能散开。若测量含水量，应为15%～20%。这样的土质便于中华真地鳖潜伏、钻进或爬出，并随意活动觅食、寻找配偶。

饲养土放入坑、池以前，要经过阳光曝晒、灭菌、逐虫，并过筛去除杂质及砖、石块。应尽量事先排除不利于中华真地鳖生活的一切因素。

池中饲养土铺设的厚度，要依不同虫龄或成虫阶段有所区别，同池不同密度及不同季节土的厚度也应有区别。实践证明，1～4龄若虫饲养土的厚度应为7～10cm；5～8龄虫应为16～20cm；9～11龄虫和成虫应为20～26cm。同一池中，虫口密度大的，土应厚些，密度小的，则土浅些；夏季土薄些，冬季土厚些；饲养种虫要比饲养药用虫体土层厚些，以利于交配及产卵过程少受干扰。

人工养殖所用的饲养土要求腐殖质丰富、质地疏松、含水量适宜、酸碱度适宜。要不断地通过撒施草木灰、熟石灰粉等进行调节。

（2）温度。中华真地鳖是变温动物，温度条件对其生长发育具有重要影响。它的体温因饲养环境的温度（这里主要指气温）而变化，因而温度直接影响它们的新陈代谢快慢，对它们生长发育速度的正常与否、成活率的高低、繁殖能力的大小，甚至虫体生活周期的长短起着决定性作用。每一种昆虫在生长发育和繁殖阶段都有各自要求的温度范围，过高或过低都会对它们产生直接的甚至有害的影响。温带地区生活的中华真地鳖，适于其活动的温度一般为8～40℃，最适宜的温度为15～37℃。在15℃以下时，中华真地鳖活动微弱；在37℃以上时，可出现兴奋状态；当温度超过40℃，中华真地鳖的生长发育便受到抑制；若再继续升高至45℃以上，虫体就会死亡。如果温度下降到5℃时，则虫体停止活动，再继续下降则会出现虫体僵硬，甚至死亡。生活在自然界中的中华真地鳖，在秋后温度逐渐下降时，便进入土中越冬，因为地下温度高，能对它们起到保护作用。

中华真地鳖在不同生长发育阶段所需温度不同。春季气温升高到9℃以上时，解除冬眠开始出土活动；秋末气温降至10℃以下时，停止活动，进入冬眠期；温度保持在26℃左右时，卵期为40d左右；温度在30～32℃时，卵期为30d左右。各龄若虫及成虫的活动温度为15～35℃，最适温度25～35℃。

更重要的一点是，在养殖过程中，中华真地鳖最怕温度的骤然升高或降低。

因此，饲养者应特别注意秋季越冬前和春季越冬后的防寒保温措施，以应付秋季和春季寒流的袭击。在野外生活的中华真地鳖常因秋季提前变冷或春季出现倒春寒而存活数量大减，这是采集时得不到多少合格个体的原因。

① 增温。当饲养环境达不到所需温度时，可用火炉等增高室内温度，或用瓦数适合的灯泡增加坑、池中的局部温度。为保持中华真地鳖昼夜活动规律不变，可采用黑（用黑漆涂抹）、白两种不同颜色的灯泡，昼夜轮换使用。

② 降温。夏季坑、池中的温度如超过了中华真地鳖的适宜温度，可在室内地面洒水，加强室内及坑、池中通风，安装抽、排风扇，或在坑、池中增加水盆、冰盘。气温持续偏高，发现有死虫现象时，应及时过筛，将老龄若虫或部分成虫筛出，经处理后药用，以降低坑、池中的虫口密度，并减少投食量。

（3）湿度。湿度对中华真地鳖也会产生直接影响。因中华真地鳖体小，相对说，其体表面积较大，这既不利于保持较为稳定的体温，也保持不住体内水分的平衡。中华真地鳖与所有生物体一样，体内必须有足够量的水分，才能在其生长发育的过程中维持一系列正常的生理活动。如果体内水分不足或完全缺水，虫体便会死亡。中华真地鳖获得充足水分的方法主要是从含水量多的食物中获得，还可从所栖息的阴暗潮湿的环境中吸取。当中华真地鳖处于冬眠过程中，新陈代谢虽然变得非常缓慢微弱，但要想维持生命也必须靠水分来进行，此时，它主要是依靠越冬前大量进食而体内贮存有机物进行代谢作用来获得。因此在饲养过程中，要满足中华真地鳖正常生理活动的需要，就要保持饲养环境中的相对湿度达到75%～80%。

① 加湿。饲养空间湿度低于40%时，应采用喷雾、地面洒水的方法，放置吸水后蒸发面大的物品，如将吸水软泡沫板、棉纤维织品、浸湿后的衣被等悬挂在坑、池角落，使其散湿。

② 降湿。饲养空间湿度超过85%时，应及时采取降湿措施，如打开门窗和排风扇，加强通风换气。室外空气湿度过高时，无法用上述方法，则应在坑、池中的角落处放置氯化钙木盒或生石灰木箱，以达到局部降湿的目的。

（4）光照。中华真地鳖虽然是畏光性昆虫，喜欢阴暗潮湿的环境，但它对自然光仍有一定的需求。因为光照的多少能直接影响温度的高低，进而对其生活周期起到调节作用。在其生产养殖过程中，饲养管理人员要细致地观察，研究其适宜的光照亮度和适当的光照时间，以促进各虫态的生长发育，从而获得最大的养殖效益。

5）保护与防疫

（1）霉病。在梅雨季节高温高湿情况下，如果管理不善，中华真地鳖易发生霉病，这是由真菌感染而发病的。病虫体表无光泽，腹部呈暗绿色，行动呆滞，不觅食，直至大量死亡。防治方法是及时清除病虫，更换窝泥。用 1%～2%福尔马林溶液喷洒病虫，用金霉素或土霉素 1 片，兑水 50～100mL（约千头虫用量）配成药液拌米糠饲喂 3～4d。

（2）大肚病。病害的发生，一般认为是由于饲养管理不当，饲料水分过多，喂食不适，从而导致消化、分泌紊乱，代谢功能失常；但也有人认为，可能是由于病菌侵入而引起。患病虫体腹部节间膜扩张，腹部膨胀而发亮，青黄色；食欲狂乱，胃腔大于正常的一倍，体内营养水分异常增加，粪便稀，有时虫体腹部边缘发黑，粪便酱色，呈水泻状。此病严重影响中华真地鳖的正常生长发育。目前对此病主要采取预防性措施，在小若虫期饲养土含水量不超过 10%，饲料干湿相间；在大若虫期和成虫期，根据其生长需要，调节饲养土湿度。

（3）粉螨。这是中华真地鳖饲养中的重要敌害。大多随麦麸、谷糠类饲料传入，在高温、高湿、饲料丰富的环境里繁殖和传播很快。被寄生的中华真地鳖活动迟缓，身体渐瘦小直至死亡。粉螨对卵鞘的危害也很大，可使卵鞘中的卵全部被害，不能孵化。

防治方法是将饲料在日光下暴晒或炒一下，清毒杀螨后再饲喂。窝泥也要暴晒消毒，已发生粉螨的坑、池要更换消毒过的窝泥。更换出的有螨饲养土用 20% 螨卵酯粉剂或 30% 三氯杀螨砜乳油 400 倍液拌入消毒，每立方米饲养土用药 50g 或 50mL 兑水 15L。饲养池使用前用 40% 三氯杀螨醇乳油 200～300 倍液喷洒消毒，发生螨害时可用 40% 三氯杀螨醇乳油 1000～1500 倍液喷雾池面，饲养池各面及走道地面也要喷雾，切不可过湿，7～10d 喷 1 次，连喷 2～3 次。

（4）蚁、鼠害。蚂蚁和鼠是中华真地鳖的重要敌害，一旦侵入饲养坑，就会造成很大损失。在饲养坑壁上涂一层桐油或其他黏性物质可防止蚂蚁钻入坑内为害。如果已发生蚂蚁危害，可把中华真地鳖筛出，然后将窝泥在太阳光下暴晒，去掉蚂蚁，并更换新土，在饲养池的外面撒 5% 甲萘威粉，可以杀死一部分蚂蚁。为防止鼠害，最好坑底用三合土打实或用水泥板，在饲养坑附近检查鼠洞，及时发现，及时处理，在鼠出没处投鼠药或设工具捕杀。

6）生产管理

（1）养殖记录。饲养中华真地鳖是一种科学性极强的工作。不仅饲养前要有详尽的计划，而且在饲养过程中，每天要做详细的记录，并及时总结经验，以不断提高养殖技术，达到高效饲养的目的。①采集地点或引种处、虫态、使用的容器应编上号，并与记录相符。②采集时间或引种日期。③饲养条件，如使用器具、饲养室的温湿度、饲养配方等。④各虫态的发育情况，如雌雄交配时间、交配次数，雌体夹带卵鞘时间、卵鞘的形状、大小及颜色变化、卵期多长，各龄若虫的龄期长短，雄、雌成虫的寿命，越冬虫态、何时冬眠、何时复苏等，在饲养过程中所能见到的一切现象，都要翔实地加以记录，以便获得第一手宝贵的资料。

通过对养殖中华真地鳖日积月累地翔实记录，可以使饲养经验日渐丰富，成为饲养中华真地鳖的能手。

（2）卵鞘的采集及卵的孵化。雌虫交配后经1周左右便开始产卵。产卵期自5月上旬可延续到11月，以6~9月为产卵盛期。卵鞘产出体外，在尾端拖带一段时间，才脱落在土表或黏着在饲养池边上。因中华真地鳖群集饲养时有吃卵鞘的现象，需将卵鞘取出。取卵鞘时，先用2目筛将成虫分离，再用6目筛分出卵鞘来。每次分离卵鞘的时间相隔不宜太短，取卵次数过多，对种虫发育不利。但间隔时间过长，也会因成虫爬行或表土被翻、卵鞘受到磨损和干扰，影响卵的孵化率。一般情况下，每15d左右取一次卵鞘较为适宜。

将筛出的卵鞘与饲养土1：1混合后放入孵化缸、盆内进行孵化。卵孵化的最适温度为30~32℃，饲养土含水量20%。在此条件下，经30d左右即可孵出若虫。在26℃的条件下，卵孵化期将延长，约需两个月，此时可采用增温办法，提高孵化缸内小环境中的温度。待大部分若虫孵出后，可用4~5mm孔的筛子将若虫与卵鞘、鞘壳分离开，不必将若虫与饲养土分开，以免伤害若虫。

（3）分档饲养。分档饲养是将不同龄期或个体大小相异的中华真地鳖，分开在不同饲养池中喂养，使其发育程度基本上整齐划一，这样便于酌情喂食添料、管理和采收。一般可分为1~6龄档、7~8龄档、9~11龄档、成虫档4个档次。初饲养时，区别若虫的龄期比较困难，可依照虫体大小分档，如芝麻型（自卵中孵化后发育到1~2个月的若虫）、黄豆型（发育到3~4个月的若虫）、蚕豆型（发育到5~6个月的若虫）、拇指型（体大如拇指盖，即为成虫）等。

（4）饲养密度。中华真地鳖养殖密度可参考表6-2。

表6-2 中华真地鳖养殖密度

虫型	容纳虫数/（万头/m²）	每平方米极限重量/kg
芝麻型	18~20	1
绿豆型	8~10	2.5~3
黄豆型	3~4	9~10
蚕豆型	1.4~2	11.5~13
拇指型	0.8~1	15
母虫	0.4~0.45	—

（5）去雄。去雄是指将自然卵化出来尚未发育成熟的雄虫淘汰一部分。雄虫过多，消耗饲料，占据饲养面积，更重要的是雄成虫不作中药材。在自然情况下，雌雄比例约为3：1。在人工饲养条件下，只要有15%的活泼健壮雄虫，就能完全满足群集饲养交配需要，不致影响卵受精。

去雄工作在雄若虫生长发育到6、7龄后即可进行。雌雄若虫的主要区别在于胸部第2、3节背板后缘的形状及其后缘角的大小：雄若虫第2、3节背板后缘为折线状，雌若虫为弧形；雄若虫第2、3节背板后缘角小，约为45°，雌若虫较大，约为65°。以上特征在雌雄异型种类中表现明显，同型种类中不甚突出。

去雄工作可与选优去劣同时进行。保留优质种虫是获得高产和高经济效益的关键之一。去雄时，应将同一批孵化的、同龄中健壮、活泼、体型大、色泽鲜艳、肢体齐全的个体保留下来（发现有不健康雌虫的也要同时清除）。

（6）采收与加工。野生和家养的中华真地鳖采收期有所不同。野生的在活动频繁的季节（6～9月）采收，家养的由于在人为控制条件下，采收方便，因此在9月下旬至10月上旬采收。此时是虫体生长发育速率最快的时期及产卵旺季已过而越冬期尚未来临的时期，这时采收既经济合算，又不至于因休眠翻动窝泥而使虫体受损伤。采收要选择在晴天进行，阴雨天不宜采收，否则不易晾干而造成霉烂。采收对象为雌成虫、产卵4～5月后的老母虫及7、8龄雄若虫，雄虫如长出翅后即不能入药。因此为提高产量，雄虫除适当留种外，其余全部采收处理。

采收的中华真地鳖要即时加工。加工时先用沸水烫死，然后用清水漂洗干净。在阳光下暴晒2～3d至干燥。如遇阴天，则用文火烘干，但要注意控制火候。50℃较适合，要经常翻动，不能烘焦，以免影响药效。中华真地鳖雌鲜虫折干率一般为40%左右，雄若虫折干率一般为30%左右。商品中华真地鳖以背部有光泽，虫体饱满，断面实心呈黄白色，整齐不碎者为佳。

5. 中华真地鳖杂食性功能的生态利用

充分利用中华真地鳖的杂食性，将有机废弃物经过分拣、分类、晾干、粉碎，组配成中华真地鳖配合饲料，过腹转化成为虫体和虫砂产物。

6.4.2 美洲大蠊

美洲大蠊是蜚蠊科中体积最大的昆虫，原产于非洲北部，17世纪前后经由船只带到美洲，并于18世纪在美洲被发现。食性广泛，喜食糖和淀粉，污染食物，传播病菌和寄生虫，是世界性卫生害虫。在南方地区为室内优势品种，主要生存于下水道、暖气沟、厕所、浴室、酿造厂、酱品厂等阴暗潮湿的环境，善爬行，飞行能力差。

1. 形态特征

成虫：体长29～40mm，红褐色，翅长于腹部末端。雌雄虫体形相似，但雌虫体稍宽于雄虫；腹部赤褐色，宽而扁平，但雄虫较雌虫稍窄而圆；触角很长，前胸背板中间有较大的蝶形褐色斑纹，斑纹的后缘有完整的黄色带纹。

卵（卵鞘）：卵鞘初期为白色，渐变褐至黑色，每鞘有卵14～16粒。

若虫：刚刚孵出的若虫为1龄若虫，初孵出时呈乳白色，长5～6mm，孵出约 30min 后，虫体变为灰白色，再经 3～4h 后变为黑褐色，虫体变得粗短扁平，外骨骼变硬，长 4～5mm。若虫的形态特征与成虫很相似，但有几点不同：①若虫一般小于成虫（除高龄若虫外）；②成虫有发达的翅而若虫无翅；③若虫的生殖器尚未发育成熟；④若虫的外骨骼稍软，体表斑纹和体色较浅。

2. 生物学、生态学及行为习性

1）生物学特性

卵期 45～90d（热天只需要 20～30d）。若虫约经过 10 次蜕皮后化为成虫，若虫期 1 年多，在温度高、食料丰富时，只需 4～5 个月。雌虫成长 1～2 周便产卵，一生可产 30～60 个卵鞘，多至 90 个。成虫寿命 1～2 年，完成 1 代约需两年半。无雄虫时，雌虫能产不受精卵鞘，其中部分孵化出雌若虫，高温有利于无性生殖。此虫善疾走，也能近距离飞行。但相比于最强的家栖蟑螂——德国小蠊，美洲大蠊若虫的成虫率不高，常常因为蜕皮失败、被天敌捕食等原因死亡，因此种群数量不会太多。

2）生态学特性

美洲大蠊喜温湿环境，在 21～33℃活跃，而以 28℃为最。与此相联系，它们栖生最适合的场所是饭馆、食品加工厂、食品杂货店及面包房等，但也常侵害其他有食物的场所和地下室、下水道等。

其食性很广，几乎可以靠任何有机物生存。它们喜爱腐败的有机物，有时可见群集在垃圾堆和粪便上觅食。在室内，它们除了啃食各种食物外，也可咬食书面、衣服、鞋袜子等。当缺乏食物时，它们也可以自相残食和吃掉自己产出的卵荚。

在温暖地区，美洲大蠊可终年在室外（如垃圾堆、厕所、下水道、柴堆、树皮下等）生活。在温带，它们在夏季可在室外很好地生存。

美洲大蠊是热带和亚热带的种类，但它的分布延达温带北部。在我国分布于吉林、辽宁、河北、北京、内蒙古、山东、河南、江苏、上海、浙江、福建、江西、湖南、湖北、广东、广西、海南、四川、云南、贵州及新疆等地。它是广东、广西、海南及福建南方诸省（自治区）的优势种。

美洲大蠊体表均带有痢疾杆菌，沙门氏副伤寒甲、乙杆菌，绿脓杆菌和变形杆菌，还有蛔虫、钩虫的卵等，是人类许多传染性疾病的重要媒介，主要传染肠道病。

3. 人工生产繁育技术

1）生产养殖场地、设施与器具

专养室的建造：①把门窗对称后改小，在顶层 2.5～2.8m 高处留两个透气孔，便于空气对流。②把四周的墙壁及顶层用保温保湿器材处理好，这样养殖室就建好了，20m²，大约花费 1000 元。

专养室的设施：中间设宽约 1m 的走道，两边是美洲大蠊栖息地。在栖息地两边建造 2.5m 高的立体养殖槽，这种养殖方法不同于以往的箱养、柜养及池养。以往的这种养殖方法成本高，因空间小，容易造成美洲大蠊死亡，降低繁殖率，又因行动受到限制，不易得到充足的水源，特别是刚孵出来的小美洲大蠊两天之内找不到水源就容易死亡，不能充分利用空间而限制美洲大蠊的自由繁殖。目前最新研制的专养室成本低、空间大，美洲大蠊可以自由采食、吸潮、繁殖、生长。

根据美洲大蠊行为习性，筛选两种立体养殖模式：一种是采用立体水泥饲养池+石棉瓦或蛋托养殖模式，另一种是铁架+分层叠吊石棉瓦的养殖模式。实践证明，两种养殖模式效果显著。

2）始祖种源群体的建立

在自然界中，美洲大蠊常与中华真地鳖混生，但其自然数量较少。

3）饲料原料及其配制加工

美洲大蠊可以剩菜剩饭等餐厨废弃物、生活湿垃圾、屠宰下脚料等农业加工废料、病死畜禽等为食。

4）环境条件控制

温度和湿度是主要影响因素。温度在 20～33℃皆可生长，但最佳温度是 28～30℃。空气湿度最好在 75%～80%，这样能提高卵鞘的孵化率，美洲大蠊生长速度最快；湿度过小，美洲大蠊蜕皮慢或蜕不掉皮，导致其死亡。

5）天敌控制及病害防疫

蚂蚁和鼠是美洲大蠊的重要敌害，一旦侵入饲养室，很难将其赶出，会造成很大损失。可在饲养室壁上涂一层桐油或其他黏性物质，防止蚂蚁钻入坑内为害。如果已发生蚂蚁危害，可把美洲大蠊筛出，然后将饲养叠瓦或蛋托在太阳光下暴晒，去掉蚂蚁，并更换新的垫料，在饲养设施的外面撒 5%甲萘威粉，可以杀死一部分蚂蚁。为防止鼠害，饲养室要严密，最好地面用三合土打实或用水泥板硬化，在饲养室附近检查鼠洞，及时发现，及时处理，在鼠出没处投鼠药或设工具捕杀。

6）采收与加工

美洲大蠊的采收应按照其生长发育情况进行科学采收，以便获得更大的经济效益。

人工养殖美洲大蠊，可采取循环采集方式。美洲大蠊产下来的卵块 20d 采集一次，然后集中孵化，这样保持循环不断采集成虫。将美洲大蠊栖息的板巢拿起来抖动倒入 8cm 的钢丝箱中，幼小的美洲大蠊会从网眼中爬出，然后把钢丝中的大美洲大蠊提出放入水中，淹死或用开水烫死，摊在水泥地上晒干即可。

美洲大蠊的折干为每 4 斤鲜虫晒 1 斤干品，干品在存放时一定要保持整体干燥，并用塑料布及磷化铝密封。

4. 美洲大蠊生态利用

美洲大蠊食性极杂，几乎可以取食所有的有机物料，因此，美洲大蠊是一种高效的环保昆虫。

1）转化处理餐厨废弃物

在山东省济南市章丘区有一座美洲大蠊转化餐厨废弃物工厂，建立于 2011 年，经过多年的努力，共计繁殖 40 亿只美洲大蠊。

2）转化处理湿垃圾

随着人们购买力和生活水平的提高，城乡居民的生活垃圾产生量也与日俱增，成为一个重大的社会问题。通过生活垃圾"三元二级"分类，分离出的湿垃圾是美洲大蠊最好的食物。

美洲大蠊养殖可以形成一种新型的生态经济模式。美洲大蠊本身也是一种很好的生态资源，不仅可以作为食品，还可以提取其中的蛋白质和其他有用物质，广泛应用于制药、化妆品等领域。

6.4.3 蝼蛄

蝼蛄是昆虫纲直翅目蟋蟀总科蝼蛄科昆虫的总称，全世界已知约 110 种，中国记载 11 种。蝼蛄俗名蝲蝲蛄、地拉蛄、天蝼、土狗等，是一种传统药用昆虫。

我国常见、分布较广的蝼蛄有 5 种，分别是东方蝼蛄、华北蝼蛄、金秀蝼蛄、河南蝼蛄和台湾蝼蛄。入药的种类主要是东方蝼蛄和华北蝼蛄。药用材料通常为蝼蛄的干燥成虫和老熟若虫全体。

华北蝼蛄主要分布在北方各地；东方蝼蛄在中国各地均有分布，南方发生较重。

1. 蝼蛄养殖主要种类

目前，人工生产养殖的蝼蛄种类是东方蝼蛄和华北蝼蛄。

1）东方蝼蛄形态特征

成虫：雄成虫体长 30mm，雌成虫体长 33mm。体浅茶褐色，前胸背板中央有 1 凹陷明显的暗红色长心脏形斑。前翅短，后翅长，腹部末端近纺锤形。前足为开掘足，腿节内侧外缘较直，缺刻不明显，后足胫节脊侧内缘有 3～4 个刺（主要识别特征），腹末具 1 对尾须。

若虫：若虫初孵时乳白色，老熟时体色接近成虫，体长 24～28mm。

卵：椭圆形，长约 2.8mm，初产时黄白色，有光泽，渐变黄褐色，最后变为暗紫色。

2）华北蝼蛄形态特征

成虫：雌成虫体长45～50mm，雄成虫体长39～45mm。体黄褐至暗褐色，前胸背板中央有1心脏形红色斑点。后足胫节背侧内缘有棘1个或消失（此点是区别东方蝼蛄的主要特征），腹部近圆筒形，背面黑褐色，腹面黄褐色，有尾须1对。

若虫：形似成虫，体较小，初孵时体乳白色，2龄以后变为黄褐色，5、6龄后基本与成虫同色。

卵：椭圆形，初产时长1.6～1.8mm，宽1.1～1.3mm，孵化前长2.4～2.8mm，宽1.5～1.7mm。初产时黄白色，后变黄褐色，孵化前呈深灰色。

2. 蝼蛄生物学、生态学基础

1）年生活史

蝼蛄为不完全变态。华北蝼蛄和东方蝼蛄生活史都很长，均以成虫、若虫在土壤中越冬。华北蝼蛄3年完成1个世代，若虫13龄；东方蝼蛄1年1代或2年1代（东北），若虫共6龄。

蝼蛄的年生活史分为6个阶段：冬季休眠、春季惊蛰、出窝迁移、强烈活动、越夏产卵、秋季活动。

（1）冬季休眠阶段。一般于10月下旬，气温呈显著波动式下降时，蝼蛄头部朝下，开始向地下活动，一虫一窝，不群居，多在冻土层之下、地下水位之上。以成虫、若虫越冬，第2年当气温升高到8℃以上时再掉转头向地表移动。

（2）春季惊蛰阶段。大约从4月下旬至5月上旬，蝼蛄从越冬状态复苏开始活动。在到达地表后先隆起虚土堆，华北蝼蛄隆起虚土堆约15cm，较大；东方蝼蛄隆起虚土堆约10cm，较小。这一阶段是人工捕捉蝼蛄自然种源的最佳时机。

（3）出窝迁移阶段。5月上旬开始，地表陆续出现大量弯曲虚土蝼蛄隧道，并在其上留有一个小孔，蝼蛄已出窝取食、活动。在农林田间环境中，正是这个阶段的蝼蛄迁移行为造成苗根和土壤分离，使根部失水，导致苗木枯死，由此将蝼蛄标定为地下害虫。

（4）强烈活动阶段。5月中下旬以后，成虫、若虫开始大量取食，满足其生长发育和产卵的营养需要。在饲养过程中，要保证食料充足、优质，水分适宜。

（5）越夏产卵阶段。6月下旬至8月上旬，夏季气温增高、天气炎热，两种蝼蛄均会潜入30～40cm以下的土壤中越夏并产卵。华北蝼蛄雌虫钻入土中后，先挖隐蔽室，而后在隐蔽室里抱卵，产卵50～500粒。东方蝼蛄在产卵前，雌虫多在5～10cm深处做一鸭梨形卵室，每室产卵30～50粒。

（6）秋季活动阶段。8月下旬至9月下旬，越夏后成虫、若虫又上升到地表活动、取食补充营养，为越冬做准备。

2）生活习性

蝼蛄可以进行"水、陆、空"全域空间活动。

群集性：蝼蛄初孵若虫有群集性，孵化后 3～6d 所有个体群集一起，以后则逐渐分散活动。怕光、避风、惧水。

趋光性：趋光性强烈，在 40W 黑光灯下可诱捕到大量蝼蛄，且雌性多于雄性。

趋化性：嗜好香甜食物，对煮至半熟的谷子、炒香的豆饼等较为喜好。

趋粪性：对未彻底腐烂的马粪、牛粪具有强烈趋性。

喜湿性：喜欢在潮湿的土壤中生活。有"跑湿不跑干"的习性，常栖息在沿河两岸、渠道河旁、苗圃的低洼地、水浇地等处。

隧道性：在周年活动过程中，绝大多数时间在土壤中钻蛀隧道活动，且在不同季节将隧道划分不同功能使用，如产卵期的抱卵室。

昼伏夜出性：在夜晚活动、取食和交尾，以 21:00～22:00 为取食高峰。因此，投放食料的最佳时间为 16:00、17:00 至日落前。

3）土居特性

蝼蛄生活于土壤中，在土壤中挖掘洞穴，在挖掘洞穴过程中寻找食物，到了产卵期，就产卵于洞穴中。蝼蛄的身体前窄后粗，形似钻头。它凭借着强而有力的开掘式前足，刨开坚硬的土层，然后用后肢将土扒出来。蝼蛄的一生有 1/3 的时间都在挖土。

蝼蛄的身体非常柔软，无法经受阳光的照射。为了躲避阳光的照射，它们会躲在土里。土层之下气候潮湿，而且非常凉爽，是藏身的好去处。土层还是一个比较隐蔽的避难所，因为它可以将捕食者挡在外面，保证自己的安全。

4）蝼蛄的"全能性"

蝼蛄适应土壤生活，但具有"全能性"。蝼蛄的前足非常适合挖掘，因此它们能深入地下。蝼蛄的翅虽然非常小，仅覆盖腹部上方的一半左右，但是它具有一定的飞行能力。除了挖土和飞行外，蝼蛄也能游泳。

5）蝼蛄的食性与食量

蝼蛄消化系统异常发达，表现为食性极广。可采食绝大多数植物，不仅采食植物叶片，还采食根、茎，植物枯枝败叶，甚至可以消化牛、羊都难以消化的木屑。

蝼蛄喜欢食用马粪、牛粪、鲜草等，它们对鲜草的气味异常敏感，因此可以用鲜草对其进行引诱或喂食。土中大量施入未充分腐熟的厩肥、堆肥，易导致蝼蛄发生。

蝼蛄的胃口非常大，它们总是一刻不停地在寻找食物。

6）温湿度对蝼蛄的影响

蝼蛄的活动受土壤温度、湿度的影响很大。温度对蝼蛄采食行为影响较大，

20℃以下，随着温度降低，采食量逐渐减少，活动也逐渐减少；5℃时蝼蛄几乎不再活动；20～25℃有利于蝼蛄采食，高于25℃，采食量又开始下降。

气温在12.5～19.8℃，20cm土温在12.5～19.9℃是蝼蛄活动适宜温度，也是蝼蛄大量取食期，若温度过高或过低，其便潜入土壤深处；土壤相对湿度在20%以上时活动最盛，低于15%时活动性减弱。

3. 蝼蛄的生态养殖技术

1）生产养殖设施设备

（1）养殖池建设。规模化饲养蝼蛄，需要建立以砖块、石块为原材料的砖混结构饲养池。饲养池并无确定规格，一般因地势而建，便于操作即可，一般长3～4m、宽2m、深1.2m。下部填0.8～1.0m厚的土壤，稍加压实。再填20cm厚的湿润疏松含农家肥或含腐殖质的土，表面撒一层发酵的牛粪或马粪、碎麦秆、谷糠作为蝼蛄活动的保护层，再松散地放一层长麦秸、玉米芯、稻草等。

在饲养池口盖好铁纱、尼龙纱罩等，有如下作用：一是为了防止蝼蛄逃跑；二是防护外部天敌侵入破坏；三是为蝼蛄遮阴，提高饲养池的温度。

（2）废旧塑料桶养殖。将5kg、10kg、25kg装的塑料桶，在上部1/5处剪开一个底长10cm、高15～20cm的三角形开窗。在桶内装入3/5厚的土层，其上投放食物或发芽的各种植物种子。

（3）饲养土配制。蝼蛄无论是在野生状态下还是人工养殖都离不开饲养土，蝼蛄以土为生，在养殖蝼蛄时饲养土的质量和状态与蝼蛄的生长、发育、繁殖有密切的联系。

① 原料。土壤、草木灰、锯末。

② 方法与步骤。在养殖蝼蛄时，蝼蛄饲养土取土时间一般选择在冬季，因为此时的土壤内病虫、杂菌较少。在取土时只需要将土层翻开打碎，在太阳下暴晒，之后用6目筛过筛备用。

③ 蝼蛄饲养土的配制方法。蝼蛄饲养土的湿度在养殖蝼蛄的过程中是非常重要的，湿度的好坏直接影响蝼蛄的生长发育。一般饲养土含水量保持在15%～20%。在配制蝼蛄饲养土需要加水时，应把水分多次倒入，边倒边搅拌。饲养土的湿度以手握成团、落地能散为宜。

由于每个地方的土质不同，所以饲养土的配制方法也不相同，在配制饲养土时一般会选择砻糠灰、草木灰，也可直接用纯净土。根据土质的不同来决定加入的量。

在配制饲养土时可在土中加入一些石灰粉，有如下作用：一是为了补充蝼蛄在产卵和蜕皮时所消耗的钙质，促使其快速生长；二是起消毒杀菌的作用。

蝼蛄的饲养土是不需要经常换的，一般每个养殖周期更换一次或连续使用（在使用的时候适当更换一部分新的饲养土即可）。

取土时一般首选土质比较疏松透气的。这类土质的优点在于氧气充足，便于蝼蛄钻进钻出，有利于蝼蛄的生长发育。土的酸碱性以中性或稍偏碱性为宜，颗粒大小适宜，便于蝼蛄呼吸、水分代谢。

总之，我们在选择蝼蛄的饲养土时以疏松、肥沃、潮湿为最好。

④ 注意事项。每个地区的土质都不同，只要不是黏性土质都可以直接使用。特别需要强调的是，必须在使用前再次过筛，以保证饲养土不结块、均匀、柔软、疏松、透气。

2）蝼蛄种源

蝼蛄种源的获得有两个途径：一是在自然环境中诱捕；二是直接购买规模养殖场的种源。

（1）诱捕自然野生种源。蝼蛄有较强的趋光性，可在每年的 4~5 月及 9~10 月，用电灯或黑光灯、水银灯、频振式诱虫灯、太阳能诱虫灯等，在天黑后，于村舍附近的野外诱捕成虫。晴朗无风闷热的天气诱集量最多。

用马粪鲜草诱集。在苗圃步道间，每隔 20m 左右挖一小坑，规格为（30~40）cm×20cm×6cm，然后将马粪和切成 3~4cm 长带水的鲜草放入坑内诱集，加上毒饵更好。次日清晨，可到坑内集中捕捉。

诱捕到的成虫剔除肢体残缺、瘦小、有病、严重磨损的个体，加工成商品，选留优质个体留种。将两种蝼蛄分置于不同池内或饲养器具饲养，投放虫量根据容器空间大小予以确定。

（2）引进种源。选择养殖场历史较长、规模较大、种源与商品虫分离养殖的蝼蛄养殖场购买种源。要签订并保存好购买合同，合同中必须有技术服务条款，服务周期至少是到下一代成虫育成为止。

3）饲料原料与饲料配制

饲料原料：蝼蛄的食性很广，几乎可以取食所有有机物质。

饲料配制：蝼蛄的青饲料有麦苗、谷苗、玉米、高粱、嫩叶、瓜果皮或其他菜叶等，精饲料有煮熟晒干的谷粒、炒香的豆饼、花生饼渣、麦麸等。

精饲料加工成块状可避免和减少霉烂，制作方法及配方如下：禾本科青苗干粉 5000g、麦麸（炒香）500g、干酵母 50g、豆饼粉（炒香）1000g、清水 1500mL。将上述饲料搅拌成稠糊状，压成薄饼切成小块，晒干保存。喂时压碎成米粒大小，投入池中，同时配喂青饲料。

4）喂养管理

在每日傍晚投喂，投料量以第二天 9:00 前吃完为好，根据饲料残留量调节饲料投喂的增减量。青饲料每天投喂，精饲料 1~2d 投喂 1 次。勤投、少投、防霉烂。蝼蛄饲养池中气温太高可遮阴或在池周围泼水降温，过于干旱则可在池中泼洒一些水，增加湿度。冬季可在池边搭风障，池内放秸秆保温。

饵料煮至半熟或炒七分熟，饵料可选豆饼、麦麸、米糠等，傍晚均匀撒于苗床上，也可用切碎的新鲜草或菜。

5）保护与防疫

土壤中的白僵菌可使蝼蛄感染而死。红脚隼、戴胜、喜鹊、黑枕黄鹂和红尾伯劳等食虫鸟类都是蝼蛄的天敌。

6）采收加工

人工饲养的东方蝼蛄每年采收一次，华北蝼蛄隔年采收一次成虫。每年春季将池内 20cm 深腐殖土用大孔筛拣出成虫并除去杂物，挑选部分优质虫继续留作种虫，同时清洁、消毒养殖池或养殖桶，更换新土。

将采收的成虫去头、翅及足，清除内脏，洗净，在开水中烫死，晒干或烘干。食用的可直接用鲜虫炸、煎、煮、蒸，加工成风味食品。药用的需要按照中药材制作要求烘焙或阴凉干燥。饲用蝼蛄虫粉，可以采用微波干燥、亚临界脱脂、制粉等步骤获得优质虫粉。

4. 蝼蛄的资源成分

蝼蛄虫体内的资源成分主要有 13 种氨基酸，包括天冬氨酸、丙氨酸、谷氨酸、苏氨酸、异亮氨酸、组氨酸、酪氨酸、脯氨酸、亮氨酸、缬氨酸、甘氨酸等。其中脯氨酸含量最高，苏氨酸、天冬氨酸和酪氨酸含量最低。蝼蛄体内的大量元素和微量元素含量也十分丰富。

5. 蝼蛄的药用价值

蝼蛄是一味药用历史悠久的动物药。中医用于治疗各种水肿，大、小便不利，尿潴留，泌尿系统结石等杂症。蝼蛄味咸，性寒，归膀胱、大肠、小肠经。蝼蛄的入药在我国古医学中颇有讲究。

6. 食用蝼蛄开发

蝼蛄是一种可食用的昆虫，在我国河南、河北、山东、湖北、广西、广东一带有食用蝼蛄的习惯，蝼蛄可以炸、煎、煮、蒸，具有独特的风味。

6.4.4 白星花金龟

白星花金龟属于鞘翅目金龟甲总科花金龟科，又名白纹铜花金龟、白星花潜。白星花金龟幼虫为腐食性，以腐烂的秸秆、杂草、菌糠及畜禽粪便为食。

1. 形态特征

白星花金龟一生历经成虫、卵、幼虫和蛹 4 个阶段，幼虫有 3 个龄期，属于完全变态。

成虫：体型中等，体长 17～24mm，体宽 9～12mm，雌性略大于雄性。椭圆形，背面较平，体较光亮，多为古铜色或青铜色，有的足绿色，体背面和腹面散布很多不规则的白绒斑。唇基较短宽，密布粗大刻点，前缘向上折翘，有中凹，两侧具边框，外侧向下倾斜，扩展呈钝角形。触角深褐色，雄虫鳃片部长、雌虫短。复眼突出。前胸背板长短于宽，两侧弧形，基部最宽，后角宽圆；盘区刻点较稀少，并具有 2～3 个白绒斑或呈不规则的排列，有的沿边框有白绒带，后缘有中凹。小盾片呈长三角形，顶端钝，表面光滑，仅基角有少量刻点。鞘翅宽大，肩部最宽，后缘圆弧形，缝角不突出；背面遍布粗大刻纹，肩凸的内、外侧刻纹尤为密集，白绒斑多为横波纹状，多集中在鞘翅的中、后部。臀板短宽，密布皱纹和黄茸毛，每侧有 3 个白绒斑，呈三角形排列。中胸腹突扁平，前端圆。后胸腹板中间光滑，两侧密布粗大皱纹和黄绒毛。腹部光滑，两侧刻纹较密粗，1～4 节近边缘处和 3～5 节两侧中央有白绒斑。后足基节后外端角齿状；足粗壮，膝部有白绒斑，前足胫节外缘有 3 齿，跗节具两弯曲的爪，成虫在土茧中羽化，先为红铜色，后头部和前胸背板变成古铜色或青铜色，接着鞘翅和腹部也变为古铜色或青铜色，不久体背面和腹面出现白色绒状斑纹，成虫体色基本稳定，这个过程需要 8～12d，经过 5～7d，成虫破茧而出，此时已经发育成熟，并且可以交配，此期可称为成虫发育期或成虫交配前期，需要 15～18d；成虫出茧后需要补充营养，需要 7～12d 开始产卵。产卵前期历期 24～28d，产卵期为 90～95d。不久成虫便相继死去，成虫期历经 125～130d。

卵：圆形或椭圆形，长 1.7～2.0mm，雌虫所产同一批次卵的大小不同，初产卵为乳白色，后逐渐变为浅黄褐色，卵在发育过程中能逐渐膨大 1 倍左右。室内饲养卵期平均为 7d 左右。

幼虫：白星花金龟幼虫体肥大，圆筒形，卷曲如马蹄状。老熟幼虫体长 24～39mm，体重 1.8～3.5g。随着生长发育的进行，逐渐由白色变为黄白色。头部褐色，体壁较柔软多皱，体表疏生细毛。胸足 3 对，短小，腹部乳白色，肛腹片上的刺毛呈倒"U"形，2 纵行排列，每行刺毛数为 19～22 根，体向腹面弯曲呈"C"形，背面隆起多横皱纹，足很短，以背行。

蛹：蛹为裸蛹，卵圆形，先端钝圆，向后渐削，自然蛹化时外包以土室，土室长 2.6～3.0cm，椭圆形，中部一侧稍突起，观察蛹的发育一般需要打破土室进行，蛹的发育也就终止。老熟幼虫有 2d 的预蛹期，初期为黄白色，渐变为黄色，后期逐渐变成黄褐色；头部和胸部先发育，腹部后发育，后期就可以看到古铜或青铜色的翅芽；体长 20～23mm，重 1.0～1.6g。室内饲养预蛹期为 8～12d，化蛹期为 15～18d，总蛹期为 25～30d。

2. 生物学、生态学及行为习性

1）生活史

成虫于 5 月上旬开始出现，6~7 月为发生盛期。发生时期为 5~9 月。

5 月中下旬，最早出现的成虫主要吸食早春发芽的柳树和当年移栽的榆树汁液。由于该虫具有群居性，发生密度平均为 5~6 头/株，多者达 30~40 头/株。6 月下旬，大型菊科杂草飞廉开始开花，一部分白星花金龟转移到飞廉花苞上吸食汁液进行危害。进入 7 月以后，发生数量进一步增加。白星花金龟开始取食鲜食玉米、向日葵、蟠桃、李子、葡萄、番茄、啤酒花。白星花金龟不但吸食果实汁液，还啃噬果实。

2）生态学及行为习性

成虫：白天活动，飞翔能力较强，但在早晚或阴天温度较低时有假死性，易于捕捉。成虫常产卵于粪土交界处。成虫对糖、酒、醋味有趋性。常群聚为害柳树、榆树、杨树的花苞、鲜食玉米、葡萄、桃子、李子、苹果、番茄、西瓜等。

幼虫：傍晚开始活动，多以腐败物为食。以背着地、足朝上行进。自然条件下 1 年发生 1 代；人为条件下，可达 1 年 3~4 代。越冬虫态为幼虫，在粪土交界处越冬。

3. 自然资源采集

调查和掌握成虫和幼虫发生盛期，采取措施，掌握最佳时机加以采集。

利用白星花金龟成虫趋向牛、马粪的习性，挖坑放入牛、马粪等进行诱捕；利用白星花金龟的趋光性，可用黑光灯、频振式杀虫灯、火光等诱捕成虫。另外，谷子等饵料诱集效果也很好。

瓜果诱集：将西瓜或甜瓜切成两半，留部分瓜瓤，放在农作物和果园地四周，可有效诱捕成虫。

果园环境诱集：在害虫发生严重的果园四周，放置腐烂秸秆、树叶、鸡粪、人粪尿、腐烂果菜皮等有机物料若干堆，每堆内再倒入 100~150g 食用醋，50g 白酒，定期向内灌水，每 10~15d 翻查一次粪堆，可诱捕大量白星花金龟成虫、幼虫、卵。

糖醋液诱集：利用成虫的趋化性，成虫初发期，在农作物和果园地四周距地面 1~1.5m 挂瓶，每亩 40~50 个。瓶内放入糖醋液（糖：醋：酒：水=3：4：1：2）或者腐烂的果品（如苹果、西甜瓜等），放置在厩肥、农作物秸秆、腐殖质多的地方或田边，每 2~3d 及时收集瓶中的成虫，补充瓶中的液体和水分，都有非常好的诱捕效果。

种植诱集作物：根据成虫喜欢在玉米、向日葵上群集取食的特点，在果园四周种植玉米、向日葵，在成虫发生盛期，当其群集在玉米、向日葵上取食时，进行人工捕获。

诱引成虫产卵：将玉米秸铡成小段，加干草、稻草、麦秸等细小秸秆，先铺15cm厚，之后在秸秆上铺2~5cm厚稀粪或剩饭，如此重复铺3~5层，堆成圆锥形，上面撒一些细土，用水淋一遍。玉米秸堆即可自然诱集和孳生白星花金龟。

堆制过程中遇干旱要随时淋水。当玉米秸堆比原来高度自然降低约一半时，即可从上层挖开使用，筛拣白星花金龟。自然状态下每吨玉米秸秆可生产白星花金龟10kg。目前发现，东亚飞蝗虫砂堆积处白星花金龟幼虫发生数量较大，是诱集成虫产卵的最佳基质。

人工捕捉：利用白星花金龟成虫的假死性和群集性，早晚不太活动的习性，进行人工捕捉。可在每天早晚气温较低时，用透明网兜或塑料袋、捕虫网等套住玉米雌穗、葡萄果穗上取食为害的成虫。将采集到的成虫投入有纱网严密笼罩的繁育室内，其内栽植成虫喜食、喜栖息的树枝或作物。任其在室内取食、飞翔、交配，再在土中产卵。

4. 人工生产养殖技术

1) 生产场地、设施与器具

（1）生产场地。选择背风向阳、靠近水源的地方。

（2）成虫养殖设施。成虫飞翔能力强，为防止羽化后的白星花金龟飞离，需要建网棚，棚顶或四周用塑料网纱围起来。网棚一般要求高度为2.0m，纱网为20目左右即可。

（3）幼虫养殖设施。①修建水泥养殖池。规格可以根据实际立地条件加以调整，基本保持长方形，深度达到60cm。②幼虫室内立体生产。幼虫期是处理转化腐熟饲料的主要时期，幼虫潜伏在饲料堆下层，喜欢群居，因此可以进行室内立体养殖，室内养殖时，一般添加饲料厚度为6~10cm，可按照3.0kg/m^{2}的饲养密度进行养殖。室内养殖白星花金龟，主要用到组装货架、塑料盆等器材。③幼虫室外大规模生产。室外进行白星花金龟幼虫养殖时，应当适当挖取表土15~30cm深，且饲料等食料堆放高度应达到50cm以上，有条件的可以铸造水泥池，有效防止幼虫逃窜，白星花金龟幼虫可以进行陆地大规模生产。

2) 始祖种源群体的建立

（1）自然资源的采集、筛选、培育。根据白星花金龟的生活习性和行为特点，人工采集或诱捕各个虫态，建立初始种源群体。

（2）购买种源或选择商品虫，培育，建立种源群体。经过近10年的推动，白星花金龟的价值逐渐得到社会认可，全国各地涌现许多专业养殖场，积累了大量的种源和丰富的养殖经验。

3）饲料原料处理

将收集到的饲料原料粉碎，调节湿度至 55% 备用，然后将占物料重量 2% 的尿素、占物料重量 0.1% 的腐解菌剂与水混合搅拌均匀后，均匀逐层喷洒至饲料上，接种完成后，建成宽 1.2～1.5m、高 0.8～1.2m、长度不限的堆体进行发酵，堆体建成后，加盖塑料薄膜保温，或直接在阳光棚里建堆发酵，在 25℃ 条件下好氧堆腐 25d，即得到可用作饲喂白星花金龟的发酵饲料。

具体流程为筛分收集饲料原料→粉碎机粉碎→调节湿度、添加腐解菌剂→饲料发酵→获得发酵饲料。

4）环境条件

一般要充分利用每年 4～10 月的自然温度、湿度进行养殖。有条件者，应做好加温、控制湿度的工作。要保证环境温度在 22～28℃，饲料及食料湿度在 55%～65%。夏季要注意通风、遮阴、保湿；冬天要采取加温、大棚附加塑料薄膜、增加饲料的厚度等保温措施。

5）投料规律

每次投料前，都要对存放的陈积料进行一次再粉碎，使其块状破碎均匀、湿度均匀、营养均匀，处于疏松、透气的状态。要实现最充分的处理转化饲料目标，可每 1kg 幼虫 7d 投放 5kg 饲料。

6）保护与防疫

白星花金龟成虫及其幼虫的天敌种类很多，寄主天敌有卵孢白僵菌、乳状杆菌、绿僵菌，以及线虫、土蜂、寄生蝇等；捕食性天敌有食虫虻、螳螂、青蛙、蟾蜍、蜥蜴、鸟类、兽类等。为保护成虫和幼虫不被捕食性天敌危害，应建设纱网棚，要求纱网为 20 目左右。腐食性昆虫一般生活在复杂的环境中，适应性强，只要控制好温湿度，做好物料的清洁与消毒、场地的清洁与消毒，一般不得病。

7）虫砂分离

当白星花金龟幼虫体重达到 2.5g 以上，取食行为减缓，体长达到 35mm 以上时，即可视为老熟幼虫，可作为采收对象，利用 8 目筛网将虫体与虫砂筛分。

5. 白星花金龟的生态利用

白星花金龟幼虫可以转化以下原料：①玉米秸秆、小麦秸秆等农作物秸秆；②蔬菜秧蔓；③落叶、杂草及草坪修剪物；④食用菌的菌糠废料；⑤牛粪；⑥猪粪；⑦鸡粪；⑧湿垃圾；⑨其他各类有机废弃物。

白星花金龟幼虫可以喂鸡、喂鱼。白星花金龟蛹可以加工成功能食品。白星花金龟被白僵菌感染后的虫体，僵干后可以入药。

6.4.5 双叉犀金龟

双叉犀金龟属鞘翅目犀金龟科,又称独角仙。在林业发达、树木茂盛的地区尤为常见,国外有分布于朝鲜和日本的记载,广布于我国的吉林、辽宁、河北、山东、河南、江苏、安徽、浙江、湖北、江西、湖南、福建、台湾、广东、海南、广西、四川、贵州和云南等地。

1. 形态特征

成虫。体大型,长38~53mm,黑褐色而有光泽。雄虫头部有一长角状突起,端部双分叉,前胸背板有一小角状突起,尖端亦分叉。

卵:椭圆形,初产时呈白色,半透明,长3mm,宽2.5mm,后渐变为淡黄色,卵体也渐膨大,孵化前长5mm,宽4mm。卵常产于烂稻草堆或烂木屑堆下的腐殖质层内。

幼虫:触角4节,第2节略长;上唇完整,不呈三叶状;臀节腹面腹毛区不具刺毛列。幼虫共3龄,各龄头宽分别为3mm、6mm和11.5mm。虫体白色、肥大,静止时呈"C"形,常存在于腐烂的稻草及木屑等腐殖质层内,并可见大量粗粒状虫粪。

蛹:裸蛹,褐色,雄蛹头部具分叉的角状突起,羽化前蛹体头部、前胸背板、胸部腹板、附肢及肛板呈明显深褐色。

2. 生物学、生态学及行为习性

1)生活史

1年1代,成虫8月初开始产卵,9月上旬进入产卵高峰。8月下旬至10月底为幼虫活动期,11月上旬以3龄幼虫进入休眠状态,在松软的腐殖质层内越冬,温度较高时,仍可进行少量活动和取食。翌年5月下旬至6月上旬,幼虫陆续老熟、构筑蛹室,6月上旬开始化蛹,6月底至7月上旬大量羽化。羽化后的成虫不立即钻出蛹室,须在蛹室内完成部器官发育,至7月下旬破蛹室,钻出土表觅食,完成生殖系统的发育,从而进行交配活动。

2)生物学及行为习性

(1)产卵特性。独角仙雌成虫昼夜均可产卵,以夜间为多,产卵时产卵器伸出体外并分泌液体物质,使松散的腐殖质凝结成块,卵包于其中,通常1~2粒。成虫产卵期5~7d,单个雌虫的产卵量为16~61粒。

(2)不同虫态及虫龄历期。在室温下对独角仙190粒卵、107头幼虫、32头蛹和30头成虫分别进行了饲养观察,得出卵期为10.93~14.99d;1龄幼虫历期为16.11~20.79d,2龄幼虫历期为20.01~25.11d,3龄幼虫历期为230d左右;蛹期

为19.71～22.47d；雌成虫产卵前期为30～60d，产卵期为5～7d。

（3）喜湿性。独角仙为大型昆虫，生长速度快，为维持其正常的生长和生理代谢，除了需要大量的干物质营养外，同时还需要食料中含有较多的水分和相当湿度的生态环境。适宜幼虫生长的腐殖质层含水量为66.67%以上，只要未达到饱和状况，似乎含水量越高越好。成虫取食和产卵也需较高的湿度，成虫不取食含水量少的瓜果皮壳，产卵亦喜欢选择水分含量较高的腐殖质层深处。湿度的大小对卵的胚胎发育和孵化的影响最为明显。据观察，含水量为66.67%时孵化率最高，为83%；含水量为50%和60%时其次，孵化率分别为73%和67%；含水量为33.33%时，孵化率为60%。另发现独角仙卵在保湿状况下，具有明显的膨大现象，而在干燥情况下卵粒膨大和增重不明显，也难以孵化。

（4）趋光性。独角仙成虫昼伏夜出，具有一定的趋光性，8月21:00～23:00灯下虫量较多，这与其进行交配活动的时间吻合。

（5）趋化性。据在盛发地调查，独角仙成虫对皂荚树具有较强的趋性，它们在树上栖息并吸食树干伤处的分泌液，通常每株树上均有数头成虫。1株高2.5m、树干直径10cm的树上有成虫18头，而与皂荚树相邻的其他12种树木上，无论树冠大小，均极少有虫。这种对皂荚树表现出的特异选择性，或许与独角仙成虫对皂荚树分泌的某种化学物质具有趋性有关。

3. 生产养殖技术

独角仙的饲育要准备好大小适合的宠物箱，将一对独角仙放入具有腐熟有机质的腐殖土，再加上一根让独角仙栖息交配的朽木，喂食水果或果冻，很快就有独角仙幼虫孵化产生。独角仙幼虫以土中的有机质为生，随着龄期的增加，幼虫的食量也愈来愈大，终龄幼虫几乎跟成人的拇指一样粗。

1）生产场地、设施与器具

独角仙笼大多采用木质做成，一般为80cm×60cm×100cm，四周围以铁纱或铜纱，饲养笼的下部用白铁皮制成79cm×59cm×30cm的抽屉，在笼的上面做成活盖以便更换食料，这样规格的笼可饲养独角仙50对。

2）始祖种源群体的建立

（1）自然资源的采集、筛选、培育。在独角仙盛发地，可在趋性强的树体上捕捉成虫，如在盛产地的皂角树上，由于其体型大，易于观察、捕捉。

（2）购买种源或选择商品虫，培育，建立种源群体。

3）独角仙的饲料

独角仙的幼虫为腐食性，取食初步腐烂的各类杂草、木屑等。成虫喜食西瓜皮、南瓜片等。人工大规模养殖时目前多使用种植金针菇、平菇、木耳、香菇等收获后的废料做独角仙的饲料。

掌握混合料的含水量。首先要掌握独角仙幼虫混合料的干湿度，不能过干或过湿，含水量应控制在 65%~67%。过干要及时向混合料内喷雾或喷少量的水，过湿则不利于独角仙越冬。

4）生产管理

（1）成虫的养殖。将捕得的独角仙成虫迅速放进事先做好的笼内饲养，饲养笼下面的铁皮抽屉里放 10cm 厚的土，在土的上面放幼虫饲料，供成虫产卵和幼虫取食。在笼内放一只饲料盘，盘内放一些西瓜皮或南瓜片，供成虫取食。一般在 8 月捕得的独角仙，随即可产卵，到 11 月中旬，幼虫达 3 龄，即做成商品出售。

（2）幼虫的养殖。

① 堆肥养殖法。在养殖场用等量杂草和木屑混合，堆成长 5~10m、宽 1~3m、高 1m 左右的堆，然后浇足水，并用塑料纸盖严，让其发酵，一般等到堆肥里面温度与外界温度相同即可。发酵好的混合料温度基本是恒定的，独角仙幼虫居于堆肥中，能加快生长，这种方法简便易行，是饲养独角仙幼虫的好方法。

② 砌池养殖法。在平地建池，每池大小 5~10m^2 不等，深 60cm，池里铺发酵好的饲料，厚 50cm，然后投放独角仙的卵或幼虫即可，但要注意池顶也要配有防雨盖和遮阳光的设备。

③ 木箱养殖法。用木板钉成木箱，箱的大小要视饲养的独角仙幼虫数量而定，但不宜过大，否则较难搬动。饲养前先在木箱内放好幼虫饲料，然后将卵或幼虫放入。这种方法有利于多层叠放和便于室内外搬动。

④ 幼虫的越冬管理。独角仙幼虫有冬眠习性，一般每年霜降前后，当气温下降到 10℃左右时，独角仙幼虫活动减弱，摄食减少，出现冬眠征兆，随着气温不断下降，独角仙幼虫纷纷群居在混合料下层，不食不动，处于休眠状态。独角仙幼虫休眠时间约半年，直至翌年气温回升至 10℃以上时复苏，觅食。

5）环境温度控制

（1）独角仙幼虫的过冷却点为-1℃，也就是说，在-1℃的情况下，独角仙幼虫体液不会结冰，在短时间内也不会冻死。倘若独角仙幼虫长期处于-1℃以下，体弱的在气温回升后不能复苏。试验结果显示，控制独角仙幼虫休眠的最佳温度为 3~5℃，最低不要下降到 2℃以下，最高不要超过 6℃。过高则不会全部休眠，并且养分消耗大，又得不到补充，易死亡。如果将温度控制在 2~6℃，越冬幼虫成活率达 100%。

（2）加强防寒措施。①原地防冻，在养殖的笼、桶、箱等周围用稻草围护，并用塑料薄膜扎紧，适当做几个通气孔。②把越冬独角仙幼虫捉入坛内，并放些混合料，移放在背风向阳处，保湿防冻。③就地挖池，作为独角仙幼虫的冬眠洞。洞内放些混合料，洞的大小应根据独角仙幼虫数量来确定。放入独角仙幼虫后，上面盖 10cm 厚的稻草，这种方法效果很好。要注意冬眠洞深应在 50cm 左右，不宜过深或过浅，要经常检查，防止积水。

6）防止老鼠危害

当独角仙幼虫进入冬眠期，混合料的温度比外界高，老鼠很喜欢闯入，搅乱越冬幼虫冬眠，甚至拖走独角仙幼虫，有时还会在里面打洞定居。因此在独角仙幼虫冬眠期，要防止老鼠为害。应做好防范措施，阻挡老鼠进入，也可用鼠夹诱杀、铅丝笼诱捕、堵塞老鼠出入的洞穴；但不能用药物灭鼠，以防独角仙幼虫中毒死亡。

7）采收与加工

于每年7月上旬开始捕捉，晴天无雨时全天都可在皂角树、白杨树等阔叶树上捕捉。将捕捉到的独角仙放在盆中用沸水烫死，再用清水淘洗几遍，沥干，摊在水泥地或竹匾中晒干，也可在铁锅中用文火烘干。商品独角仙应放在阴凉干燥处，在石灰缸中密封保存为好。注意经常检查，防霉防虫蛀。

4. 独角仙的生态利用

独角仙的幼虫与成虫食性具有很大差异。幼虫为腐食性，喜食初步腐烂的木屑和稻草等，对不同的食料具有一定的选择性。幼虫不喜食腐烂杂草，即使被迫取食，亦不利于存活。在野外生态调查中，在烂杂草堆中几乎没有发现幼虫存在。在烂木屑和烂稻草堆中具较多幼虫。因此，可用独角仙转化、处理、升值木屑和稻草。

6.4.6 黄粉虫

黄粉虫属鞘翅目拟步甲科粉虫属，是目前产业化程度较高的种类，规模大、效益高、应用范围广。

1. 形态特征

黄粉虫一生历经成虫、卵、幼虫和蛹4个阶段，为完全变态。

成虫：体长12~20mm，体色呈黑赤褐色，体为长椭圆形。体面多密黑斑点，无毛，有光泽。复眼红褐色，触角念珠状11节，触角末节长大于宽；第1节和第2节长度之和大于第3节的长度；第3节的长度约为第2节长度的2倍。

卵：卵长1~1.5mm，长圆形，乳白色，卵壳较脆软，易破裂。外被有黏液，黏住杂物覆盖，起保护作用。卵一般群集为团状或散产于饲料中。

幼虫：幼虫一般体长29~35mm，体壁较硬，无大毛，有光泽；虫体为黄褐色，节间和腹面为黄白色。头壳较硬，为深褐色。各足转节腹面近端部有2根粗刺。

蛹：蛹长15~19mm，乳白色或黄褐色，无毛，有光泽，鞘翅伸达第3腹节，腹部向腹面弯曲明显。腹部背面两侧各有一较硬的侧刺突,腹部末端有 1 对较尖的弯刺,呈"八"字形,腹部末节腹面有 1 对不分节的乳状突;雌蛹乳状突大而明显,端部扁平,向两边弯曲;雄蛹乳状突较小,端部呈圆形,不弯曲,基部合并,以此可区分雌雄蛹。

2. 生物学、生态学及行为习性

在自然界一般 1 年发生 1 代,很少发生 2 代,个别个体两年发生 1 代。我国北部地区以幼虫越冬,4 月上旬开始活动,5 月中下旬开始化蛹、羽化为成虫;但个体发育很不整齐,所以在活动期间可同时出现卵、幼虫、蛹和成虫。黄粉虫食性杂,大多发生于各种农林产品库房中,如粮仓、饲料库、药材库等。凡是具有机营养成分的物料都可作为它的饲料。

成虫:成虫后翅退化,丧失飞翔能力,爬行速度快,喜黑暗,怕光,夜间活动较多。成虫寿命 50~160d,平均寿命为 60d。雌虫产卵高峰为羽化后 10~30d。雌虫产卵量为 50~680 粒/头,平均产卵量为 260 粒/头。若利用复合饲料,提供适当温湿度,平均产卵量可达 580 粒/头以上。若加强管理可延长产卵期和增加产卵量。

卵:卵期受温湿度条件变化影响很大。当温度在 25~30℃时,卵期为 5~8d;当温度为 19~22℃时,卵期为 12~20d;温度在 15℃以下时,卵很少孵化。

幼虫:生长期为 90~480d,平均生长期为 120d,一般 10~15 龄。黄粉虫在最适温湿度条件下的生长情况见表 6-3。

表 6-3 黄粉虫在最适温湿度条件下的生长情况

虫态	最适温度/℃	最适相对湿度/%	卵期、羽化期/d	生长期/d	备注
成虫	24~34	55~75		60~90	
卵	24~34	55~75	6~9(孵化)		
幼虫	25~30	65~75		85~130	
蛹	25~30	65~75	7~12(羽化)		

幼虫食性与成虫一样,但不同的饲料直接影响幼虫的生长发育。合理的饲料配方、较好的营养,可加快其生长,降低养殖成本。幼虫喜黑暗,群体生长较散居生长好。由于群居运动互相摩擦,可促进虫体循环及消化,增加活性。幼虫蜕皮时常爬于表面,刚蜕皮的幼虫为乳白色,十分脆弱,最易受伤害。约 20h 后逐渐变为黄褐色,体壁也随之变硬。

在一定湿度条件下,饲料的营养成分是幼虫生长的关键。若以合理的复合饲料喂养不仅成本低,而且能加快生长,提高繁殖率。在幼虫长到 3~8 龄期时停止喂饲料,幼虫耐饥可达 6 个月以上。

蛹：老熟幼虫化蛹时裸露于表面。初化蛹时为乳白色，体壁较软，隔日后逐渐变为淡黄色，体壁也变得较坚硬。蛹只能扭动腹部，不能前进。其成虫和幼虫随时可能将蛹作为饲料。只要蛹的体壁被咬伤极小一个伤口，就会死亡或羽化出畸形成虫。蛹期对温湿度要求也较严格，由于温湿度不合适造成蛹期过长或过短，都会使蛹感染疾病、提高死亡率。

蛹在羽化时相对湿度应为50%～70%，温度应为25～30℃。湿度过大蛹背裂线不易开口，成虫会死在蛹壳内；空气太干燥，也会造成成虫蜕壳困难、畸形或死亡。初羽化的成虫为乳白色，娇嫩的成虫2d后逐渐变得坚硬，色变褐红，开始取食、交配、产卵。

雌雄比：黄粉虫在繁殖期雌雄比一般为1∶1。成虫一生交配多次。在此期间需要补充较好的营养和一个黑暗而宽松的环境，种群密度不可过大。雌虫排卵时应以纱网隔离卵，以防成虫取食卵块。

环境条件：黄粉虫饲养过程中小生态环境也十分重要。幼虫间运动互相摩擦生热，可使其局部温度升高2～3℃。所以在饲养时，室温超过30℃时，应减小种群密度，以防局部温度过高而造成死亡和疾病。饲料中含水量不得超过18%，若湿度过大，加之粪便污染，易使虫体患病。

3. 生产养殖技术

黄粉虫的人工饲养有100余年历史，国内外均有民间饲养的记录。基本饲养方法较近似，最初为混养，即将黄粉虫放入盛有饲料的容器中，内壁光滑的容器能防止其外逃，使其在容器内自然交配、产卵、孵化、化蛹和生长。需要时，随时可从中取出。此方法简单、省工，但在黄粉虫繁殖过程中，会有60%以上自相残食，出现大量残虫和死亡现象。饲料与粪便长期混合也会造成污染，不仅浪费饲料，而且生产量较低。因而，经过长期的饲养经验总结和技术改进，普遍采纳的立体分离饲养方法是比较成功的，即将幼虫、蛹、成虫和卵分箱、分盒饲养，以防止虫与虫之间自相残食，造成不必要的损失。

1）生产场地、设施与器具

（1）生产场地。黄粉虫对饲养场地要求不严格。室内饲养要求能防鼠、防鸟害，防止光线直射，并能保持黑暗。通风要好，夏季控温在33℃以下。冬季4℃以上可以越冬，若冬季继续繁殖，需升温至20℃以上。

（2）养殖设施与器具。传统饲养黄粉虫对设备要求简单，旧脸盆、塑料盆、各种盒子、木箱均可，但不能有漏洞。容器的内壁应光滑，不让虫子上爬。工厂化生产设施主要分为以下几类。①养殖盒。养殖盒分为木盒和纸盒。现应用最广的为纸盒，标准规格为80cm×40cm×8cm。若用木盒，可在内侧用宽胶带纸贴一周，压平。可防止虫子外逃，木盒也可用作运输鲜虫的周转盒。②产卵盒。由养殖盒套一个标准产卵筛（规格为 76cm×36cm×8cm，底为 8 目铁网）组成。③集卵箱。为了防止成虫产卵后又取食卵，造成损失，将繁殖组成虫放在隔卵箱中。再将隔卵箱放入养虫箱内。雌虫可将产卵器伸至隔网下层的饲料中产卵，这样可保护卵不受伤害。箱内壁也需要一个光滑带，防止黄粉虫外逃。④分离筛。筛子分别为 100 目、60 目、40 目，主要用于筛除不同龄期的虫砂和分离黄粉虫。筛子内侧也应光滑，防止黄粉虫外逃。⑤饲养架。标准组合角铁钢架规格为 3m×0.4m×2m×13 层，每组可放置标准养殖盒 90 盒。

还必须备有切菜机、微波干燥设备、真空包装设备、称量设备等。

2）始祖种源群体的建立

黄粉虫的品种十分重要。由于多年的人工饲养，大多数虫种已出现退化现象。种群内部数十代，甚至近百代的近亲繁殖及人工饲养中的一些因素，使种群出现部分失去活性、抗病能力差、生长慢、个体小等现象。所以人工饲养黄粉虫首先应选种。其种源一般是从专业研究单位或养殖专业场引进。

除直接选择专业化培育的优质虫种外，在饲养过程中的繁殖组虫种也应经过细致的选择和专门的管理。虫种应从幼虫期开始选择，选择个体大、体壁光亮、行动快、食性强的个体。繁殖组虫种也应采用特别的管理，温度应在 24~30℃，相对湿度应在 60%~75%。繁殖组成虫的饲料应营养丰富，组分合理，即蛋白质丰富，维生素和无机盐充足。必要时可加入适量的蜂王浆。可促进其性腺发育，延长成虫寿命，增加排卵量。成虫雌雄比为 1∶1 比较合适。成虫寿命一般为 60~185d，若管理好，饲料好，可延长成虫寿命，产卵量可增加到 650 粒/头以上。

3）饲料原料及其配制配方

黄粉虫食性很杂，除了喂食主要营养饲料外，尚须补充适量蔬菜叶和瓜果皮，补充水分和维生素 C。饲养户应根据当地的饲料资源，并参考以上配方，适当调整所需要的配方。

（1）自然原料。若大规模饲养黄粉虫，最好使用发酵饲料。发酵饲料不仅成本低，而且各类营养丰富，是理想的黄粉虫饲料。

常见的麦麸、废弃蔬菜、生活有机垃圾湿垃圾、餐厨垃圾等都可以作为饲料原料。

（2）黄粉虫有几种麦麸饲料配方。

1 号饲料配方。麦麸 70%，玉米粉 25%，大豆粉 4%，饲用复合维生素 0.5%。将以上各成分拌匀，经过饲料颗粒机膨化成颗粒，或用 16%的开水拌匀成团，压成小饼状晾晒后使用。本配方主要用于生产组的幼虫。

2 号饲料配方。麦麸 75%，鱼粉 4.0%，玉米粉 15%，食糖 4%，饲用复合维生素 0.8%，饲用混合盐适量。加工方法同 1 号饲料配方，主要用作产卵期成虫的饲料。可提高产卵量，延长成虫寿命。

3号饲料配方。纯麦粉（含麸）95%，食糖2%，蜂王浆0.2%，饲用复合维生素0.4%，饲用混合盐适量。加工方法同1号饲料配方，主要用作繁殖育种组的成虫饲料（麦粉为质量较差的麦子，如芽麦等磨成的粉，含麸）。

4号饲料配方。麦麸40%，玉米麸40%，豆饼15%，饲用混合维生素0.5%，饲用混合盐适量。加工方法同1号饲料配方，用作成虫和幼虫的饲料。

4）生产管理技术

（1）卵及初龄幼虫的存放。卵及初龄幼虫保存在原生产卵的麸料中即可，直到肉眼可见蠕动的3~4龄虫，再注意添加蔬菜叶片等。

（2）饲料投喂。待幼虫体长达到0.5cm时，可适量投放一些含水饲料，如青菜、白菜、甘蓝、萝卜、西瓜皮等。将菜叶洗净晾至半干，切成约1cm^{2}的小片即可撒入养虫箱，幼虫特别喜欢取食瓜菜类饲料，但投放量一次不能过大，因湿度过高虫子易患病。菜叶投喂量一般以6h内能吃完为准，隔2d喂一次，夏季可适当多喂一些。在幼虫化蛹期应尽可能少喂含水饲料。

（3）种群密度。黄粉虫为群居性昆虫。若种群密度过小，直接影响虫子活动和取食，密度过大互相摩擦生热，且自相残食，增加死亡数量，所以幼虫的面密度一般保持在3.5~6kg/m^2。幼虫愈大相对密度应减小；室温高，湿度大，密度也应减小。繁殖组成虫面密度一般为5000~10 000只/m^2。

（4）筛除虫砂。幼虫孵化后很快开始取食。待集卵箱的饲料基本食完（7~15d），应尽快将虫砂筛除。1~3龄幼虫用100目筛网。幼虫箱内饲料食完，并筛完虫砂后即投放新的饲料。每次饲料的投放量为虫总重量的10%~20%。也可在饲喂过程中自行调整，一般保持幼虫3~5d筛一次虫粪、投放一次饲料。投放饲料量以在此期间食完为准。养虫箱一般在室内叠放。

筛虫砂时应注意筛网的型号与虫子个体的关系，3龄前的幼虫用100目筛网，3~8龄幼虫用60目筛网，10龄以上幼虫可用40目筛网，老熟幼虫则用普通窗纱即可。筛虫砂时应仔细观察饲料是否吃完，待混在虫粪中的饲料全部被食尽时再筛除虫砂。

（5）分拣虫蛹。幼虫长到12龄以上即逐渐开始化蛹。需要化蛹的组须进行分离蛹的工作。蛹期为黄粉虫的危险期，很容易被幼虫或成虫咬伤，所以在开始有幼虫化蛹时就应及时将蛹与幼虫分离，分别饲养，以减少损失。分离蛹的方法有人工选蛹、过筛选蛹及育种分离等，即少量的蛹可以采用人工挑选，蛹多时以筛网选蛹。作为繁殖用的蛹应选择个体大、体色鲜艳而光滑、活性好的个体。应不断改良品种和养殖技术，使幼虫能生长整齐，化蛹时间集中，减少虫间的伤残现象。

（6）成虫管理及集卵。羽化后应投喂专用精饲料，保持黑暗、通风。集卵筛中的雌虫产卵时会将产器伸至网下约5mm处，所以网下应撒有5mm厚度的饲料

(幼虫饲料），以便雌虫将卵产在饲料中，产卵的成虫还需要每天补充少量的含水饲料（如菜叶、瓜果皮等）。但务必要注意，湿度不能过大，否则会影响卵的孵化率，并造成饲料霉变。

一般在饲料的下面放一张纸（旧报纸），在成虫产卵 3～5d 时取一次卵。将饲料中的卵和纸一起取出，放入养虫箱，另换上新的饲料和纸，供成虫产卵用。如此反复收集虫卵，集中保存，待其孵化。

（7）防护与防疫。正常饲养管理下，黄粉虫很少得病。随着人工饲养的增加，黄粉虫患病率也逐渐提高。黄粉虫除有自相残食习性外，卵还会受一些肉食性昆虫和螨类的危害。湿度过大，粪便及饲料的污染，会出现黄粉虫幼虫的腐烂病，即排黑便，体渐变软、变黑，病体排出之液体会传染其他个体，若不及时处理，会造成整箱黄粉虫死亡。饲料未经灭菌处理或连阴雨季节较易发生这种病。主要虫害有肉食性螨、粉螨、赤拟谷盗、小菌虫、扁谷盗、锯谷盗、麦蛾、谷蛾及各种螟蛾类昆虫。这些害虫不仅取食黄粉虫卵，而且会咬伤蜕皮期的幼虫和蛹。这些害虫还会污染饲料，也是黄粉虫患病的根源之一。

防治病虫害，应在饲养过程中进行综合防治。应选择活性强、不带病的虫体。饲料中应无杂虫、无霉变、湿度不宜过大。加工饲料应经过日晒或膨化、消毒、灭菌并杀死虫卵。饲养场及设备应定期喷洒杀菌剂及杀螨剂。严格控制温湿度，及时清理虫粪及杂物。同时还应防止鼠、鸟、壁虎等有害动物进入饲养场。

4. 黄粉虫生态利用

黄粉虫可用于转化处理餐厨废弃物、蔬菜尾菜和湿垃圾。

6.4.7 大麦虫

大麦虫隶属鞘翅目拟步甲科拟步甲族。

2004 年大麦虫由东南亚引入广东省，出现在部分城市的花鸟市场；2006 年前后由东南亚引入台湾；接着全国范围内发起了大麦虫的饲养风潮。目前，大麦虫和黄粉虫养殖作为协同项目，在国内各个省（市）都有养殖。

1. 形态特征

大麦虫1生历经成虫、卵、幼虫和蛹 4 个阶段，为完全变态。

成虫：成虫体长 21～30mm，长椭圆形，黑色，腹面光亮。头近圆形，颈部显著收缩，雄虫头部较雌虫稍大；额微隆，有粗刻点。上唇横椭圆形，刻点稠密，前缘密生淡黄色毛；下颚须斧状，密生刻点和细毛；上颚倒梯形，表面粗糙。雌虫唇基前缘近平直，雄虫则具半圆形凹，且可见膜片；唇基刻点较额密，颚唇基沟完整且明显。复眼大而突出，肾形，前缘微凹。触角近念珠状，向后达到前胸背板基部；各节均密布圆刻点及淡黄色短毛，尤以端部 3 节为密。前胸背板倒梯形，宽大于长 1.3 倍；前缘直，具饰边；侧缘中前部最宽，饰边完整；基部弯状，具饰边，中间平直，饰边模糊或无，于后缘前有隆脊，其两端前弯；前角钝圆，后角近直角；盘扁拱，鲨皮状，有数个粗刻点，后角附近各有 1 个小凹，基部之前中间有 1 个横凹。小盾片三角形，刻点细疏。前胸腹突两侧具凸边，顶圆。中胸腹板刻点密布，中央有 2 条纵脊。后胸光滑，具可数横纹。鞘翅长卵形，肩圆；两侧前半部近平行，末端略尖，具光滑饰边；缘折前部较宽，几乎达到翅缝角；盘上 10 条纵线，行上刻点粗大；行间扁拱，鲨皮状，刻点浅小。跗节密布细刻点和短毛；腿节下缘两侧具不明显齿突，通常雄多雌少；前足齿突较中足和后足大；胫节内侧齿突较小，端部具稠密淡黄色长毛；端距 2 枝，其内侧的较外侧的大。腹节屋脊状隆起，均布刻点；基节长，前 3 节两侧有饰边，第 4 节饰边不完整，两侧具凹痕；肛节半圆形，具完整饰边；整个腹部刻点细密。

卵：卵为椭圆形，白色，长 1.2～1.5mm，宽 0.5～0.8mm。

幼虫：幼虫体长圆筒形，叩甲型。初孵时白色。老熟时体长 40～65mm，头深褐色，各节背面褐色，背面由第 1 腹节向尾端颜色渐深，各节后缘深褐，节间及腹面淡黄。

蛹：蛹体长 30～40mm，淡黄色，鲜亮。头部和前胸向腹面弯曲。

2. 生物学、生态学及行为习性

1）生物学及生态学特性

大麦虫喜干燥，生命力强，并耐饥、耐渴，全年都可以生长繁殖，从卵、幼虫、蛹直至羽化的生育周期约为 100d。温度在 6℃以下时进入冬眠，其生长发育的最适温度为 18～30℃，39℃以上可致死；空气相对湿度在 60%～70%较适宜。卵期 7～10d。在 26～32℃时成虫产卵最多，每只雌成虫最高可以产卵 1000 粒左右；19～25℃产卵只有 500 粒左右；低于 15～18℃产卵只有 150 粒左右；低于 14℃很少交配产卵；低于 10℃不交配产卵。大麦虫喜欢群集，室温 13℃时活动取食，5℃以上仍能生存，以 25～30℃时生长最快，35℃以上则会造成大批死亡。幼虫和成虫有大咬小的残食性，幼虫有时也把蛹咬伤。因此要将同龄的虫、卵、蛹和成虫筛出，分别饲养。

幼虫生长过程中，体表颜色先呈白色，第 1 次蜕皮后变为黄褐色，以后每 4～6d 蜕皮 1 次，幼虫期共蜕皮 9～14 次。幼虫 3 月龄时在饲料中化蛹，化蛹时将头部倒立在饲料中，左右移动摩擦头部进行化蛹。室温 20℃以上时，蛹经 2 周蜕皮变为成虫。虫刚羽化时翅白色而较软薄，1～2d 后变硬转黑褐色。喜在夜间活动，爬行迅速，不喜飞行。羽化后 1 周产卵。大麦虫幼虫 1kg 有 700～800 条，雌雄比约为 1：1。

2）行为习性

（1）食性。目前人工养殖以麦麸、食用菌废料菌糠为主料，添加各种果菜残体，补充味精、糖、维生素、鱼粉、骨粉等；水分的获得主要通过采食根茎类、厚叶片类蔬菜及瓜果皮补充，以免环境过于潮湿而导致虫体死亡。同时，麦麸等料体又是大麦虫活动栖息的场所。

（2）自食现象。由于该虫自相残食习性严重，成虫可能捕食初产的卵及初孵化、蜕皮幼虫，因此，成虫产卵 2～3d 后即应该移到新的产卵盘中，保持每周移动两次，在新产卵盘中继续交配产卵。

在 8 龄后应该降低饲养密度，最好将化蛹前的老熟幼虫单头饲养，使其保持不受干扰的环境条件及其他个体残食，较容易成功获得优质的虫蛹。

3. 生产养殖技术

大麦虫 1 年繁殖 2 代。其食性和诸多特性与黄粉虫相似。但与黄粉虫相比，大麦虫自相残食习性更严重。对饲养环境要求更苛刻，更难饲养。加之大麦虫养殖在国内刚刚起步，种源比较昂贵，养殖技术只被少数个人或企业掌握，而且技术处于保密状态，这极大地限制了大麦虫养殖业的发展。

1）生产场所、设施与器具

（1）饲养场所。大麦虫的饲养场所最好选择在背风向阳、冬暖夏凉的房间，光线不宜太强，保持温暖，最适温度为 18～30℃，最佳相对湿度为 60%～70%。夏季气温高时，在地上洒水降温；冬季要保温，以保证大麦虫正常生长发育。由于该虫自相残食习性严重，要将同龄的卵、幼虫、蛹、成虫筛出，分别饲养。

（2）大麦虫饲养设施与器具。

① 饲养箱。饲养箱为木制或塑料箱、盒等，规格依虫量而定。容器要求内壁四周光滑，深达 15～18cm 为宜。因为大麦虫幼虫可以长到 5cm 以上，所以容具深度比饲养黄粉虫要高一些，以防幼虫爬出。饲养箱最好统一规格，便于确定工艺流程和计算产量，一般为长 80cm、宽 40cm、高 18cm。

② 网筛。网筛由木盒框或铁皮装上铁纱网制成，供成虫产卵、筛除虫粪用。筛除虫粪时根据虫龄大小选择相应孔径的网筛。

产卵筛规格比标准饲养箱略小，网孔为 3mm 左右。

③ 产卵箱。将产卵筛置于标准饲养箱（接卵箱）中即为产卵箱，供成虫产卵用。另外还须准备温度计、湿度计、旧报纸或白纸（成虫产卵用）、塑料盆（不同规格，放置饲料用）、喷雾器或洒水壶（用于调节饲养房内湿度）、镊子、放大镜、扫帚和拖把等物品。

2）始祖种群群体的建立

购买种源或选择商品虫，培育，建立种源群体。目前，大麦虫养殖都是从东南亚引入的虫源不断扩繁而来，尚未大面积普及。

3）饲料原料及其配置

大麦虫的食性为杂食性，不宜长时间饲喂单一食物。饲料可分为干饲料和青饲料两大类。干饲料是大麦虫的主要营养来源，又为大麦虫活动栖息提供了舒适的场所。干饲料常用麦麸、玉米粉、豆渣和细米糠，也可以用鸡、鸭或猪全价饲料、木屑等。干饲料中经常添加豆粉、酵母、味精、糖、复合维生素、鱼粉和骨粉等。传统干饲料均以麦麸为主，若多种原料搭配，合理混合成复合饲料喂养，不仅成本低，而且能加快生长，提高繁殖率。干饲料混合后，最好通过蒸煮、阳光暴晒、烘干等方式消毒。工厂化大规模生产时，将饲料加工成细小颗粒料最为理想。大麦虫水分的获得主要通过青饲料的采食补充。青饲料可以用胡萝卜、马铃薯、青菜叶、南瓜、苹果、甘薯、甘薯叶、桑叶、榆叶、泡桐叶和豆科植物的叶等。青饲料含水量高的应少喂，含水量低的可多喂。青饲料要清洗干净晾干后再用。大规模饲养可根据当地资源，适当调整饲料的组合比例，也可对工农业有机废弃物资源进行全面开发利用，降低成本。

4）饲养管理

（1）幼虫饲养。平均生长期为 100d，一般分 10～15 龄。饲养前，先在饲养箱内放入经纱网筛过的麸皮和其他饲料，再将大麦虫幼虫放入，幼虫密度以布满器具为准，最多不超过 3～5cm 厚。最后在上面铺放菜叶，让大麦虫生活于麸皮与菜叶之间，任其自由采食。每隔 1 周左右筛除 1 次虫粪，更换新饲料。

初孵幼虫密度很大，呈蠕动状态。幼虫的生长速度很快，在 2～3 周，可以达到 0.5～1cm 大小，经过 4～5 周的生长即可达到 5～6cm 的最大体型。饲养过程中要根据密度及时分箱饲养，降低饲养密度，因为密度过高会引起大麦虫的相互残食，可放入纸浆蛋托增加幼虫活动面积。幼虫越大密度应越小，室温高、湿度大时密度也应减小。

当幼虫长到 5cm 左右时，颜色由黑褐色变浅，且食量减少，这是进入老熟幼虫后期的表现，很快即进入化蛹阶段，便可采收，用以饲喂经济动物或进行加工。老熟幼虫密度一般保持在 4～6kg/m^2。

夏季气温高，幼虫生长较快，蜕皮多，要多喂青饲料，供给充足的水分，可喂菜叶、瓜果等。气温高时多喂，气温低时少喂。幼虫初期或蜕皮时，少喂或不喂，蜕皮后随着虫体长大而增加饲喂量。每日投喂量以过夜后箱内饲料吃净为宜，可采用早、晚投喂充足、中午补充的办法。在幼虫饲养期投料要注意精饲料与青饲料搭配，前期以精饲料为主、青饲料为辅，后期以青饲料为主、精饲料为辅。幼虫化蛹时多投青饲料，加喂鱼粉，可增强食欲，并有利于同步化蛹，对蛹和成虫的生长发育也有利。有的老龄幼虫在化蛹期以后，食欲表现较差，可加喂鱼粉，以促进化蛹一致。幼虫因生长速度不同，出现大小不一的现象，按大小分箱饲养，一箱可养幼虫3000~4000只或老龄幼虫2000~3000只。每天要及时把蛹拣到另一盒里，再撒上一层精饲料，以不盖过蛹体为宜，避免幼虫咬伤蛹。保持温度和气体交换。

(2) 蛹期管理。幼虫平均生长3个月后开始化蛹，即将化蛹的幼虫表皮光泽度差，不太活动，化蛹时将头部倒立在饲料中，左右移动摩擦头部进行化蛹。此时将饲料压紧，有利于顺利化蛹。蛹经2周化为成虫。初化蛹为乳白色，体壁较软，以后逐渐变成淡黄褐色，体壁也变得较坚硬。每天应及时把初蛹从幼虫中分拣出来，放入孵化箱内进行集中管理。蛹期对温度和湿度要求也较严格，温度和湿度不合适，会造成蛹期过长或过短，增加蛹期感染疾病或死亡的可能性。蛹的羽化适宜相对湿度为65%~75%，适宜温度为25~30℃。

大麦虫幼虫也有自相残食习性，因此幼虫在饲养盒内一般不会化蛹或一旦化蛹会就被别的幼虫蚕食。要让大麦虫顺利化蛹，最好的方法是在快进入化蛹期时将其拣出，单独饲养于一次性塑料杯或其他小盒子中；或者将行动缓慢、身体蜷曲的即将蛹化的老熟幼虫集中放置于饲养箱中，再撒上一层麦麸。

另外在我国北方饲养大麦虫过程中常常出现幼虫不化蛹，老熟幼虫逐渐死亡等现象，此时需要强制化蛹。将老熟幼虫分开单独饲养在小盒内，1~2周即可化蛹。

(3) 成虫的饲养。先在饲养箱底部放一个特制的筛子（筛子采用3目不锈铁丝制作，大小与饲养箱底相同，主要的作用是快速分离成虫和卵块），在筛子上撒上成虫的食物，将羽化的成虫放置于产卵箱内，密度一般为1000~1200头/m^2，喂给优质饲料。刚羽化成虫呈灰白色，以后逐渐变为浅褐色，1周左右逐渐变成黑褐色，这时便具备了持续交配和产卵的能力。成虫羽化后6~11d开始产卵，有连续长达50d的产卵时间，直至死亡。成虫在26~32℃下产卵最多。成虫产卵3~5d后，将下面的筛子提起，轻筛一下，虫卵和麦麸等就全部掉下去，筛子上面剩下的就全是成虫，马上将筛子连同成虫放入另一个养殖箱中，加入成虫的饲料以便于成虫继续产卵（成虫将卵产在饲料中），如此周而复始。1周后孵出幼虫，把大麦虫幼虫倒在盛有麦麸的饲养箱中饲养。也可以在接卵箱铺上一层报纸或白纸，撒一层薄薄的麦麸在纸上，然后将产卵筛置于纸上，成虫就会产卵于纸上，每隔2~3d取卵纸集中孵化。每次取卵后同时给成虫换饲料1次。加强产卵期管理可延长产卵期、增加产卵量。提供营养全面的复合饲料及适当的温湿度条件，平均产卵量可达1000粒以上。

另外也可将成虫放在白纸上，撒些糠麸在纸上，任成虫产卵，每隔2~3d换纸1次，成活率一般在90%以上。这种操作方法每7~10d应给成虫换料1次，换下的料中可能有卵，不要马上倒除，应集中放好，待卵块孵化出来后，采用饲料引诱的方式，集中收集到另外的饲养箱中饲养。每次取卵后要适当地给成虫添加青饲料和精饲料，及时清理废料或蛹皮。成虫喜欢晚间活动，所以晚上多喂。青饲料可直接投放在饲养箱中，让大麦虫自由采食。

（4）卵的孵化。在饲养盘底部撒一层 1cm 厚的麦麸，放上收集的第 1 层卵纸，再撒少许麦麸，放上第 2 层卵纸，每盘中放置 4 层卵纸。孵化周期因温度条件不同而发生很大变化。当温度在 25~30℃时，卵期为 8~12d；当温度为 19~22℃时，卵期为 15~20d；温度 15℃以下时，卵很少孵化。

4. 大麦虫生态利用

大麦虫的食性非常杂，可采食麦麸、各种果菜残体、食用菌的菌渣废料、动物尸体等。

6.4.8 家蝇

家蝇隶属双翅目环列亚目家蝇科，世界性分布，家蝇在我国广泛分布，居室内外环境均有发生。

1. 形态特征

家蝇历经成虫、卵、幼虫和蛹 4 个阶段，为完全变态。

成虫：体长 5~8mm，灰褐色。眼红褐色，雄蝇的双眼彼此靠近，额宽约为一眼宽的 1/4 左右，单眼三角与复眼内缘间的宽度只及单眼三角横径的 1/2 或较窄；雌蝇的两眼间有一定的距离。触角芒的上、下侧都有较长的纤毛。口器吮吸式。胸背部有 4 条明显的黑色纵纹。翅透明，基部稍带黄色；脉序中，第 4 纵脉末端向前方弯曲急锐导致梢端与第 3 纵脉的梢端靠近。腋瓣大，不透明，色微黄。足黑色，末端有爪 1 对、扁爪垫 1 对和刺状爪间突 1 个。

卵：白色，长椭圆形，长约 1mm，在卵壳背面有 2 条脊纹。卵粒多互相堆叠，集产成块，1g 卵有 13 000~14 000 粒。

幼虫：家蝇幼虫俗称蝇蛆、蛆虫，灰白色，无足型；体后端钝圆，前端逐渐尖削。初孵化幼虫体长约 2mm，3 日龄或 4 日龄幼虫体长 8~12mm。幼虫口器刮吸式，幼虫口钩爪状，左边一个较右边一个小。两端气门式，前气门由 6~8 个乳头状突起排列构成，扇形；后气门呈"D"形。

蛹：围蛹，长椭圆形，长约 6.5mm，初化蛹时黄白色，后渐变为棕红、深褐色，有光泽。

2. 生物学、生态学及行为习性

1）生活史

家蝇在自然条件下，每年发生代数因地而异，在热带和温带地区全年可繁殖10~20 代。在终年温暖的地区，家蝇的孳生可终年不绝；但在冬天寒冷的地区，则以蛹期越冬为主。家蝇在我国大部分地区发生时期为每年3～12月，但成蝇繁殖盛期在秋季。家蝇在人工控制条件下周年可以繁殖，适温下卵历期1d左右，幼虫历期4～6d，蛹期5～7d；从卵孵化为蝇蛆、再到蛹羽化为苍蝇的生活周期约为15d。成虫寿命为1～2个月。

家蝇多在粪便、垃圾堆及发酵的有机质中产卵。雌蝇很少把卵产在物体的表面，一般是产在稍深的地方，如各种裂口及裂缝中。卵多粒粘在一起，成为一个卵团块。成虫自蛹羽化后2～12d交尾，交尾后第二天开始产卵。家蝇一生产卵4～6次，平均每次产卵100多粒。家蝇单雌一生产卵约1000粒，卵在腐烂的有机质中生长发育。在夏季经8～24h即可孵化。幼虫以孳生地的有机质为食，如马粪、鸡粪、猪粪、垃圾、酒渣、豆渣等；幼虫非常活跃，善钻缝孔，但其活动范围一般不离开其原产卵场所。幼虫有较强的负趋光性，一般群集潜伏在饲料表层下2～10cm处摄食。

幼虫一般3龄，幼虫成熟后，在孳生地表层或爬到附近疏松且较干燥的泥土中化蛹。化蛹场所一般为孳生场所附近的泥土中，如果粪便表层干燥，也可在粪便的表层化蛹。

家蝇喜停留在居室内，在居室捕集的蝇类中，家蝇占95%～98%。在阴暗时或夜间，它喜停留于天花板、悬挂的绳索、电灯线、门窗和家具的边缘上，以及墙和板壁的裂缝附近。

家蝇的飞行能力很强，在实验中，有在24h内飞行9km的记载，但在食物充沛地区出现的家蝇，大都是附近产生的。

成蝇的主要食物是液汁、牛乳、糖水、腐烂的水果、含蛋白质的液体、痰、粪等，也喜在湿润的物体（如口、鼻孔、眼、疮疖、伤口、切开的肉面及各种食物）上寻求食物。总之，一切有臭味的、潮湿的或可以溶解的物质都为家蝇所嗜食。家蝇口器中的唇瓣，当吸取食物时充分展形。唇瓣的内壁很柔软，能紧密地贴住食物的表面，然后通过内壁上的环沟将液汁物质吸入。这样不到半分钟，家蝇就能得到一次充分的饱食。对于吸食干燥的物质，如干的血液或糖、痰及糕饼之类时，家蝇先吐出涎腺的分泌液，或呕出藏于嗉囊内的一部分吸食的液汁，即一般所称的吐滴，以溶解之，然后再行吸食。

2）生态学特性

（1）温度。温度是影响家蝇幼虫发育与成蝇生存繁殖的重要生态因子之一。据测定，卵、幼虫和蛹期发育的最低温度分别为10～12℃、12～14℃和11～13℃，最高生存温度分别为42℃、46℃和39℃。幼虫饲养温度以25～35℃为宜，低于22℃生长周期延长；高于40℃则幼虫会从培养基中爬出，寻找阴凉适温处。成虫在适温下寿命可达50～60d，产卵前期在35℃时需1.8d，15℃时需9d，15℃以下则不能产卵。成虫在30℃时最为活跃，30℃以上则静息在凉处，45℃以上为致死温度。

家蝇的生活史及发育历期受温度的影响最大。家蝇各虫态发育历期与温度之间的关系见表6-4。

表6-4 家蝇各虫态发育历期与温度之间的关系

虫态	在猪粪和马粪基质营养条件下的不同虫期最短发育天数/d					发育起点温度/℃	致死高温/℃
	35℃	30℃	25℃	20℃	15℃		
卵	0.33	0.42	0.66	1.1	1.7	12	42
幼虫	3~4	4~5	5~6	7~9	17~19	12	45~47
蛹	3~4	4~5	6~7	10~11	17~19	12	45
合计	6~8	8~10	11~13	18~21	36~42		
成蝇自羽化至产卵	1~2	2~3	3	6	9		
全生活史	8~10	10~13	14~16	24~27	45~51		

（2）湿度。家蝇生长发育对培养基质的要求是潮湿而又不淹水，含水量为50%~60%最适宜。家蝇卵的孵化和幼虫生存要求较高的基质含水量，最佳基质含水量为60%~70%，而蛹期的发育则要求较低的基质含水量，一般以40%~50%较为适宜。成虫期则以空气相对湿度50%~80%为宜。

（3）营养。食物的高度有效性在生物学上是极其重要的。家蝇幼虫在自然界对基质的适应能力很强，各种不同程度腐败的有机质都能成为其营养源。人工饲养培养基可以用鸡粪、猪粪、牛粪、酒糟、糖糟、豆渣等配制，也可用屠宰场下脚料、麦麸、米糠及锯末等配制。

成虫营养对成虫寿命及产卵量均有较大影响。奶粉、奶粉+白糖、奶粉+红糖+白糖/红糖饲喂成虫，成虫的寿命较长，可存活50d以上，单雌产卵量分别为443粒、414粒、516粒；单饲白糖、动物内脏、畜粪等，成虫存活时间短，单雌平均产卵量分别为100粒、114粒、128粒。

（4）光照。在单因子研究中，往往认为光照时数对种群产卵无明显影响。鲁汉平和钟昌珍（1994）的研究表明，光照与其他因子（温度、密度等）的交互作用对种群的产卵历期、产卵量均有显著影响。

（5）密度。家蝇是一种耐高密度饲养的昆虫。幼虫饲养密度因培养基质不同而异，以麦麸为培养基，每5kg（含水65%）放蝇卵4g，平均可产幼虫533g；以鸡粪为培养基，每5kg（含水65%）放蝇卵4g，可产幼虫490g。

成虫最佳饲养密度为8~9cm³/只，在此密度下，成虫前20d的总产卵量最高。

3. 生产养殖技术

1）生产场地、设施与器具

（1）蝇房设计与饲养房基建。新建蝇房应为一排坐北朝南的单列平板房舍。

北面设封闭式过道，中间有一操作间，前后开门。两边蝇房北面开门，由工作间后门通向走道进入，南面为 1.7m×1.8m 的玻璃窗，每间面积为 38.5m³（2.5m×5.5m×2.8m），设纱门、纱窗、排风扇和地下火道。这种蝇房开间大小合适，利用率高，阳光充沛，通风良好，北面封闭式过道能有效地阻止成虫外逃，冬季还能缓冲北风侵袭，利用室内保温。

（2）蝇笼设计。蝇笼用木条或 6.5mm 钢筋制成 65cm×80cm×90cm 的长方形骨架，然后在四周蒙上塑料纱或铁纱或细眼铜纱，同时在蝇笼一侧下脚安装一个布套开口，以便喂食、喂水，取放产卵垫。蝇笼宜放置在室内光线充足而阳光不直射之处。每个蝇笼中，还应配备 1 个饲料盘、1 个饮水盘和 1 个用于装产卵垫的小瓷盘。

（3）商品蝇蛆的培育设施与方式。室内育蛆的设备可用缸、箱、池、多层饲养架等。缸养宜选口径较大的缸，上面必须加盖，适于小规模饲养。箱养时可用食品箱、木箱等，上面加活动纱盖，可置于多层饲养架上，适用于配合饲料养殖；池养是用砖在房两侧砌成长方形池多个，中间设一人行过道，便于操作管理，适于室内以动物粪便饲养。一般池子要求面积为 2~4m²，深 40cm，其上用窗纱做成盖子。

为适应周年饲养需要，室内育蛆应备有加温、保温、加湿、通风设备，如电炉、红外线加热器、油灯等。

室外平地仿生态育蛆仅适于在蝇蛆生长季节，在室外修池，然后将卵移入池中，孵化成蛆。在室外选择向阳背风且较干燥的地方，挖一个长 4.6m、宽 0.6m、深 0.8m 的坑，其上面用竹子、薄膜搭成长 5m、宽 1.2m、高 1.5m 的栅盖，北面用塑料薄膜密封起来，南面留一个小门，便于操作，四周开好排水沟，防止雨水浸入。这种装置适于室外粪便养蛆。

2）始祖种源群体的建立

（1）自然种源的采集、筛选、培育。家蝇是一种常见的昆虫，自然收集十分方便。

（2）购买种源或选择商品虫，培育，建立种源群体。

（3）种蝇的养殖。

目前国内养殖种蝇的方式有两种，即笼养和房养。两种养殖方式各有所长，笼养隔离较好，比较卫生，能创造适宜的饲养条件，但房舍利用率不高；房养则可提高房舍利用率，且设备简单，省工省本，比较适于大规模连续生产，但管理不便，成虫易逃逸。

3）饲料原料及配制配方

养殖蝇蛆的饲料原料来源广泛，麦麸、米糠、酒糟、豆渣等农副产品下脚料，猪粪、鸡粪、鸭粪等畜禽粪便均宜用于养殖。一个畜禽养殖场配上一个蝇蛆养殖场，就等于又建了一个昆虫蛋白质饲料生产厂。原料是畜禽排出的粪便，产品是优质蝇蛆蛋白质。养殖蝇蛆后的粪便，既无臭味，不招苍蝇，又肥沃疏松，是农作物的优质有机肥，这一特殊的转化功能，是其他饲料昆虫所不及的。蝇蛆处理畜禽粪便的能力是蚯蚓的20倍。

（1）种蝇的饲料。种蝇与其他动物一样也需要足够的蛋白质、糖和水，以维持生命和繁殖力。常用成虫的饲料配方如下：①奶粉 50%+红糖 50%；②鱼粉糊 50%+白糖 30%+糖化发酵麦麸 20%；③蛆粉糊 50%+酒糟 30%+米糠 20%；④蛆浆糊 70%+麦麸 25%+啤酒酵母 5%+蛋氨酸 90mg；⑤蚯蚓糊 60%+糖化玉米糊 40%；⑥糖化玉米粉糊 80%+蛆浆糊 20%。

在生产中，因奶粉、红糖等作饲料成本太高，常用蛆浆糊；加上糖化面粉糊配制，糖化面粉糊是将面粉与水以 1：7 比例调匀后加热煮成糊状，再按总量加入10% "糖化曲"，置 60℃中糖化 8h 即成。以这种饲料喂养成蝇，饲养效果好，成本低。

（2）幼虫培养基。蝇蛆培养基可分两类：一类是由农副产品下脚料（如麦麸、米糠、酒糟、豆渣、糖糟、屠宰场下脚等）配制的；一类是以动物粪便（如牛粪、马粪、猪粪、鸡粪等）经配合沤制发酵而成的。前一类主要是掌握各组分的调配比例，控制含水量在60%左右，基质在接卵前应经过 12h 左右的发酵过程。后一类基质则要求原料短、细、鲜，含水量70%左右，使用前，将两种或两种以上基质按比例混匀堆好，上盖塑料薄膜沤制，发酵 48h 以上方可接卵；其 pH 要求为 6.5~7.0，过酸可用石灰调节，过碱可用稀盐酸调节；每平方米养殖池面积倒入基质 40~50kg，接入蝇卵 20~25g。

4）生产管理

（1）成虫饲养密度。人工养殖蝇蛆应最大限度地利用养殖空间，以达到高产的目的。由于受环境、季节、房舍及养殖工具等的影响，其养殖密度也不尽相同。试验表明，蝇笼饲养每只种蝇最佳空间为 11~13cm³，每立方米饲养 8 万~9 万只成虫为宜。

房养的成虫密度，春秋季节每立方米空间可养 2 万~3 万只蝇，密度过大会导致摄食面积不足，室内空气不畅，人员操作不便，饲料更换频繁会导致成虫逃逸、死亡等问题发生。成虫放养密度过低，又会影响产量。夏季高温季节，以每立方米放养 1 万~2 万只成虫为宜，如果房舍通风降温设施完善，还可适当增加饲养密度。

（2）蝇群结构。蝇群结构是指不同日龄种群在整个蝇群中的比例。种群结构是否合理，直接影响产卵量的稳定性、生产连续性和日产鲜蛆量。控制蝇群结构的主要方法是掌握较为准确的投蛹数量及投放时间。实践表明，每隔 7d 投放一次蛹，每次投蛹数量为所需蝇群总量的 1/3；这样，鲜蛆产量曲线比较平稳，蝇群亦相对稳定，工作量小，易于操作。

（3）成虫产卵垫与卵的收集。诱集成虫产卵的物质，一般有 4 种，即麦麸、米糠、鸡粪、猪粪。麦麸是比较稳定可靠的优良产卵垫，但成本高。试验证明，以笼养雏鸡新鲜鸡粪作产卵垫，其集卵效果较好。

蝇蛹羽化后不久即交配产卵，所以在羽化后 3d 就要在蝇房或蝇笼中放入产卵垫盘集卵。产卵垫盘可以是不透明的塑料筒、塑料碗或盘、瓷盘等，若以麦麸作产卵垫，可加入万分之一的碳酸铵水，将麦麸拌湿，使其含量在 60% 左右。成虫产卵时间多在 8:00～15:00，每天可集卵 2 次。收集卵时，可将产卵垫盘中的产卵垫及蝇卵一并倒入蛆虫培养基中培养。空盘洗净后加入新鲜产卵垫，再重新投入成虫笼或蝇房中集卵。

（4）成蝇房的管理。成蝇房的温度以 23～30℃为宜，不能低于 20℃ 或高于 35℃，相对湿度以 60%～80% 为宜。将家蝇蛹接入成虫笼或成蝇房后，一般经 4d 左右即可羽化，此时应及时供给饵料、清水，饵料的量应控制在以当天吃净为准。温度较低时，可在每天上午将饵料盘取出清洗并添加新的饵料，同时更换清水；夏季高温季节，每天上、下午各喂一次饵料。

淘汰成蝇时可将笼中饲养盘、饮水器、产卵垫盘等全部取出清洗，将成蝇杀死并清洗干净，再将成蝇笼用来苏尔稀碱水清洗冲净后晾干备用。在成蝇房中饲养时，在淘汰成蝇后也应彻底地清洗地面及四周壁面，用紫外线消毒 2～3h。

（5）商品蝇蛆的饲养管理。如果在冬秋季节生产蝇蛆，往往采用室内育蛆。在夏季，多采用室外育蛆。蛆虫室应保持较为黑暗的条件。室内以粪便池养的蛆虫，能消耗相当于其体重 10 倍的食物。粪料起初含水量高，有臭味，在蛆虫不断取食活动下，粪料逐渐变得松散，臭味减少，含水量降低，体积大幅减小，因此，应注意及时补充新鲜粪料，以免粪料不足时蛆虫爬出池外。对室内以农产品下脚料箱养的蛆虫，也应加强管理，随时添加饲料，防止蛆虫外逃。

生产蝇蛆既不需要任何防疫措施，也不需要现代化厂房，在民用水电设备条件下保温、供粪、防逃，即可规模生产，不产生有毒物质，不污染环境。根据目前的科技水平，易于做到蝇蛆的工厂化养殖。蝇蛆耐高密度养殖，一个 50m×50m×50m 的蝇笼，可饲养 1 万～1.2 万只成蝇。国内蝇蛆规模化、工厂化生产技术及蝇蛆生化系列产品的制备工艺已渐成熟。

5）蝇蛆采收

采收蛆虫时，可利用蛆虫的负趋光性，在分离箱内将蛆虫从培养基料中分离出来。分离箱分别由筛网、暗箱和照明部分组成，筛目一般用 8 目（用农产品下脚料饲养则用更细的筛网），筛网上设有强光灯。分离箱一般长、高、宽各为 50cm。分离时把混有大量幼虫的培养基料摊放在筛板上，打开光源，人工搅动培养基料，蛆虫见光即下钻，不断重复，直至分离干净；最后将筛网下的大量幼虫与少量培养基料，用 16 目网筛振荡分离，即可达到彻底分离干净的目的。

以农副产品下脚料作培养基质，采收蝇蛆时，除可用分离箱分离幼虫外，还可用盐水法分离幼虫。

以新鲜猪粪为基料，每 100kg 鲜猪粪可收获鲜蛆虫 15～30kg；一间 30m^2 的养蝇蛆房夏秋季节可日收获鲜蛆 40～80kg。

4. 家蝇的生态利用

家蝇可以应用于猪粪、鸡粪、餐厨废弃物的生物转化处理。在幼虫不断取食活动下，在 30℃下 8 昼夜，可从 1t 有机废弃物中得到约 20kg 的幼虫生物量，约 500kg 的高价值腐殖质。

6.4.9 亮斑扁角水虻

水虻类是双翅目水虻科昆虫的统称，最早由林尼厄斯（Linnaeus）于 1738 年记录，起源于美洲，现在已成为世界性分布的昆虫，在北纬 45°和南纬 40°间均有分布，在美洲、欧洲、亚洲、非洲、大洋洲和多个太平洋岛屿上都有记录。

水虻属昆虫的腹部宽扁，但长腹水虻属昆虫的腹部长而基部窄。具鲜明的黄、绿或黑色条纹，外形似蜜蜂或黄蜂，亦常出现在花的附近。幼虫蠕虫状，肉食性或草食性，其生境多样，如水中、腐败有机质和蔬菜中。在蜕皮内化蛹。特殊的口器结构和敏捷的幼虫允许它们在潮湿的泥土中生长。

亮斑扁角水虻为水虻科种类之一，俗称黑水虻。原产于南美的热带稀树草原，人类社会进入农业文明之后，黑水虻就与人们饲养的家畜和家禽结成了相当紧密的共生关系。长久以来，黑水虻常见于非洲农民的鸡舍和猪栏里，以猪粪和鸡粪为食，繁衍生息。同时，黑水虻也可作为饲料喂鸡喂猪。据记载，早在 1000 多年前，农民与黑水虻就结成了这种互惠互利的关系。

第二次世界大战期间，黑水虻随着美军人员及物资的广泛运输与流动在全世界范围内传播，黑水虻迅速传播到温带、亚热带和热带的大部分地区。由于其本身并不传播疾病，也不会对当地居民造成任何危害，因此，黑水虻目前在全球的热带和温带大部分地区都有分布，却没有引起人们的注意。

黑水虻在我国山东（胶东）、海南、广东、广西、福建、安徽、河北、四川等地均有标本记录，是一种分布广泛的常见昆虫。幼虫具有腐食性特点，取食范围非常广泛，常见于农村的猪栏、鸡舍附近，取食新鲜的猪粪和鸡粪。生活习性也与家蝇相似，只不过它们不亲近人类，其幼虫在取食转化有机废弃物后即可减少污染，是自然界中腐屑食物链的重要组成部分，是一种代表性环境昆虫。

1. 形态特征

黑水虻属完全变态昆虫，一生历经成虫、卵、幼虫、蛹4个阶段。

成虫：体长12mm左右；触角宽、扁且长，体黑色并具蓝紫色光泽，腹部前端两侧各具一白色半透明的斑，足的胫节白色，余黑色。

卵：长椭圆形，初期半透明，后渐变为淡黄色，孵化前可见两个红色单眼。

幼虫：乳白色，有毛，体型肥胖，半头式，老熟幼虫长约20mm。

蛹：围蛹，深褐色，表皮革质，较硬，化蛹前尚有预蛹阶段，体色与蛹相同，不取食，能活动。

2. 生物学、生态学及行为习性

1）生活史

黑水虻在华南地区1年发生8～9代，世代重叠，以老熟幼虫或预蛹越冬，越冬场所为覆盖有树叶、杂物的浅土层。蛹通常在3月初温度升高时羽化，羽化的成虫寿命短，完成交配和产卵后即死亡。世代历期约35d，但随着环境的适合度而有很大弹性，实际上，黑水虻在适宜条件下28d就能完成1代，而在极端严酷环境下则有可能延长至8个月。

成虫会飞，生活期只有10d。成虫羽化1～2d后即能交尾，2～3d后开始产卵，单雌产卵量为800～1000粒，聚产。雌雄比约为1:1，雌成虫寿命为8～9d，雄成虫寿命为6～7d。成虫有时有访花习性，以植物分泌的汁液和蜜露为食。成虫通常的栖息地为有矮灌木的绿地，雌成虫寻找新鲜的有机质作为产卵场所，并将卵产在食物附近干燥的缝隙中。卵期为4d。幼虫期为15d。幼虫共有6龄，6龄后进入预蛹期，蛹期为15d，低湿下能活动，初期还会爬行。

黑水虻从卵发育到成虫，一般只需20～25d；由卵到幼虫，只需4～5d。初孵幼虫0.08mg，在24～30℃下，经4～5d生长，幼虫的体重即可达50～75mg，总生物量增加8000倍。

2）成虫交配行为

黑水虻成虫交配过程较为复杂，交配前期存在雄成虫对雌成虫的识别和求偶行为，交配中期的产卵瓣与抱握器的对接在飞行中完成，交配后期的受精过程在地面或叶片上完成，受精过程需要半小时左右。强烈的日光照射能诱导成虫的交配行为，但同时其还受时间和温度的影响。自然条件下，成虫于接近正午时达到交配高峰，随后交配行为逐渐减少，雄成虫交配后不久即死亡，雌成虫交配2～3d后开始寻找适宜的产卵场所，一次性产卵800～900粒，寿命约为9d，雄成虫的寿命为6～7d。

成虫羽化后通常停歇在绿色植物的叶片上，多以植物的汁液和蜜露为食。没有进入人类居室的习性，也不携带任何病菌，对人类完全无害。因此适宜交配的环境为有矮灌木的绿地。

3）幼虫习性

幼虫共 6 龄，营腐生性，取食范围非常广泛，主要以新鲜的猪粪、鸡粪、腐烂的水果和蔬菜为食。幼虫自 3 龄之后取食量增大，6 龄后进入预蛹期，体色从乳白色转为深褐色，并从取食环境中迁出，寻找干燥、阴凉、隐蔽的化蛹场所，有明显的趋缝性。

4）蛹期

蛹期的弹性很大，从 7d 到 6 个月不等。

3. 黑水虻生产养殖技术

1）生产场地、设施与器具

（1）生产场所及布局。黑水虻的生产场地要求光线直射、充足，通风良好，交通方便。功能区布局可分为饲料加工车间、饲料存放库、成虫饲养及产卵室、卵孵化室、低龄（1~2 龄）幼虫饲养室（区）、中龄（3~4 龄）幼虫饲养室（区）、老熟幼虫饲养室及蛹化室。此外，还可以专设湿垃圾转化处理区。

（2）生产设施与器具。①中大型的网室：用于饲养黑水虻成虫和完成交配、产卵等行为。②配有空调的房间 1~2 间：用于孵化黑水虻卵和饲养低龄幼虫。③人工气候箱 1~2 套：用于黑水虻卵孵化时精确控制环境条件。④塑料盒、养虫盘若干：用于饲养黑水虻初孵及低龄幼虫。⑤花生秧蔓、糠粉、麦麸、鱼粉或豆粉：用作黑水虻饲料原料。⑥脱氢醋酸钠、水杨酸钠等防腐剂，少量。⑦木制或不锈钢制架子若干：用于摆放养虫盘。⑧冰箱 1 台：用于存放养殖材料或贮存预蛹。

利用废旧集装箱改制成黑水虻养虫室，可以提供合适的空间，保证温度、湿度和适宜的光照，调节到黑水虻的最佳生长发育条件。

2）始祖种源群体的建立

黑水虻是一种世界性广泛分布的昆虫，目前世界不同地区开展人工饲养并应用于有机废弃物资源的转化处理，国内外都已经形成了人工种源群体。因此，黑水虻的种源来源途径可以分为以下两种。

（1）自然捕捉并驯化。在自然界中诱捕成虫或寻找幼虫，作为始祖种源进行培育。

（2）经成熟的养殖场引种。从已经初具规模的繁育基地，购置质量优良、均匀一致的种源群体，在新地点繁育。同时要求提供技术指导。

3）饲料原料与配制

黑水虻饲料原料来源广泛，餐厨垃圾、畜禽粪便、烂瓜烂果烂菜、麦麸、米糠、酒糟、豆渣等均可用于黑水虻养殖，更难得的是黑水虻极嗜食餐厨垃圾及各种畜禽粪便。

黑水虻的饲料可以分为幼虫饲料和成虫饲料。幼虫饲料包括餐厨垃圾、农副产品下脚料、畜禽粪便等。先把分拣纯化、干湿分离的餐厨垃圾用粉碎机粉碎。若含水量过大可用麦麸、草粉、秸秆糠粉、锯末等加以调节，将湿度保持在60%±5%。成虫饲料包括糖醋、糖蜜、果汁、奶粉、酵母等。

（1）猪粪、鸡粪、人粪尿等含水量高、能量高的动物粪便。幼虫生境多样，可在水中、腐败有机质和蔬菜中，以及潮湿泥土中生长。黑水虻幼虫需要新鲜的粪肥，黑水虻很适合在动物排泄时立即对排泄物进行分解消化。

（2）堆腐酵化黑水虻饲料。采用常见的处理动物粪便的传统堆肥技术堆制黑水虻饲料。粪便中的碳源能够提高氧化效率。

4. 生产条件控制

温度：控制在26～30℃，环境温度不低于16℃；湿度：保持在60%～80%；光照：成虫强光，幼虫微弱光；通风：轻微。

黑水虻成虫的交配需要太阳光的刺激，因此在阴天和冬季光照时间短的时候，交配产卵率低，只能勉强维持传代，不能适应畜禽粪便大规模处理的需要，而目前人工光照刺激黑水虻成虫交配产卵国内外还未取得成功。研究太阳光和两种人工光源（碘钨灯、稀土灯）照射黑水虻成虫对黑水虻交配、产卵的影响时发现，在阳光下其交配主要集中在上午，而且当光强度达到140μmol/（m²·s）以上时，成虫交配非常活跃并产卵；在稀土灯光照条件下，不能成功交配、产卵。在碘钨灯照射下黑水虻能成功交配、产卵，日交配量能达到40对左右，产卵高峰期的卵量相当于太阳光照下的61%，孵化期、幼虫期和蛹期与太阳光照没有显著性差异（$P<0.05$）。碘钨灯代替太阳光照，三代之间的孵化期、幼虫期和蛹期没有显著性差异（$P<0.05$）。这为在冬季或阴雨天等阳光不充足的条件下解决黑水虻人工饲养中的交配产卵问题提供了一个可行的方法。

5. 不同发育阶段的管理

1）成虫饲养管理

成虫寿命较短，雌成虫平均寿命只有7～9d，雄成虫平均寿命只有6～7d，羽化的成虫从土层中钻出后需要静息一段时间（约半小时或更长），完成展翅及表皮的鞣化增色过程，能够飞翔的成虫通常停留在灌木或草本植物的叶片上，飞行速度快，有一定的趋光性。成虫口器为舐吸式，消化功能有一定程度的退化，不能分泌唾液进行体外消化，但是能吸食水分或植物汁液，实验显示，以蜂蜜水或蔗糖水（浓度低于10%）饲喂的成虫具有较强的活动能力。需要活动空间宽敞，具有宽大叶片的灌木植物，有日光照射。

黑水虻成虫饲养的目的是通过产卵获取数量大、质量高的虫卵，为生产群体的扩大奠定基础。黑水虻成虫饲养是生产技术的核心环节。

成虫产卵箱的制作。黑水虻成虫飞翔力强，必须做好防逃措施。产卵箱是长×宽×高为 3m×2m×2m 的立体棚架，材料可以选择不锈钢、角铁、木质、竹竿等，外面套上尼龙网或铁窗纱，预留一个便于观察、管理操作出入的门。内部一侧放一个放置接卵盒（盘）的多层架，将诱集接卵盒（盘）排放在多层架上。诱集接卵盒（盘）可以采用普通的塑料盒（盘），放入薄层诱集饲料，上面再成排摆放产卵载体，产卵载体可选择直径 3～4mm、深 7mm 的花泥块或方木块，或者用废旧纸箱的瓦楞纸折叠成 10cm 长、5cm 宽、5cm 厚的方块。温度为 26～30℃；光照条件分为自然光和人工光，太阳光照对成虫交配具有刺激作用，阴天光照不足，可开碘钨灯，效果可达到太阳光照的 60%～70%。成虫期不吃食，只需要一定的水分，诱集饲料配制为餐厨垃圾：锯末配比为 1：1，调节保持含水量为 60%。

2）采卵技术

方便、迅速地集中采卵是黑水虻规模化养殖的关键环节，唯有如此，才能有效地控制环境因子、实现操作过程的程序化和标准化及获得龄期一致的幼虫，从而方便时间序列的控制。黑水虻的产卵习性非常适于集中采卵。首先，黑水虻雌成虫产卵场所的选择受食物信息的诱导，因此可以利用饵料诱集黑水虻在固定区域产卵；其次，黑水虻雌成虫是一次性产卵，卵粒晶莹透明、排列整齐，形成卵块，利于集中收获；最后，黑水虻并不会将卵直接产于食料上，而是选择附近较为干燥的缝隙。根据此特性，设计了适于黑水虻产卵的一次性卵诱集器，置于食料附近，能方便地收获大量的黑水虻卵用于后续生产。

3）卵的孵化管理

把附着在产卵载体上的卵块放置在 30℃±5℃下进行孵化。将收集的卵诱集器置于透明的塑料盒内，盒底均匀铺垫一层由鱼粉、麦麸、花生麸配制的初孵幼虫饲料，环境温度为室温（25℃）、相对湿度大于 80%，加盖防蝇网，必要时用喷壶补充水分，大约 3d 就能孵化，同一卵块的幼虫孵化时间非常接近，因此可以获得龄期非常一致的虫态。

4）幼虫饲养

黑水虻的初孵幼虫至 3 龄幼虫体积小，食量不大，为提高禽畜粪便的处理效率和黑水虻幼虫的成活率，最优方案是将黑水虻幼虫饲养至 3 龄后再进入禽畜粪便的处理程序。黑水虻幼虫的饲养程序相对简单，以透明塑料盒或塑料盘为饲养器具，以花生麸和麦麸为主要饲料，环境温度为室温（25℃）、盘内食料温度为 30～32℃、环境相对湿度不低于 60%、盘内湿度不大于 80%，加盖防蝇网，每 24h 更换一次食料，初孵幼虫至 3 龄幼虫的发育期为 6～7d，获得大小一致、体色乳白、健康活泼的 3 龄幼虫即可用于餐厨垃圾、禽畜粪便、腐败蔬果的生物处理过程。

刚刚孵化的小幼虫体色为乳白色—灰白—褐色—黑褐色等，到体色变为黑褐色时开始不吃食、往干燥的地方爬行。培养箱用 60cm×40cm×10cm 的塑料箱，养殖池可用水泥砌成长 2m、宽 1.2m、高 0.3m 的长方形。低龄幼虫集中饲养，3 龄后幼虫可用餐厨垃圾、有机垃圾、果菜残体、畜禽粪便等饲喂，最好用粉碎机粉碎、搅拌，用锯末调和湿度为 60%。

5）预蛹和蛹期管理

黑水虻幼虫经 5 龄后体色逐渐变为黑褐色，体壁硬化，停止取食，进入预蛹阶段。预蛹阶段的黑水虻肠道内没有食物，寻找干燥、阴凉、隐蔽的场所化蛹，有迁出食物的行为，但同样有避光性和趋缝性。黑水虻预蛹具有更强的抗逆性，因此是较为理想的贮存虫态。收集用于补充黑水虻成虫种群数量的预蛹后，在残余的食料中加入适量木糠和泥土，使其在养殖盘底部化蛹，然后置于成虫饲养室内，避雨避光，约 2 周后即可羽化出黑水虻成虫，从而进行新一轮循环。

蛹的初期在低湿下能活动，偶尔还会爬行，后期则处于休眠状态。蛹期保存条件：温度 25～28℃，湿度 50%。羽化准备：把蛹放进容器里，倒入水。

6. 天敌预防

黑水虻的天敌很多，捕食性天敌主要有蚂蚁、蟾蜍和鸟类等，寄生性昆虫主要为昆虫纲膜翅目，无后缘姬小蜂可以寄生在黑水虻上，寄生率平均为 57.89%。

7. 收集与加工

黑水虻与食料残余的分离可通过两种方法进行。其一，自然迁出。黑水虻预蛹阶段有迁出食料的习性，因此在饲养容器中设计若干有通道的出口，通道倾斜角度小于 15°，黑水虻在夜晚时即能通过倾斜的通道自行迁出饲养盘，在通道出口放置容器即能得到分离得十分干净的预蛹。其二，筛分。黑水虻取食后期食物残余已经相当干燥，因此可以根据饲料颗粒大小选择适宜的筛目，通过分离过大和过小的食物块，也能得到含有少量杂质的黑水虻预蛹。

养殖收集的黑水虻幼虫，含水率为 65%，经过微波隧道烘干（其中粗蛋白质含量 50% 以上，粗脂肪含量 20% 左右，矿物质含量 8% 左右）变得适合贮存和进一步利用，如制成类似于鱼粉的黑水虻虫粉或者制成膨化饲料。

8. 包装、贮存与运输

黑水虻易于养殖，具有良好的生产特性。黑水虻的生产可实现集约化流水线生产。黑水虻的整个生活史周期只要 34d，其中，幼虫采食期为 12d，其中用于粪便处理的生长阶段为 5～7d（从投入粪便到收获虫体），即黑水虻处理粪便的生产周期为 6d 左右。成虫在适当的温度、光照下交配产卵。每对成虫可一次性生产600~1000 只后代。生产中黑水虻的实际代际扩繁量在 100 倍以上，使黑水虻的种群维持变得轻松。黑水虻个体大，利于采用自动化的设备进行分离和包装。

9. 注意事项

（1）温湿度。黑水虻幼虫对温湿度非常敏感。温度过低会导致取食量下降、发育缓慢，而在温度过高的情况下则会出现幼虫停止取食、逃离行为；湿度过高的危害最大，除诱发病害外，黏湿的食料因为透气性差而导致多数幼虫死亡，而过于干燥则会影响幼虫的取食效率。

（2）透气性。黑水虻虽然在水中淹没数天也不会致死，但良好的透气性对于黑水虻的养殖仍然非常重要，在透气性不良而环境温度过高的情况下，会发生黑水虻幼虫集体逃离现象。

（3）黑水虻幼虫富含抗菌肽，但在高温高湿及饲料成分过于单一的情况下，容易患软腐病，防治方法是保持饲养环境的通风透气，并在饲料中添加适量的植物材料（瓜果蔬菜类）。成虫与幼虫饲养室应有防护措施，防止鸟类等天敌的偷食。

10. 黑水虻生态利用

（1）餐厨废弃物转化处理。目前，全国各地都开展了利用黑水虻转化处理餐厨废弃物的工作。

（2）生猪、奶牛粪污转化处理。黑水虻幼虫的自然食物就是野生动物粪便，其幼虫具有旺盛的食欲，一只幼虫平均每天进食 0.5g 有机物，因此可以利用这一习性处理畜禽粪便。随着我国养殖业的发展，畜禽粪便污染已经成为严重的环境问题。黑水虻在转化畜禽粪便方面，效果良好，并能有效去除畜禽粪便中的臭味。经黑水虻处理的猪粪，其氮含量减少 55.1%，磷含量减少 44.1%，钾含量减少 52.8%，钙含量减少 56.2%，镁含量减少 41.2%，硫含量减少 44.7%，铜含量减少 45.8%等。黑水虻幼虫转化处理 1t 的新鲜猪粪（含水量约 70%），可以获得 80~100kg 的黑水虻鲜虫，以及 300kg 的有机肥产品。黑水虻幼虫转化处理 1t 的新鲜鸡粪（含水量约70%），可以获得约 150kg 的黑水虻鲜虫和 200kg 的有机肥产品。

利用黑水虻处理畜禽粪便，适用于大多数的笼养鸡场、散养鸡场、养猪场、养鸽场等大量产出粪便的企业。随着我国对畜禽养殖场粪便排放管理的进一步加强，黑水虻处理粪便技术将有更大的用武之地。

目前全球每年会产生 7 万 t 废物，因此需要研究探讨各种处理动物粪便的方法。长期、大量将畜禽粪便作为土地肥料处理，导致了这些土地成为可溶性磷的污染源。因此，利用黑水虻处理畜禽粪便是一种高效、高值、高安全性的可行性的技术方法。

(3) 生态灭蝇。通过生态竞争控制家蝇。黑水虻与家蝇的生活习性类似，都对腐败的味道有特殊偏好，黑水虻幼虫个体较大，有聚集取食的行为习性，因此在食物资源的竞争利用上处于优势。实验表明，黑水虻幼虫种群能够在竞争中很快取代粪堆中的蝇蛆（家蝇的幼虫）种群，甚至家蝇雌成虫会避免在有黑水虻幼虫的粪堆上产卵。由于水虻幼虫的食谱与家蝇有很大的重叠，因此黑水虻的大量繁殖会抑制家蝇种群，并占据家蝇繁殖的场所，从而达到家蝇种群生态控制的目的。

(4) 灭除病原微生物。黑水虻幼虫偏好新鲜的有机垃圾，这样不但能够即时处理各种有机废弃物，而且避免因为有机垃圾的长期堆放而滋生大量的微生物，不仅危害公共卫生环境，而且消耗大量营养物质。研究表明，黑水虻幼虫在取食过程中能够分泌一种有机酸，抑制微生物的生长，其强健的消化道也能消化细菌和真菌，并在体内转化为多种抗生素物质。

第 7 章

资源昆虫生态利用与"三生"农业体系

7.1 "三生"农业体系概念、内涵与意义

"三生"农业体系是由 3 种农业生产方式组成的，分别是生物体简单农业、生物链复杂农业、生态体混合农业。

生物体简单农业，以生物物种（品种）为基础，可发掘生物体个体和群体生物学生殖潜力。生物体包括不同的层次，如个体、器官、组织、细胞、分子、基因等，可以理解为物种（品种）个体内部的组织层次。每一个层次相应的技术都是生物技术，属于生物产业和生物经济。

生物链复杂农业，以自然界的食物链（网）为基础，人为选择不同物种（品种）构建"人工生物链"，只有"人工生物链"，没有"人工生物网"。生物链复杂农业可发掘生物链所有物种（品种）的个体和群体生物学生殖潜力，包括营养生长的生物量，更包括它们之间的关联关系，这种生物链中各个生物先后排列的关联关系发掘才是生物链复杂农业的根本特征。以自然界生食食物链和腐屑食物链生态学理论为依据，生物链复杂农业进一步构建更加复杂的"环链聚合双六产"体系。"环链聚合双六产"中的"环"是指以生食食物链为基础的传统阳性一二三产融合发展，以及以腐屑食物链为基础的阴性一二三产融合发展，这两条并行的产业链中的所有环节或每一个环节即称之为"环"；链，就是指阳性产业链和阴性产业链；"聚合"是指阳性产业链和阴性产业链"阴阳"对应环节的聚合，即阳性产业链一产对应阴性产业链一产、阳性产业链二产对应阴性产业链二产、阳性产业链三产对应阴性产业链三产，也就是一一、二二、三三对应聚合；"双六产"就是指阳性产业链和阴性产业链，二者交织呈现出立体式"双螺旋"结构。

"环链聚合双六产"结构，可以很好地诠释完善现代生态循环农业结构需要做的工作，分别为补缺、疏堵、循环。补缺就是增补缺失的环节。昆虫元素是传统农业中被严重忽视的环节，需要在生物链复杂农业中加以弥补，即形成嵌入昆虫元素的新农业，以昆虫改变传统农业。疏堵就是解决农业生产系统中的"堵点"，打通"堵点"、消除"痛点"、解决"难点"，才能完善整个循环系统。万物皆循环，循环具有动态平衡的含义。在一个循环系统中，要不断进行调整，使之能够顺畅、

和谐、永续地运行。

几乎所有的有机废弃物料（作物秸秆、树枝树叶、餐厨垃圾、厨余垃圾、粪污、菜头菜尾、有机废污水等）厌氧发酵产生沼气后的沼渣、沼液，收集后均可以作为环保昆虫的饲料原料。补上环保昆虫这一环节，转化处理掉有机废弃物这个堵点，循环应用植物、动物（脊椎动物和无脊椎动物）、微生物（包括酵素、酵母、微藻类等）全生物量，形成综合性、系统化技术系统，支撑生态循环农业的动态平衡发展。从生物链复杂农业的纬度审视生物体简单农业，几乎所有生物体简单农业发展过程中所产生的问题都可以迎刃而解。如作物秸秆、畜禽粪污、沼渣沼液、食用菌菌糠肥料、霉变饲料等一系列问题。

生态体混合农业，关键在于对生态体的理解。生态体是和生物体、生物链相对应的一个词，生物体、生物链都是特指有生命特征的物种或类群，而生态体则包括了有机物（界）和无机物（界），生态体混合农业中的有机物（界）即指生物体和生物链，无机物（界）则包括设施（温室大棚等）农业条件，高标准农田建设的水电路网等基础设施，机械化中的机器人、无人机等，智能化、智慧化中的大数据系统等。

目前，现代农业的发展已经处于由生物体简单农业向生物链复杂农业和生态体混合农业转型升级、跨越融合的新时代。

历经一万年的传统农业，归结起来可称之为生物体简单农业；现代生态循环农业可归结为生物链复杂农业，到 2035 年之后将跨入生态体混合农业时期。

7.2　天敌昆虫生态利用是现代农业绿色发展支撑

绿色是农业的底色，生态是农业的底盘。2023 年的中央一号文件继续将农业绿色发展列为全面推进乡村振兴的重点工作。化学农药的使用是所有农业面源污染最重要的源头，加强天敌昆虫生态利用，可为化学农药减量增效做出直接贡献。

天敌昆虫人工繁育与释放应用，其理论依据是生态系统中的食物链（网）关系，我们人为选择了其中的骨干种类，进行了人工重组，重构了一个生物链，并将其嵌入农业生态系统之中，利用其在农业生态系统中的内生生物动力发挥积极的作用。

7.3　环保昆虫生态利用是生物链复杂农业发展支撑

在生物体简单农业生产过程中，会产生很多能量耗散、资源浪费、生态破坏、环境污染难题。在生物链复杂农业生产过程中，遵循了"能量守恒、物质不灭、生物学转化、生态学过滤和隔离"的基本物理学和生物学原理，以两条食物链为基础，构建起来"环链聚合双六产"体系，为生态体混合农业的进一步发展奠定了基础。

农作物秸秆、果树枝条、蔬菜尾菜、食用菌菌糠、餐厨废弃物、有机废污水等可以通过"虫菌"复合技术实现资源化、无害化、产业化转化。这个过程，可以将人类不能消费利用的废弃物作为环保昆虫的食物原料，实现"消费即生产"，食物链上一级生物在消费过程中，为食物链下一级的生物生产出食物原料，形成一个"益性"的循环，每一次循环都会带来一定的资源增量，这就是资源循环增量。生物链复杂农业就是典型的资源循环增量生产模式。

主要参考文献

白全江，陈静，李笑硕，等，2007．利用丽蚜小蜂及物理等综合技术措施防治温室蔬菜白粉虱[J]．内蒙古农业科技（5）：79-81，89．

包建中，1980．我国农业害虫的生物防治研究和利用[J]．昆虫知识（1）：39-41．

包建中，1995．21 世纪中国农业前景探讨[J]．中外科技政策与管理（6）：42-45．

包建中，1999．中国的白色农业-微生物资源的产业化利用[M]．北京：中国农业出版社．

包建中，古德祥，1998．中国生物防治[M]．太原：山西科学技术出版社．

毕于达，王道龙，高春雨，等，2008．中国秸秆资源评价与利用[M]．北京：中国农业科学技术出版社．

毕章宝，季正端，1994．烟蚜茧蜂 *Aphidius gifuensis Ashmead* 生物学研究Ⅱ．成虫生物学及越冬[J]．河北农业大学学报（2）：38-44．

毕章宝，季正端，1996．烟蚜茧蜂生物学研究Ⅳ．——繁殖力、内禀增长力、功能反应及对桃蚜的抑制作用[J]．河北农业大学学报（3）：1-6．

卞有生，2005．生态农业中废弃物的处理与再生利用[M]．北京：化学工业出版社．

采克俊，张丽倩，刘莉，2008．大麦虫养殖技术[J]．现代农业科学（5）：38-39．

蔡邦华，1955．關于防治松毛蟲的研究工作[J]．科学通报（4）：43-45．

蔡长荣，张宣达，赵敬钊，1985．大草蛉人工饲料的初步研究[J]．昆虫天敌（3）：125-128．

曹爱华，张良武，1994．用赤眼蜂蛹饲养捕食性瓢虫初步试验[J]．昆虫天敌（1）：1-5．

常杰，等，2017．生态文明中的生态原理[M]．杭州：浙江大学出版社．

陈昌洁，1990．松毛虫综合管理[M]．北京：中国林业出版社．

陈家骅，韩书友，张玉珍，1990．烟蚜 *Myzus Persicae* 种群动态的模糊聚类分析[J]．河南农业大学学报（4）：428-435．

陈世骧，1958．昆虫分类的一个新系统[J]．科学通报（4）：110-111．

陈世骧，王书永，姜胜巧，1986．新疆托木尔峰的新叶甲[J]．昆虫分类学报（Z1）：55-56．

陈文华，1991．中国古代农业科技史图谱[M]．北京：中国农业出版社．

陈志辉，钦俊德，1982．七星瓢虫代饲料中水分的营养效应[J]．昆虫学报（2）：141-146．

陈志辉，钦俊德，申春玲，1989．改变人工饲料组分对七星瓢虫幼虫生长发育的影响[J]．昆虫学报（4）：385-392．

程洪坤，1989．丽蚜小蜂商品化生产技术的研究通过鉴定[J]．生物防治通报（1）：8．

程洪坤，魏炳传，田毓起，1988．食蚜瘿蚊生物学初步研究[J]．植物保护（3）：26-27．

程英，李忠英，李凤良，2006．七星瓢虫的研究进展[J]．贵州农业科学（5）：117-119，116．

丛明亮，2010．凹唇壁蜂的生物学特性及其在苹果梨园上的利用研究[D]．延吉：延边大学．

戴开甲，钟连胜，马志健，等，1985．饲养赤眼蜂的人工寄主卵卡[P]．湖北：CN85100223B，1985-09-10．

邓继海，王永生，2016．中国秸秆资源产业化[M]．北京：中国农业出版社．

丁岩钦，1980．昆虫种群生态学[M]．北京：科学出版社．

段入心，2020．丽蝇蛹集金小蜂毒囊细菌的多样性及其功能研究[D]．泰安：山东农业大学．

方杰，朱麟，杨振德，等，2003．昆虫人工饲料配方研究概况及问题探讨[J]．四川林业科技（4）：18-26．

高长启，王志明，余恩裕，1993．蝎蝽人工饲养技术的研究[J]．吉林林业科技（2）：16-18．

高慰曾，1980．夜蛾趋光特性的研究——向灯飞原因的进一步分析[J]．昆虫学报，23（4）：369-373．

高文呈，1987．日本松干蚧的一种新天敌——黑叉胸花蝽[J]．昆虫学报（3）：271-276．

高文呈，唐泉富，胡鹤令，等，1979. 异色瓢虫的饲养及控制松干蚧虫口的效果试验初报[J]. 浙江林业科技（2）：41-53.

高卓，王皙玮，张李香，等，2011. 蠋蝽（*Arma chinensis*）生物学特性研究[J]. 黑龙江大学工程学报，2（4）：72-77，83.

高卓，张李香，王贵强，2009. 保护利用蠋蝽防治甜菜害虫[J]. 中国糖料（1）：70-72.

芶在坪，2008. 国外农业循环经济的发展[J]. 再生资源与循环经济，11：41-44.

郭建英，万方浩，2001. 三种饲料对异色瓢虫和龟纹瓢虫的饲喂效果[J]. 中国生物防治（3）：116-120.

国家环境保护总局自然生态保护司，2002. 全国规模化畜禽养殖业污染情况调查及防治对策[M]. 北京：中国环境科学出版社.

韩瑞兴，蒋玉才，徐丽华，1979. 异色瓢虫人工繁殖技术研究初报[J]. 辽宁林业科技（6）：33-39.

韩召军，杜相革，徐志宏，2008. 园艺昆虫学[M]. 北京：中国农业大学出版社.

何宗均，2010. 畜禽粪便变废为宝[M]. 天津：天津科技翻译出版公司.

贺伟强，沈永根，2015. 蚕桑生产废弃物资源化利用实用技术[M]. 北京：中国农业出版社.

亨利·大卫·梭罗，2011. 瓦尔登湖[M]. 穆紫，译，北京：中国妇女儿童出版社.

洪黎民，1996. 共生概念发展的历史、现状及展望[J]. 中国微生态学杂志，8（4）：50-54.

侯茂林，万方浩，刘建峰，2000. 利用人工卵赤眼蜂蛹饲养中华草蛉幼虫的可行性[J]. 中国生物防治（1）：5-7.

胡跃高，2011. 钱学森第六次产业革命理论学习读本[M]. 西安：西安交通大学出版社.

黄金水，郭瑞鸣，汤陈生，等，2007. 松突圆蚧天敌红点唇瓢虫人工饲料的初步研究[J]. 华东昆虫学报（3）：177-180.

寄本胜美，2014. 垃圾与资源再生[M]. 滕新华，王冬，译. 北京：世界知识出版社.

姜秀华，王金红，李振刚，2003. 蠋蝽生物学特性及其捕食量的试验研究[J]. 河北林业科技（3）：7-8.

金鉴明，卞有生，2002. 21世纪的阳光产业——生态农业[M]. 北京：清华大学出版社/暨南大学出版社.

孔繁翔，2000. 环境生物学[M]. 北京：高等教育出版社.

李来庆，张继琳，徐靖平，等，2013. 餐厨垃圾资源化技术及设备[M]. 北京：化学工业出版社.

李丽英，郭明昉，吴宏和，等，1988. 叉角厉蝽的人工饲料[J]. 生物防治通报（1）：45.

李丽英，朱涤芳，陈巧贤，等，1992. 低温诱导赤眼蜂滞育与寄主的关系[J]. 昆虫天敌（3）：117-125.

李连枝，2011. 异色瓢虫工厂化繁育技术研究[J]. 山西林业科技，40（1）：28-30.

李连枝，姚丽敏，秦日栋，等，2011. 山西省异色瓢虫资源现状及开发利用前景[J]. 山西林业科技，40（3）：49-50.

李明福，张永平，王秀忠，2006. 烟蚜茧蜂繁育及对烟蚜的防治效果探索[J]. 中国农学通报（3）：343-346.

李学荣，胡萃，忻亦芬，1999. 烟蚜茧蜂 *Aphidius gifuensis* 滞育诱导研究[J]. 浙江大学学报（农业与生命科学版）（4）：95-98.

李颖，2012. 农村固体废物可持续利用[M]. 北京：中国环境科学出版社.

李玉艳，2011. 烟蚜茧蜂滞育诱导的温光周期反应及滞育生理研究[D]. 北京：中国农业科学院.

李志，杨军香，2013. 病死畜禽无害化处理主推技术[M]. 北京：中国农业科学技术出版社.

理查德·琼斯，2020. 自然的召唤——粪便的秘密[M]. 郑浩，译. 桂林：广西师范大学出版社.

刘细群，2005. 贵州食蚜瘿蚊本地品系的生物学及生态学研究[D]. 贵阳：贵州大学.

刘细群，杨茂发，2005. 贵州食蚜瘿蚊生物学特性的初步研究[J]. 贵州农业科学（1）：8-10.

刘玉升，1995. 苹果，梨，桃病虫害防治[M]. 北京：中国农业出版社.

刘玉升，1999. 果园农用药物使用手册[M]. 北京：中国标准出版社.

刘玉升，2000. 菜园农用药物使用手册[M]. 北京：中国标准出版社.

刘玉升, 2000. 大农业——第六次产业革命的主战场[J]. 山东农业大学学报（社会科学版）, 2（1）: 21-25.

刘玉升, 2000. 构建腐屑生态系统 开辟农业生产新战场[J]. 农业系统科学与综合研究, 16（1）: 57-59.

刘玉升, 2003. 大农业循环经济理论探讨[J]. 农业现代化研究, 24（专刊）: 24-26.

刘玉升, 2006. 黄粉虫生产与综合应用技术[M]. 北京: 中国农业出版社.

刘玉升, 2008. 蝗虫高效生产养殖与综合利用技术[M]. 北京: 中国农业出版社.

刘玉升, 2010. 果园生物质资源转化利用与果品有机生产[J]. 烟台果树, 3: 1-2.

刘玉升, 2010. 果园生物治理技术与果品有机生产[J]. 烟台果树, 4: 1-3.

刘玉升, 2010. 苹果园绿色植保"三生"技术体系[J]. 烟台果树, 2: 5-7.

刘玉升, 2012a. 昆虫生产学[M]. 北京: 高等教育出版社.

刘玉升, 2012b. 蚂蚁的生产养殖与应用[J]. 农业知识（9）: 54-56.

刘玉升, 2015. 城市生活垃圾三元二级分类体系的构建济应用前景[J]. 再生资源与循环经济, 8（6）: 18-21.

刘玉升, 2015. 大农业循环经济的科学基础与技术体系[J]. 再生资源与循环经济, 8（9）: 7-12.

刘玉升, 2017. 城乡生活垃圾一体化处理探讨: 三元二级分类新体系[J]. 再生资源与循环经济, 10（2）: 33-36.

刘玉升, 2017. 农村生活垃圾分类新体系及湿垃圾环境昆虫的转化技术[J]. 山东农业大学学报（自然科学版）, 48（5）: 775-778.

刘玉升, 2017. 生态村落及水系生物系统的构建与实践[J]. 山东农业大学学报（自然科学版）, 48（5）: 652-653, 659.

刘玉升, 2018. 黑色农业的科学理论与技术体系[M]. 北京: 科学出版社.

刘玉升, 2019. 黄粉虫对三种肉类的转化效果研究[J]. 山东农业大学学报（自然科学版）, 50（6）: 950-953.

刘玉升, 2019. 设施蔬菜废弃物资源化与生态植物保护利用现状及前景[J]. 农业工程技术（温室园艺）, 39（28）: 25-27.

刘玉升, 包建中, 1999. 创建"三色农业"新体系, 持续利用生物质资源[J]//新世纪科技论文（农林牧卷）. 北京: 科学出版社.

刘玉升, 包建中, 1999. "三色农业"的系统观[J]. 农业科学系统与综合研究, 15（4）: 269-272.

刘玉升, 包建中, 2000. "三色农业"与生物资源的可持续利用[J]. 农业现代化研究, 20（增刊）: 17-19.

刘玉升, 包建中, 周长路, 等, 1999. "三色农业"的系统观[J]. 农业系统科学与综合研究, 15（4）: 269-272.

刘玉升, 程家安, 牟吉元, 1997. 桃小食心虫的研究概况[J]. 山东农业大学学报, 2: 113-120.

刘玉升, 郭建英, 万方浩, 2007. 果树害虫生物防治[M]. 北京: 金盾出版社.

刘玉升, 何凤琴, 2003. 蝎子·家蝇[M]. 北京: 中国农业出版社.

刘玉升, 李明立, 2021. 生态植物保护理论技术与实践[M]. 北京: 科学出版社.

刘玉升, 骆洪义, 叶保华, 2013. 餐厨废弃物的环境昆虫处理途径及资源化利用探讨[J]. 再生资源与循环经济, 6（4）: 35-37.

刘玉升, 叶保华, 2001. 精细养殖经济昆虫[M]. 济南: 山东科学技术出版社.

龙宪军, 卢钊, 2012. 利用烟蚜茧蜂防治烟蚜的技术研究[J]. 湖南农业科学（1）: 80-82.

鲁汉平, 钟昌珍, 1994. 蝇蛆养殖技术研究Ⅱ. 影响幼虫生长的因子作用模型[J]. 华中农业大学学报（6）: 641-643.

骆世明, 2010. 农业生物多样性利用的原理与技术[M]. 北京: 化学工业出版社.

吕宝乾, 陈义群, 包炎, 等, 2005. 引进天敌椰甲截脉姬小蜂防治椰心叶甲的可行性探讨[J]. 昆虫知识（3）: 254-258.

吕伟珊, 2006. 谷子病虫害综合防治技术[J]. 安徽农学通报, 3: 97.

马瑞燕, 王韧, 丁建清, 2003. 利用传统生物防治控制外来杂草的入侵[J]. 生态学报, 12（23）: 2677-2688.

潘务耀，唐子颖，连俊和，等，1987．松脂柴油乳剂防治松突圆蚧的研究[J]．森林病虫通讯（1）：14-17．

潘务耀，唐子颖，谢国林，等，1993．松突圆蚧花角蚜小蜂引进和利用的研究[J]．森林病虫通讯（1）：15-18．

庞雄飞，1991．捕食性天敌评价的分析方法[C]//中国农业科学院生物防治研究所．全国生物防治学术讨论会论文集．

彭世奖，1992．我国传统农业中对生物间相生相克因素的利用[J]．农业考古， 1：139-146．

祁海萍，安建东，郭媛，等，2010．山西熊蜂资源调查研究[J]．山西农业科学，38（7）：73-76．

祁海萍，郭媛，宋怀磊，2018．论蜜蜂授粉在农业生产中的重要性及可行性[J]．山西科技，33（6）：34-36，48．

乞永艳，骆尚骅，刘富海，等，2000．蜂胶乙醇提取物抗氧化性能研究[J]．食品科技（4）：43-44．

前田泰生，1978．日本产ツツハナハチの比较生态学の研究[J]．东北农业试验场研究报告， 57：1-221·

钱学森，2015．第六次产业革命研究学习组．第六次产业革命[M]．北京：清华大学出版社．

乔秀荣，韩义生，徐登华，等，2004．白蛾周氏啮小蜂的人工繁殖与利用研究[J]．河北林业科技（3）：1-3，7．

秦西云，李正跃，2006．烟蚜生长发育与温度的关系研究[J]．中国农学通报（4）：365-370．

邱德文，2010．我国植物病害生物防治的现状及发展策略[J]．植物保护，36（4）：15-18．

仇兰芬，2008．危害果树的重要害虫[D]．北京：中国林业科学研究院．

曲福田，2001．资源经济学[M]．北京：中国农业出版社．

全国畜牧总站，2016．畜禽粪便资源化利用技术——达标排放模式[M]．北京：中国农业科学技术出版社．

全国畜牧总站，2016．畜禽粪便资源化利用技术——集中处理模式[M]．北京：中国农业科学技术出版社．

全国畜牧总站，2016．畜禽粪便资源化利用技术——清洁回用模式[M]．北京：中国农业科学技术出版社．

全国畜牧总站，2016．畜禽粪便资源化利用技术——种养结合模式[M]．北京：中国农业科学技术出版社．

沙曼·阿普特·萝赛，2017．花朵的秘密生命——一朵花的自然史[M]．钟友珊，译．北京：北京联合出版公司．

《山东林木昆虫志》编委会，1993．山东林木昆虫志[M]．北京：中国林业出版社．

沈妙青，郭振中，熊继文，1991．深点食螨瓢虫生物学、生态学研究[C]//中国农业科学院生物防治研究所．全国生物防治学术讨论会论文集．

沈志成，胡萃，龚和，1992．取食雄蜂蛹粉对龟纹瓢虫和异色瓢虫卵黄发生的影响[J]．昆虫学报（3）：273-278．

沈佐锐，2009．昆虫生态学及害虫防治的生态学原理[M]．北京：中国农业大学出版社．

石元春，2011．决胜生物质[M]．北京：中国农业大学出版社．

司徒朔，2014．农民何谓？[M]．北京：中信出版社．

宋慧英，吴力游，陈国发，等，1988．龟纹瓢虫生物学特性的研究[J]．昆虫天敌（1）：22-33．

宋丽文，陶万强，关玲，2010．不同宿主植物和饲养密度对蠋蝽生长和生殖力的影响[J]．林业科学，46（3）：105-110．

宋志伟，杨超，2011．农作物秸秆综合利用技术[M]．北京：中国农业科学技术出版社．

孙毅，万方浩，1999．七星瓢虫人工饲料的研究现状及发展对策[J]．中国生物防治（4）：169-173．

孙毅，万方浩，姬金红，等，2001．利用人工卵赤眼蜂蛹规模化饲养七星瓢虫的可行性研究[J]．植物保护学报（2）：139-145．

孙源正，任宝珍，2000．山东农业害虫天敌[M]．北京：中国农业出版社．

唐平，潘新潮，赵由才，2012．城市生活垃圾前世今生[M]．北京：冶金工业出版社．

涂元季，刘恕，2001．钱学森论第六次产业革命：通信集[M]．北京：中国环境科学出版社．

王付彬，2011．泰山区域小碎斑鱼蛉生物学研究及其资源价值评价[D]．泰安：山东农业大学．

王洪魁，1998．利用柞蚕蛹繁殖啮小蜂技术[P]．辽宁：CN1196878，1998-10-28．

王洪琳，2019. 华山松大小蠹的人工饲养研究[D]. 杨陵：西北农林科技大学.

王利娜，2008. 龟纹瓢虫幼虫人工饲料的研究[D]. 北京：中国农业科学院.

王利娜，陈红印，张礼生，等，2008. 龟纹瓢虫幼虫人工饲料的研究[J]. 中国生物防治（4）：306-311.

王良衍，1986. 异色瓢虫的人工饲养及野外释放和利用[J]. 昆虫学报（1）：104.

王士强，娄德龙，张艳，2013. 养蜂业与农作物的关系及其生态建设[J]. 山东畜牧兽医，34（3）：58-59.

王树会，魏佳宁，2006. 烟蚜茧蜂规模化繁殖和释放技术研究[J]. 云南大学学报（自然科学版）（S1）：377-382，386.

王运兵，王连泉，1995. 农业害虫综合治理[M]. 郑州：河南科学技术出版社.

魏佳宁，况荣平，何丽平，等，2001. 烟蚜茧蜂规模化繁殖和释放技术[C]//中国昆虫学会. 昆虫与环境——中国昆虫学会2001年学术年会论文集. 北京：中国农业科技出版社.

魏淑贤，王锦祯，程洪坤，等，1989. 丽蚜小蜂商品化生产技术的研究[J]. 北方园艺（9）：21-24.

魏欣，2015. 中国农业面源污染管控研究[M]. 北京：中国农业出版社.

吴兴富，2007. 烟蚜茧蜂繁殖利用概述[J]. 中国农学通报（5）：306-308.

吴兴富，李天飞，魏佳宁，等，2000. 温度对烟蚜茧蜂发育、生殖的影响[J]. 动物学研究（3）：192-198.

仵均祥，2011. 农业昆虫学：北方本[M]. 北京：中国农业出版社.

武深树，2014. 畜禽粪便污染防治技术[M]. 长沙：湖南科学技术出版社.

夏邦颖，1979. 赤眼蜂口器的结构和功能[J]. 中国科学（6）：625-631.

萧刚柔，1990. 中国叶蜂四新种（膜翅目，广腰亚目）：扁叶蜂科、叶蜂科）[J]. 林业科学研究（6）：548-552.

忻亦芬，1986. 烟蚜茧蜂繁殖利用研究[J]. 生物防治通报（3）：108-111.

徐崇华，姚德富，李英梅，等，1981. 捕食性天敌——蠋蝽的初步研究[J]. 林业科技通讯（4）：24-27.

徐海云，2010. 村镇生活垃圾处理[M]. 北京：中国建筑工业出版社.

徐衡，2016. 不同寄主对丽蝇蛹集金小蜂细菌多样性的影响[D]. 泰安：山东农业大学.

徐丽丽，2012. 日光温室蔬菜生产中应用熊蜂授粉技术[J]. 现代农业（5）：15-16.

徐维红，朱国仁，李桂兰，等，2003. 张友军，吴青君. 温度对丽蚜小蜂寄生烟粉虱生物学特性的影响[J]. 中国生物防治（3）：103-106.

许修宏，李洪涛，张迪，2009. 堆肥微生物学原理及双孢菇栽培[M]. 北京：科学出版社.

严小龙，2007. 根系生物学原理与应用[M]. 北京：科学出版社.

杨庆爽，丁廷宗，董惠琴，等，1979. 关于为害棉花二种红叶螨学名的商榷[J]. 昆虫知识（4）：191-192，190.

杨文文，2019. 低温处理家蝇蛹对感染与不感染 Wolbachia 丽蝇蛹集金小蜂寄生和繁殖的影响[D]. 泰安：山东农业大学.

杨忠岐，2004. 利用天敌昆虫控制我国重大林木害虫研究进展[J]. 中国生物防治，20（4）：221-227.

杨忠岐，庞建军，王传珍，等，2004. 白蛾周氏啮小蜂生物防治美国白蛾技术[P]. 北京：CN1511450，2004-07-14.

姚洪根，费洪标，2016. 死亡动物无害化处理及资源化利用[M]. 北京：中国农业科学技术出版社.

叶恭银，2006. 植物保护学[M]. 杭州：浙江大学出版社.

叶正楚，王韧，1992. 中国农业害虫生物防治概况与进展[J]. 应用昆虫学报，3：179-182.

尹文英，1983. 原尾虫系统发生新概念及其起源与分类地位的探讨[J]. 中国科学（B辑 化学 生物学 农学 医学 地学）（8）：697-706.

虞泓，郭瑞，陈自宏，2014. 利用美洲大蠊培养虫草菌的方法[P]. 云南：CN103897988A，2014-07-02.

袁锋，魏永平，张雅林，等，1992. 陕西省壁蜂区系调查与利用研究（膜翅目：切叶蜂科）[J]. 昆虫分类学报（2）：148-152.

翟虎渠，2006. 农业概论[M]. 2 版. 北京：高等教育出版社.

张帆，王素琴，罗晨，等，2004. 几种人工饲料及繁殖技术对大草蛉生长发育的影响[J]. 植物保护（5）：36-40.

张广学，1990. 烟蚜 *Myzus persicae* 研究新进展[J]. 河南农业大学学报（4）：496-504.

张国良，王道龙，2004. 生物授粉资源在现代农业中的地位及面临的问题[J]. 中国农业资源与区划（6）：20-23.

张洁，杨茂发，王利爽，2008. 温度对食蚜瘿蚊生长发育的影响[J]. 昆虫知识（2）：256-259.

张克强，杨鹏，等，2017. 畜禽规模养殖场粪污处理与监测技术规范及编制说明[M]. 北京：中国农业出版社.

张立秋，2014. 农村生活垃圾处理问题调查与实例分析[M]. 北京：中国建筑工业出版社.

张翔，宗世祥，骆有庆，2013. 麦蒲螨繁殖、贮存和运输的初步探究[J]. 西北农业学报，22（8）：108-111.

张英民，2014. 农村生活垃圾处理与资源化管理[M]. 北京：中国建筑工业出版社.

赵建伟，何玉仙，翁启勇，2008. 诱虫灯在中国的应用研究概况[J]. 华东昆虫学报，17（1）：76-80.

赵建周，1990. 国外棉铃虫类害虫生物防治的研究[J]. 世界农业（11）：34-35.

赵万源，丁垂平，董大志，等，1980. 烟蚜茧蜂生物学及其应用研究[J]. 动物学研究（3）：405-415.

赵修复，1999. 害虫生物防治[M]. 北京：中国农业出版社.

赵玉雪，2017. 食蚜瘿蚊扩繁技术及其田间应用技术研究[D]. 贵阳：贵州大学.

郑久坤，杨军香，2013. 粪污处理主推技术[M]. 北京：中国农业科学技术出版社.

郑乐怡，1981. 突眼长蝽属一新种（半翅目：长蝽科）[J]. 昆虫学报（2）：188-189.

郑雄，1996. 钱学森给包建中写预言第六次产业革命将在中国发起[N]. 世界信息报，1996-04-15（1）.

周青，张勇，黄武，2015. 秸秆资源纤维素综合利用实用技术[M]. 北京：中国农业出版社.

周伟儒，王韧，1989. 用天然和人工饲料饲养小花蝽的研究[J]. 生物防治通报（1）：9-12.

周伟儒，王韧，魏枢阁，等，1990. 人工利用壁蜂为果树授粉[J]. 农业科技通讯（6）：15.

周伟儒，张淑芳，张兆富，等，1986. 用米蛾成虫、米蛾卵和人工卵等饲养黄色花蝽[J]. 生物防治通报（2）：63-66.

周尧，1947. 昆虫三十二目分类法与中文命名[J]. 中国昆虫学杂志，2：1-7.

周尧，杨集昆，1964. 原尾目昆虫的研究[J]. 昆虫学报（2）：249-277.

周子方，任伟，周冀衡，等，2011. 规模化应用烟蚜茧蜂防治烟蚜的主要技术障碍及应对方法[J]. 安徽农业科学，39（16）：9659-9661.

朱国仁，乔德禄，徐宝云，1993. 丽蚜小蜂防治白粉虱的应用技术[J]. 中国农学通报（3）：52-53.

朱楠，王玉波，张海强，等，2011. 光周期、温度对丽蚜小蜂生长发育的影响[J]. 植物保护学报，38（4）：381-382.

邹德玉，徐维红，刘佰明，等，2016. 天敌昆虫蠋蝽的研究进展与展望[J]. 环境昆虫学报，38（4）：857-865.

ARNOLD V H，JOOST V I，HARMKE K，et al.，2018. 可食用昆虫:食品和饲料安全的展望[M]. 刘玉升，喻子牛，译. 北京：科学出版社.

ILKKA HANSKI，张大勇，张小勇，等，2006. 萎缩的世界——生境丧失的生态学后果[M]. 北京: 高等教育出版社.

ASKEW R R, 1971. Parasitic insects[M]. London: Heinemann.

DAATY, 1947. A historical note on the use of x2 to test the adequacy of a mortality table graduation[J]. Journal of the Staple Inn Actuarial Society, 6(4):185-187.

DEBACH P, ROSEN D, 1991. Biological control by natural enemies[M]. Cambridge: Cambridge University Press.

FENG Z, WAN S , SUI Q , 2022. A Triassic tritrophic triad documents an early food-web cascade[J]. Current biology: CB,32(23):5165-5171.e2.

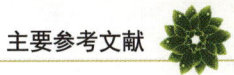

MORRIS R S, 1991. Information systems for animal health: Objectives and components:-EN- -FR- -ES-[J]. Revue Scientifique et Technique de l'OIE, 10(1):13-23.

RAVEN H P, 1988. Tropical floristics tomorrow[J]. TAXON, 37(3):549-560.

SWEETMAN H L, 1936. The biological control of insects[M]. New York: Comstock Publishing.

WANG J, LI H, CAI W, 2016. *Zorotypus weiweii* (Zoraptera: Zorotypidae), a new species of angel insects, from Sabah, East Malaysia[J]. Zootaxa, 4162(3): 550-558.

WILSON C A, OCHMAN H, PRAGER E M, 1988. Molecular time scale for evolution[J]. Short Courses in Paleontology, 1988, 1: 49-62.

ZOU D, WANG M, ZHANG L, et al., 2012. Taxonomic and bionomic notes on *Arma chinensis* (Fallou)[J]. Zootaxa, 3382(1): 41-52.

索　引

B

白星花金龟　272
半翅目　54
本地天敌昆虫保护　237
壁蜂　134
病毒　150
捕食螨与蜘蛛　151
捕食性天敌昆虫　152

C

茶翅蝽沟卵蜂　216
茶翅蝽天敌种类　217
长翅目　72
赤眼蜂　200，202，207，244

D

大麦虫　285
大农业观　20
大生态观　20
大食物观　20
大资源观　20
等翅目　39

F

访花性昆虫与授粉昆虫　22
纺足目　43
蜚蠊目　38
伏击式释放策略　235
蜉蝣目　34

腐食性昆虫与环保昆虫　22

G

革翅目　42
管氏肿腿蜂　218
广翅目　62
龟纹瓢虫　186
国际生物多样性日　16

H

黑广肩步甲　173
花绒寄甲　196
环境昆虫与环保昆虫　251
黄粉虫　280

J

襀翅目　36
寄生性天敌昆虫　152，241
寄生性线虫　151
家蝇　290

K

昆虫产品　19，113
昆虫产物的标准化　112
昆虫产物质量评价　112
昆虫的变态　13
昆虫多样性　9
昆虫多样性保护　16
昆虫马氏管系统　23
昆虫排泄物　26
昆虫生产　19，103

昆虫天敌　150
昆虫致病微生物　150
昆虫资源产业　4
昆虫资源定向保护区　16
昆虫资源利用　18
昆虫资源与资源昆虫　19

L

丽蚜小蜂　225
亮斑扁角水虻　296
林业昆虫学　2
鳞翅目　24，81
六斑异瓢虫　193
六足总纲　29
蝼蛄　267

M

脉翅目　62，64
毛翅目　79
媒介害虫　2
美洲大蠊　264
蜜蜂　116
膜翅目　87

N

捻翅目　71
啮虫目　45
农业昆虫学　2
农业生物多样性　8

Q

七星瓢虫　177
嵌入式释放策略　236
鞘翅目　65
蜻蜓目　35
蚤蠊目　41

缺翅目　44

R

人工生态系统　6
人为生物多样性　7
肉食性昆虫与天敌昆虫　22

S

"三生"农业体系　304
蛇蛉目　63
深点食螨瓢虫　190
生态对策　108
生态体混合农业　304
生态足迹　21
生物多样性　6
生物链复杂农业　305
生物体简单农业　304
生物资源系统　20
虱目　52
石蛃目　32
食虫鸟类　151
食毛目　51
食物链　148
食物网　149
食蚜瘿蚊　229
授粉昆虫　142
输引域外天敌昆虫　153
双叉犀金龟　277
双尾目　31

T

弹尾目　31
螳螂　158
螳螂目　40
天敌昆虫　22，148

天敌昆虫产业化　246

天敌昆虫与"桥饵系统"技术　246

天敌昆虫生产繁育模式　241

天敌昆虫生态化　239

同翅目　58

同域天敌　149

W

我国利用蜜蜂授粉的增产效果　120

物种　7

X

熊蜂　121

熊蜂授粉　131，132

Y

烟蚜茧蜂　210

淹没式释放策略　235

衣鱼目　33

异色瓢虫　183

异养生物　148

异域天敌　149

缨翅目　52

原尾目　30

Z

蚤目　78

直翅目　46

中华真地鳖　253

种群基数　101，106

周氏啮小蜂　222

竹节虫目　49

蠋蝽　164

资源昆虫　19，28

资源昆虫始祖种源群体　96

自然保护区　16

自然生态系统　6

自然生物多样性　7

自养生物　148

组合式释放策略　235

最佳生物多样性　8

最简生物多样性　8